建设工程施工技术与总承包管理系列丛书

超大面积电子洁净厂房
快速建造技术及总承包管理

Rapid Construction Technology and General Contract Management for the Ultra-large Area Clean Workshop in Electronics Industry

策划　邓伟华

主编　余地华　叶　建

中国建筑工业出版社

图书在版编目（CIP）数据

超大面积电子洁净厂房快速建造技术及总承包管理＝
Rapid Construction Technology and General Contract
Management for the Ultra-large Area Clean Workshop
in Electronics Industry / 余地华，叶建主编. — 北
京：中国建筑工业出版社，2021.4（2022.12重印）
（建设工程施工技术与总承包管理系列丛书）
ISBN 978-7-112-26089-8

Ⅰ.①超… Ⅱ.①余… ②叶… Ⅲ.①电子工业—厂
房—建筑工程 Ⅳ.①TU271.1

中国版本图书馆 CIP 数据核字（2021）第 072004 号

随着国民经济的逐步提高，电子工业在国内开始蓬勃发展。电子科学技术的不断发展，促使电子产品生命周期越来越短，更新换代速度逐步加快。不同技术阶段和不同类型的电子产品对其生产厂房的布局、构造等要求差异较大，厂房需随技术升级同步更新；同时电子产品生产基础建设投入规模巨大，因此，市场前景广阔。

本书从行业背景，电子洁净厂房总体施工特点、难点，厂房结构施工技术，一般机械及给水排水工程施工技术，消防工程施工技术，废水工程施工技术，纯水工程施工技术，化学品供应系统施工技术，特殊气体供应系统施工技术，大宗气体供应系统施工技术，洁净区装饰装修系统施工技术，电子洁净厂房总承包管理等方面对电子洁净厂房的建设、施工及总承包管理进行了深度剖析，为行业内从事类似电子洁净厂房施工及管理的人员提供参考借鉴。

责任编辑：朱晓瑜
责任校对：党　蕾

建设工程施工技术与总承包管理系列丛书
超大面积电子洁净厂房快速建造技术及总承包管理
Rapid Construction Technology and General Contract
Management for the Ultra-large Area Clean
Workshop in Electronics Industry
策划　邓伟华
主编　余地华　叶　建

*

中国建筑工业出版社出版、发行（北京海淀三里河路9号）
各地新华书店、建筑书店经销
北京红光制版公司制版
北京建筑工业印刷厂印刷

*

开本：787毫米×1092毫米　1/16　印张：26½　字数：595千字
2021年6月第一版　　2022年12月第三次印刷
定价：**85.00**元
ISBN 978-7-112-26089-8
（37626）

《超大面积电子洁净厂房快速建造技术及总承包管理》

本书编委会

策　　划：邓伟华

主　　编：余地华　叶　建

副　主　编：马雪兵　陈德洋　范国军

编　　委：王亚桥　武　超　胥付记　胡　渝
　　　　　　房　弢

执　　笔：黄亚洲　陈　冲　李宜峰　周　斌
　　　　　　王永伟　卢小维　杨　菊　周　钦
　　　　　　郭子辉　黄心颖　李会成

审　　定：叶　建

封 面 设 计：王芳君

序 言
FOREWORD

20 世纪 20 年代，美国航空工业的陀螺仪制造过程中首次提出了生产环境净化问题，并建设了最原始的洁净车间。第二次世界大战时，美国的一家导弹公司发现，控制空气污染后，某项生产工艺的返工率从 120 次降至 2 次，生产产品的使用寿命相差 100 倍，因此，对空气净化提出了更高的要求。第二次世界大战后，美国制定了庞大的火箭发展计划，经过科学家的反复摸索，诞生了高效过滤器，高效过滤器主要用于捕集 $0.5\mu m$ 以下的颗粒灰尘及各种悬浮物，能达到净化 99.9995%，这标志着洁净技术取得了突破。随后，洁净工程在英国、日本、苏联、中国陆续建设，中国在 20 世纪 60 年代发射的卫星、氢弹的部分精密部件便是在洁净车间中生产的。

洁净工程经过一个多世纪的发展，应用范围从军工领域逐渐扩展到食品、医疗、光学、电子等领域，随着现代工业产品生产和现代化科学实验活动对生产工艺要求更加微型化、精密化、高纯度化和高可靠性，各类自动装置、通信和计算机系统的基础元器件迅速微小型化，这些都要求建立特殊的清洁环境，且对含尘空气有严格的限制，建立洁净条件和采用洁净技术的紧迫性越来越强。如电子计算机，从当初的数间房间配置数台设备组合发展到现在的笔记本电脑，它所使用的电子元器件从电子管到半导体分立器件到集成电路再到超大规模集成电路，仅集成线路的线宽已经从几微米发展到现今的 $0.1\mu m$ 左右；液晶屏也由原来的"大块头"向高像素、超薄化、曲面屏等方向发展。伴随着电子产品更新换代速度越来越快，不同阶段和类型的电子产品对于生产厂房的布局、构造要求差异较大，厂房随之不断更新升级，对厂房的建造持续提出新的挑战，"工期更紧、精度更高、资源集中、洁净品质"，任何一点都考验着电子洁净厂房承建单位的生产组织能力和施工技术水平，这种能力和水平的高低决定着项目是否按期顺利投产。

当今的高技术领域，特别是我们国家着力突破的微电子、新材料领域，都需要建立特殊的清洁环境，实验室、厂房等对含尘空气有严格的限制，中建人作为建筑领域的翘楚，理应为国家高技术领域的发展添砖加瓦，将电子洁净厂房建设的关键技术与经验总结成书就是迈向目标的一级坚实台阶。该书由中建三局工程总承包公司组织编写，结合多个电子洁净厂房项目的建设实践系统梳理并成书出版。全书共 13 个章节，包括行业背景、特点与施工重点、工程实施总体部署、建筑结构施工技术、一般机械及给水排水工程施工技术、消防工程、废水工程、纯水工程、化学品供应系统、气体供应系统、洁净区装饰装修系统、洁净区机电系统施工技术及电子洁净厂房总承包管理。

　　该书是一部集电子洁净厂房施工技术与总承包管理为一体的专业参考书，期待在我国电子工业工程建设领域中发挥积极作用。

中国建筑业协会专家委员会常务副主任
中国土木工程学会总工程师工作委员会理事长
英国皇家特许建造师学会中国区主席

2021 年 5 月 29 日

前　言
Preface

随着电子科学技术的不断发展，电子产品精密度和生产环境要求越来越严格，厂房规模也越来越大，同时电子产品的高速发展与迭代也促使生产厂房建造周期越来越短，对厂房建造的生产组织、施工技术及总承包管理要求也越来越高。

本书总结了超大面积电子洁净厂房快速建造技术及总承包管理，包括行业背景，电子洁净厂房总体施工特点、难点，总体部署，建筑结构施工技术，一般机械及给水排水工程、消防工程、废水工程、纯水工程、化学品供应系统、气体供应系统、洁净包施工技术及总承包管理等方面。其中第 3 章简明扼要地介绍了大型电子厂房工程实施总体部署中的施工组织、平面规划、交通及物流管理、材料周转及清退等重点策划方向。第 4 章详细介绍了超大面积筏板、超高模板支架、华夫板、大跨度结构、屋面防水及围护结构等非常规结构的施工技术。第 11、12 章着重介绍了洁净区装饰装修、机电系统施工技术及实施要点。

本书的编写结合中建三局工程总承包公司多项电子厂房建造项目施工及管理经验，书中所列参考案例均为撰稿人员实践亲历，是一部集电子洁净厂房施工技术与经验总结为一体的专业参考书，可供电子洁净厂房工程施工单位的技术人员、施工人员、质量人员等参考使用，也可供工程监理单位、设计单位、专业材料及设备供应商以及相关研究人员参考使用。限于编者经验和学识，本书难免存在不当之处，真诚希望广大读者批评指正！

本书编委会

2021 年 4 月

目 录
Contents

第1章 行业背景

1.1 发展历史

电子工业是在电子科学技术发展和应用的基础上发展起来的。20世纪以来，电子工业发展迅速，随着生产技术的提高和加工工艺的改进，各类工业产品加工生产过程趋向精密化、微型化，特别是微电子技术、生物技术、药品生产技术、精密机械加工技术、精细化工生产技术、食品加工技术等的高速发展，使洁净技术得到日益广泛的应用。洁净室的空气洁净度等级要求越来越高。

早期的电子厂房建设，由于对洁净度、平面空间等生产要求低，厂房结构形式比较简单，建造规模较小。随着电子科学技术的不断发展，电子产品的性能越来越好，同时对组件的精密度和对应的生产环境要求越来越高，造成对电子洁净厂房的洁净度要求越来越高，生产空间要求也越来越大，结构形式趋于复杂化。与此同时，电子科学技术高速发展带来产品更新换代快的特点，也促使生产厂房建造周期要求越来越短，对厂房建造的生产组织、技术革新及总承包管理的要求越来越高。

电子厂房按照生产功能分为芯片厂、面板厂、配件厂和装配厂等，不同生产功能的电子厂房生产工艺差异较大，其中芯片、面板等高端电子配件生产对环境洁净度要求较高。

1.1.1 芯片产业的发展

芯片，又称微电路（Microcircuit）、微芯片（Microchip）、集成电路（Integrated Circuit，IC），是指内含集成电路的硅片，体积很小，在电子学中是一种把电路（主要包括半导体设备，也包括被动组件等）小型化的方式，且通常制造在半导体晶圆表面上。将电路制造在半导体芯片表面上的集成电路又称薄膜（Thin-film）集成电路。另有一种厚膜（Thick-film）混成集成电路（Hybrid Integrated Circuit）是由独立半导体设备和被动组件，集成到衬底或线路板所构成的小型化电路。芯片常常是计算机或其他电子设备的一部分，近些年来也逐步出现了生物芯片和人脑芯片。

最先进的集成电路是微处理器或多核处理器的"核心（Cores）"，可以控制电脑、手机及数字微波炉等，对于现代信息社会非常重要。虽然设计开发一个复杂集成电路的成本非常高，但是当分散到数以百万计的产品上，每个IC的成本就变得最小了。

近些年来，IC持续向更小的外形尺寸发展，使得每个芯片可以封装更多的电路。这样增加了每单位面积容量，亦可以降低成本和增加功能。根据摩尔定律，集成电路中的晶体管数量每两年增加一倍。越来越多的电路以集成芯片的形式出现在设计师手里，使电子电路的开发趋向于小型化、高速化。越来越多的应用已经由复杂的模拟电路转化为简单的数字逻辑集成电路。

根据海关进口芯片金额数据显示（图 1-1），2018 年中国芯片进口金额为 3121 亿美元，2019 年中国芯片进口金额为 3040 亿美元，同比出现−2.1％的下滑，相比 2017 年、2018 年两位数的增长率来说，2019 年增长率明显下降，这也是从 2015 年到 2019 年的近 5 年来，中国芯片进口额的最大幅度下滑，一方面由于芯片受制于人的影响，造成芯片进口额度出现下滑；另一方面则说明了中国芯片逐步取代国外芯片，开始被更多的公司采用。虽然出现增速下降，但是每年还需花费近万亿巨额外汇来进口芯片，我国也成为全球最大的芯片进口国以及芯片消耗国，目前我国芯片市场依旧非常依赖于国外技术。

图 1-1　中国芯片进口数据（单位：亿美元）

2019 年中国芯片出口金额达到了 1015 亿美元，相比 2018 年的 846 亿美元，增长了20％，创下历史新高（图 1-2）。2018 年、2019 年中国芯片连续两年的出口额增长率超过20％。在芯片进口金额下滑的同时，国产芯片的出口金额依旧保持着高速增长，由此可见国产芯片已经逐渐取得了突破，在加速解决自身需求的同时，也在逐步走向全球，并开始占据更多的市场份额，获得越来越多的厂商、消费者的青睐和认可。

图 1-2　中国芯片出口数据（单位：亿美元）

数据显示，2018 年、2019 年中国芯片领域的投资额已经超过美国，排名全球第一，从芯片企业数据来看，中国芯片企业虽然很小，但数量为全球最多，目前仅 IC 设计企业就超过 1700 多家。虽然目前国产芯片自给率依旧不高，但国产芯片、国产操作系统的发展得到重视，极大地提高了国产芯片生产制造的积极性（图 1-3）。

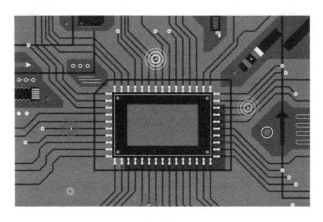

图 1-3　中国芯片示意图

国家在 2020 年《国务院关于印发新时期促进集成电路产业和软件产业高质量发展若干政策的通知》中明确了要聚焦高端芯片、集成电路装备的关键核心技术研发，不断探索构建社会主义市场经济条件下关键核心技术攻关新型举国体制。积极利用国家重点研发计划、国家科技重大专项等给予支持。如今在手机、PC 等众多产品领域，掀起了一股国产芯片的替代潮，我们看到的紫光展锐的虎贲 T7520、华为麒麟 990（5G）、龙芯等，整体芯片性能有着不俗的表现，根据国务院发布的最新数据显示，到 2025 年实现 70％国产芯片自给率。在接下来的时间，会有越来越多的国产芯片巨头站出来，创造更多属于中国芯片的奇迹。与此同时，生产芯片的电子洁净厂房也将如雨后春笋般快速、大量地拔地而起。

1.1.2　面板产业的发展

面板主要包括液晶面板（LCD）和有机发光二极管面板（OLED），LCD 主流技术是高清真彩显示屏（TFT-LCD），由上下两片平行玻璃基板和极板之间的液晶盒构成，LCD 的上基板设置有彩色滤光片，下基板设有薄膜晶体管（TFT）。OLED 显示按驱动方式可分为主动式（AMOLED）和被动式（PMOLED），其应用于显示屏幕的主要类型是 AMOLED，即有源矩阵有机发光二极管。AMOLED 与 LCD 的不同之处在于 AMOLED 可以实现自发光，因此无须额外配备背光模组。

TFT-LCD 占比最大的应用领域是电视，占比 67％；其次是显示器，占比 13％；手机、计算机、车载和商用液晶显示分别占比为 7％、5％、4％、3％（图 1-4）。

OLED 目前平均尺寸相对较小，应用最大的领域是智能手机，占比 69％；其次是可穿戴设备和家用电器及电视，占比分别为 10％、8％（图 1-5）。

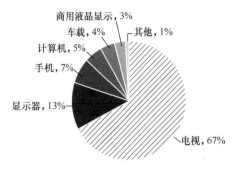

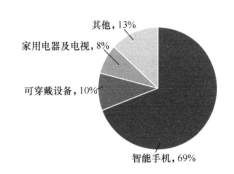

图 1-4　TFT-LCD 应用分布情况图 　　图 1-5　OLED 应用分布情况图

目前，面板生产厂商主要来自于中国大陆、中国台湾地区、日本和韩国等国家和地区。除了传统势力强劲的日韩企业以及早前兴起的中国台湾企业外，中国大陆的企业也在逐步迎头赶上。目前行业有两个非常明显的变化趋势，首先，各厂商均在逐步提升大尺寸 TFT-LCD 的产能，过剩的中小尺寸产能逐渐削减；其次，随着 OLED 显示技术在手机和高端电视中的渗透率日益提升，各主要厂商均在积极扩张 OLED 面板产能，其中京东方（BOE）、华星光电（ChinaStar）、惠科光电（HKC）、深圳天马、维信诺（Visionox）等中国大陆厂商扩产尤为显著。根据埃信华迈（IHS Markit）的估计，到 2022 年，韩国面板制造商在全球 AMOLED 产能中所占的比重将从 2017 年的 93% 下降至 71%，而中国制造商的市场份额则将从 2017 年的 5% 增至 2022 年的 26%。

随着智能手机的不断普及与发展，OLED 的市场红利明显，OLED 在智能手机触控面板市场占有率在 2020 年达到 37% 以上。作为第三代显示技术，OLED 正处于快速成长期，其应用市场主要是替代 LCD，OLED 的渗透率与其成本直接相关，而其成本又直接与生产良率相关。如果组件和材料价格合理，生产良率超过 80% 时，OLED 成本将低于 LCD。如果这种情况变成事实，那么 OLED 将凭借其性能优势大规模替代 LCD。

根据 CINNO Rearch 的研究表明，全球 LCD 面板产线中，中国面板厂的产能面积占比从 2019 年的 54%，提高到 2020 年的 63%，韩国面板厂市场占有率将滑落到 2 成以下。国内厂商的主要竞争者为韩国企业三星显示（SDC）和乐金显示（LGD），而三星和乐金正在逐步退出 LCD 产能，2019 年液晶面板营收出现下滑。与此同时，京东方、华星光电和惠科光电的 TFT-LCD 营业收入则保持上涨趋势。从竞争水平来看，在大尺寸 TFT-LCD 产线布局方面，国内的京东方、华星光电、惠科光电等处于领先地位，这些处于领先地位的面板厂制造商，正在逐步增大其科研投入，扩大其生产厂房建设，以便更快地更新换代。

1.1.3　电子洁净厂房的发展

洁净厂房也叫无尘车间、洁净室（Clean Room）、无尘室，是指将一定空间范围内空气中的微粒、有害空气、细菌等污染物排除，并将室内温度、湿度、洁净度、室内压力、气流速度与气流分布、噪声振动及照明、静电控制在某一需求范围内，不论外在空气条件如何变化，其室内均能具有维持原先所设定要求的洁净度、温湿度及压力等性能（图 1-6）。"洁净室"洁净等级按照空气中悬浮粒子的浓度来划分，可分为十万级、万级、千级、百级、十级等，一般来说，数值越小，代表净化级别越高。

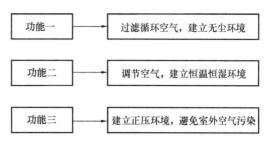

图 1-6 洁净室功能概述图

华夫板是为了满足空气循环和防止尘埃粒子附着而设计的一种能够上下层透气的多孔楼板，是电子洁净厂房洁净系统的重要结构构造（图 1-7、图 1-8）。华夫板最早的形式是格构梁，由于形状像华夫饼而得名；随着电子洁净厂房生产工艺要求的提高和建筑业的不断发展，华夫板已经由普通格构梁形式演变成由不易起尘和附尘的定型化特制钢模一体施工的多孔、高平整度要求的无梁楼板。

图 1-7 电子洁净厂房华夫板结构完成示意图

图 1-8 电子洁净厂房洁净室内华夫板施工平整度校验图

高端电子产品的生产是一个系统工程，需要各类不同的生产设备分工协调、流水线作业；生产设备体积较大，操作人员多，对生产空间需求较大（图 1-9）。根据厂房建筑布局，电子洁净厂房主要分两种类型，一种是分散型，即厂房根据使用功能不同分开建造，每个厂房都相对不大，厂房之间设室外道路，可能有连廊互通；另一种是集约型，即产品生产的不同功能集中在一个大厂房内，单体厂房平面尺寸超大。

集约型电子洁净厂房由于将不同功能区间进行整合，降低了工艺运输成本，同时设备规划集中，同等体积空间提高了设备综合利用率，降低了生产能耗；综合对比，集约型厂房更有利于降低生产成本。结合目前国内单体电子洁净厂房单层面积越来越大的情况来看，集约型电子洁净厂房已成为发展趋势。

根据已经公布和已经建成的新型显示器项目，我国 2010～2020 年总计面板产业投资超过 1 万亿元，面板产业项目投资在 2016 年开始高速增长，2016～2020 年产业投资分别为 999 亿元、2179 亿元、2315 亿元、2570 亿元、2775 亿元。若考虑潜在的投资增长率，2021

图 1-9　某电子洁净厂房项目示意图

年的投资金额为 2997 亿元。2016～2020 年是新型显示产业投资密集的一个小周期，目前我国在建和计划建设的新型显示厂房大多已在 2020 年完成投产。

根据电子洁净厂房工程市场以及各个环节与总投资的比例关系，可以得出近几年各个细分环节的市场容量，电子洁净厂房施工占总投资比例为 10%～15%，取保守比例，按照电子洁净厂房施工占总投资 10% 的比例计算，我国面板产业电子洁净厂房施工市场规模在 2016～2020 年分别为 99.9 亿元、217.9 亿元、231.5 亿元、257 亿元、277.5 亿元。若考虑潜在增速，2021 年电子洁净厂房施工市场规模为 299.7 亿（图 1-10）。

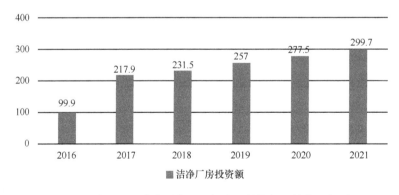

图 1-10　中国电子洁净厂房近几年施工投资额（单位：亿元）

随着科学技术日新月异的发展，集成电路约每两年更新一代，集成电路和电子产品的大量生产和使用，使电子工业成为一个迅速崛起的高新技术产业。电子科学及其工业技术经过一个多世纪的发展，已日趋成熟；电子产品呈现出高效能、低消耗、高精度、高稳定、智能化发展的特点，并广泛应用于国防科技、工业生产、农业发展、信息沟通、技术研发、企业管理等各个领域。

1.2 国外发展现状

在科学实验和工业生产活动中，产品加工的精密化、微型化、高纯度、高质量和高可靠性要求其具有一个尘埃粒子污染程度受控的生产环境。早在 20 世纪 20 年代，在美国航空工业的陀螺仪制造过程中，最先提出了生产环境的净化要求，为消除空气中的尘埃粒子对航空仪器的齿轮、轴承的污染，他们在制造车间、实验室建立了"控制装配区"，即将轴承的装配工序等与其他生产、操作区分隔开，供给一定数量的过滤后的空气，再加上良好的管理，这样就相对满足了生产要求。

20 世纪 50 年代初，高效空气粒子过滤器（High Efficiency Particulate Air Filter，HEPA）在美国问世，取得了洁净技术的第一次飞跃。这一成就的取得，使美国在军事工业和人造卫星

图 1-11　一般工业厂房洁净室示意图

制造领域建立了一批以"HEPA"装备起来的工业洁净室，相继应用于航空、航海的导航装置、加速器、陀螺仪、电子仪器制造工厂。英国也于 20 世纪 50 年代在陀螺仪生产工厂中建立了一些洁净室；日本从 20 世纪 50 年代开始在半导体制造工厂中应用洁净技术；苏联也在同时期编制了所谓"密闭厂房"的典型设计。洁净室技术在人们的尝试、实践中得到日益广泛的应用，工业生产技术、科学实验在应用洁净技术中获得了丰厚的回报，人们便以巨大的兴趣和精力发展洁净技术，洁净技术随着科学技术的发展和工业产品的日新月异而健康、快速地发展（图 1-11）。

20 世纪 60 年代初，美国工业洁净室进入了广泛应用时期，人们通过测试发现，工业洁净室空气中的微生物浓度同尘埃粒子浓度一样远低于洁净室外空气中的含量，于是人们便开始尝试利用工业洁净室进行那些要求无菌环境的实验，较早的例子是美国的一位外科医生所进行的狗的手术实验。与此同时，人们对尘菌共存的机理进行研究后确认，空气中的细菌一般以群体存在，而且是附着在尘埃粒子上，空气中尘埃粒子越多，细菌与尘粒接触并附着的机会越多，传播的概率也增大。

从 20 世纪 70 年代初开始，美国等技术先进的国家大规模地把以控制空气中尘粒为目的的工业洁净室技术，引入防止以空气为媒介的微生物污染的领域，诞生了现代的生物洁净室（图 1-12）。以控制空气中的尘粒、微生物污染为目的的生物洁净室技术，在研

图 1-12　一般医疗器械洁净室示意图

究、实践中得到日益广泛的应用，如在制药工业、化妆品工业、食品工业和医疗部门的手术室、特殊病室以及生物安全等方面的推广应用，使得与人们健康密切相关的药品、生物制品、食品、化妆品等产品质量大为提高，确保人们的治疗、手术和抗感染控制得到保证。

现代工业产品生产和现代化科学实验活动趋向微型化、精密化、高纯度、高质量和高可靠性。微型化的产品如电子计算机，从当初的要在数间房间内配置数台设备组合发展到现在的笔记本电脑，它所使用的电子元器件从电子管到半导体分离器件到集成电路再到超大规模集成电路，仅集成电路的线宽就已从几微米发展到现今的 $0.1\mu m$ 左右。

最近几年，发达国家纷纷实施再工业化战略。数字化、智能化技术深刻改变了制造业模式，加之新材料、新能源技术的创新突破，将引发新一轮技术和产业的变化。尤其是在高新技术产品的加工生产过程中，如何满足加工的精密化、产品的微型化，如何实现高纯度、高质量、高可靠性的需求等，对生产环境中的洁净等级提出了更高的要求。另外一方面，随着现代生物医学的发展，对洁净室中细菌数目、微生物污染的控制要求也不断提高，以保证医疗医药、生物研究、食品生产等行业不受微生物污染或感染。

1.3 国内发展现状

电子工业既是智力密集型产业，也是劳动力密集型产业。伴随着经济的发展，电子工业经历了多次产业转移。在第一、第二次产业转移过程中，产品的生产主要集中在美国、德国、日本、韩国、我国台湾等发达国家或地区，从 2000 年开始逐渐向我国大陆地区转移，随着国民经济水平的逐步提高，电子工业在国内开始蓬勃发展。

我国洁净室技术的研究和应用开始于 20 世纪 50 年代末，第一个洁净室于 1965 年在电子工厂建成投入使用，同一时期我国的高效空气粒子过滤器（HEPA）研制成功投入生产。20 世纪 60 年代是我国洁净技术发展的起步时期，在高效过滤器研制成功后，相继以 HEPA 为终端过滤的几家半导体集成电路工厂、单晶硅厂和精密机械加工企业的洁净室建成。在此期间还研制生产了光电式气溶胶浊度计，用以检测空气中的尘埃粒子浓度。20 世纪 70 年代末开始，我国洁净技术随着各行业引进技术和设备的兴起得到了长足进步，在改革开放以后更是紧跟时代脉搏，洁净技术和电子洁净厂房建设取得了明显的成果，在建设大规模集成电路工厂、彩色显像管工厂以及制药工厂的洁净室工程、洁净手术室的同时，建成了一批百级、千级的洁净室，这些洁净室的投入使用标志着我国的洁净技术发展进入了一个新的阶段。

随着超大规模集成电路生产技术持续飞速地发展，20 世纪 90 年代我国与国际知名公司合作或合资，建成了一些集成电路工厂的高级别洁净制造车间，这些洁净室的投入使用，对促进我国洁净技术的发展起到示范作用，但是集成电路产品加工技术更新速度十分迅速，对洁净生产环境提出更新、更高的要求，不但温度、相对湿度、防静电、防微振等要求控制在非常严格的范围内，而且对空气净化的控制范围已从尘粒发展到分子污染、化学污染，还要求提供对纯度、杂质含量要求非常严格的超纯气体、超纯水等，为了面对这些要求，我国洁净技术工作者正在不断探索、研究，以求适应各行各业的需要（图 1-13、图 1-14）。

图 1-13 洁净室内部示意图

图 1-14 洁净室内部完成示意图

经过几十年的建设及发展，我国洁净产业已具有相当规模，其中不少产品技术都已达到国际先进水平。世界半导体贸易组织统计数据显示，我国目前已经成为全球第一大电子产品生产和消费国。

全球在建 OLED 和高世代 LCD 产线中国占比一半（图 1-15）。在显示面板制造方面，中国大陆地区、韩国、日本、中国台湾地区是全球显示器面板制造的核心区域，占据绝大部分的市场份额，其中韩国拥有三星显示（SDC）和乐金显示（LGD）两家行业巨头，目前在面板制造、输出方面市场份额较高；中国在京东方（BOE）、华星光电（ChinaStar）、惠科光电（HKC）、中电熊猫（CEC）等国资、政府背景的大型面板企业军团的合力下，市场份额已经稳居前列。

图 1-15 一般电子洁净厂房示意图

电子科学技术的不断发展，促使电子产品更新换代速度逐步加快，电子产品生命周期越来越短。不同技术阶段和不同类型的电子产品对其生产厂房的布局、构造等要求差异较大，厂房需随技术升级同步更新；同时，电子产品生产基础建设投入规模巨大，因此市场前景广阔（图1-16）。

图1-16   某电子洁净厂房项目示意图

1.4   发展趋势

随着电子信息产品越来越功能化、微型化、集成化和精密化等必然发展趋势的推动，元器件必须具备越来越高的可靠性才能满足市场需求，电子产业的高性能需求和产品需求改变了洁净室企业的竞争方向，只有企业具备自主研发能力和自主创新能力，才能使企业满足客户的切身需求，从而实现可持续发展目标，才能将高端的、符合客户需求的洁净室设计出来。由此可以推断，电子制造产业也将对电子洁净厂房的设计、施工有越来越严格的标准。

1. 洁净厂房设计更加注重以人为本

业主在投资建造电子洁净厂房时，为创造自己的品牌，更好地树立企业形象，加大对生产空间及生存空间的人性化投入，改善职工作业环境，在洁净厂房设计中更加考虑了人的需求，这不仅体现在人们对生活物质的需求，更体现在人们的精神世界，即对美的渴望、对理想的追求、对事业的进取，这些都是可以通过洁净厂房体现出来的。人的因素在建筑中越来越重要，工业厂房的人性化设计要求建筑师摒弃只注重生产工艺的需求，对年轻人的行为和心理需求的变化更加关切，注重人对空间环境的体验和感受，创造方便、安全、健康和舒适的工作空间，使洁净厂房空间环境与人相融合，创造让人产生归属感和亲切感的良好生活环境，最终达到提高员工生活质量和工作效率的目的。

2. 洁净厂房空间布局更加合理

洁净厂房在空间布局过程中，合理地运用视觉特性，通过自然环境的引入与渗透更好地创造良好的室内视觉环境（图1-17）。在洁净厂房的内部空间环境中，更加重视开放空间的创建，使内部空间与自然环境相互交融。通过设置一些自然景点、观景窗、观景台以及内庭院等，加强人与自然的联系。

图 1-17　洁净厂房项目园区示意图

在洁净厂房的外部空间环境设计中，应结合环境要素和内在的生产工艺，综合考虑建筑空间布置、群体组合，突出厂房自身的功能空间及环境要素特质，以统一的空间结构、色彩构成等处理手法来强化其自身风格的整体性，增强洁净厂房外部空间环境的可识别性和亲和力。

3. 洁净厂房更加注重新技术的应用

洁净厂房高科技的趋势主要体现在新技术、新材料、新理论的应用，材料工业的高速发展和压型钢板生产工艺及能力的提高，使洁净厂房向轻质高强、结构体系大跨度、大空间、多层、多功能方向发展（图 1-18）。施工技术及设备的发展也更好地满足了生产与管理的微型化、自动化、洁净化、精密化、环境无污染化等要求。计算机技术、多媒体、现代通信、环境监控、5G 等技术与洁净厂房艺术融合在一起，使电子洁净厂房更加趋向于智能化，员

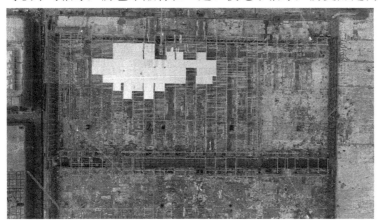

图 1-18　电子洁净厂房屋顶大跨度钢结构示意图

工也将获得更高更好的工作环境。

4. 洁净厂房更加注重可持续发展

节能是可持续发展洁净厂房的一个最普遍、最明显的特征，它包括两个方面：一是建筑营运的低能耗；二是建造洁净厂房过程本身的低能耗。这两点可以从一些洁净厂房利用太阳能、自然通风、天然采光及新产品的运用中体现出来。

绿色设计指从建筑的原材料、工艺手段、工业产品、设备到能源的利用，从工业的营运到废物的二次利用等所有环节都不对环境构成威胁，绿色设计应摒弃盲目追求高科技的做法，强调高科技与适宜技术并举。

洁净设计是强调在生产和使用过程中尽量控制废弃物的排放并设置废弃物的处理和回收利用系统，以实现无污染。这是洁净厂房可持续发展的重要措施，即强调对建设用地、建筑材料、采暖空间的资源再生利用，因此有效地利用资源、能源，实现技术的有效性和生态的可持续发展，是洁净厂房发展的必然趋势。

第2章 电子洁净厂房特点与施工重点

2.1 电子洁净厂房总体特点

2.1.1 电子洁净厂房的设计特点

电子洁净厂房洁净室的设计首先要了解所设计洁净室的用途、使用情况、生产工艺特点等。对于集成电路生产用洁净室,首先要掌握产品的特性——集成度、尺寸和生产工艺特点;对洁净室的要求——空气洁净度等级、温湿度及其控制范围、防微振要求、防静电要求和高纯物质的供应要求等;其次要充分了解业主拟采用的生产工艺、设备和对工艺布局的设想。

设计人员应协同业主确定洁净厂房各功能区的划分,确定各类生产工序(房间)的洁净度等级需求和各种控制参数——温度、湿度、压差、微振动、高纯物质的纯度及杂质含量控制指标;初步选择洁净室的气流流型,并进行净化空调系统的初步估算及设计方案的对比、确定;进行洁净厂房的平面、空间合理布置。洁净厂房的布置应满足适应产品生产工艺流程,合理安排产品生产区与生产辅助区、动力公用设施区布局的要求。在确保产品生产环境满足要求的前提下,做到有利于产品生产的操作、管理,有利于节约能源、降低生产成本。

洁净室的平面布局必须符合国家现行规范中有关安全生产、消防、环保和职业健康等方面的各种要求;在进行洁净室平面布局时应充分考虑人流、物流的安排,尽量做到便捷、流畅。在空间设计时应充分考虑产品生产过程和洁净室内各种管线、物流运输的合理性。在确定洁净厂房的平面、空间布置后,相关专业要提出设计内容、技术要求及其他设计关注点。

1)电子洁净厂房所生产集成电路的特征尺寸、集成度的不同,对空气洁净度等级、防微振等要求是不同的,根据产品品种确定。

2)电子洁净厂房设计工作中涉及的各专业设计均应采取妥善、可靠的技术措施,以减少或防止室内产生灰尘、滋生微生物,减少或阻止将微粒、微生物或可能造成交叉污染的物料带入洁净室内,并有效地将室内的微粒、微生物排出,以减少或防止它们滞留在洁净室内。当尘粒、微生物或物料的交叉污染会危害产品质量或人身安全时,还应采取安全、可靠的技术措施防止交叉污染,如严格控制不同用途的洁净室之间的静压差,按要求合理地划分净化空调系统,以及妥善设计回风系统等。

3)洁净室设计是各专业设计技术的综合,尤其是洁净室的工艺设计、洁净建筑设计、空气净化设计,以及各种特殊要求设计技术的密切协同。洁净室设计应做到顺应工艺流程、合理选择各类设备和装置、尽力实现人流和物流的顺畅便捷、气流流型选择得当、净化空调系统配置合理、各种特殊要求的技术措施得当，洁净厂房的平面、空间布置合理，实现可靠、经济运行的目标。

4）洁净室设计应确保安全生产和满足环境保护的要求。洁净室的布置和各项设施的设计均应符合消防要求，应按国家有关标准、规范进行设计。由于洁净室具有平面和空间布置特殊、走道曲折等特点，在进行各项技术设施的系统设计、设备配置和材质选择时，应特别注意按规定选用符合要求的系统、设备和材质。

5）随着科学技术的发展，工业产品的更新换代速度越来越快，洁净室的建造要求随之更新；洁净室建造体现出技术密集、资金密集的特点。为了提高洁净室建成后的技术经济效益，在进行洁净室设计时应尽可能地考虑一定的灵活性，以便日后随着科学技术的发展，在新技术产生后可以通过技术改造适应新产品的生产工艺要求。

2.1.2 电子洁净厂房的分区组成

电子洁净厂房一般包括洁净生产区、洁净辅助区（包括人员净化用室、物料净化用室和部分生活用室等）、管理区（包括办公、值班、管理和休息室等）、设备区（包括净化空调系统用房间、电气用房、高纯水和高纯气用房、冷热设备用房等）（图 2-1）。四类房间中，后三类用房都是为洁净生产区服务的设施。

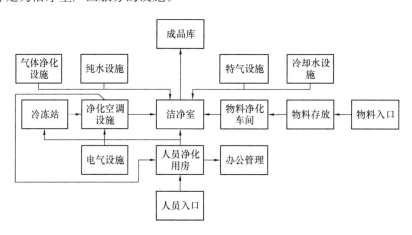

图 2-1　洁净厂房主要组成示意图

洁净生产区是洁净厂房的主要组成部分，洁净生产区的空气洁净度等级应根据产品生产工艺要求确定，这也是洁净建筑设计的主要依据。此外，还需了解产品生产的各种设计条件，如温度、湿度要求，气流流型要求，生产所需的原、辅料性质，水、电、气的要求，对噪声、振动、静电的要求等。

洁净辅助区是洁净厂房的必备房间，这些房间的洁净度等级除了应满足工艺要求外，还应满足《电子工业洁净厂房设计规范》GB 50472—2008 的要求。洁净辅助区的平面布置非常重要，常常会因其平面布置的合理性对洁净厂房的建造、投产后产品的生产需要、防止生产过程的交叉污染造成影响，应当在洁净厂房建筑设计时高度重视。

管理区是洁净厂房内产品生产过程中的生产管理、技术管理用房和必要的操作人员的临时休息用房，应与业主共同协商确定。

设备区是净化空调系统、公共动力系统等用房，是洁净厂房的重要组成部分。在洁净厂房中应设置哪些房间，各房间面积大小等的确定，与该洁净厂房的产品生产工艺相关。在洁净厂房中设置哪些设备用房与工程的总体规划有关，目前常常将净化空调设备、供冷供热设备（不含锅炉房）、水电设施等布置在洁净厂房内部，这样既方便管理，又可以减少管线长度。

在具体的洁净厂房工程设计中，根据产品生产用原、辅料的性质、数量和成品的情况，可将仓储用房、洁净室、辅助用房组合为一幢建筑，统一进行布置。其立面构造见图 2-2。

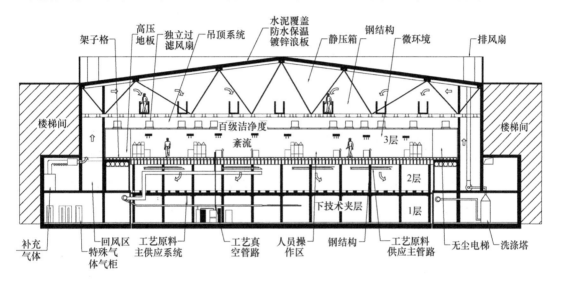

图 2-2　电子洁净厂房立面构造示意图

2.1.3　电子洁净厂房设计的主要考虑因素

1. 功能布置要求

洁净室建筑平面布置要保证平面形状简洁，功能分区明确，管线隐蔽、空间分布合理，防火疏散合规，以及生产工艺和设备更新时的灵活性等问题。洁净厂房建筑平面组合形式常采用贴邻、块状、围合等方式，并根据不同的跨度、高度和柱网来组织空间。

洁净室与一般生产室分区应集中布置。对于洁净厂房来说，有空气洁净度要求的生产房间或分区往往仅为部分工序或部分部件的生产区；即使是全部产品生产区都有洁净度要求，生产辅助用房、公共动力和净化空调机房等通常为一般生产环境，所以洁净厂房往往兼有洁净生产环境和一般生产环境。各类洁净室要求的空气洁净度等级是决定洁净生产区平面布置的主要因素。在进行综合厂房的平面布置时，一般应将洁净室与一般生产环境的房间分区集中布置，以利于人流、物流的安排，防止污染和交叉污染，利于净化空调系统及其管线的布置，并减小建筑面积等。对兼有洁净生产和一般生产的综合性厂房，在考虑其平面布置和构造设计时，应合理组织人流、物流及消防疏散线路，避免一般生产区对洁净生产区带来不利影响。当消防要求与洁净生产要求有冲突时，应采取措施，在保证消防安全的前提下，减小对洁净生产区的不利影响。在洁净生产区常常有洁净度要求严格和要求相对不严格两种情况，因此，进行平面布置时，在顺应工艺生产流程和防止交叉污染的前提下，应尽可能集中布置。

洁净室及其公共动力设施的布置。净化空调系统、水和气体的净化装置、电气装置等机电用房是洁净厂房的重要组成部分，其面积在洁净厂房中占有较大比例。这些机房的规模、设备特征、机房位置、分配管路系统的安排等，在很大程度上影响着洁净厂房建筑的空间组合形式，需要协调好其与生产区之间的关系，以取得良好的经济适用效果。各类机房主要通过管道线路与洁净生产区相联系，因此它们既能与所服务的洁净室组合建在一幢厂房内，也可以单独建设。当组合建在一幢厂房内时，可以缩短管道长度，减少管道接头和相应的渗漏污染概率，降低能源消耗且节约用地，减少室外工程和外墙材料消耗；当机房位于洁净室的外围时，还可减少洁净室的外墙面积，降低洁净室围护结构的散热量。但在一些技术改造工程中，为了利用原有房屋或受到特殊条件限制，会单独建造净化空调机房，并同洁净厂房保持一定的距离。此外，若工程对于防微振有特殊要求，也需将机房与厂房分开布置。

当净化空调机房位于洁净厂房内时，应结合各洁净室的空气洁净度等级、建筑面积、生产工艺特点、防止污染或交叉污染的要求、运行时间、作业班次等因素，考虑系统地合理划分，确定相应的机房布置：

1) 集中设置。这类机房在厂房内位置的安排，主要考虑生产工艺布置的特点、要求，以及送、回风管道的长度等因素。当厂房面积不大、系统简单、管线交叉不多时，可将送、回风干管布置在上部技术夹层；当厂房的面积较大，或者系统划分较多时，宜沿厂房长边布置机房，每个系统可以直接与所服务的洁净室对应排列；当采用上部技术夹层布置时，送、回风干管走向宜与屋顶承重构件方向平行，可以充分利用空间。

2) 分散设置。厂房面积较大或洁净生产区过于分散、集中设置机房困难时，在经过技术经济对比后，也可分设几处机房。在技术改造工程中，往往因原有房屋空间条件所限，需将净化空调设备分散设置在各洁净室的附近。分散设置方式的风管较短，布置灵活，能适应和利用原有空间，但在实际应用时应充分考虑噪声与振动对产品生产可能带来的影响。

3) 混合设置。在某些工程中，既使用集中式净化空调机房供大部分洁净生产区安装净化空调装置，又对特定局部空间使用分散式的净化空调装置，满足生产工艺的需要，兼有集中式与分散式的特点，更加经济灵活。

洁净室在布置时，应尽量避开变形缝，以利于围护结构的密闭性。为了保证洁净室围护结构的气密性，除须注意围护结构的选材和构造设计外，还应使主体结构具有抗震、控制温度变形和避免地基不均匀沉降的良好性能。在地震频繁地区应使主体结构具有良好的整体性和足够的刚度，尽量使洁净室部分的主体结构受力均匀，并且应尽量避免厂房的变形缝穿过洁净区。在可能因不均匀沉降而开裂的构造部位，如墙体与地面交接处等，宜采用柔性连接。不同洁净度等级的洁净室之间的隔墙，也同样需要考虑其构造上的气密性。在实际工程中，当确实无法避免变形缝穿越洁净室时，应采取可靠的技术措施。

2. 防火疏散要求

洁净厂房的布置与构造在很多方面不利于防火疏散；同时，洁净厂房建设造价较高，室内常安装有精密贵重设备，一旦发生火灾损失巨大。因此，应高度重视洁净厂房的防火设计。

洁净厂房中不利于防火的因素包含以下几个方面：

1）空间密闭，围护结构气密性强。一旦发生火灾，洁净室内部一方面因热量难以泄漏，火源的热辐射经四壁反射回室内，大大缩短室内各部位材料达到燃点的时间，可能发生大面积着火；另一方面因燃烧不完全，烟量较大不易排出，使室内能见度大大降低，令人窒息晕厥，对于防火疏散和扑救极为不利。

2）当洁净厂房外墙无窗时，室内发生的火灾往往不容易被外界发现，发现后也不容易选定扑救突破口。

3）洁净厂房建筑内设有人员净化用室、物料净化用室等，一般平面布置曲折，洁净区对外的总出入口较少；各生产用室因洁净度分区、生产流程等需要，内部区划分隔复杂，工作人员平时出入要通过迂回的路线，增加了疏散路线上的障碍，增加了安全疏散的距离和时间。

4）洁净厂房内各洁净室通过风管彼此串通，一旦发生火灾，特别是火势初起未被发现而又继续送风的情况下，风管成为烟、火迅速外窜，殃及其余房间的主要通道。

5）洁净室装修、管道保温等不可避免地会使用一些高分子合成材料，其中有的燃烧速度极快，大部分高分子合成材料在燃烧中产生浓烟，可能散发毒气。因此，洁净厂房主体结构的耐火等级、顶棚构件的耐火等级等，都将对防止火势蔓延起着十分重要的作用。

6）某些产品生产过程需使用易燃易爆物质，火灾危险性高，如甲醇、甲苯、丙酮、丁酮、乙酸乙酯、甲烷、二氯甲烷、硅烷、异丙醇、氢等，都是甲、乙类易燃易爆物质，对洁净厂房构成潜在的火灾威胁。

综上所述，为了确保洁净厂房内的人身、财产安全，在洁净厂房建筑设计中，必须认真贯彻"以防为主，防消结合"的消防工作方针；针对火灾蔓延快、危害大和疏散、扑救困难等特点，结合实际情况，积极创造条件，在防火设计中采用先进的防火技术措施，消除或减少起火因素；并且保证在发生火灾时能够及时有效地进行扑救和疏散，减少损失。

建筑物某空间发生火灾后，火势会因热气体对流呈辐射状，从楼板、墙壁的烧损处和门窗洞口向其他空间蔓延扩大开来，最后发展成为整座建筑的火灾。因此在火情发生后一定时间内，把火势控制在着火场所的一定区域内是非常重要的。防火分区就是采用具有一定耐火性能的分隔构件分隔，能在一定时间内防止火灾向同一建筑物的其他部分蔓延的空间单元。

在建筑物内采取划分防火分区的举措，可以在发生火灾时有效地把火势控制在一定范围内，减少火灾损失，同时为人员安全疏散、消防扑救提供有利条件。

防火分区按照防止火灾向防火分区以外蔓延的功能，可分为两类：一是竖向防火分区，用于防止建筑物层与层之间发生竖向火灾蔓延；二是水平防火分区，用于防止火灾在水平方向扩大蔓延。消防员为了迅速而有效地扑灭火灾，常常采取堵截包围、穿插分割、最后扑灭火灾的方法。而防火分区之间的防火分隔物体本身就起着堵截包围的作用，它能将火灾控制在一定范围内，从而避免了扑救大面积火灾而带来的种种困难。在发生火灾时，起火点所在的防火分区以外的区域是较为安全的；因此对于安全疏散而言，人员只要从着火防火分区逃出，其安全就相对地得到了保障，便能确保安全疏散的顺利进行。洁净厂房的耐火等级、层数及防火分区面积见表 2-1。

洁净厂房的耐火等级、层数和防火分区面积 表 2-1

生产类别	耐火等级	最多允许层数	防火分区最大允许面积（m²）			
			单层厂房	多层厂房	高层厂房	厂房地下室和半地下室
甲乙	一级	除生产必须采用多层者外，宜采用单层	宜为3000	宜为2000	—	—
	二级					
	一级	除生产必须采用多层者外，宜采用单层	宜为3000	宜为2000	—	—
	二级					
丙	一级	不限	不限	6000	3000	500
	二级		8000	4000	2000	500
丁	一级	不限	不限	不限	4000	1000
	二级					
戊	一级	不限	不限	不限	6000	1000
	二级					

建筑物发生火灾时，为避免内部人员因火烧、烟熏、毒气和房屋倒塌而遭到伤害，必须尽快撤离；室内物资也要尽快抢救出来，以减少火灾损失；同时，消防员也要迅速接近起火部位，扑救火灾。为此，对建筑物需要设计完善的安全疏散设施，为火灾紧急情况下的安全疏散创造良好的条件。

洁净厂房的安全疏散设施主要包括：安全出口、疏散楼梯、走道和门等。安全疏散设计是建筑防火设计的一项重要内容。在设计时，应根据建筑物的规模、使用性质、重要性、耐火等级、生产和储存物品的火灾危险性、容纳人数以及火灾时人的心理状态等情况，合理设置安全疏散设施，以便为人员安全疏散提供有利条件。

在进行安全疏散设计时应遵照的原则：

1）疏散路线要简洁明了，便于寻找、辨别。考虑到紧急疏散时人们缺乏思考疏散方法的能力，以及疏散时间的紧迫，疏散路线要简捷，易于辨认，并须设置简明易懂、醒目易见的疏散指示标识。洁净厂房人员净化程序多，连同生活用室在内至少包括换鞋、更衣（有时为多次更衣）、盥洗、吹淋等用室，同时布置上要避免路线交叉，因此，往往形成从人员入口到生产地点的曲折迂回路线。那么，一旦发生火灾，将这样曲折的人净路线当作安全出口是不恰当的。洁净室的疏散路线最好不完全依赖人净路线，应增设必要的便捷的安全疏散通道和出口通向室外。

2）疏散路线要做到步步安全。疏散路线一般可分为四个阶段：第一阶段是从着火房间内到房间门，第二阶段是公共走道中的疏散，第三阶段是在楼梯间的疏散，第四阶段为出楼梯间到室外安全区域的疏散。这四个阶段必须是一环扣一环，步步走向安全，以保证不出现"逆流"，疏散路线的尽头必须是安全区域。

3）疏散路线设计要符合人们的习惯要求。人在紧急情况下，习惯走平常熟悉的路线，因此在布置疏散楼梯的位置时，将其靠近经常使用的电梯间布置，将经常使用的路线与火灾时紧急使用的路线有机地结合起来，则有利于迅速而安全地疏散人员。此外，要利用明显的标志引导人们走向安全的疏散路线。

4）尽量不使疏散路线和扑救路线相交叉，避免相互干扰。

5）疏散走道不要布置成不甚畅通的"S"形或"U"形，也不要有宽度变化的平面，走道上方不能有妨碍安全疏散的突出物，下面不能有突然改变地面标高的踏步。

6）在建筑物内任何部位最好同时有两个或两个以上的疏散方向可供疏散。避免把疏散走道布置成袋形，因为袋形走道的致命弱点是只有一个疏散方向，火灾时一旦出口被烟火堵住，其走道内的人员就很难安全脱险。

7）合理设置各种安全疏散设施，做好构造设计，如疏散楼梯，要确定其数量、位置、形式等，其防火分隔、楼梯宽度以及其他构造都要满足规范的有关要求，确保在发生火灾时能充分发挥作用，保证人员疏散安全。

3. 气密要求

洁净室的围护结构有很多构造上的缝隙，例如，墙壁或顶棚部位的板材安装缝、高效过滤器送风口、灯具的安装缝；门、窗、回风口的安装缝以及管线穿孔等。缝隙所在的部位不同，泄漏所造成的风量损失或污染影响也会随之变化，如墙壁的内、外墙之分，顶棚以上是技术夹层还是一般房间等。随着缝隙两侧空气压力的变化，会形成外界对室内的污染或者洁净空气的向外泄漏，又或者在不同时间内两者交替进行。认为仅采取正压措施就能够防止污染或交叉污染的想法是不对的，因为某些产品生产用洁净室还要求与邻室保持负压，而且并非只采取正压措施便能防止污染或交叉污染。需要积极采取措施，从减少构造缝隙和加强缝隙构造的气密性着手，把空气泄漏或污染降至最低限度。从这个意义上说，洁净室围护结构与门窗等的气密性是洁净室设计、建造的必要考虑条件，没有这样的条件，想保持洁净操作环境，不仅在多数情况下会造成运行费用增加，有时甚至还无法实现洁净要求。

洁净室外围护结构的设计对洁净室的造价和净化空调系统运转费用的经济性起着重要的

作用，洁净厂房围护结构的材料选型应满足保温、隔热、防火、防潮、少产尘或不产尘等要求。外围护结构的保温隔热设计要点是选择合适的保温材料，以及合理地确定 K（传热系数）、D（热惰性指标）值。围护结构的隔气防潮设计是为了避免围护结构及其保温材料受潮后增加材料的导热性，从而降低保温性能。围护结构受潮后，易使材料变质、腐烂，或由于冬季冻结而破坏，以致影响围护结构的耐久性和保温性能。保温材料应选用表观密度、导热系数、吸水性能均较小，以及不易腐蚀的保温材料，且应选用不燃烧体；另外，还需考虑施工方便和就地取材等问题。一般来说，无机保温材料较有机保温材料耐酸、抗湿、耐腐蚀等性能更好，故采用较广泛。

防止内表面产生凝结水的主要措施是提高内表面温度，降低室内空气湿度。对洁净室来说，室内的湿度是根据产品生产工艺确定的，一般不能随意改变，所以应增加外围护结构的热稳定性和增强保温措施。若在室内空气温度正常情况下仍出现凝结水，则说明围护结构的保温性能不良，此时应设法增加围护结构总热阻，提高围护结构内表面的温度。由建筑物理可知，当水蒸气从气温高的一侧通过围护结构向气温低的一侧渗透时，由于围护结构各层材料的蒸汽渗透阻、水蒸气压力从围护结构外表面向内部逐渐减少，受围护结构各层材料热阻的影响，温度也从围护结构表面向内部逐渐降低，如果围护结构内某截面处温度降到使该处实际水蒸气分压力为该处饱和水蒸气分压力时，则该截面处开始产生凝结水。围护结构内部出现了凝结水，会使该部分材料的湿度增大，从而提高了它的导热性，这样在冬季就会降低围护结构内部的温度，又会促使凝结水再出现，使凝结水逐渐增加。当凝结水超过一定数量时，将影响围护结构的保温性能和耐久性。围护结构设计时，还应注意避免"冷桥"现象的发生。

防止围护结构内部产生凝结水的主要措施如下：

1）合理布置外围护结构层次。将保温层布置在空气温度低的一侧，使围护结构内部各层保持较高的温度，其水蒸气饱和分压力也相应提高，从而减少冷凝的可能。将蒸汽渗透系数小的材料布置在空气温度较高的一侧，蒸汽渗透系数大的材料布置在空气温度较低的一侧，使水蒸气进入围护结构中所遇到的阻力增大，从而使水蒸气进入量减少，而水蒸气渗出围护结构时所遇到的阻力小，扩散出去的速度快。这样，就降低了围护结构内各层的水蒸气分压力，使其不易达到饱和值，从而确保不产生凝结水。

2）合理设置隔气层。洁净室的特点是冬季室内气温高于室外气温，夏季室内气温低于室外气温，冬夏两季水蒸气扩散渗透的方向相反。因此，应根据不同地区的气候特征，比较冬夏两季中哪一季室内外温差大，哪一季室内外水蒸气压力的压差大，按温差大、压差大的季节设置外围护结构的隔气层。

3）一般不宜在保温层的两侧均设隔汽层，如果设两层隔汽层，水蒸气渗入保温层后不易渗出，反而使凝结水越积越多。在个别地区，冬夏两季围护结构内部都可能产生凝结水，为此可按室内外温差较小的季节来考虑在保温层两侧设置隔汽层，此时两侧隔汽层的蒸汽渗透阻应不相同。当保温材料本身为隔汽性能良好的材料时，可不设隔汽层。

4. 无尘设计要求

洁净室的构造处理和材料选择应按不同的洁净度等级、结构形式和室内建筑设计的要求进行。除要满足保温隔热、隔声防振等一般要求外，最关键是要保证其气密性和建筑材料表面不产尘、不滞留微粒、不积尘。另外，还要注意装修及人体产生的静电效应。所有的构造设计要力求简洁，尽量减少凹凸和不必要的装饰，表面要具有光滑、不产尘、不聚尘和易清扫的特点。因此，对洁净建筑来说，建筑构造、室内装修比之其他类型的生产厂房更具有重要意义。其装饰表面质量要求见表 2-2。

洁净室装饰表面质量要求　　　　　　　　　　　　　　　　表 2-2

使用部位		要求项目					
		发尘性	耐磨性耐水性	防静电	防霉性	气密性	压缝条
吊顶	涂料	不掉皮、粉化	—	可耐清洗	电阻为 $10^3 \sim 10^8 \Omega$	耐潮湿、霉变	—	—
	板材	不产尘、无裂痕	—	可擦洗	—	—	板缝平齐、密封	平直，缝隙不大于 0.5mm
	抹灰	按高级抹灰	—	耐潮湿	—	耐潮湿、霉变	—	—
隔墙	涂料	不掉皮、粉化	—	可耐清洗	电阻为 $10^3 \sim 10^8 \Omega$	耐潮湿、霉变	—	—
	板材	不产尘、无裂痕	—	可耐清洗	—	耐潮湿、霉变	板缝平齐、密封	平直，缝隙不大于 0.5mm
	抹灰	按高级抹灰	—	可耐清洗	—	耐潮湿、霉变	—	—
地面	涂料	不起壳、脱皮	耐磨	耐清洗	电阻为 $10^3 \sim 10^8 \Omega$	—	—	—
	卷材	不虚铺、缝隙对齐、不积灰	耐磨	耐清洗	电阻为 $10^3 \sim 10^8 \Omega$	—	缝隙密封、不虚焊	缝隙焊接牢固、平滑
	水磨石	不起砂、密实、光滑	耐磨	耐清洗	—	—	—	—

建筑材料的发尘是一种不可忽视的污染源。实验证明，即使在无碰撞的情况下，建筑材料表面也在不断地向周围空间散发微粒，而这些都是和材料的使用状态、质量、老化程度等有关。由于洁净室内的装修用料一般均含有一定的高分子合成材料，而各种合成纤维织物和绝缘材料制成的工作服、工作鞋在动摩擦下均会产生静电，因而对于洁净室的室内装修设计，特别是地面设计的防静电措施及去静电无尘工作服的研究等，都应加以极大重视。

2.2 电子洁净厂房总体施工重点

电子洁净厂房主要施工程序如图 2-3 所示。

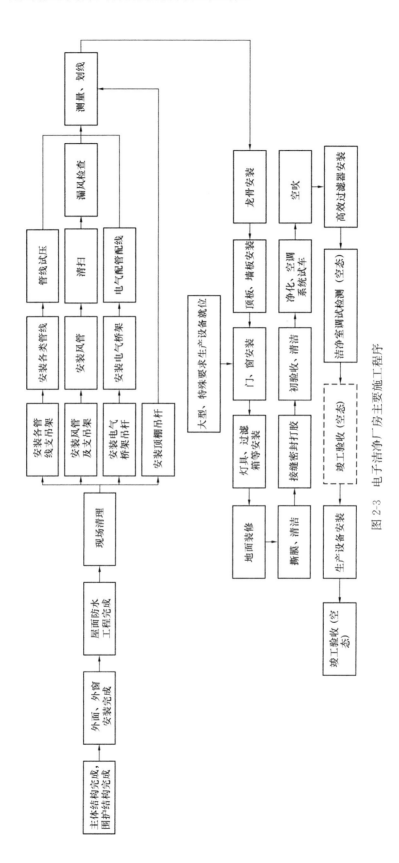

图 2-3 电子洁净厂房主要施工程序

电子洁净厂房根据其功能特征及施工程序，其建造施工具有以下重点：

1. 工期更紧

国内常规的其他类型建筑的建设大多会"工期紧"，这主要是业主基于综合成本的控制要求或建筑投入使用的时间需求提出的合同要求而导致的。站在建筑使用年限的 50 年里看，此类建筑施工进度的滞后影响并不非常突出。但电子洁净厂房有所不同：根据摩尔定律，平均每 18~24 个月芯片集成密度会增加一倍，随之电子产品就会升级一代，而不同迭代产品对生产厂房的功能布局、建筑层高、设备选型等要求差异性较大，生产厂房需要随之更新。实际上由于产品的成熟发展和市场的需求转换需要一个过程，并不会造成电子产品在两年左右时间就要更新换代，但从过去的经验来看，由于生产产品的快速更新，电子洁净厂房的实际使用寿命只有 10~15 年。因此对这种特殊功能需求的建筑，工期延误的影响无疑是巨大的，业主对工程工期履约的需求更强烈，相比其他同体量的建筑要更紧张。

以生产液晶显示器的某大型电子洁净厂房为例，其主要工期要求如表 2-3 所示。

某大型电子洁净厂房主要节点工期要求　　　　　　　　　　表 2-3

主要施工阶段	绝对工期	体量说明	备注
基础及主体阶段	166 天	约 60 万 m²，主要区域 4 层，平面尺寸 458.1m×365.6m	钢筋混凝土框架结构
机电、装饰及设备安装、调试阶段	258 天	共 2 层洁净车间，单层面积约 16.7 万 m²	机电、装饰约提前 2 个月插入施工

其他产品类型的电子洁净厂房，由于工艺需求一般建设体量和面积都不及显示器电子洁净厂房。对这种体量较大的工业建筑，需要在相对较短的时间内完成厂房建设，对业主的工程总体控制和协调能力、对总承包商的施工组织和管理协调能力要求都非常高（表 2-4）。业主需要进行合理的合约包划分以减少现场协调工作，进行合理的工期节点设置以保证更优的工序穿插；总承包商在主体结构施工阶段需要做到快速启动和资源的高效组织，在分包商分批进场后组织合理的工序穿插和及时的工作面移交，强化计划管控与协调。

国内近年部分电子洁净厂房建设工期基本情况　　　　　　　　表 2-4

项目	总建筑面积（m²）	结构形式	平面尺寸（m）	建筑高度（m）	层数	工期（天）	华夫板层数
合肥兰科	约 22 万	混凝土框架＋钢桁架	216×163	32.50	4	483	1
福州京东方	约 28 万	混凝土框架	350×200	36.20	4	412	—
重庆惠科	约 28 万	混凝土框架＋钢屋架	285×198	43.5	4	350	2
武汉国家存储器	约 34 万	框架剪力墙＋钢桁架	446×169	32	4	365	1
福建晋华	约 39 万	框架剪力墙＋钢结构	228×196	31.5	−1/4	410	1
深圳华星光电	约 60 万	混凝土框架＋钢桁架	485×298	49	4	443	2
滁州惠科	约 63 万	混凝土框架＋钢屋架	427×361	46.2	4	395	2
绵阳惠科	约 59.4 万	混凝土框架	458×366	43.4	4	373	2

2. 资源组织要求更高

电子洁净厂房与其他工业厂房、公共建筑相比，一般建设体量更大；由于工期较紧，工序穿插紧密，在施工资源的周转方面难度更大，在主材的消耗量方面更集中，造成了短期内对资源的密集需求较大。对基础、主体结构专业来说，主要是劳动力、建筑用的钢筋和混凝土、架体材料、围护网、起重机械（图2-4），以及指导这些资源合理组织的施工部署和施工方案等资源；对机电和设备专业，除了劳动力外，主要是根据工程需要定制的各类管材及辅材、施工机械、产品生产的设备，包括各类空气净化系统、温度湿度调节系统、消防系统等；对装饰专业，主要是需要定制的各类板材。对业主和总承包商来说，主要是工艺确定的及时性、分包商管理的高效性及工序的合理穿插组织。

与此同时，随着国家经济的快速发展和人民生活水平的逐步提高，作为劳动力密集型工厂，东部地区的"用工荒"越来越明显，电子洁净厂房的建设近年来也呈现出向中、西部地区或东部三、四线城市转移的发展态势。然而经过几十年的经济高速建设，已经形成了建设资源主要集中在东部地区较发达城市的布局，当需要在一个较"偏僻"的地区、在一个较短时间内建设一个体量超大的电子洁净厂房时，资源的密集需求特别需要关注。这里主要针对主体结构专业建设所需的架体材料、起重机械和装饰专业的各类定制板材，以及对造价成本影响较大的其他属地化主辅材进行分析。

资源的密集组织，造成电子洁净厂房建设总平面管理压力较大。主要体现在两个阶段，一是基础及主体结构施工阶段，这个阶段由于架体材料包括模板、支撑主次龙骨、支撑架体、外立面操作架、维护架等需求较大，同时华夫筒和钢筋也需要进行一定的场内储备，材料进场需要较大堆放，对于建设场地相对狭小的工程难度较大；与此同时，土方开挖阶段出土密集、基础及主体阶段混凝土浇筑密集，再与各类材料运输车辆交织影响，造成场内交通协调管理压力较大（图2-5）。第二个阶段是机电、装饰及设备安装施工阶段，其突出特点是由于电子洁净厂房涉及的专业门类多且进场相对集中，每个专业都需要有自己的堆场、加工场，总平面管理压力较大；与此同时，由于这些专业的提前插入，在这些专业进场时土建专业正在进行材料打包外运，场地需求不减反增，堆场的移交需要做好策划与协调。

图2-4 承插型盘扣式钢管脚手架现场储备 　　　图2-5 施工现场土方出土车辆密集进出

3. 施工品质要求高

电子洁净厂房的施工品质要求高主要体现在平整度、气密性和低尘施工三个方面。

精密设备在生产使用阶段对振动是极其敏感的，除了防止环境的干扰振动，防止与环境干扰振动频率相同的设备零部件产生的共振，防止在外界周期性冲击作用下设备、仪表零部件的冲击共振外，设备本身安置得平稳同样重要。这就要求主体结构专业需要将设备支承层的平整度控制在设备允许调差的范围内才可以，这一需求相比规范中对于一般建筑的地面平整度要求要严苛得多，也是结构验收的关键指标。以生产某液晶显示器的电子洁净厂房为例，其生产区地面平整度要求达到 2mm/2m，其中相邻华夫筒紧邻桶缘高差控制在 1mm 以内（图 2-6），而《混凝土结构工程施工质量验收规范》GB 50204—2015 中要求，采用 2m 靠尺和塞尺检查控制在 8mm 以内即为合格。

图 2-6　华夫板平整度成型效果

洁净厂房的气密性对不同洁净区保持压差、继而控制污染源起着非常重要的作用。气密性的保证，除了在设计源头上做到科学可靠、切实可行外，还要保证施工质量的可靠，在围护结构、门窗、吊顶、风管等方面满足气密性指标要求。

洁净室的低尘施工并不是从始至终的全部低尘施工，是在空气过滤和调节设备安装前要对洁净室进行清洁，在设备安装后对施工准备和施工过程中容易产生灰尘的环节进行控制，减小设备负荷，减小维护周期，延长使用周期。在设备安装调试后开始正压送风，并对进出洁净区的施工人员进行低尘管控，如穿戴鞋套、口罩，对施工工艺的降尘环节进行严格控制等。

4. 分包管理协调要求高

电子洁净厂房的施工工序复杂，专业化程度高，涉及的特殊分包商较多，需要对每个专业的工序穿插条件、工作面移交要求、平面加工场及堆场实际需求、材料设备产地及生产周期、施工人员资质要求、特殊工艺验收标准等有一定了解，对总承包商的专业知识储备有一定要求。

由于电子洁净厂房工期较为紧张，需要组织一定的专业交叉施工。首先，洁净包施工不能等结构专业全部施工完成后再插入，洁净包与主体包的交叉，一方面需要洁净包在交叉阶段做好工序安排，减小成品保护压力；另一方面需要主体包做好闭水措施，为洁净包施工提供一个相对干燥的环境；其次，在主体包施工完成后，洁净厂房内其他专业之间的交叉施工同样需要关注，例如洁净包与消防包之间、各内部区域分包与外围护幕墙分包之间等。需要总承包商协调好各专业工序与工作面，尽量减少交叉，并做好必须交叉专业间的协调管理。

站在分包商的层面，每个分包商都希望能及时、合乎标准地接收工作面和总平面堆场，但实际工作往往不尽理想。受制于工期因素的影响，专业交叉多，每个专业都有其特殊阶段的特殊要求，有可能影响总平面堆场及时移交，如土建专业在架体打包退场阶段，场地需求大，但同时其他提前插入分包商需要材料堆放和加工场地，可能影响总平面堆场及时移交；有些专业在施工时的质量偏差可能满足规范要求，但不满足移交要求，每个专业在接收工作面时都有一个偏差处理的能力范围，这个偏差处理的能力范围一般比设计标准低，但是偏差处理增加成本费用，接收方不愿意接收不符移交标准的工作面。站在总承包商的层面，需要掌握各专业之间界面移交的切实需求，做好协调管理工作。

2.3 各专业工程施工重点与特点

2.3.1 建筑结构工程特点与施工重点

1. 建筑特点

1）平面布置特点

不同工艺需占用不同的生产区域，分散型厂房根据使用功能不同分开建造，每个厂房相对都不大，厂房之间设室外道路，可能有连廊互通（图 2-7）。这种厂房建造难度相对较小，塔式起重机布置、材料运输、施工流水组织都较为简单。

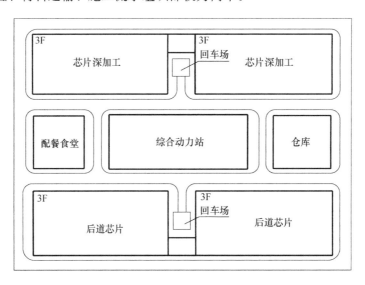

图 2-7　分散型厂房部分布局示意图

集中型电子洁净厂房由于将不同功能区间进行整合，降低了工艺运输成本，同时设备规划集中，同等体积空间提高了设备综合利用率，降低了生产能耗。综合对比，集中型厂房更有利于降低生产成本。但这也导致单体电子洁净厂房单层面积越来越大，为现场施工以及后期消防等带来极大的困难。考虑不同功能区分隔和正式启用后的消防安全，集中型厂房设计

时通常在整个厂房中部设置贯穿的
消防疏散通道。疏散通道底板标高
一般低于两侧厂房底板标高，通道
上部为普通楼板结构，通道两侧设
有回风夹道，在施工上可以将厂房
有效分隔为两个较均匀的半区（图
2-8）。

2）建筑层高特点

电子洁净厂房建筑结构设计往
往采用大跨度和大空间的框架结构
形式。

（1）适应灵活性改造的要求

电子产品的快速更新换代导致
厂房在设计和建造时也需同时考虑

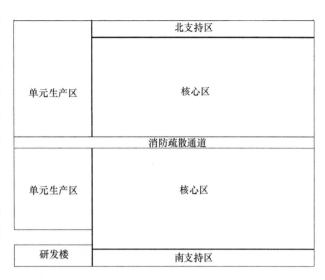

图 2-8　集中型厂房布局示意图
（以生产液晶显示器的某电子洁净厂房为例）

其发展的灵活性。建筑物从主体结构、空间布局到管线安排，不仅能够适应小的工艺变动，
而且最好在较大的工艺变动时，仍有技术改造的可能性。因此，无论是单层厂房还是多层厂
房，其楼层高度和平面柱网尺度均设置较大。

建筑空间的灵活性主要是指建筑空间的扩展和调整，包括建筑平面尺寸及剖面高度尺寸
的扩展、调整。为了适应这种扩展、调整，建筑设计通常采用大空间、大通间的布置与装配
化的内墙顶棚体系相结合。由于采用大柱网和大空间、大通间的建筑设计，当进行产品生产
工艺包括工艺设备变更时，如工艺设备的增高或增大，一般情况下都是可以适应的。除非生
产工艺设备变化过大，超出实际可能外，改造都是可以实现的。

（2）满足洁净环境的要求

为了保证元器件性能稳定、保证产品合格率及可靠度满足要求，电子洁净厂房的洁净区
域对室内环境有着极为严格的要求。而为了满足洁净室内的温度、湿度、压力及洁净环境等
因素，技术夹层空间内的各种净化系统及辅助系统必不可少。

技术夹层主要是以水平构件分割构成的辅助空间，如位于洁净生产区顶棚以上或地板以

图 2-9　技术夹层空间示意图

下的技术夹层、轻质吊顶以上的空间等，就
其位置和空间尺度的特点来说，是以容纳水
平走向的管线或作为净化空调系统的送风静
压箱或回风静压箱（图 2-9）。在多层厂房
中，某层洁净室的上技术夹层也可兼作上层
洁净室的下技术夹层使用，既可供下层洁净
室的管线敷设，又可布置上层洁净室的回风
管。在某些厂房中也同时设上、下技术夹

层，下技术夹层设回风静压箱，并敷设排风管、尾气管、气体管道、纯水循环管、冷冻水管、热水管、给水排水管道、喷淋/消防水管、电力照明、弱电等管线；上技术夹层设送风静压箱、循环风处理装置或 FFU（风机过滤机组）装置、高效过滤器以及部分电力、通信管线等。

技术夹层内部管线复杂，往往需要占用较大空间，因此洁净生产楼层的层高一般要求较高。

以生产液晶显示器的某电子洁净厂房项目为例，该项目核心区生产层之二层层高12.7m，四层层高13～17.74m，框架柱柱网间距16.2m。如图2-10所示，三层和一层分别为上、下两个生产层的下技术夹层，层高分别为 6.1m 和 6.5m。

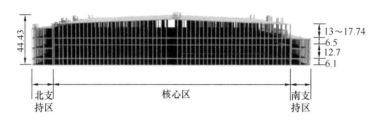

图 2-10　某液晶面板电子洁净厂房单向剖面层高示意图（单位：m）

2. 结构特点

1）结构形式特点

国内近年建设的电子洁净厂房主体结构以混凝土框架结构形式为主，其中屋面结构形式以钢桁架居多，根据地区的差异也有设计成钢筋混凝土结构形式的；回风夹道主要有钢筋混凝土结构和钢结构两种形式。基础形式常见的有桩基＋条形基础和桩基＋独立基础两种形式。

2）构件特点

由于工业厂房生产荷载大、开间大的特殊功能需求，结构构件尺寸一般都较大，以生产液晶显示器的某电子洁净厂房项目为例，见表2-5。

生产液晶显示器的某电子洁净厂房项目主要构件尺寸表　　　　　　　表 2-5

承台典型截面尺寸（mm）	1600×1600×900、2000×2000×1000、2000×5000×2500、4600×5000×2500、5000×5000×2500、6300×6300×2500、5000×8000×2500、6300×10600×2500 等		
柱典型截面尺寸（mm）	700×700、800×700、800×800、800×900、500×600、600×600、450×500、500×500、1400×1400、1100×1100、600×1100、1200×1200、1000×1000 等		
板典型厚度（mm）	基础板	普通板	华夫板
	500、400、300	120、150、200 等	650、750
梁典型截面尺寸（mm）	200×400、200×500、250×500、250×600、300×600、300×700、300×800、300×1000、300×900、400×600、400×800、400×1000、500×1000、550×1000、500×1200、600×500、600×900、600×1200、700×1000、700×1400、1000×1800、1100×500 等		

3）华夫板特点

华夫板作为电子洁净厂房洁净系统的重要结构构造，是为了满足空气循环和防止尘埃粒子附着设计的一种能够上下层透气的多孔楼板，洁净室正压力操纵，选用竖直层流的自然通风，清洁气体自顶棚往下带去浮尘经楼板内的竖直全线贯通孔（华夫筒）排至下一层，以达到室内空气洁净度要求。华夫板最早的形式是格构梁板，由于形状像华夫饼而得名，随着洁净厂房生产工艺要求的提高和建筑技术的不断发展，华夫板已经演变成多洞口、高平整度要求的无梁楼板，预留洞模板也已发展成

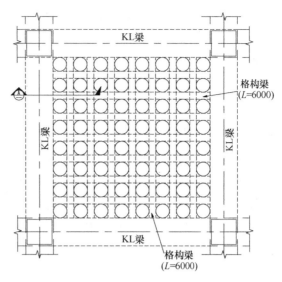

图 2-11　华夫板典型平面布置图

成品、不易起尘和附尘的定型化、一体化特制钢模。以生产液晶显示器的某电子洁净厂房项目为例，其成孔模具采用直径 400mm，高 750mm/650mm 的不锈钢模，相邻孔中心间距 600mm，孔间为暗梁（图 2-11、图 2-12）。

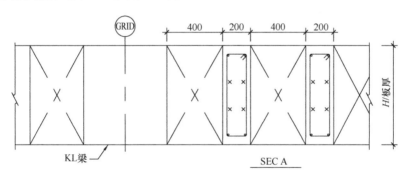

图 2-12　华夫板典型剖面示意图

电子科学和工业技术的飞速发展促使产品向着高精度、高稳定的方向变革，生产工艺要求生产车间地面平整度必须非常高（图 2-13）。根据《混凝土结构工程施工质量验收规范》

图 2-13　华夫板平整度测量示意图

GB 50204—2015，现浇楼板地面平整度控制标准为 8mm，但电子洁净厂房对其地面平整度要求却达到了±2mm/2m，其中华夫板孔间楼板高差为±1mm，对整体楼板中任意一块 50m×50m 区间中完成面高差控制在±10mm，整体楼板混凝土完成面高低差控制在±15mm 以内。

4）防微振特点

随着现代科技的高速发展，对材料的高纯度、产品的高精度及高可靠性也提出更高的要求。超微细加工、装配和测试，对诸如空气洁净、防微振、低噪声以及对超纯水、超纯气体等的严格要求，使由此产生的环境控制学得到了迅速发展。

控制微振动即防微振，是环境控制的一个重要组成部分。在微电子工业领域，硅片加工中的光刻工序对微振动的控制要求极为严格，其他如精密机械加工、光学器件检测、激光实验、超薄金属轧制等都要对微振动进行控制。

在精密设备仪器微振动控制值确定后，电子洁净厂房的防微振控制通常采用以下两种方式：

（1）厂区选址

在厂址选择或已建工厂内的洁净厂区场地选择的过程中，需要对周围振源的振动影响做出评价，以确定该厂址或场地是否适宜建设。周围振源对有防微振要求的设备、仪器或产品生产过程的振动影响，是若干单个振源振动的叠加结果。这种叠加目前还没有系统的参考数据及实用的计算方法，因此应立足于实测。实测各类振源振动的影响评价是十分重要的，它是拟选择的洁净厂房的厂址或场地是否合适或是否需采取必要的防微振措施以确保将振源的振动影响控制在允许的范围内。

一般来说，厂址选择应考虑如下原则：

厂区远离铁路、公路干道、码头、机场，并选择环境振动较小的区域。在地质上应避开断层、流砂，选择地质构造稳定、土层密实、地下水位变化较小的地区。

合理利用地形、地貌，例如利用河流、地面高差等自然条件，减少环境振动对厂区及洁净厂房的影响。

（2）防微振结构设计

在获得拟建场地环境振动测试数据，并已确定工程中精密设备的微振动控制值后进行厂房的总平面规划和防微振设计。

电子厂房的防微振首先要了解环境振动的分类及传递途径，环境振动传递的最终接受者是精密设备，其中一类振动是直接作用于精密设备上，另一类振动是通过建筑结构的各种构件如基础、柱、梁、墙、板等最终传至精密设备底部。而大量的环境振动能量，是通过建筑结构传递到精密设备底部的，因此建筑结构的防微振设计的要点如下：

建筑物基础尽可能置于坚硬土层上，并且基础有足够的刚度。

建立独立的建筑结构防微振体系，并与厂房主体结构脱开，减弱主体结构振动的影响。

为满足厂房内部空间的应变能力和布置的灵活性，电子洁净厂房建筑结构设计一般摒弃内墙承重体系，多采用大空间、大通间及大跨度柱网框架结构形式，但大跨度结构带来的防微振性能必然有所降低。在结合设备类型和周边场地环境的情况下，减小楼板跨度以提高结构刚度，是结构设计满足精密仪器防微振控制的根本条件。防微振柱通常设置在技术夹层，在不影响洁净生产楼层空间布局的前提下，可以有效减小上部楼层的楼板跨度，达到增加楼板结构刚度、降低微振影响的目的（图 2-14）。

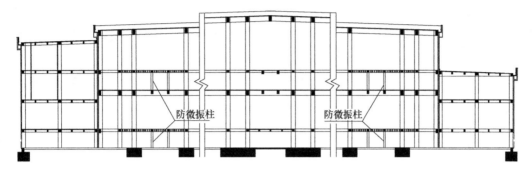

图 2-14　防微振柱竖向分布示意图

3. 施工重点

1）快速启动

电子洁净厂房体量大、资源组织量大、质量要求高、安全风险大、工期紧，如果不能实现快速启动，依靠后期"抢回来"，那么从工序方面、资源组织方面难度将极大。以生产液晶显示器的某电子洁净厂房为例，该项目从土方开挖到结构封顶（除预留通道）工期仅 166 天，如按传统节奏进行施工准备，按照工程所需的资源体量估算，项目启动阶段至少要增加 30 天时间，一方面合同中前期的工期节点无法保证，另一方面启动阶段额外增加的工期占结构施工工期达 18%，极大地增加了结构封顶节点工期压力。

与此同时，快速启动是降低工程成本的重要法宝。结合此类项目特点，提高材料周转率、缩短材料使用周期、压降材料费投入、确保工期履约、化解巨额工期处罚风险是控制项目成本的关键要点之一。

快速启动也是各项资源高效动员的需要。工程的实施靠的是资源，人、机、料、法、环每一种都不能缺少，工程的施工组织实际上就是资源的组织；资源的高效组织除特殊客观因素外，现场需求决定了资源的组织效率，具体来讲就是从分包方利益出发，在工作面、施工条件等方面为分包方创造客观条件，减少人员窝工与机械设备闲置。通过总承包方现场快速启动，使堆场、道路、工作面、技术条件等快速形成，有利于资源的高效动员。

快速启动包括项目管理人员快速集结，施工部署提前准确制定，总平面快速形成，劳动力、材料、大型设备等资源快速进场等方面，如何组织好快速启动是施工重点。

2）施工部署

如前文所述，电子洁净厂房根据布局分为分散型和集中型两类，分散型由于内部区域存在道路设计，材料水平运输可以保证；或者单层面积超大，但厂房呈长方形，内部区域可通过设置在外侧的塔式起重机满足垂直运输要求，材料水平运输也可以保证。集中型厂房平面尺寸超大，需要设置预留通道才能满足内部区域塔式起重机的水平转运及吊装需求，如何更优地设计通道位置、尺寸、封闭时间及进行节点设计等是施工重点。

平面尺寸超大，工期超紧，施工组织基本属于"整层平推"，同层材料周转（竖向结构加固体系除外）基本不能实现。超大平面建筑"整层平推"施工对施工管理要求较高，必须细分，合理地化整为零，分区管理。因此，如何划分好施工区段、组织好流水施工是施工重点。

塔式起重机选型及布置时应考虑最大吊重要求进行合理选择，塔式起重机覆盖范围一般不超过 8000m² 均能满足运力需求；现场汽车式起重机主要用于水平材料转运，局部垂直运输仅为辅助和补充不足。

超短工期、超大体量结构施工的塔式起重机布置及选型非常重要，要考虑吊重、吊装效率、楼层水平转运效率、劳务协调、安全距离、基础设计的经济节约及塔式起重机拆除和封堵等各方面因素。如何合理进行塔式起重机布置及选型非常重要。

物料进出场集中，场内水平交通物流压力较大，总平面堆场面积一般受限，总平面设计要考虑堆场面积、场内道路及转弯效率、道路宽度、钢筋加工棚位置、华夫筒堆放等因素，如何更优地设计总平面布置是施工重点。

3）资源组织

电子洁净厂房工期紧、体量大，短期内资源组织量较大。

资源组织包括多方面，首先是管理力量的组织。项目管理团队是项目实施的龙头资源，如何保证项目班子提前到位，项目其他关键岗位管理人员及时到位，以便提高投标精度，提前进行工作规划并开展相关工作，包括施工分区分段、施工流水、施工计划、总平面布置、交通物流等施工部署的制定，塔式起重机、架体等主要施工方案的制定，商务成本测算、资源调研及锁定等，是超大体量电子洁净厂房施工控制重点。

其次是劳动力资源的组织。劳务分包是特殊资源，不同劳务分包的管理经验、管理水平、对工程的理解和节奏把控能力，工人的操作熟练度等都将对工程实施造成较大影响。确定合理的劳务资源搭配，保证项目管理层和劳务分包层目标和行动高度统一是大型电子洁净厂房施工重点。

再次是材料资源组织。材料资源包括主材和周转材料两种，主材需要重点关注建设地周边的混凝土供应能力能否满足项目工期要求，图纸中涉及的特殊型号材质钢筋的采购周期及采购距离，周转材料需要重点关注支撑架体和外架、防护架用普通钢管、碗扣、盘扣材料及其配件的建设地周边供应能力、运输距离等。提前了解周边材料资源的储备、产能、运距、费用等信息是施工重点。

最后是设备资源组织。大型电子洁净厂房工期紧，快速启动阶段在塔式起重机尚未投入使用时现场即需开始施工作业，为了满足材料调运需求，前期需要配备一定数量的汽车式起重机、平板车等设备临时替代塔式起重机；土方开挖需要速战速决，土方作业所需的工程机械配置应满足计划要求，并与现场交通情况相匹配；大型电子洁净厂房由于平面尺寸较大，塔式起重机选型时要考虑吊重、覆盖范围和运行效率等多个方面的因素，同时所需配备塔式起重机数量较多，塔式起重机资源的调查、锁定、进场计划跟踪等较为重要。

4）安全施工

相比其他类型建筑，大型电子洁净厂房混凝土结构具有梁大、板厚、跨度大、层高高的特点，施工安全风险较高。以生产液晶显示器的某电子洁净厂房为例，项目混凝土结构施工的面积中超过 85% 属于《危险性较大的分部分项工程安全管理规定》（住房和城乡建设部令第 37 号）中"超过一定规模的危险性较大的分部分项工程"范围，施工安全风险性较大。与此同时，由于大型电子洁净厂房劳动力组织密集，劳务作业工人人数较多，现场及生活区消防安全需要重点关注。

2.3.2　一般机械及给水排水工程特点与施工重点

1. 一般机械及给水排水工程特点

大型电子洁净厂房一般机械及给水排水专业从系统特点方面考虑，主要是涉及暖通、给水排水、自动控制等多专业系统及设备安装，涉及综合空间管理，专业较多，深化设计较为复杂，空间协调量较大；从实施工期方面讲，工期非常紧张；从资源保障方面讲，设备阀件等规格较多，高技能水平焊工需求数量多。

1）工期紧张。大型电子洁净厂房建造工期紧张，留给一般机械及给水排水工程的施工时间一般只有 3~4 个月，涉及专业多，施工内容零散，深化设计复杂，工程量较大，专业交叉较多，工期较为紧张。

2）资源保障难度较大。大型电子洁净厂房一般机械及给水排水物资设备种类、规格繁多，需求量大，供应时间短；尤其是动力站，主要设备及阀门部件需在两个月内全部到场。高素质焊工需求量较大，组织时间短；资源组织是电子洁净厂房工程能否按时完成的决定因素。

2. 施工重点

1）大口径管道焊接。大型电子洁净厂房一般机械及给水排水专业管道管径较大，施工难度及质量保证难度较大。以某大型电子洁净厂房项目为例，管道最大管径 1800mm，管径大于 1000mm 的管道约 4000m，焊缝数量多，焊接难度大。项目投产后空调系统即全天候运行，大口径管道焊接是电子洁净厂房工程施工重点。

2）大型设备、管道的吊装。大型电子洁净厂房一般机械及给水排水专业冷水机组、锅炉、水泵等大型设备数量多，设备重量较大，如某大型电子洁净厂房项目设备最大重量达

50t，需安全快速就位。

3）系统调试。一般机械及给水排水专业系统复杂，与各分包商接口多，调试需配合各分包商逐次进行。自动化要求高，配合调试难度高、工作量大。

2.3.3 消防工程特点与施工重点

1. 消防工程特点

电子洁净厂房具有体量大、工期紧、空间密闭、洁净度高，厂区通常划分为多个区域，并且彼此串联等特点。同时，洁净厂房生产的都是高精度、高标准产品，机械自动化程度高，仪器、设备贵重，工作人员较少，并且内存大量易燃、易爆危险品。因此，电子洁净厂房消防工程结合其建筑结构特点、生产元素特点、产品特点等，有以下几点特点尤需注意：

1）消防设施的正确选用非常重要，应选用响应及时、扑救有效的消防系统。电子洁净厂房机械化程度高，人员较少，难以依赖工作人员第一时间发现火情。其空间密闭性好，但空间彼此串联，一旦发生火情将迅速扩散。同时，其内存大量易燃易爆危险品，如不能及时发现火情且有效扑救，后果将不堪设想。

2）火灾探测系统需结合其建筑结构特点、功能特点等有效设置。由于多数电子洁净厂房内空气是从顶棚向地板单方向流动，所以在火灾初期很难用设置在顶棚的探测器探测到。因此，为了早期发现火灾，需要在排风口、回风管、回风夹道内设置火灾探测系统。

3）电子洁净厂房设备仪器贵重。电子洁净厂房和其他被保护场所的最大区别就是要求在火灾中贵重仪器、设备以及产品的损失降到最小值，其中包括水渍损失。

4）洁净度要求高。在不同施工阶段消防工程需提前考虑采用不同防护措施或施工工艺保证洁净度要求。

5）工程体量大、工期紧，需提前做好施工策划、资源组织、流水作业、工作面交接，以及各方协调工作。

2. 消防工程施工重点

1）电子洁净厂房施工范围面积大，安全管理是施工重点。消防工程施工安全管理包括人员的安全管理、机具的安全管理、高空设备的安全管理、脚手架的搭拆安全管理、临时用电的安全管理、危险品的安全管理等。

2）工期进度控制是施工重点。通过施工进度计划的管理、资源的保障、合理安排与其他专业的穿插、雨期冬期施工内容的合理安排等控制工期进度。

3）电子洁净厂房各专业交叉施工面较多，各专业队伍之间施工的配合和工作面的交接是消防工程施工重点。

4）现场空间管理是消防工程施工重点。既要满足美观，又要满足现场的空间，做好交叉部位的空间管理深化设计。

5）进口材料设备的采购是电子洁净厂房工程的施工重点。按工期节点要求提前对报警设备、高压细水雾进口设备等进口材料设备进行订货、采购，以保证施工工期。

6）成品保护是电子洁净厂房消防工程的施工重点。

7）消防系统水压试验是电子洁净厂房消防工程的施工重点。试压时制订专项试压方案，必要时先进行空压试验，后进行水压试验，避免渗漏造成损失。

2.3.4　废水工程特点与施工重点

1. 废水工程特点

废水处理站为厂区工艺废水净化、处理和处置污泥场所，其主要包含的施工内容可以分为两部分：一是土建承包商施工范围，主要包含废水站建筑结构工程施工、装饰装修工程施工等内容；二是废水站系统承包商施工范围，主要包含工程设计、采购、制造、运输、安装、试运行、验收、保修及对业主的培训等范围。

结合以上施工内容的划分，废水工程施工主要具有以下特点：

1）严格控制水池渗漏和移交。电子洁净厂房废水均为有毒、有害物质，蓄水池结构施工应保证其抗渗性能。电子洁净厂房体量大、工期紧，各项工序穿插紧密，需严格控制废水站的土建移交时间节点。

2）结合招标文件和图纸要求，局部结构应达到清水混凝土外观要求。为保证施工质量，需按照清水混凝土施工的管理、工艺要求进行工程清水混凝土施工。

3）废水系统及配管系统一般发包模式为工程总承包模式，承包商负责设计（初步和施工图设计、竣工图绘制）、设备供货、系统安装、系统调试和售后服务等相关技术服务。

2. 废水工程施工重点

1）严格控制废水站的土建移交时间节点是废水工程施工重点。废水工程施工涉及工序多，同时蓄水等施工还要避开冬季，工期紧张，保证废水站按照计划要求及时移交工作面是施工重点。

2）严格控制废水站蓄水池的抗渗性能是施工重点。电子洁净厂房废水均为有毒、有害物质，蓄水池结构施工应保证其抗渗性能；在移交前应进行蓄水试验，经过处理满足抗渗要求后才能进行后续工序操作。

3）废水站管路及设备安装的质量控制是施工重点。应保证废水站水泵符合设计标准，设备安装的平整度满足要求，以及各子部件安装质量满足要求；应保证斜管沉淀设备排泥管道开孔符合设计要求、固定牢靠，斜管填料支架安装可靠，避免使用过程中斜管填料设备倾斜甚至倒塌。

2.3.5 纯水工程特点与施工重点

1. 纯水工程特点

纯水为电子洁净厂房生产所必需的基础材料之一，纯水站其功能在于制取符合电子洁净厂房生产要求的存水、超纯水。其主要包含的施工内容同废水工程，主要可以分为两部分：一是土建承包商施工范围，主要包含纯水站建筑结构工程施工、装饰装修工程施工等内容；二是纯水站系统承包商施工范围，主要包含工程设计、采购、制造、运输、安装、试运行、验收、保修及对业主的培训等范围。

结合以上施工内容的划分，纯水工程施工主要具有以下特点：

1）结合招标文件和图纸要求，局部结构应达到清水混凝土外观要求。为保证施工质量，需按照清水混凝土施工的管理、工艺要求进行工程清水混凝土施工。

2）纯水系统及配管系统一般发包模式为工程总承包模式，承包商负责设计（初步和施工图设计、竣工图绘制）、设备供货、系统安装、系统调试和售后服务等相关技术服务。

3）管材的选择要求高。选择管材的依据主要是管道的溶出物及内表面光洁度。

4）需保证施工过程中管道的洁净度。工作人员在施工过程中必须佩戴专用洁净一次性手套，施工过程中禁止徒手接触管道内壁，以免手上的油脂粘在管内壁，造成污染。

2. 纯水工程施工重点

1）纯水工程施工首先要保证纯水站结构按时移交工作面。纯水工程施工涉及工序多，同时管路打压等施工还要避开冬季，工期紧张，保证纯水站按照计划要求及时移交工作面是施工重点。

2）控制洁净管材施工环境是纯水工程施工重点。洁净管材的施工作业，应在不产生尘埃、烟雾的洁净施工环境下进行。同时，管材施工人员在施工过程中也需保持自身清洁，避免采用容易对管材内部产生污染的作业行为。

3）纯水站管路的质量控制是施工重点。为避免管材运输和加工中的二次污染，需用过氧化氢进行二次消毒。管材与接头热粘连接完成后，需在加工现场进行压力试验，待主厂房内所有管路系统安装完成后，对管网进行压力试验。

2.3.6 化学品供应系统特点与施工重点

1. 化学品供应系统特点

化学品供应系统是指以中央供应方式提供工艺生产过程中所需化学品的系统，属于生产的辅助工艺系统。根据生产对化学品需求不同、系统功能不同，采取的系统供给方式也有所不同。电子工业洁净厂房所需化学品的品类较多，包括具有可燃性、氧化性、腐蚀性的各种酸碱、有机溶剂等，对化学品储存及输送管道的材质有不同的要求，因此应合理选用适应相关化学品的材料，避免化学品储存及输送管道被腐蚀破坏。并且供给系统应该配备单独的控制和监测系统，包括控制器、控制阀门、可编程逻辑控制器、软件、操作界面等等，一旦遇到危险情况可以第一时间进行处理解决。

2. 施工重点

1）化学品储存间泄爆及泄漏报警阀组是施工重点。化学品储存间含有 IPA（二甲基甲醇）、NMP（N-甲基吡咯烷酮）、PGMEA（丙二醇单甲基醚酯）等易爆物品，对于储存间的泄爆需按照相关标准进行设计与施工，并且应安装泄漏报警阀组，及时关注化学品储存间的安全问题，及时发现，及时进行处理。

2）化学品管道施工质量控制。化学品管道应按照技术要求，对 CPVC（氯化聚氯乙烯树脂）配管施工及 PFA（四氟乙烯）配管施工重点关注，根据系统流程、系统布置图、材料规格表进行管线检查。

3）高纯工艺管道施工质量控制。高纯工艺管道材料的存储、预制、清理、吹扫、焊接及测试应严格按照既定流程规范进行，尤其是在洁净区内的施工，应严格控制空气的洁净度并进行相关测试工作，保证施工质量。

2.3.7　气体供应系统特点与施工重点

1. 特气系统特点与施工重点

1）特气系统特点

（1）特殊气体种类繁多，但无论是惰性气体（Inert Gas）、毒性气体（Toxic Gas）、腐蚀性气体（Corrosive Gas）以及易燃性气体（Flammable Gas）等，均对人体存在着一定的危害性，保证气体的使用安全是特气供应系统实施的基本要求。

供气源的选择，气体室/气瓶柜的设置，气体管道材质和连接形式的选择，阀门和管件的选取，以及管道的压力试验和氦检漏测试等，均是特殊气体供应系统实施中保证后期气体使用安全的重要举措。

（2）保证气体的纯度需求

随着电子产品向精密化、更高性能发展，对电子特气的纯度要求也越来越高。例如，90nm（纳米）制程的集成电路制造技术要求电子特气的纯度要在 5～6N（N 表示某产品的纯度，5N 就是 5 个 9，即 99.999%）以上，有害的气体杂质浓度需要控制在 ppb（10^{-9}）级别；而更为先进的 28nm 及目前国际一线的 6～10nm 集成电路制程工艺中，电子特气的纯度要求更高，杂质浓度要求甚至达到 ppt（10^{-12}）级别。所以在特气管道系统中，保持气体的纯度、减少杂质的混入，是特气系统实施的根本要求。

在设计层面上，管道材质的选择、管路的布局、检测仪器等的设置均是其考虑的重点因素。目前管道材质基本采用不锈钢光亮退火管（SS304BA、SS316BA）、不锈钢电抛光管（SS316L－EP）等；管路设计中应减少不流动气体的"死空间"，在特殊气体的储气瓶与用气设备之间应配置吹扫控制装置、多阀门控制装置，用以控制各个阀门的开关顺序、系统吹除，以确保供气系统的安全、可靠运行和防止"死区"形成而滞留污染物，降低气体纯度；为了检测气体的纯度和杂质含量，输送系统除了设置必要的连续检测仪器，如衡量水含量或者氧杂质含量等分析仪外，还应设置定期取样用的检测采样口，以便按规定时间进行采样，分析气体中各种杂质的含量。

在施工层面上，管道的连接形式、管道预制间的设置、系统的检测等是重点关注的因素。管道的焊接形式除了保证气体不泄露外，同样对杂质的渗入有很好的控制作用。洁净厂房气体管道的预制场所，其洁净要求应与管道安装场所的洁净度要求一致，否则将很难控制预制管道不受污染。压力试验、气密性试验、颗粒测试、氧分测试、水分测试等，也是特气系统施工完成后保证气体纯度的重要措施。

2）施工重点

（1）特气供应系统的安全性保障非常重要，关键设备如气瓶柜、VMB（阀箱）/VMP（阀盘）、尾气处理装置、管道、管件、阀门等关键设备的进场合格验收是施工重点。

（2）特气供应系统的安全性同时与管道安装质量密切相关，管道安装、连接、焊接、室内配管、室外配管应满足行业规范的严格要求，确保安装品质可靠。

（3）特殊气体管道系统材料的清洗、下料、焊接、预制应在洁净室进行。

（4）低蒸汽压特气管道施工除应符合管道焊接的相关要求外，还应考虑设置伴热装置，防止施工过程中局部温差较大，使管材内部出现裂纹，减小管材使用寿命。

（5）双套管特殊气体管道的施工除应符合上述管道安装的要求外，还应注意内、外管的施工顺序、检测顺序等，保证双套管特殊气体管道施工质量。

（6）特气系统的验收，应针对设备、管路系统、气体侦测/监测系统进行验收，保证各项测试要求符合合格条件。

2. 大宗气体供应系统特点与施工重点

1）大宗气体供应系统特点

（1）气体纯化及气体纯化站

随着电子技术的不断发展，对电子气体的纯度要求也越来越高，目前对大宗气体的纯度往往要求达到 ppb（10^{-9}）级，部分甚至要求达到 ppt（10^{-12}）级别。因此，不论是对于特殊气体还是大宗气体而言，气体的纯度是对供气系统实施效果的重要检验指标。气体供应后纯度不达标或杂质渗入量超过规定限值，均会影响终端机台的正常使用和产品的生产。

气体的纯化主要采用纯化器和过滤器进行，大宗气体从气体房/气体站出来需先送至生产厂房的纯化室（Purifier Room）进行纯化除去其中的杂质，再经过滤器除去其中的颗粒（Particle）后输送给机台使用。

纯化站的建设，从安全方面考虑，应注意以下几点：

① 氢气纯化站宜与采用氢气活化的惰性气体纯化站合建，氧气纯化站宜与非氢气活化的惰性气体纯化站合建。当用气车间设有大宗气体入口室时，气体纯化站宜与气体入口室合建。

② 氢气纯化站与用气车间毗连布置时，不得设置在人员密集场所和重要部门的邻近位置，以及主要通道、疏散口的两侧。

③ 氢气纯化站不得与相邻房间直接相通，且与氢气纯化站毗连的厂房耐火等级不应低于二级。

④ 氢气纯化站的电气控制室、仪表控制室应布置在与纯化设备相邻的房间，并应采用耐火极限不低于 3.00h 的不燃烧体隔墙分隔。

⑤ 纯化设备之间的净距不宜小于 1.2m，设备与墙壁之间的净距不宜小于 1.0m，并不宜小于更换纯化材料或抽出零部件的长度再加 0.5m。

⑥ 气体纯化设备双排布置时，两排之间的净距不宜小于 1.5m。

⑦ 有爆炸危险房间的安全出入口不得少于 2 个，其中 1 个应直通室外，但建筑面积不得超过 100m² 时，可只设 1 个直通室外的出入口。

（2）预制间的设置

与特气系统一样，洁净厂房内大宗气体管道的预制场所，其洁净要求应与管道安装场所的洁净度要求一致。管道可能安装在不同洁净等级的房间，应按安装场所最高洁净等级的要求来搭建预制房。

（3）管道吹扫

在大宗气体供应系统施工完成及进行试验检测后、系统投运之前，应用高纯氮气或管路输送气体对输送管路系统进行彻底吹扫，不但要吹除系统内的遗留粒子，而且要对管路系统起到干燥的作用，去除管壁和管材所吸附的部分含湿气体。常用的吹扫方式为连续吹扫式和间断吹扫式，根据系统的不同情况，可采用一种方式或两种方式并用。

① 连续吹扫方式。适用于简单系统，基于系统中的杂质处于相对均匀的分布状态，系统吹扫气中的杂质浓度，被认为是系统中的杂质浓度。然而，洁净的吹扫用系统供给气体所到之处由于紊流产生扰动，从而使系统中的杂质重新分布，又由于系统中存在着滞区，滞区中的滞气不易甚至不能被吹扫气流所扰动，只有完全以浓度差为动力，以极缓慢的速度向洁净的供给气体扩散，逐步降低杂质的浓度，经过较长时间的吹扫，从而将杂质逐步裹带出系统。这种方式对不锈钢材质的高纯气体管道效果尤为明显。

② 间断吹扫方式。这种方式适用于大系统，由于阀门多、连接件多，管路系统分支复杂，所以整个系统的滞区也多，对这类系统仅采用连续吹扫方式，既费气又费时，效果也不太好，而采用间断吹扫方式，即"加压—泄压"的方式，效果要明显得多。即将系统供给气体自系统起始端导入，使整个吹扫系统达到允许承受的较高压力，以较高速度冲刷系统各处，造成较强烈的扰动，滞区的滞气得以重新分布，然后快速泄压，使系统压力接近大气

压。再重新"加压—泄压",反复进行 6～8 次,即可取得显著的效果。

(4)试验检测

大宗气体管路系统施工完成后必须进行压力试验、气密性试验、泄露性试验、氧分检测、水分(露点)检测、氦检、颗粒检测和油分检测等,以保证输送系统的安全性和气体的纯度要求。

2)施工重点

(1)用于大宗气体管道的管材应具有制造厂的材质合格证,其规格型号、数量和材质应与施工图纸的技术要求相符。

(2)大宗气体管道安装前,应对管材和管路附件进行质量检验。

(3)对管道进行酸洗除锈时应注意通风,同时做好防护措施。

(4)管材及配件的脱脂工作应在通风良好的地方进行,工作人员应穿防护工作服进行操作。脱脂剂要防止和强酸、强碱接触。防止把溶剂洒在地上,以免产生蒸汽造成中毒或引起火灾。脱脂工作现场应严禁烟火,以免脱脂剂分解生成有毒的光气使操作人员中毒。

(5)大宗气体管道一般应架空敷设,如局部架空敷设有困难可考虑地沟敷设,但应根据埋地土壤的腐蚀等级,采取相应的防腐措施。车间管道一般均沿钢柱架空敷设,高度应在 2.5m 以上。

(6)管道焊接时,应根据不同的材质选用不同的焊接方法。焊接前要用试件进行工艺评定,合格后方可正式焊接。

(7)管道安装完毕后进行强度、严密性试验和泄漏试验。

(8)安装好的管道不能用作支撑或放脚手板,不得踏压,其支托卡架不得作为其他用途;管道安装完毕后,应将所有的管口封闭严实。

2.3.8 洁净区装饰装修系统特点与施工重点

1. 洁净区装饰装修系统工程特点

洁净区域装饰装修主要包含环氧地坪、洁净板、吊顶等工程内容,其作为整个洁净区域的物理隔离设施,对洁净环境的建立起着至关重要的作用。

1)快速插入:作为洁净工程施工的中间工序,洁净区装饰装修起着承上启下的作用。吊顶内管线完成后,吊顶需快速进行施工,及早为吊顶点位安装提供作业面。其插入的时机及施工周期都需在极短时间内完成,并且在过程中要确保吊顶质量,避免后期洁净度测试不达标。

2)资源储备到位:国内大型洁净厂房装饰装修高端资源较少,且洁净工程受政策环境影响较大,往往在同一时间会有较多洁净厂房同步进行建设。可能存在厂家资源供应能力无法满足现场施工情况,一般情况需提早锁定多类资源,确保材料早日到场,避免出现人等材料现象。

2. 施工重点

1）大面积环氧地坪施工。洁净区内设备生产线长度多达 100 余米，其对地面平整度要求较高。以某大型电子洁净厂房项目为例，地坪要求 2m 靠尺检测误差在 2mm 以内，成片区域地坪质量控制难度高，是洁净室内装饰装修工程的重点。

2）吊顶施工属于综合性的系统，看似简单，但其包含了点位的二次深化工作及桁车吊系统（OHCV）设计施工，其吊杆的选择及 C 形钢龙骨的选型对整体工程质量起着举足轻重的作用。

3）洁净板气密性控制是整个洁净区末尾的一项工作，部分项目较为重视洁净板安装阶段的质量控制，忽视了最后一步打胶气密的工作。打胶的过程中尤需注意犄角旯旮处、高空处的气密作业，并且要对缝隙逐一进行排查，以免存在气密不到位的地方，从而造成洁净度或者室内压差不达标。

2.3.9　洁净区机电系统特点与施工重点

1. 洁净区机电系统工程特点

洁净区域机电系统是整个洁净室环境建立的根本保障，室内气流的速度、温度、湿度及洁净度的数值全部都由机电系统来统筹协调，确保洁净室内产品环境达标。

1）洁净区域环境参数要求高，多数环境参数设定范围在 ±10％ 以内（如环境温度一般为 25±2℃）。整体机电管线的施工质量及其系统配合度要求高，需确保设计及施工阶段无误，完工后洁净环境性能即达标。

2）技术层空间管理是保证室内环境建立的先决条件，技术层内管线优化成败关系到整个项目的成败。技术层内部管线涉及常规风管、空调水管、喷淋/消防水管、桥架、工艺管道、二次配管等，除此之外还包含 OHCV（桁车吊系统）、龙骨吊杆及 C 形钢转换层。

2. 施工重点

1）净化风管的清洁及气密工作繁重。净化风管是整个洁净工程的重要施工内容，在加工过程中需确保风管表面的清洁、光滑，且运输至组装区域后还需对风管进行二次清洁，白手套擦拭无尘后才可以进行组装工作。连接完成之后，还需对风管两端口用塑料薄膜进行密封，在吊装到位后进行拆除，确保净化风管内尘埃量达标。

2）接口管理难度大。洁净区机电管线施工期间要涉及平行分包商十数家（根据业主拆包模式），设备搬运期间涉及 IE（间接出口）、CELL 厂（辅助生产车间）、自动化等多个部门，二次分配期间涉及多家分包商，前前后后共有数十家分包商参与洁净区作业，接口工程量大，协调管理难度高。

2.4　施工总承包管理重点

电子洁净厂房建造涉及专业广、专业化程度高，涉及较多对施工品质要求极高的专业，投产的时间需求紧，工序穿插多；如何加强总承包管理，确保工程目标实现，对各分包商进行有效地协调，为各分包商提供全面有效的服务是管理重点。作为总承包商，必须具备细致入微的服务意识、专业化的管理和良好的品牌形象，抓住工程的特点和重点部分，采用有的放矢的施工对策，提高工程的功能质量和环境质量，最大程度地为业主做好服务。

电子洁净厂房总承包管理重点分析如表 2-6 所示。

电子洁净厂房总承包管理重点分析　　　　　　　　　　　表 2-6

序号	总承包管理重点	简要分析
1	总承包管理及服务	（1）工程体量大，专业种类齐全，各专业分项工程之间的穿插协作频繁，如何加强总承包管理，确保工程目标的实现是工程的重点。 （2）如何对各分包商进行有效协调是重点。 （3）为各分包商提供全面、有效的服务是重点
2	工期履约	电子洁净厂房工期较短，工程体量超大，工期非常紧张
3	合理进行总平面布置	相比建筑工程占地面积，工程大多可使用场地相对较为狭小，工程分包商众多，工程体量大、工期紧，制约现场总平面布置
4	合理安排时空关系	（1）现场场地紧张，现场空间使用组织难度大。 （2）电子洁净厂房工序较多，穿插紧密，工序间的合理组织难度大
5	合理组织场内外材料运输	电子洁净厂房工程体量大，进场材料多，施工现场及周边交通压力大
6	信息化及沟通协调管理	电子洁净厂房工程专业工程多，专业之间的协调、沟通及信息传递非常重要

电子洁净厂房总承包管理的主要抓手如下：

1）招采与合约管理。电子洁净厂房根据生产工艺及核心生产设备的需要对厂房进行设计，因此核心生产设备的参数型号、匹配需求等应在厂房设计阶段确定下来并下单，减少现场重大设计变更，保证设备制造、运输周期能够满足现场工期要求；纯水、废水、工艺冷却水、电梯等专业的分包商招标工作应尽可能前置，保证其设备基础、井道尺寸等能够在结构施工前确定；洁净区的施工应尽量减少分包交叉，除消防等特殊专业外，不宜划分过细，减少现场施工协调。按照类似的原则组织招采前置和合约包的划分。与此同时，需要在每个分包商的合同里将合约施工界面、质量要求、工期要求及奖惩措施等约定清楚，以利于现场管理。

2）进度管理。电子洁净厂房涉及专业多，工序穿插复杂，专业协调及进度管理是总承包管理的重点。需要各分包商明确各阶段进度节点，明确目标；在分包商进场后及时根据专业需求及合同要求，通过协调分阶段提供堆场、工作面等；在实施的过程中应以保证最终完成节点为目标根据实际情况允许计划纠偏，同时各项奖惩措施应及时兑现。

3）设计管理。对于电子洁净厂房，一般业主作为使用方其专业程度较高，因此，大多数均采用施工总承包的发包模式。总承包管理在设计管理方面的职责主要是协调好因设计错、漏、碰、缺影响现场施工时的设计协调管理，同时负责审核钢结构、空调、给水排水、电气等相关专业深化设计、高大模板深化设计等，这对现场进度和品质管理要求至关重要。

4）品质管理。电子洁净厂房投产后属于人员密集型使用的建筑，同时其设备及物料荷载大，运行后对空间气密性的要求、气流流向的要求高，一些专业的施工品质甚至直接关系人员生命健康及环境安全。因此，品质管理是重点。

5）安全管理。在电子洁净厂房施工过程中，施工人员及物料密集投入，关键生产设备价值高，消防安全需要重点重视；施工环境中的高空作业、临边作业、特种作业较多，道路交通繁忙，施工生产安全和场内交通安全的管理是需要重点关注的。

6）验收管理。电子洁净厂房的各专业涉及隐蔽工程较多，为保证施工质量，在进行下道工序前应做好各方联合见证与验收；在竣工验收阶段，各专业的专业化程度高，专项工程的调试验收需要及时联系、组织对口部门进行验收；对于建筑平面超大、生产人员密集且因污染源控制需进行迂回通道设置的电子洁净厂房，其消防验收需要严格按照相关行业规定组织。

7）信息与沟通管理。电子洁净厂房涉及的专业多、各方相互提资量大，特别是在设计环节，只有做好信息沟通管理才能有效保证设计的协调统一；在施工阶段针对各专业的加工场、物料堆场、工作面移交要求，每个分包商因其管理实力的差异，需求也有所不同，而受限于现场有限的条件，应做好各专业工序交接、工作面移交等方面的提资与协调。

第3章　工程实施总体部署

3.1　施工组织

3.1.1　合约包划分

电子洁净厂房的合约包划分，除设计单位、监理单位、勘察单位及项目管理公司、造价咨询公司外，分包单位大致可划分为三大部分：工程包承包商、系统包承包商和设备包承包商。

1）工程包一般包含室外工程、土建工程、消防工程、电气工程、弱电工程、一般装修工程、洁净室工程、电力监控、园林绿化工程等。

其中：土建工程通常由总承包单位承接，主要包括但不限于桩基工程、主体结构、外立面幕墙、钢结构等内容。但有些厂房项目也可能将其拆分，桩基工程、幕墙工程等单独发包；洁净室工程一般由专业洁净分包单位承接，通常包含洁净室内的装修（吊顶、墙面、地面）、洁净室电气及照明、风机过滤机组（Fan Filter Unit，FFU）系统、组合式外气空调箱（Make-up Air Unit，MAU）系统、干式冷却盘管（Dry Cooling Coil，DCC）系统、洁净室消防系统、洁净室自控系统、数据采集与监视控制（Supervisory Control and Data Acquisition，SCADA）系统以及共用管架等。

2）系统包一般包含纯水系统，废水系统，制程冷却水系统（PCW 系统），化学品供应系统，大宗气体输配系统，特气系统，一般机械、工艺废气系统，回收水系统，剥离液回收系统，燃气系统等。

其中一般机械包通常包含暖通工程、给水排水工程、动力系统和自控系统等。暖通工程主要有热水管道系统、冷水（低、中温）管道系统、空调冷凝水系统、空调机房内加湿 RO 水系统、通风系统（含全室通风、事故排风系统及事后排风、补风系统）、一般空调系统。给水排水系统分室内和室外部分：室内包含非洁净区域内的生活、生产给水系统、非洁净区域内的生活、生产排水系统，非洁净区域内的有压废水系统（YF）、无须处理的一般冷凝水系统（F），非洁净区域内的部分需经废水站处理和回收的生产废水排水系统（Y/YF），非洁净区域内的中水系统（RCW）等；室外包含一般生活、生产给水系统，中水给水系统（RCW），一般排水系统和雨水系统等。动力系统包含真空机组及中温冷冻水系统，空压机和干燥机、空压机组的中温冷冻水、冷却水、热回收水系统，锅炉及机房内热水系统，冷机、冷冻水、冷却水、热回收系统等。自控系统包含温度、压力、流量等传感器安装、界面

TB 箱至各监控点的线缆安装等。

3）设备包包含华夫筒、冷冻机组、发电机组、空压机、气体绝缘组合电器（Gas Insulated Switch gear，GIS）设备、电梯、高低压配电、冷却塔、新风机组、工艺真空、废气处理设备、气体过滤器、工艺分盘、锅炉、自动电压控制（Automatic Voltage Control，AVC）系统等。

当然，各个工程项目因其实际情况有所区别，合约包的工作界面也有所不同，没有完全固定的划分标准，应以业主与各合约包商所签订合同中的约定和设计图纸为准，这里不再赘述。

3.1.2　总包快速进场及启动

1. 进场前提前准备

1）项目组织结构提前确定，主要成员提前到位

总承包单位提前确定项目组织结构，并明确拟派项目班子成员名单，可以充分调动人员的积极性，使之提前、深入地参与到项目策划和前期准备中，是实现项目精准策划、进场即动工的必要制度保障。

项目经理提前与业主对接，掌握项目情况，制定项目实施策略，并对策划提出指导，技术组与商务组联动，及时在成本方面进行调整。项目技术负责人、计划总监分工明确，分别负责项目策划编制和进场后施工组织的深化、细化，相互联动，实现精准策划。项目副经理（生产）提前熟悉图纸、场地现状等情况，从正式施工角度为投标策划提出指导；项目副经理（商务）深度参与公司招采工作调研；其他班子成员熟悉项目特点，提前对接相关部门，配合做好其他工作。

2）公司应配合项目招采前置

正如前文所述，这种"短平快"项目一旦按照既定的策略实施后，几乎没有回旋空间；而资源组织工作又是支撑项目顺利运行的关键，如果前期阶段不进行深入、细致地资源摸排，由信息误导产生的后果几乎是致命的。因此需要公司招采系统给予大力支持。

招采工作应做到"早"和"细"两点。

首先，要做到资源调研"早"，即资源调研要与投标工作同步进行，并且速度要快，效率要高。要做到招采工作和投标工作的联动，实现投标工作为招采工作提供方向，招采工作通过调研将信息及时反馈，投标工作根据反馈结果可以及时调整。

其次，调研要"细"，即一方面要深入工程所在地区进行调研，另一方面调研要全面，核心材料要做到全覆盖。

调研团队应分为料具组、地材组和设备组，分赴各地调研资源情况。料具组调研手段包括与传统合作过的单位再度联络，掌控其在工程所在地或周边的资源情况、预招标掌控资源信息和实地调查验证，三种手段结合使用；地材组需赴工程所在地周边实地查看，掌控混凝

土供应单位资源供应能力、原材质量及运输距离等信息；土方单位宜直接与项目先入场单位商谈合作事宜，结合在当地预招标；设备组与合作过的设备租赁商联络掌控工程所在地设备情况或供应能力，结合预招标了解设备状态、进场时间等。

在分包选择时应优先选择公司核心分包商中有类似施工经验的分包商，这些分包商对厂房施工的节奏把控比较到位。划分区域时应充分考虑分包的实力，包括劳动力动员能力和管理水平，将施工难度较大的区域（主要体现在材料水平和垂直运输的便利性、工程体量、结构构造等方面的不同）划分给实力较强的分包商。

所有资源调研工作在必要时均应与相关单位签订意向协议，一旦进场可以确定各项资源快速组织到位。

2. 进场后高速启动

1) 高速启动原因分析

集中型电子洁净厂房多数体量庞大，其资源组织量大、质量要求高、安全风险大、工期紧，要在较短的时间内建成投产，进场后必须高速启动现场施工。从工序层面，高速启动有助于工作面的展开；从合同层面，节点滞后处罚力度大，工期履约风险高；从成本方面，高速启动展开工作面，材料快速周转，工期压缩管理成本也可大幅节省；从资源层面，工程的施工组织实际上就是资源的组织，有需求才有投入。

(1) 目前国内大多数洁净厂房项目均高度重视前期启动问题。业主作为有经验的建设方，一般在招标文件中对进场 15 天内的关键资源组织有比较明确的规定。以下就某电子洁净厂房项目的合同工期约定做简要分析。

该项目总建筑面积 63 万 m^2，共 4 层，屋面为钢结构屋面，单层建筑面积约 15.8 万 m^2。从土方开挖到混凝土结构大面施工完成工期仅 137 天，且跨越春节，如果按照传统节奏进行施工准备、启动阶段增加 30 天工期考虑（结合约 30 万 m^3 土方开挖、超大平面总平布置、超大规模劳动力组织考虑），所有前期合同节点均无法保证，启动阶段额外增加的工期已占混凝土结构施工工期的 22%，极大地增加了后期施工压力；即便包含钢结构屋面部分，因启动慢所额外增加的工期占比也达到了 12.5%。

(2) 管理力量的投入，是因为有需求才有投入；劳动力的组织，有工作面、有设备、有材料，才会有组织；大型机械设备的及时进场，受基础的施工和养护的影响；材料的进场，受使用作业面的影响；设计、方案、样板、沟通、临建等受施工进展的需求影响。归结起来，除了资金以外，主要是需求决定资源，只有快速形成客观需求，才能快速吸引资源。

形成客观需求的方法，需要先期总包方核心管理力量的充足保障，使堆场、道路、临建、技术准备等快速形成或完善。堆场快速形成，使钢筋加工棚、现场临建、料具堆场等具备布置条件，形成分包机械、临建进场的条件；施工道路快速形成，为土方快速出土提供条件，土方专业分包方能配置足额机械设备；土方快速出土，使分包施工作业面快速扩大，分包劳动力投入持续增加；塔式起重机基础快速形成，使塔式起重机安装具备工作面，塔式起重机快速进场满足需求；现场总体工作面形成，形成管理力量满配的客观需求；现场工作面快速形成及人员密集进场的过程，设计、方案、样板、沟通、临建方能快速推动。

2）资源组织

管理力量的投入，劳动力的组织，机械设备的及时到位，材料的及时进场，道路、堆场的快速形成，办公生活区条件的具备，后勤安保力量的形成等均影响项目前期的高速启动。

（1）拟派团队提前到位

拟派项目班子成员提前到工地附近就位，开始各项准备工作。

项目经理组织进场准备工作的整体统筹，适时组织分包面试，一方面掌握各分包实际情况（包括分包项目经理组织能力、劳动力来源、劳动力动员能力、机械设备情况等），为项目招采定标提供建议；另一方面适当听取分包实施建议，优化总体施工部署，同时实现对拟招采分包的预交底及思想动员。

行政总监提前联系好前期人员食宿问题，同时赴工地掌握管理人员住宿办公情况、工人住宿情况，制定进场后的工作计划，提前联系好各项资源，一旦进场，需要在短期内使管理人员办公生活区具备入住条件，工人生活区具备入住条件。

技术总监提前组织技术团队开始进场后的技术方案的编制，并联合建造总监、设备主任共同对总平面布置进行细化，及时掌握临水、临电情况，制定在前期水电未布设顺畅情况下高速启动阶段的应急方案。

质量总监提前联系当地试验室情况，必要时需联系好当地资料员、试验员资源，一旦项目进场及时启用。

HSE 总监了解当地对于环境管理的要求，包括对于围挡、大门、门禁等方面的要求，并配合完善；提前熟悉工程安全管理重难点，制定管控方案。

（2）招采工作尽快落地

在策划阶段对资源充分调研、资源信息充分掌握的前提下，根据资源需求的紧急情况不同，各分包商、机械设备租赁商、材料供应商等需提前开标，及时组织人员、机械、材料进场；各种资源需要提前掌握清楚情况，进场后保证资源及时组织到位。

（3）资金支持

进场前，人员需提前驻场到位，涉及较多人员的后勤服务资金费用；进场后，短期内需尽快组织临建改造、办公家具购置、现场平面布置等大量工作，以实现管理人员的快速入驻，涉及较大额度的资金支持。

3）实施方案的高效策划

大型电子洁净厂房与其他项目相比，有其特殊性。主要体现在工期不仅紧张，而且超短，一旦按照既定策划实施，调整起来影响巨大，回旋空间小。同时，结合电子洁净厂房业主的实力及市场对产品的需求程度来看，进场基本没有准备时间，需要立即开始进行施工组织，因此，针对项目实施的高效策划非常重要。

（1）高效策划体现在两个方面：一是策划时间的高效，二是策划效果的高效。

由于进场后基本没有策划时间，策划时间上的高效，反映在进场前即需充分准备完成，策划时间超前。

策划效果上的高效，反映在对策划质量的把控，使其贴近实际实施情况。一方面，在人员数量和经验上强力配置策划人员；招采前置，深入、细致地进行资源调研，同时资源调研与策划工作实现联动，使之贴近实战，商务测算精准。另一方面，项目班子提前到位，由项目经理统辖其他拟派班子结合经验及对现场情况的了解对策划工作进行指导，组织分包商深入讨论施工部署及关键方案，同时着手细化关键施工方案。

通过进场前的高效策划，实现思想统一、目标统一、策略方案明确，按部就班推进高速启动；反之，如果不能做到进场前的高效策划，进场后再讨论如何进行施工部署，再对资源进行摸排和招采，工程节点必然难以完成。

（2）以下就大型洁净厂房前期策划中的部分内容做简要分析。

① 区段划分

分散型厂房根据各单体移交时间节点组织施工，通过合理组织可以实现部分材料不同单体间周转；集中型厂房因平面尺寸超大，施工组织基本属于"整层平推"，同层材料周转（竖向结构加固体系除外）基本不能实现。对集中型厂房这种大平面建筑"整层平推"的方式，施工组织要求较高，必须细分，化整为零，分区进行管理。

在区段划分时，应考虑以下因素：

一是区段划分面积大致相等，施工难度大致相同，在资源分配、劳动竞赛评比时可以做到更加均衡、公平。

二是区段划分时应将下文所述"生命通道"作为较少分区界面，降低协调难度。"生命通道"也是一项重要的公共资源，涉及越少利益相关方协调管理难度越小。

三是根据结构分布特点，综合协调难度考虑，如区段划分必须出现分区之间施工难度不同情况时，应选择管理实力更强的分包负责难度更大的区域。

区段划分时除考虑上文划分的原则外，还需考虑队伍的劳动力动员能力、管理水平、管理经验等综合实力，将难度较大区域（主要体现在水平运输通道是否便利、结构复杂性程度等）分配给实力较强的分包商。实力较强的分包商也可以同时负责两个分区的施工，但需配备两批管理团队，分别考核。

② 流水方向及流水段划分考虑因素

结合工序的复杂程度，洁净厂房流水段一般划分为三段较为合理。第一段搭设架体，第二段绑扎钢筋（含华夫筒安装），第三段浇筑混凝土（浇筑完成后养护并开始搭设上层架体）。同时组织平行流水。在流水段大小划分时，由于一般情况下分包班组规模大致固定，熟练度存在一定差异，因此过大的区段划分，增加了区段内班组间的协调工作，同时熟练度的差异容易造成区段内进度差异，存在窝工的可能；过小的区段划分，造成整体管理难度增大，不利于整体管控。根据工程单层面积、结构分布、班组规模及工效，电子洁净厂房最小施工段在 $1200\sim2400m^2$ 之间较为合理。

平行流水的方向，当屋面为钢结构时，宜从内部向两侧流水，实现作业面更早具备，钢结构提前插入（图 3-1）；当屋面为混凝土结构时，宜从外部（即靠近环路一侧和靠近"生命通道"一侧）向内部流水，从而使更多的外围提前浇筑，对于架体周转更为方便（图 3-2）。

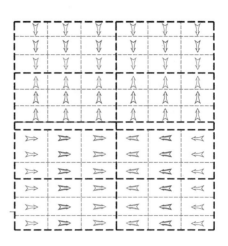

图 3-1　内部向外流水示意图　　　　　　图 3-2　外部向内流水示意图

也有部分总包方制定了"S"形流水，这种流水方式将流水段划分成 4 段（图 3-3）。虽然更容易组织混凝土跳仓浇筑，但流水划分过长更容易造成技术间歇和资源浪费，而且架体拆除时由于相邻流水段混凝土浇筑时间差异大，拆除需按块拆除，不能连通拆除，拆除不便。

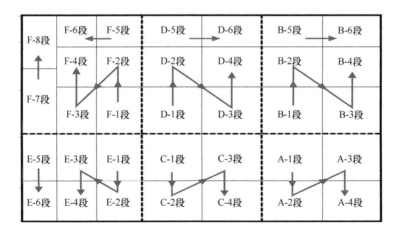

图 3-3　"S"形流水示意图

③ 超大平面后浇带考虑因素

建筑平面尺寸超大，工期超紧，按照设计要求留置后浇带难以满足移交工期要求。引用大体积混凝土规范要求，选择混凝土跳仓法浇筑可以有效释放混凝土温度应力，同时预留通道及缺口的设置也相当于大"后浇带"，将超大平面化整为零。

4）目标的确立

策划再好也需要通过实施进行验证，而在实施过程中会遇到各种计划外的困难，影响策划实施。如进场遭遇恶劣天气、施工现场无临电和临水接驳点、生活区临建不具备入住条件、厂区道路未形成或与市政未接驳、现场可利用场地狭小等。克服困难、推进落实，是高速启动必须要做到的。

因此，需要确定短期目标，有了目标就有了方向。某电子洁净厂房项目在进场之初即确定了三个短期目标，即第一块筏板进场后 6 天完成，第一台塔式起重机进场后 10 天安装完成，全面出正负零进场后 35 天完成。

一切工作向目标看齐。该项目在中标后第 1 天组织总平讨论并定案，明确布置方案，统一思想；中标后第 2 天开始连续组织夜查，对土方单位机械进场情况、分包单位劳动力及机械设备进场情况、喷锚护坡单位准备情况、防水专业分包材料及人员准备情况、现场堆场（包括临时排水沟）推进情况、夜间照明等临时用电推进情况、现场土方开挖情况、工人生活区配套完成情况、管理人员办公生活区临建家具水电等推进情况进行重点关注，每项工作责任到人，并确定具体完成时间。中标后第 4 天，管理人员全部搬入办公生活区，并召开项目启动会，实际管理人员基本到齐，当日业主召开进场启动会，正式进场施工。

在中标至进场时间内，该项目解决前期桩基单位住宿搬迁问题、排水沟协调、室外临时道路施工、场区围挡、电力接驳和照明、钢筋加工棚安装、场内堆场硬化及场外堆场协调、市政接驳口扩宽、人员机械物资进场等问题。现场问题的解决，带动各项资源的及时落实，进场 15 天劳动力即达到 3000 人，总平布置在基础阶段基本完成。

强力推进之下，取得的效果显著。进场 5 天第一块筏板浇筑完成，提前目标 1 天；进场 6 天，第一台塔式起重机安装完成，提前目标 4 天；进场 35 天全面出正负零。此外，该项目在进场 12 天即完成 30 万 m³ 土石方开挖及转场，16 天完成 20 台塔式起重机安装，35 天完成 2 万 t 底板钢筋绑扎及 18 万 m³ 混凝土浇筑。实现了高速启动的目标。

仔细分析三个目标的制定，在这个阶段切中要害。

进场 6 天完成第一块筏板浇筑：筏板浇筑的前提条件包括一定范围内的土方开挖、桩头处理、喷锚护坡、垫层施工、钢筋绑扎完成，且混凝土组织到位，完成这项工作需要做到方格网复测完成并得到业主的确认，土方开挖迅速展开并完成一定范围施工，喷锚单位人员、机械、材料进场并完成一定范围施工，现场具备条件可以开始加工钢筋，分包桩头破除工、钢筋工、混凝土工、木工进场一定规模，钢筋、模板、木方组织材料进场，混凝土资源组织顺畅。这些工作如果不提前做，第一块筏板浇筑的任务不可能实现。

进场 10 天第一台塔式起重机安装完成：塔式起重机安装的前提条件除第一块筏板浇筑的前提条件外，还需做到事关重大安全的塔式起重机系列方案通过审批，塔式起重机设备进场至少一整套，塔式起重机设备租赁厂家人员到位。

进场 35 天全面出正负零：其前提条件是至少进场 25 天内各区土方全部开挖完成，喷锚、桩头处理及防水施工完成，钢筋材料已大批进场，加工棚布置完成，临水临电、现场临建布置完成。该节点的实现，同时为后续工作的大面开展提供了作业面。

分开看三个目标带动的资源牵动效应，基本构成了总包方对项目各生产要素的主观需求；联动看三个目标带动的资源牵动效应，则构成了各分包单位相互之间对工作面、施工条件等的客观需求。正是通过目标的制定及坚定推进，在总包方的引领下，主观需求与客观需求的相互作用，各分包单位客观需求之间彼此深化，才最终促成了项目高速启动目标的实现。

3.1.3　专业分包招采

专业分包的招采应与分包的划分和总体进度计划安排相结合。

1）分析总进度计划。通过对总进度计划的分析，确定分包进场顺序，从而确定分包招采顺序。

2）确定专业分包的施工范围。根据招标文件和施工图纸，确定专业分包的种类和数量，对招标文件和施工图纸中涉及的专业要进行核对，防止遗漏。

3）根据项目建造进度计划编制分包招采计划，根据工作界面移交时间确定分包进场时间。

4）专业分包招标和进场计划要经过审核方能生效。审核的目的主要是核对进场时间和专业分包的种类、数量能否满足需要。

5）对电子洁净厂房的专业分包招采而言，因其生产工艺的特殊性和洁净环境要求，参加竞标的分包商，必须具备承担工程分包任务的能力、具备相应的资质条件且信誉良好。

图 3-4 为某生产液晶面板的电子洁净厂房项目的建设进度计划图。

3.2　平面规划

3.2.1　塔吊设置

塔吊选型及布置时应考虑以下因素：

1）当屋面为重型钢屋架时，塔式起重机从经济性角度，不必一定选择能满足桁架吊装的型号，桁架吊装可以选择履带式起重机上楼面进行吊装，钢结构吊装仅需考虑劲性柱吊重即可（由于劲性柱外围还有钢筋混凝土外包，必须使用塔式起重机完成柱结构混凝土浇筑后才能拆除塔式起重机，因此塔式起重机保留期间可以用于劲性柱吊装）。

2）塔吊覆盖范围一般房建施工认为 $5000 \sim 7000 \mathrm{m}^2$ 较为合适，实际经过厂房的实施经验，不超过 $8500 \mathrm{m}^2$ 均能满足运力需求，但施工期间一般需吊装到凌晨 $2 \sim 3$ 点；现场汽车式起重机主要用于水平材料转运，局部垂直运输仅为辅助和补充不足。

3）同一塔式起重机不宜由两家分包共用，容易产生塔式起重机协调矛盾。同时，施工起重臂原则上不能覆盖标段外的施工范围。

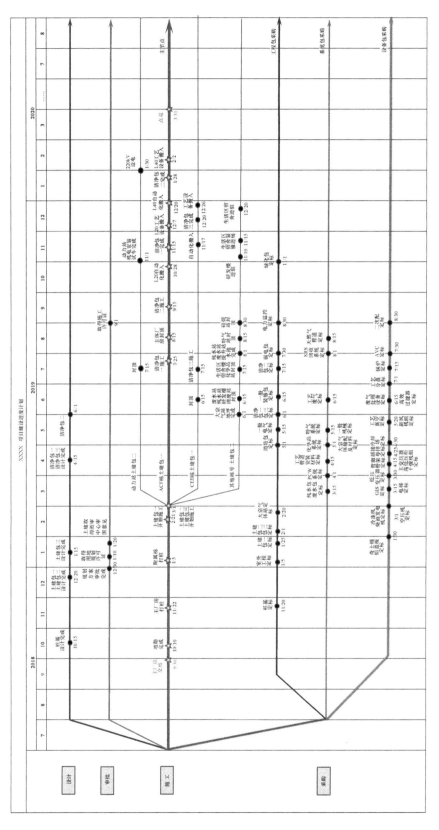

图 3-4 某生产液晶面板的电子洁净厂房项目建设进度计划图

4）塔式起重机盲区（即有效吊装半径以外部分）可以有，可以适当使用人力搬运，但不宜过大，塔式起重机对施工区域覆盖最好能达到95％以上。

5）一般厂房高度均不大，塔式起重机宜选择独立高度超过建筑高度一定安全距离的塔式起重机，避免附墙。在紧张工期下，混凝土达到强度的时间对附墙件安装及塔式起重机加节影响较大，进而对工期产生技术间歇影响。

6）塔式起重机具体定位时应适当考虑正式工程桩位置，将工程桩作为塔式起重机桩使用，塔式起重机基础可适当放大，并与底板（承台）浇筑为一体，可有效节约塔式起重机桩的施工成本和工期。

7）塔式起重机布置时应考虑拆除及洞口封堵，外围塔式起重机宜布置在较为经济的汽车式起重机或履带吊可拆除覆盖范围内，并尽量布置在后期塔式起重机洞口封堵难度较小的区域，如回风夹道。内区塔式起重机拆除，当屋面为钢结构时，可在钢结构支撑柱混凝土使用塔式起重机浇筑完成后，采用钢结构分包的履带式起重机拆除；当屋面为混凝土结构时，在不影响汽车塔式起重机行走的预留区域封闭完成后，可以使用汽车式起重机上坡屋面拆除，但需验算汽车式起重机上屋面的结构和汽车吊吊装安全，并进行加固处理。

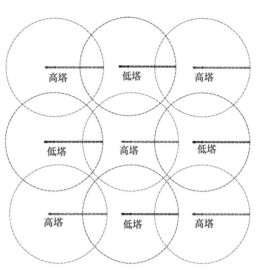

图 3-5　群塔布置示意图

8）塔吊数量多且密集布置，吊装任务繁重，群塔立面高度布置上要保证同步高效和安全协同作业。前文已提到选用独立高度满足要求的塔式起重机，除去建筑物的自有高度，相邻塔式起重机的竖向错塔距离非常有限。因此，群塔布置时采用高低塔错开布置的形式，保证与高塔相交的塔式起重机均为低塔，与低塔相交的塔式起重机均为高塔，斜向塔式起重机尽量不相交（图 3-5、图 3-6）。

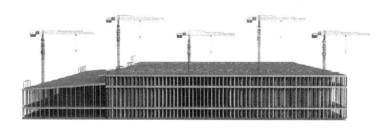

图 3-6　塔式起重机立剖面图

3.2.2 预留通道设置

如前文所述，厂房根据布局分为分散型和集中型两类。分散型由于内部区域存在道路且厂房单体面积不大，因此，水平运输和垂直运输遇到的困难有限，基本不涉及预留通道设置；或者单层面积超大，但厂房呈长方形，内部区域可通过设置在外侧的塔式起重机满足垂直运输需要，也基本不涉及预留通道设置问题。

集中型厂房平面尺寸超大，内部区域材料通过外围塔式起重机倒运效率太低，严重影响施工进度和人员工效；同时内部区域混凝土浇筑难度加大，效率降低。因此，需要设置预留通道才能满足内部区域塔式起重机的水平转运需求和混凝土浇筑要求。这种厂房预留通道设置主要考虑以下因素：

1）需要将超大平面厂房通过设置贯通的水平运输通道，将内部塔式起重机转化为"外部"塔式起重机，保证内部区域塔式起重机材料的水平运输；该通道的定位即为施工道路，在实施过程中原则上不允许占道，保证内部塔式起重机能"活"，可谓内部区域的"生命通道"（图 3-7）。当平面超大时，厂房内部一般在首层会设置消防疏散通道，其对后期洁净包提前插入的影响较小，可优先选择在此设置。

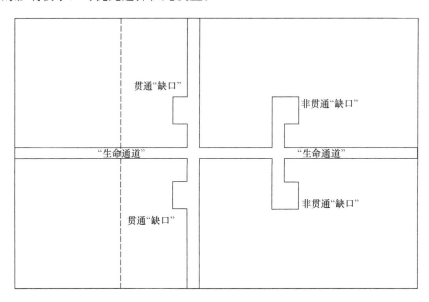

图 3-7 通道留置示意图

2）由于内部区域塔式起重机材料吊装时不能占上文所述的"生命通道"，因此必须在内部塔式起重机的吊装范围内预留可以与"生命通道"连接的"缺口"。这个"缺口"的设置应至少能满足汽车泵站位＋上下马道并存，可以贯通，也可以不贯通。贯通条件下一方面人员行走方便，混凝土浇筑方便（汽车泵覆盖范围大），材料吊装、周转和临时堆置方便，另一方面相当于后浇带，有利于楼板温度裂缝控制，同时当厂房外围环路较窄时，拥堵风险高，贯通"缺口"实际相当于备用环形道路。但"缺口"贯通也增加了后期劳动力不足情况下的封闭体量，增加了造价，同时当结构施工较高时，高处坠物安全风险较大，对防护要求较高；不贯通条件下主要隐患在于不利于楼板温度裂缝控制，同时对场外堆场面积和位置要求较高，前期混凝土浇筑（尤其是混凝土柱）也不太便利。

3）"缺口"的留置大小宜设置在一个主跨框架柱范围内，避免多跨设置，降低后期封闭难度，位置考虑多台塔式起重机可同时使用，减少预留面积；当"缺口"贯通设置时，应尽量避开降板区，否则需要设置栈桥，增加施工难度及成本。

4）"缺口"及"生命通道"的封闭时间。当"缺口"贯通设置时，可在结构施工至较高楼层，混凝土柱采用汽车泵浇筑覆盖范围较小时封闭，此时也结束了该缺口作为备用通道的使命；但与"生命通道"连接的部分应预留一部分作为内区塔式起重机材料吊装使用，直到屋面结构层材料吊装完成后开始封闭。当"缺口"不贯通设置时，需要在屋面结构材料吊装完成后开始封闭，否则涉及塔式起重机转运，吊装降效严重。"生命通道"的封闭当屋面为重型钢屋架结构类型时，在屋面下层混凝土结构施工完成后开始封闭；当屋面为纯混凝土结构类型时，在屋面混凝土结构施工完成后开始封闭。

3.2.3　道路与堆场设置

分散型厂房根据使用功能不同分开建造，每个厂房之间设室外道路，因此，这种厂房建造期间的临时道路基本沿室外道路规划进行布置。厂房各单体可根据移交节点差异独立或流水施工，材料分开使用或各单体之间周转，集中存放量不大，因此材料堆场可设置在道路边的塔式起重机覆盖范围内。而集中型厂房因其单层建筑面积较大，且工期节点往往按层计算，同时开工建造的工程量巨大，涉及材料集中运输进场和统一堆放的问题。

1. 道路设置

首先是对进出市政道路主干道的考虑。超大平面、大体量建筑在短工期内建造完成，资源需求量大，车辆进出频繁，对于进出主市政道路的出口需要重点考虑。某电子洁净厂房项目周围市政道路四通八达，出口较多，材料运输难度较小；而另一电子洁净厂房项目进出主市政道路仅一条临时便道，宽度仅 10m 左右，且与其他标段共用，车辆进出难度较大。在可行的条件下，应协调沟通交管部门申请占用部分主干道专门使用或拓宽进出场道路以满足需求。

然后是对道路宽度的考虑。某电子洁净厂房项目外围环路宽度在 16~39m，环路距离结构边均为 15m 左右，实际实施过程中经过一定管控，材料基本不会从结构一侧堆置占道；另一电子洁净厂房项目环路宽度 12~21m，环路距离结构边 10~15m，实际实施过程中 15m 部分经过管控基本不会占道，10m 部分作业要求难以保证不占道，加之此部分环路较窄，道路基本成为单行道。因此，距离结构边 15m 范围内一般应规划为堆场才能满足快节奏施工需求（当然也受现场堆场过小或过远限制较大），距离结构边 15~25m 范围应规划为环路较为合适，如现场条件不具备，则需考虑单行道设置或另辟备用道路。

2. 堆场设置

首先是堆场位置的考虑。本着减少材料二次或多次转运的原则，堆场位置设置在塔式起重机覆盖范围内最为适宜，但集中型厂房单层建筑面积巨大，外围塔式起重机可覆盖周边临时道路，内区塔式起重机范围内基本无法设置固定的材料堆场。

因此，堆场的设置位置需综合考虑以下因素：

厂房外围道路的宽度及与结构之间的距离，这是外围塔式起重机范围内能否设置堆场的关键。若道路与厂房结构间宽度足够，则可合理硬化部分区域，堆场设置在外围塔式起重机的覆盖范围内；若外围道路宽度足够，在满足车辆双向通行及混凝土浇筑等情况的前提下则可划出部分道路，将道路与厂房之间的空地规划为堆场；若道路与厂房结构间宽度较小且外围道路狭窄，则需另行考虑堆场集中设置，材料通过二次转运送至塔式起重机吊运范围内。

内区塔式起重机堆场基本考虑集中设置，结合预留的"生命通道"进行材料的二次转运，通过结构预留的"缺口"进行吊运。

有效利用场外空地设置场外堆场。集中型厂房材料需求量巨大，场外堆场可以很好地解决材料提前备料、材料进出场过于集中导致交通拥堵等情况的发生。

某电子洁净厂房项目周边环路距离结构边均为 15m 左右，材料堆场优先设置在结构四周；内区塔式起重机通过设置集中堆场解决。另一电子洁净厂房项目环路距离结构边约10m，宽度较小，该区域还同时设置汽车吊站位点、地泵点、罐车停靠及等候点，因此，材料堆场就近设置在结构边后导致道路狭窄、车辆通行困难。

最后是对堆场面积的考虑。根据一般施工经验，堆场面积与总建筑面积的比值不小于0.15 较为合适。通常情况下，业主给定的红线范围内堆场很难满足施工要求，因此需要考虑场外设置堆场解决问题。

3.3 交通及物流管理

不论是分散型厂房还是集中型厂房，其项目总体布置必然包含产品生产所需的一整套体系建筑。对分散型厂房而言，因其各单体之间尚存在道路，虽然资源短期进出场量仍旧巨大，但材料存放分散、道路四通八达，交通压力相对较小；而集中型厂房体量巨大，施工组织多采用"整层平推"的方式，短期资源组织量相较于分散型厂房更为庞大，且道路设置有限、材料多集中存放，出入口、材料堆场区、预留通道端头等位置极易形成拥堵，交通物流协调量大，总平面布置也较为困难。因此，在正式开始施工之前，应对工程项目的整体物流情况进行分析和策划。

3.3.1 进出车流量分析

物流策划应考虑的主要因素包括限制场内车辆保有量；周边环路双向行驶，贯通的预留通道单向行驶，主要材料就近进出且材料运输路线尽量固定；人车尽量分流；减小对独立分包商及周边居民的影响；根据材料运输量确定进出大门及验收点等。

物流分析的主要思路：首先，确定不同阶段物流材料类型，并对其变化趋势作出判断，然后结合数学方法分析在高峰期场内道路能否满足要求，包括车辆、设备、进出场大门、车辆临时候车点等设置要求。物流数据分析的主要数学思路是根据每个月各种材料的进出场量，计算各种材料该月进出场车次及每天的平均进出场车次，按每个月材料进出场曲线折算高峰期日进出场车次及场内车辆高峰保有量。

以某电子洁净厂房项目为例。其单体建筑面积为 63 万 m^2，仅主体结构施工就涉及 58.5 万 m^3 混凝土浇筑，8.65 万 t 钢筋绑扎，1.63 万 t 钢结构安装以及近 40 万个华夫筒安装；高峰期劳动力投入约 6000 人，料具投入 7.2 万 t，模板投入 100 万 m^2、木方投入 1.8 万 m^3。

1. 针对不同阶段物流材料类型及变化趋势分析

项目在土方开挖阶段，由于土方车辆进出场集中，同时底板结构插入施工，地上结构备料需要等，日进出场车次将达到全过程的高峰，其中以土方和混凝土车次最多。主体建设高峰阶段，交通压力主要来自周转架料、模板、木方、钢筋、华夫筒筒模、防水卷材、钢构件等材料的集中进场。混凝土结构收尾阶段，周转架料、模板、木方等需集中退场，总体车次按月呈逐渐减少趋势。

2. 总体物流数据分析

具体参见图 3-8 及表 3-1。

某电子洁净厂房项目日高峰时段车次、车辆数量分析　　表 3-1

月份	第 1 月	第 2 月	第 3 月	第 4 月	第 5 月	第 6 月
混凝土、土方车每日车次	2786	1150	830	660	200	130
其他材料每日车次	249	361	321	417	419	188
混凝土、土方车每小时车次（24h）	116	48	35	28	9	6
其他材料每小时车次（10h）	25	36	32	42	42	19
场内每小时总车次	141	84	67	70	51	25
场内混凝土、土方车辆数	78	32	23	19	6	4
场内其他材料车辆数	25	36	32	42	42	19
场内高峰时段运输车辆总数	103	68	55	61	48	23

3. 混凝土车次分析

混凝土车次的分析，重点应针对各分区同时组织混凝土浇筑时，每个分区配备泵送线路的最大数量，以及场地长度能否满足卸料、押车等要求。由分析数据可知，基础施工阶段混

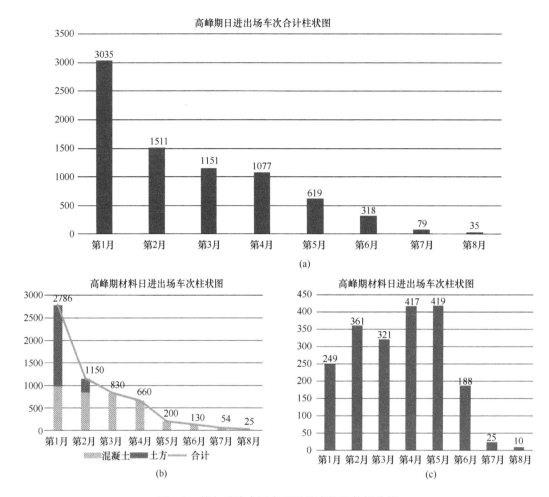

图 3-8　某电子洁净厂房项目月度物流数据分析

(a) 每月高峰期所有材料日进出场总量柱状图；(b) 土方、混凝土车高峰期每日车流量统计；
(c) 其他材料车辆高峰期每日车流量统计

凝土车次为高峰期，单日混凝土达到了 980 车次，每个分区 98 车次，以后逐月减少；每个月具体分析数据如表 3-2 所示。

各区混凝土数据分析（10 个分区）　　　　表 3-2

月份	第1月	第2月	第3月	第4月	第5月	第6月
各分区混凝土每日车次	98	83	83	66	20	13

高峰期平均每区每天浇筑 98 车次，每车次（16m³）浇筑时间为 20min，共计需 20×98÷60＝33h，各区需布置两条泵送线以满足施工要求。每个泵送点固定规划设置，按 1 辆卸料、1 辆定点押车、其他车辆场外候车考虑。场内高峰期共 20 组混凝土同时沿场区周边浇筑，泵车及罐车总占地长度为 3×12×20＝720m，场区周长 1680m，满足要求。

4. 其他材料车次及塔式起重机吊次分析

内区塔式起重机周边不能设置加工区，所有半成品需二次转运，同时内区主要为构造更为复杂的华夫板，故材料车次远高于外围各区，应重点分析。内区分析时应结合道路宽度、长度，对同时组织材料吊运时每个区最多能够停留车辆的数量、时间进行评估，并测算需补充垂直运力的汽车塔式起重机数量。具体分析数据如表 3-3、表 3-4 所示。

各区其他材料平均车次数据分析（10 个区）　　　表 3-3

月份	第 1 月	第 2 月	第 3 月	第 4 月
内部各区其他材料每日车次	36	65	56	55
外围各区其他材料每日车次	15	25	23	26

内区华夫板层运输车次及塔式起重机吊次表　　　表 3-4

主要材料种类	每区单层总量	吊运天数	每车载重	每日车次	每次吊运	每天吊次
钢筋	2000t	15	5t	27	1.5t	89
架体材料	1850t	15	6t	21	2t	62
华夫筒	20000 个	10	150 个	13	50 个	40
模板	20000m²	10	510m²	4	100m²	20
合计	—	—	—	70	—	210

华夫板层吊次分析：每天吊次 210 次，考虑放大成 250 次计算，按每次 10min，共计 2500min，共计 42h，每天塔式起重机白天吊运时间约为 12h，2 台塔式起重机共计 24h，剩余 42－24＝18h 需要采用汽车式起重机配合吊运。汽车式起重机吊次为 18÷42×250＝108 次，汽车式起重机每次吊运按 15min 考虑，需 108×15＝1620min＝27h，需布置 2 台汽车式起重机定点辅助运输或需考虑晚上加班吊运。

华夫板层车次分析：结合塔式起重机吊次分析，内区共需额外布置 2 台汽车式起重机。根据上表分析，每台垂直运输设备需吊运 70÷4＝18 车次，每天吊运时间按 12h 考虑，每辆车时间不能超过 12÷18×60＝40min。

按照内部通道停车最少、交接最快的原则，每个吊运点部位按 1 辆卸车、1 辆就近定点押车、其他车辆外围候车的方式考虑（每区最多停靠 8 辆）。

整体策划时，还应测算工地进出场大门数量、设计进出场车辆临时候车区位置、押车点位置、交通协调点位置，以及各种材料车次场内固定行进路线等。

根据以上分析可以发现，土方施工阶段由于工期紧张，基础结构施工需紧随土方开挖工序，除底板施工用钢筋、钢管、防水卷材等材料需进场外，地上结构施工用料具、模板、木方等材料也需分批进场，同时土方开挖量较大，土方开挖工序与基础施工时间区间重叠多，造成土方开挖阶段车次数量达到近 3000 车次/天，现场车流量巨大。而场内主要道路为厂房四周的环形道路，且还需考虑车辆间动态避让、临时停靠等因素对交通状况产生的影响，交通拥堵风险非常高。

因此，合理的总平面规划和交通物流管理体系是项目决胜的关键。

3.3.2　交通及物流管理体系

针对超大规模集中型厂房的施工，应专门设置物流管理部门，制定"三级物流管理体系"。

"三级物流"即一级物流限流量，二级物流控流向，三级物流定流程，其所确定的"三道防线"之间存在层层支撑的关系。

"一级物流"主要针对场外，其管理范畴为现场出入口以外至市政道路，在满足各分区基本施工生产的前提下，无关车辆不得随意进入工地，场外等候的车辆不得随意进入，从而控制场内车辆总数，从源头上控制交通拥堵风险（图3-9）。

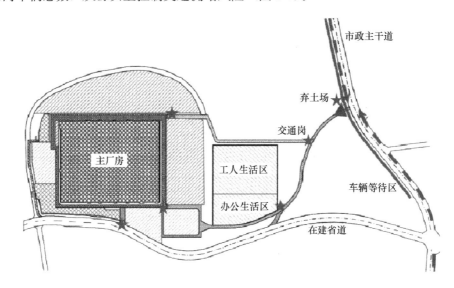

图 3-9　某电子洁净厂房项目场外交通图

"二级物流"管理场内人员和车辆动线，进出场车辆必须按照既定路线行驶，具备条件的路段实行人车分流；对道路交叉口、堆场出入口、距离结构边缘较近或道路变窄等特殊地段，需设置交通指示牌或交通疏导岗，保证车辆有序行驶、交通顺畅（图3-10）。

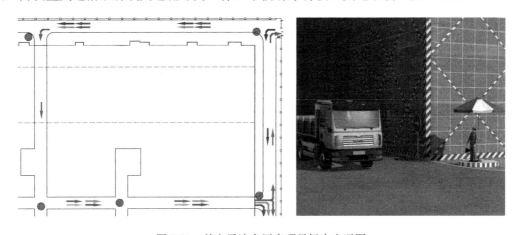

图 3-10　某电子洁净厂房项目场内交通图

"三级物流"管流程，在"流量""流向"均有效控制的情况下，需要占用主干道进行吊装、浇筑等作业时，必须经过申请，对占道的位置、时间进行明确，确保车辆至少可以单向行驶，同时严格按照审批时间占道，尽快恢复交通（图 3-11、表 3-5～表 3-7）。

物流及文明施工管理告知书

甲方：xxxxxxxxxxxxxx 项目部

乙方：_____

本告知书目的：维护现场良好秩序，道路畅通，环境整洁。

一、乙方进场须知：

1、乙方须指定现场物流及文明施工管理人员（以下简称"指定管理人员"）。该指定管理人员须常驻现场，确需离场 7 天以内须安排有管理能力者代管，并提前 2 日告知甲方物流部；指定管理人员离场超过 7 日或变更指定管理人员，乙方须出具盖有单位公章的书面证明，并由现场负责人签字确定。

2、乙方须在进场 7 日内向甲方物流部提交以下材料：（1）组织架构及管理人员通讯录；（2）现场安全及文明施工保证措施。

二、管理细则：

1、乙方负责本区域内文明施工，及时清理垃圾、材料，做到工完场清，共同维护现场公共区域文明施工。土方作业时务必采取切实措施，安排足够的人工、机械清理沿路土方。遇到有可能破坏其他单位设施、材料的情况，乙方须采取保护措施并及时向甲方汇报。因乙方施工破坏现场的，甲方有权责令乙方整改、暂停施工等。

2、对于材料及车辆进出场，建议乙方提前向甲方申请，申请单须带照片，便于甲方进行交通物流协调管理。

3、行车道路严禁私自堆放材料及停车，材料应放到指定位置，确需占道的，乙方须提前向甲方申请，并将占道申请表张贴于车辆明显位置。占道应尽量避开高峰时段，说明占道原因、占道范围、占道时间段，且占道期满后应当及时清理

现场，恢复道路原状，如未恢复罚款 500 元/次。进场的吊车、叉车、平板车等施工车辆，于车身翌眼处标识清楚，标识内容必须含单位名称、单位现场联系人及电话，场内交通流动随时抽查，无证车辆严禁进场。

4、现场车辆限速 15km/h，现场材料堆码整齐。车辆、材料等占用道路施工需设置明显标志和安全防护设施，夜间需设置红黄双色警示灯、反光锥桶等警示设施。车辆施工完无故不得道留现场，影响道路交通。

5、对于乙方无证入场、非法占道、不听指挥造成交通堵塞，材料乱堆乱放、垃圾清理不及时影响文明施工的情况，甲方有权责令乙方限期整改；对于逾期不改的，甲方有权对乙方限制车辆进出场等措施，车辆行驶过程中造成损失的，须照价赔偿。

6、钢筋、模板、钢管、架料等与甲方相似的材料报甲方物资登记，进行标识管理。

乙方现场负责人：

联　系　电　话：

　　　　年　　月　　日

图 3-11　某电子洁净厂房项目物流管理标准

道路占道申请单样本　　　　　　　　　　　　　　　表 3-5

道路占道申请单							
项目名称				申请日期			
分包商/申请人				联系电话			
申请施工时间		月	日	时 至	月	日	时
占道区域、内容（必要时请绘图）							
采取措施							
批准时间（物流部填写）		月	日	时 至	月	日	时

备注：施工过程中，需要保证道路畅通，不影响其他单位作业；占道作业结束后，必须将道路恢复成施工前模样，并把所有的工具、警视标识等拆离现场

占道单位：　　　　　　　　　　　　　　物流部：

日期：　　　　　　　　　　　　　　　　日期：

车辆进门申请单样本 表3-6

进门单			
项目名称		申请日期	
申请单位（盖章）/申请人		联系电话	
进门时间		车牌号（车型）	
材料名称、数量及其他说明			
卸车部位		进场原因	
物流部 审批/时间		门卫确认/时间	

车辆出门申请单样本 表3-7

出 门 证			
出门单位：		年　月　日	
材料（机械设备）名称			
规格		数量	
出门原因			
出门时间		运往地点	
运送车牌号码		承办人	
分包单位 主管意见		部门主管意见	
相关部门意见		项目领导审批	

3.4 材料周转及清退

3.4.1 材料周转规划

大型电子洁净厂房市场竞争激烈，导致成本控制压力较大；工期超紧，体量超大，导致周转材料投入量大；在钢筋、混凝土等主材投入量基本固定的前提下，应尽量控制周转材料总投入量，以控制项目成本。与此同时，要尽量避免因过度考虑周转产生窝工，从而造成劳动力流失，继而对工程工期履约产生影响。除此之外，还要对材料周转过程中因上下层材料规格匹配问题、下层材料周转与上层架体搭设时间衔接问题等产生新增进场材料的使用位置、数量进行预判并提前做好备料准备，对下层不能周转材料的数量进行预算并及时安排退场以避免材料超期使用，增加成本。

1. 架体方案的选择

架体方案是厂房施工需要重点考虑的方案之一，一般常用的包括钢管、碗扣、盘扣三种架体，需从以下几个方面进行分析。

1）从工期方面考虑。经验数据表明，钢管架搭设效率约为 35m³/工日，碗扣架搭设效率约为 60m³/工日，盘扣架搭设效率约为 150m³/工日；碗扣架和盘扣架均属于快拆式架体，但由于盘扣材料立杆强度高、标准化程度高，使得立杆间距较大，投入材料少，因此工效更快，劳动力组织压力也相对较小。作为对工期要求极为严格的电子洁净厂房，材料选型时对于搭拆工效的考虑应适当优先。

2）从成本方面考虑。由于近年来材料价格存在浮动，且不同类型材料在不同区域分布不同，运输费差异也较大，因此，并不能固化。一般情况下，盘扣单价＞碗扣单价＞普通钢管单价，但结合钢管有检尺费，且各地货源存量差异较大，如从其他地区运入则运费高昂。因此要从资源调研的情况，结合运费、租赁费、配套材料租赁费、检尺费、分包模式、搭拆效率影响的使用时间（结合起租期）等方面综合对比，才能确定架体形式。

3）从资源组织难度方面考虑。普通钢管由于单价低，一般少量需求时在三四线城市易于组织，小供应商即可满足供货需求，但大量材料的组织则不太容易，如采用很多家供应商同时供应，日常管理难度大，退场时由于规格差异也容易扯皮，因此一般选择实力较为雄厚的少量供应商进行供应，但此类供应商一般在东部城市较多，中西部城市较少。碗扣由于材料性质差（规范搭设的情况下稳定性不如钢管），价格比钢管贵，属于将被市场淘汰的产品，资源组织难度大，由此可能产生超远距离运输，运费增加。盘扣材料一般只有具有一定规模的专业供应商有此业务，且能承担深化设计业务；此类供应商一般业务分布广，各地较大城市均有业务点，材料供应能力相对较强；同时由于立杆间距大，材料需求量相对较小，通过组拼两三家实力雄厚的供应商资源基本可以满足大型厂房建设需求。

4）从施工组织方面考虑。普通钢管及碗扣材料强度一般均为 Q235，强度低，同时由于制作、锈蚀等原因，加上工业厂房一般构件尺寸大、施工荷载大，立杆不得不布置地非常密集，从而造成材料需求量大。由此产生两个问题：一是进出场材料多，水平运输、搭拆需要组织的零星机械、人员数量多，且塔式起重机垂直运输压力大，物流管理压力大，组织及管理压力大；二是由于立杆密集，架体跨区拆除难度大，必须从外部向内部，或者从一个方向向另一个方向拆除。盘扣材料由于立杆强度高、标准化程度高、镀锌防腐等原因，立杆间距大，材料需求量相对较小，可以同时降低碗扣和钢管存在的以上两个问题带来的困难。

2. 材料周转

材料周转是为了降低成本，其考虑因素应包含以下几个方面：

1）可以满足拆除条件。

如计划拆除第 N 层结构顶板支撑架，则应满足第 $N+1$ 层混凝土已浇筑，同时第 N 层顶板混凝土强度达到设计要求。

混凝土浇筑施工是对支撑架体加载的过程，荷载包括面板、主次楞、支撑架体、钢筋和混凝土的恒荷载，人员、机械（主要包括混凝土振捣冲击、布料机自重及振动、地泵泵管自重及振动等）、施工（主要包括除机械以外的不均衡浇筑、混凝土浇筑冲击）等活荷载，考虑到施工时主要为动荷载，同时现场存在其他预料外荷载的情况，因此，应该将混凝土浇筑施工过程作为施工荷载最大时刻。在施工荷载最大时刻保证支撑楼板的支撑架存在，可以通过楼板的弹性变形将荷载通过支撑立杆传导到下层，实现两层结构共同承担最大施工荷载。

在最大施工荷载下由两层结构共同承载为最佳情况，但如第 $N+1$ 层混凝土尚未浇筑，即施工荷载不是最大情况下要拆除第 N 层支撑架时，则需进行复核才可提前拆除；主要包含以下三种情况（图 3-12）：

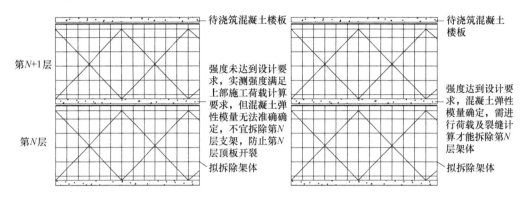

图 3-12　支撑架需提前拆除时可能面临的两种情况

（1）当第 N 层结构顶板强度未达到设计要求时，通过回弹取得第 N 层顶板实际强度值，且计算表明其不能满足第 $N+1$ 层结构顶板混凝土浇筑要求，则第 N 层支撑架绝对不允许拆除。

（2）当第 N 层结构顶板强度未达到设计要求时，通过回弹取得第 N 层顶板实际强度值，且计算表明其能满足第 $N+1$ 层结构顶板混凝土浇筑要求，但由于混凝土弹性模量的增长并不随强度增长呈正比，弹性模量的不确定性导致提前拆除第 N 层顶板支撑架时，可能强度满足要求，但楼板弹性变形范围小，仍旧容易发生开裂现象。这种情况如果要提前拆除架体，需要经过试验确定该配合比下混凝土的弹性模量的实际增长曲线，经计算满足承载力和抗裂要求后才可拆除。

（3）如通过添加外加剂、混凝土养护时间足够长等原因使得第 N 层顶板强度已达到设计强度要求，第 $N+1$ 层顶板还未浇筑，需要提前拆除第 N 层顶板支撑架体时，也需要进行结构验算且符合要求后才可进行。

2）材料周转的立杆组合方式优化

由于采用碗扣或盘扣等快拆式架体，架体的立杆组合方式是提高材料周转率的技术保障，应结合层高对立杆组合方式排杆，保证下层架体组合的立杆在技术上可以尽可能多地应用到上层架体中。

3）材料周转方案的确定

一般来说采用跨层周转，即一层转三层、二层转四层，但一层未使用材料也可周转到四层。

制定周转方案时，首先，确定不考虑混凝土浇筑时间差情况的理论最小材料配置量，即先梳理清楚每层需要的各种规格的材料量，再按层进行比对确定可周转材料的数量，即周转率100％时，一层转三四层、二层转四层情况下的材料总需求量。此数据的意义在于实际施工过程中因各种因素导致混凝土浇筑时间并不能按计划进行且出现延误时，对材料最小需求量的计算。

其次，需要考虑混凝土浇筑时间差时的材料配置量，即建立每层、每个流水段的工期模型，包括从架体搭设到混凝土养护完成的时间，适当考虑架体拆除时间与开始周转后投入跨层搭设时间的交叉，确定周转后架体使用时间，从而确定低层架体拆除后重新投入使用的流水段的位置。通过这个过程的分析，确定需要重新投入架体的区段位置及其新增架体用量。各流水段分别分析，确定可周转材料的总量（每个流水段需分析清楚一对一周转后的余额或差额，从而从其他流水段再零星补平）；二层转四层的过程同一层转三层的方法一样，但需考虑由于混凝土浇筑时间差，一层不能用于三层但可用于四层的量。

以某电子洁净厂房项目为例，其流水段工期模型如图 3-13、图 3-14 所示。

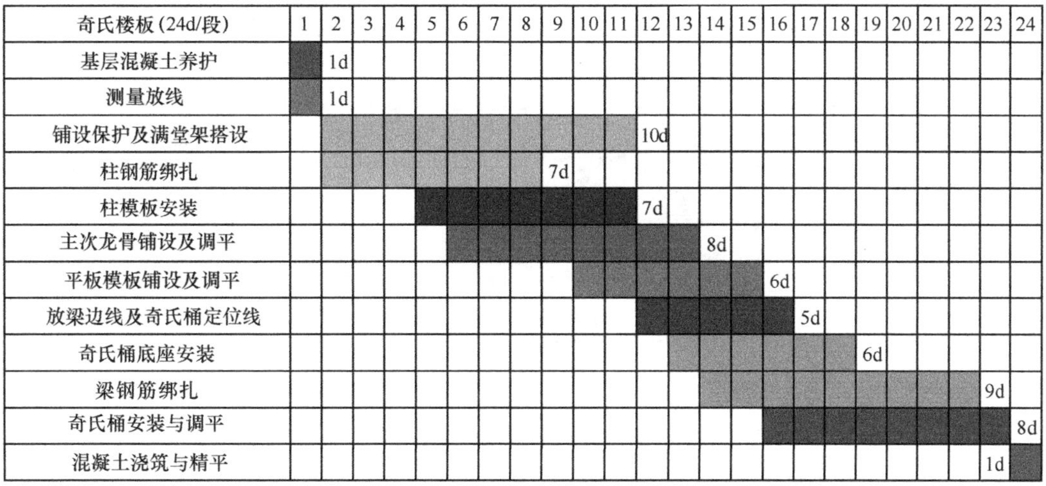

奇氏楼板(24d/段)	1	2	3	4	5	6	7	8	9	10	11	12	13	14	15	16	17	18	19	20	21	22	23	24
基层混凝土养护		1d																						
测量放线		1d																						
铺设保护及满堂架搭设												10d												
柱钢筋绑扎											7d													
柱模板安装												7d												
主次龙骨铺设及调平														8d										
平板模板铺设及调平															6d									
放梁边线及奇氏桶定位线																5d								
奇氏桶底座安装																	6d							
梁钢筋绑扎																							9d	
奇氏桶安装与调平																							8d	
混凝土浇筑与精平																								1d

图 3-13　华夫板层（一层、三层）流水段工期模型

由于高大板层施工周期为 34 天，大于混凝土一般达到设计强度时间 28 天，因此二层顶板混凝土浇筑完成后考虑一层顶板华夫板强度已达到设计要求，可拆除首层支撑架；华夫板

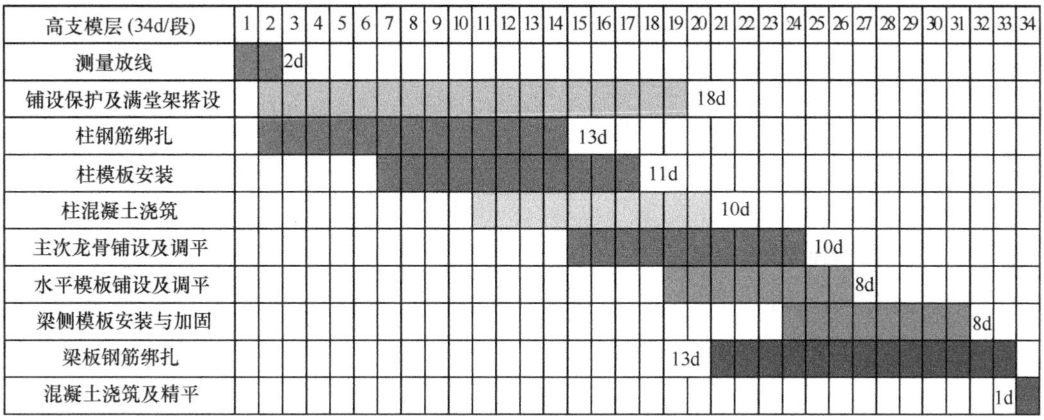

高支模层(34d/段)	1	2	3	4	5	6	7	8	9	10	11	12	13	14	15	16	17	18	19	20	21	22	23	24	25	26	27	28	29	30	31	32	33	34
测量放线			2d																															
铺设保护及满堂架搭设																				18d														
柱钢筋绑扎															13d																			
柱模板安装																		11d																
柱混凝土浇筑																			10d															
主次龙骨铺设及调平																					10d													
水平模板铺设及调平																							8d											
梁侧模板安装与加固																																8d		
梁板钢筋绑扎																			13d															
混凝土浇筑及精平																																	1d	

图 3-14　高大板层（二层）流水段工期模型

层一个流水段架体拆除时间考虑为 7 天，拆除 3 天后可向三层周转，基于以上假设，结合流水段的跳仓要求，各流水段混凝土浇筑和架体计划如图 3-15、图 3-16 所示。

图 3-15　二、四层楼板浇筑及二层支架周转、四层支架搭设计划图

　　根据现场实际情况，在架体周转初始阶段，跨区域进行材料调拨协调难度较大，在材料周转后期，可实现跨区域周转。结合实际情况，现场材料周转主要考虑分区内周转，分区之间在后期可考虑周转。

　　结合以上两图，将二层支撑架体具备开始周转的时间条件及四层楼板支撑架体搭设的需求时间进行排序和比对，可得出流水段材料周转的一一对应方向（图 3-17）。

　　结合该比对图可知，部分流水段需要增配架体，部分流水段架体无法周转，需提前退场或考虑转至其他施工区域使用。

　　上图所确定的每个一一对应的周转流水段，由于流水段面积大小并不一致，一层和三层的层高也不相同，因此架体数量的周转率不能按流水段个数计算，仅可估算作为参考。还需结合每个区域周转后材料数量分别分析剩余或欠缺数量及对应的可周转时间或搭设需求时间，确定该数据后优先在分区内的流水段拉平，必要时可在分区间调拨。

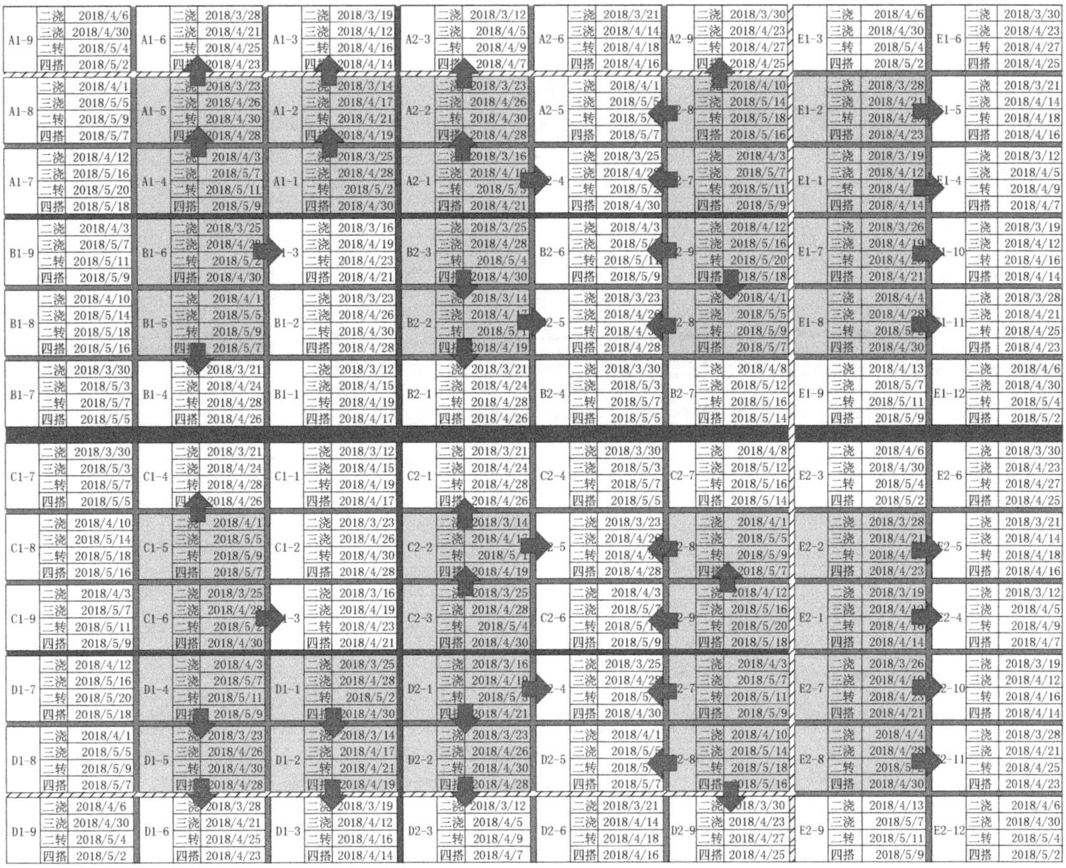

图 3-16　基于二层楼板浇筑计划的内部区域支架退料方向图

3.4.2　材料快速清退

1. 出料方式

首层材料直接通过外架出口或内部预留通道出料；二层材料通过传递孔跨层传递到一层＋在外围设置落地式卸料平台两种方式出料；三层材料通过设置在外围落地式卸料平台出料；四层材料通过传递孔跨层传递到三层＋在外围设置落地式卸料平台两种方式出料。

2. 出料通道

1）外围出料口设置

架体拆除后就地打包，然后运至出口。建筑外围出口，当外架选用落地式双排脚手架时，通过在外架开口可以解决，但开口不能过密，否则影响外架安全，因此也一定程度上影响了材料出料效率；当外架选用落地、悬挑结合的形式时，落地架范围结构施工完成后即可拆除其外架，外围全部为出料口，出料效率高，同时外架普通钢管也可实现一定程度上的周转或尽快退场，但悬挑外架增加了成本负担。建筑内部"生命通道"及"缺口"也是材料出

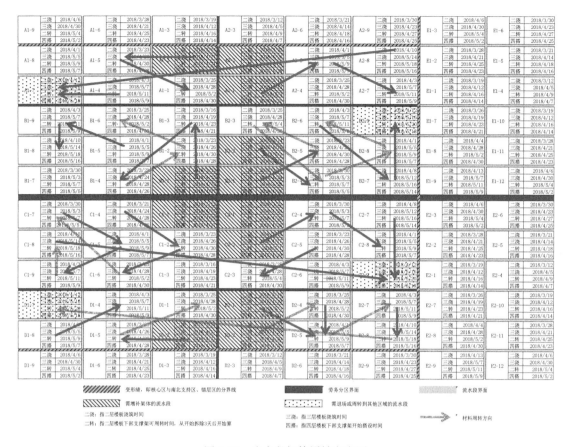

变形缝，即核心区与南北支持区、错层区的分界线 　　劳务分界面 　　流水段界面

增加补架体的流水段 　　需退场或周转到其他区域的流水段

二浇：指二层楼板浇筑时间

二转：指二层楼板下部支撑架可周转时间，从开始拆除3天后开始算

三浇：指三层楼板浇筑时间

四搭：指四层楼板下部支撑架搭设时间

材料周转方向

图 3-17　流水段架体周转方向图

料的重要部位，但"生命通道"及外围出料均可能会与回风夹道相遇，在回风夹道位置设置工字钢支撑（回风夹道为有梁无板结构）实现第 N 层架体与第 N＋1 层架体分离设置，保证出料通道在第 N 层架体拆除时可以形成（图 3-18）。

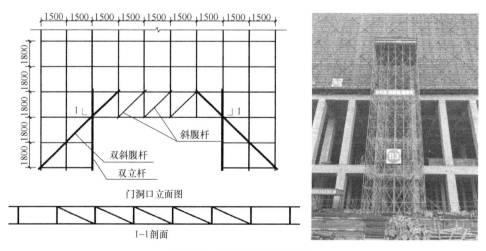

斜腹杆

双斜腹杆

双立杆

门洞口立面图

1-1剖面

图 3-18　出料口设置示意图

2）楼层内高低跨

在一些电子洁净厂房内会设有废水提升站或其他降板部位，架料清退时无法避开降板位置出料，在材料周转及清退过程中可以搭设钢管栈桥，形成出料通道（图 3-19）。钢管栈桥通道按满堂架间距加密搭设，立杆上放置顶托，顶托上铺设槽钢作为主背楞，槽钢上满铺钢板，通道两侧设置 1.5m 高防护栏杆，并用安全网围护。同时在卸料平台外侧搭设连续竖向剪刀撑。

图 3-19　钢管栈桥示意图

3）卸料平台

在内部预留出料通道的结构外围搭设卸料平台，采用塔式起重机或吊车进行出料。卸料平台通常采用落地式，可采用盘扣架、碗扣架或钢管搭设，平台顶部护身栏杆高 1500mm，平台立面用安全网封闭并挂限重标识牌，载重量经过计算确定（图 3-20）。平台架与内侧结构需进行可靠连接。

图 3-20　落地式卸料平台

4）华夫筒作传递孔

华夫板属多孔楼板，上层高大板空间可通过华夫筒将材料传递至下层，降低出料难度；

设为传递孔的位置应设钢板保护筒，防止材料竖向传递过程中刮坏华夫筒内壁（图 3-21）。一般采用 3mm 厚钢板焊接成保护筒，在架料拆除时放置在选定的华夫筒内，并在周边设置醒目标志。

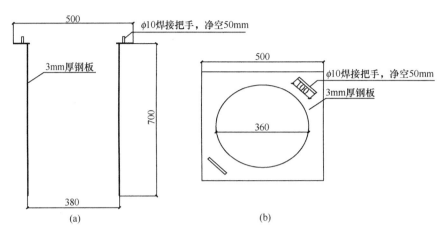

图 3-21　钢板保护筒加工示意图

（a）剖面图；（b）平面图

5）内部预设架体出料通道

在平行流水组织时外围流水段比内部流水段稍快，可以实现外部区域"早浇早拆"。使用碗扣支撑架时，由于立杆间距较密，在架体内跨流水段人员行走及材料运输不便，跨区拆除难度大；而使用盘扣作为支撑架时，立杆间距大，通过提前拆除部分扫地杆即可形成拆除通道（仅限于人员进出方便，材料运出仍存在问题）。也可以在内部提前设置拆除通道，对支撑主楞和两侧立杆进行加强、加固，但因操作不便，应用受限（图 3-22）。

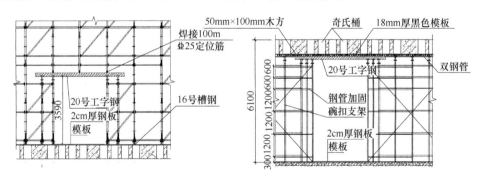

图 3-22　内部出料通道架体设置图

第4章　建筑结构施工技术

4.1　技术背景及特点

电子产品发展越来越快，为了契合市场需求，生产厂房需要快速建设及投产。基于这种情况，主体结构工期极限压缩，施工完成前即需提前分批移交工作面给专业承包商施工。但华夫板施工工艺相比常规混凝土楼板更为复杂，后浇带封闭所需时间更长，如果按照传统方式设置温度后浇带，分块作业无法满足快速施工和移交的工期要求，对投产时间影响极大。为满足项目移交的要求，电子洁净厂房在结构施工过程中通常采用取消后浇带的施工方式，但相较于传统的后浇带分块施工方法，不设置后浇带临时约束条件差，温度应力不能得到有效释放，筏板存在开裂的风险。

电子产业更新换代速度快，工艺多变，厂房的设计和建造不仅要能够适应小的工艺变动，而且在较大的工艺变动时，仍有技术改造的可能性。厂房洁净室对室内环境的温度、湿度、压力及洁净度等参数有较强要求，在产品制造的过程中必须隔绝外界杂质污染源（包括尘埃、金属离子、各类有机物等），因为这些污染源可以造成元器件性能下降及产品成品率和可靠度的降低，所以必须在洁净的环境中进行，而技术层空间是保障室内洁净环境建立的先决条件。技术夹层主要是以水平构件分割构成的辅助空间，如位于洁净生产区顶棚以上或地板以下的技术夹层、轻质吊顶以上的空间等，就其位置和空间尺度的特点来说，是以容纳水平走向的管线或作为净化空调系统的送风静压箱或回风静压箱。在多层厂房中，某层洁净室的上技术夹层也可兼作上层洁净室的下技术夹层使用，既供下层洁净室的管线敷设又可布置上层洁净室的回风管。在某些厂房中也会同时设上、下技术夹层，下技术夹层设回风静压箱，并敷设排风管、尾气管、气体管道、纯水循环管、冷冻水管、热水管、给水排水管道、喷淋/消防水管、电力照明、弱电等管线；上技术夹层设送风静压箱、循环风处理装置或FFU装置、高效过滤器以及部分电力、通信管线等。因此为了适应改造的灵活性及满足技术夹层的空间要求，厂房的结构形式越来越朝着更大空间和更大跨度发展。同时由于精密设备仪器对振动的敏感性，洁净厂房楼面平整度要求比一般建筑的地面平整度要严苛得多，尤其是华夫板楼面，其精度往往达到 2mm/2m，如何在高支模的情况下既保证施工的安全性，又满足楼板的平整度要求，也是洁净厂房施工中的重点和难点。

前面已经讲到，电子洁净厂房的洁净区域对室内环境的温度、湿度甚至气流等均有严格的规定和要求。围护结构出现缝隙或质量存在隐患将导致洁净室内气体污染或洁净气体外泄，材料选用不当将导致产生粉尘或保温隔热性能降低，围护结构设计不合理产生凝结水将导致湿度变化等，因此，围护结构的设计、施工对洁净室的造价、产品的生产和净化空调系统运转费用等起着至关重要的作用。另外，受限于国内技术水平，目前电子洁净厂房的生产工艺设备大多由国外进口，价格高昂且一旦损坏维修困难。因此，如何保证洁净厂房室内空间的密闭性、防止洁净室内环境的变化以及确保屋面的零渗漏也是项目施工的难点。

本章针对超大面积电子洁净厂房的建筑结构施工，详细阐述超大面积筏板施工、超高支模施工、华夫板施工、大跨度结构施工、屋面防水施工及围护结构施工技术。

4.2 超大面积筏板施工技术

因集中型洁净厂房普遍单层面积超大，且筏板较厚，在设计层面通常会选择留置后浇带的方式来释放混凝土的温度应力。但根据《高层建筑混凝土结构技术规程》JGJ 3—2010 第12.2.3 条的规定，高层建筑后浇带浇灌时间宜滞后两个月以上。而洁净厂房工期紧张，主体结构完成前即需移交给专业分包商工作面，后浇带未封闭又将导致闭水困难，内部装饰及洁净工程施工均将受到影响。因此，洁净厂房施工中通常取消后浇带，但需采取相应的技术措施以防大面积筏板裂缝的产生。

电子洁净厂房因其施工工艺的需求，对室内环境要求较高，对生产设备的精度要求非常严格，因此，室内装饰均采用减少粉尘、微粒产生的材料或施工工艺，楼地面均在混凝土结构面上直接进行环氧施工，由此对混凝土结构的平整度也提出了更高的要求。洁净区域楼地面平整度要求达到 2mm/2m，其他非洁净楼层均需达到 4mm/2m。

4.2.1 筏板的裂缝控制

1. 跳仓法施工

结构承受的约束作用分内约束（自约束）和外约束两类。结构的变形如果是完全自由的变形达到最大值，则内应力为零，也就不可能产生任何裂缝。如果变形受到约束，在全约束状态下则应力达到最大值，而变形为零。在全约束与完全自由状态的中间过程，即为弹性约束状态，亦即自由变形分解成为约束变形和显现变形（实际变形）。实际变形越大，约束应力越小；实际变形越小，约束应力越大，这种约束状态与荷载作用下的结构受力状态有着根本区别。

在约束状态下，结构首先要求有变形的余地，如结构能满足此要求，不再产生约束应力。如结构没有条件满足此要求，则必然产生约束应力，超过混凝土的抗拉强度，导致开裂。所以，提出了"抗与放"的设计准则，应当在工程设计中，根据结构所处的具体时空条件加以灵活地应用。从结构形式的选择方面（微动、滑动及设缝措施，提供"放"的条件）及材料性能方面（提高抗拉强度、抗拉变形能力及韧性等提供"抗"的条件）采取综合措施，如抗放相结合，以抗为主或以放为主的措施。

后浇带是在建筑施工中为防止现浇钢筋混凝土结构由于温度、收缩不均产生有害裂缝，按照设计或施工规范要求，在底板、墙、梁相应位置留设的临时施工缝，将结构暂时划分为若干部分，经过构件内部收缩，在若干时间后再浇捣该施工缝混凝土，将结构连成整体。

跳仓法是充分利用了混凝土在 5～10 天期间性能尚未稳定和没有彻底凝固前容易将内应力释放出来的"抗与放"特性原理。它是将建筑物地基或大面积混凝土平面机构划分成若干个区域，按照"分块规划、隔块施工、分层浇筑、整体成型"的原则施工，其模式和跳棋一样，即隔一段浇一段（图 4-1）。相邻两段间隔时间一般不少于 7 天，以避免混凝土施工初期温差及干燥产生的裂缝。由此可达到取消后浇带的目的。跳仓法施工应满足以下要求：跳仓的最大分块尺寸不宜大于 60m，跳仓施工时间间隔不小于 7 天，跳仓接缝处按施工缝的要求设置和处理。

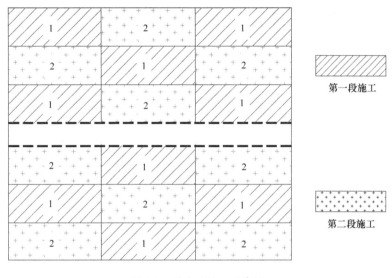

图 4-1　跳仓法施工示意图

取消结构后浇带，获得了良好的裂缝控制效果，施工方便、缩短工期、质量可靠。因此，跳仓法具有方便施工、减少施工周期的优点。

当然，实际在项目执行的时候，情况并不会如图 4-1 所示意的简单，还涉及预留通道的设置、施工区段的划分、施工流水的组织、架体材料周转和清退的安排等。预留通道也相当于大的后浇带，将超大面积筏板分区分块；每个分区内又划分两家或者多家劳务施工，各劳务间施工进度存在不同；而每个劳务区段内又划分多个流水段，各流水段施工时间存在差异。不同流水段、不同劳务内、不同分区分块，应综合统筹考虑其施工顺序。另外，还需考虑各区域流水段施工的先后顺序对材料的周转和清退的影响，先施工区域模板架体拆除时，后施工区域是否会影响材料的运输路线。

2. 混凝土原材料和配合比控制

1）原材料的影响

（1）不同种类和不同用量的水泥拌制的混凝土干缩性变化很大。矿渣硅酸盐水泥比普通硅酸盐水泥的收缩大，而粉煤灰水泥收缩值较小，快硬性水泥收缩大。一般来说，其水灰比不变，水泥用量越大，混凝土的收缩率越大，因为混凝土的干缩主要产生于水泥浆的干缩，水泥浆越少，混凝土中骨料对干缩的制约作用越显著。

（2）混凝土中水的蒸发引起混凝土的收缩，水灰比越大水泥浆越稀，收缩率越大，开裂的可能性也越大。同时，减少用水量和水泥量对于改善干缩、提高混凝土的抗裂更为有效。

（3）粗细骨料含泥量过大、骨料颗粒级配不良都会造成混凝土收缩增大，从而诱导裂缝的发生，骨料的密度大、级配好、弹性模量高、骨料粒径大则可减少混凝土的收缩。外加剂和掺合料会影响混凝土的硬化速度、混凝土的用水量、混凝土的收缩和徐变，从而会对混凝土的开裂产生影响，掺有外加剂的混凝土干缩值较大，特别是初期干缩值较大。防止裂缝的有效方法是使用微膨胀剂。混凝土初期膨胀，后期干缩值小，能有效控制裂缝的发生。

2）原材料的选择

（1）选用粒径较大、连续级配骨料，减少混凝土中的水泥浆用量。严格控制骨料含泥量，要求进场的粗骨料用水冲洗。

（2）掺加粉煤灰减少水泥用量并有效降低水化热，降低混凝土单方用水量和水泥用量，减少混凝土自身体积收缩。同时，在混凝土中掺加粉煤灰或高效减水剂不仅能使混凝土具有较好的和易性、可泵性、抗渗性、抗离析性能，还可以减少泌水现象的发生。

（3）掺加高效减水剂，减少水泥用量，降低水化热。选用低碱水泥和低碱或无碱的外加剂。

（4）采用合适的掺合料及混凝土外加剂，抑制碱骨料反应；采用混凝土补偿收缩技术。

3）混凝土配合比的影响

集料颗粒级配不良或采取不恰当的间断级配，容易造成混凝土收缩增大，诱导裂缝产生。混凝土水灰比过大，或使用过量粉砂也可以使筏板产生裂缝。当用同一品种及相同强度等级水泥时，混凝土强度等级主要取决于水灰比。当水泥水化后，多余的水分就残留在混凝土中，形成水泡或蒸发后形成气孔，减少了混凝土抵抗荷载的实际有效断面。在荷载作用下，可能在孔隙周围产生应力集中，使筏板表面出现裂缝，而采用含泥量大的粉砂配制的混凝土收缩大，拉力强度低，容易因塑性而产生裂缝。

配合比设计不当直接影响混凝土的抗拉强度，是造成混凝土开裂不可忽视的原因。配合比不当指水泥用量过大，水灰比大，含砂率不适当，骨料种类不佳，选用外加剂不当等。

4）混凝土的配合比设计

混凝土的配合比设计应根据图纸和规范要求进行。

（1）预拌混凝土技术指标应符合《混凝土结构设计规范》GB 50010—2010 的要求（表 4-1）。

混凝土环境类别及耐久性要求 表 4-1

序号	部位或构件	环境类别	最大水胶比	最小胶凝材料用量（kg/m³）	最大氯离子含量	最大碱含量
1	室内正常环境的混凝土构件	一类	0.60	300	0.3%	不限制

续表

序号	部位或构件	环境类别	最大水胶比	最小胶凝材料用量（kg/m³）	最大氯离子含量	最大碱含量
2	基础底板、基础梁、地下室外墙、桩基承台、基础连系梁	二 a 类	0.55	320	0.2%	
3	室外覆土下的地下室顶板面及其梁面、水池内侧等构件	二 a 类	0.55	320	0.2%	3kg/m³
4	水池、卫生间、浴室等潮湿环境及屋面等露天环境的混凝土构件	二 a 类	0.55	320	0.2%	

注：1. 氯离子含量系指其占胶凝材料总量的百分比；

2、当使用非碱活性骨料时，对混凝土中的碱含量可不做限制。

（2）外加剂

混凝土外加剂应符合《混凝土外加剂应用技术规范》GB 50119—2013 及国家或行业相关标准。

（3）在保证混凝土性能要求的前提下，应减少胶凝材料中的水泥用量，提高矿物掺合料掺量，混凝土中矿物掺合料掺量应符合《普通混凝土配合比设计规程》JGJ 55—2011 的规定（表 4-2）。

钢筋混凝土中矿物掺合料最大掺量　　　　　　　　　表 4-2

矿物掺合料种类	水胶比	最大掺量（%）	
		硅酸盐水泥	普通硅酸盐水泥
粉煤灰	≤0.4	≤45	≤35
	>0.4	≤40	≤30
粒化高炉矿渣粉	≤0.4	≤65	≤55
	>0.4	≤55	≤45
钢渣粉	—	≤30	≤20
磷渣粉	—	≤30	≤20
硅灰	—	≤10	≤10
复合掺合料	≤0.4	≤65	≤55
	>0.4	≤55	≤45

注：1. 采用其他通用硅酸盐水泥时，宜将掺量 20% 以上的混合材量计入矿物掺合料；

2. 复合掺合料各组分的掺量不宜超过单掺时的最大掺量；

3. 混合使用两种或两种以上矿物掺合料时，矿物掺合料总掺量应符合表中复合掺合料的规定。

（4）在配合比试配和调整时，控制混凝土绝热温升不宜大于 50℃。

（5）抗渗混凝土配合比应符合下列规定：

最大水胶比符合表 4-3 的规定。

抗渗混凝土最大水胶比 表 4-3

设计抗渗等级	最大水胶比	
	C20~C30	C30 以上混凝土
P6	0.6	0.55
P8~P12	0.55	0.5
>P12	0.50	0.45

3. 混凝土的浇筑和养护

1）造成裂缝的原因

（1）混凝土拌合不匀、拌合时间过长，运输时间过长、运输泵送时改变了配合比，浇筑顺序不合理、速度太快等会改变混凝土的质量，降低混凝土的性能，引起浇筑后混凝土结构或构件的裂缝。现场振捣混凝土时，振捣或插入不当，漏振、过振或振捣抽撤过快，会影响混凝土的密实性和均匀性，诱导裂缝的发生。

（2）混凝土的养护可改变混凝土的水化反应速度，影响混凝土的强度。养护时保持湿度越高、气温越低、养护时间越长，则混凝土收缩越小。在养护的过程中必须严格控制混凝土的水化热，对拌和好的混凝土进行预冷却以降低温度，使浇筑后混凝土的最高温度与温度梯度最小，外界对混凝土的约束最小。混凝土养护的目的是为了保证混凝土的正常凝结、硬化。混凝土养护时间过短，保持的湿度过低都会使得混凝土收缩变大，引起裂缝。

（3）施工中，插入式振动器直接搁在钢筋上进行振动，钢筋被扰动，同时使得浇筑完的混凝土过早受到振动，影响了钢筋与混凝土的握裹作用，也影响了混凝土的均匀性与密实性。钢筋保护层厚度不足，造成钢筋与混凝土的握裹作用减小，对混凝土变形开裂的约束作用减弱。在风速过大或烈日暴晒的情况下施工，混凝土的收缩值大。大体积混凝土构件浇筑后，抹面的次数和保温工作不到位，易产生表面收缩裂缝。

2）浇筑和养护方法

浇捣时插入式振动器垂直振捣，行列式排列，做到快插慢拔，根据不同的混凝土坍落度正确掌握振捣时间，避免过振或漏振，接缝采用二次振捣。

筏板混凝土厚度较大，宜采取斜面分层浇筑，在振捣上一层时，应插入下一层中，以消除两层中间的接缝，上一层混凝土的自然形成厚度不能超过插入式振动器长的 1.25 倍。混凝土的振捣时间不宜过长，一般为 8~10s，以防止石子下沉造成混凝土结构不均匀。混凝土浇到面层时，表面应抹平压实，以排除泌水、混凝土内部的水分和气泡，提高混凝土的密实度。

筏板混凝土浇筑后将面层浮浆清理干净并补充混凝土找平压光，面层采取二次抹面技术，排除泌水、混凝土内部的水分和气泡，控制混凝土表明塑性收缩。

筏板混凝土压光后立即覆盖塑料薄膜一层保湿养护，薄膜搭接宽度不小于 100mm，搭接处用胶带粘贴封闭；然后立即覆盖防火保温岩棉一层保温养护。根据混凝土测温情况增加或减少保温层。混凝土内外温差达到 20℃作为监控预警点，随着混凝土内水泥水化热的释放而使混凝土温度不断上升，当温差达到预警温度时，立即组织人员增加保温层，每层保温层由一道塑料薄膜和一道保温防火岩棉或毛毡组成。

4.2.2　筏板的平整度控制

1. 精准测量

集中型厂房因其单层建筑面积较大，通常划分为不同的分区、不同的劳务、不同的流水段同步开始施工，不同流水段接缝处的标高和平整度控制是关键。

1）控制网布设

（1）首级控制网

首级控制网在业主提供的平面控制点的基础上，根据建筑物的总平面定位图，首先采用全站仪进行测设，建立一个稳定可靠、不受施工影响的施工控制网。该控制点的设置位置选择在稳定可靠处，用水泥钢钉打入硬化路面，作为标记，并用红油漆标注。若是未硬化处，要浇筑混凝土并设置保护装置。

（2）二级控制网

二级控制网控制点建立在项目厂房周围，根据总平面定位图及现场场地实际情况，选择控制点与一级控制网联测建立二级控制网，作为建立厂房三级平面控制网（内控网）的依据。

（3）三级控制网

三级控制网布设结合建筑物的几何形状，组成矩形以提高边角关系。放样主控轴线时先利用激光铅直仪将内控点传递到施工楼层，为保证投测的精度，点位要形成闭合图形，每个流水段相互之间衔接。

（4）高程控制网观测

高程总控制点使用二级控制网的控制点，采用国家二等水准测量要求进行测设。采用高精度电子水准仪对所提供的水准基点进行复测检查，校测合格后，测设一条闭合水准路线，联测场区高程水准点。

2）精平工艺标高控制要点

（1）精平控制点设置

各区段施工测量控制点均由外围控制点引入。

同时每根柱均设置标高控制点，形成柱网标高控制网，柱网控制点引测至柱主筋上（图 4-2）。

从柱网标高控制点引测，按 2m×2m 网格设置结构收面精平控制网。

（2）精平控制点构造

混凝土浇筑前对钢筋绑扎标高进行全面测量验收。

图 4-2　精平控制点留设示意图

精平控制点采用可调螺母焊接于主筋上，混凝土浇筑前进行标高调整、验收。

3）成立测量小组

因厂房单层面积大，划分流水段较多，由多家主体劳务施工，各流水段之间、各劳务之间标高控制难度较大。应成立测量专业小组，对整个场区标高进行统一管理，进行测量闭合复核，标高点标注在醒目位置。

2. 板面精平工艺

1）激光整平机整平

使用混凝土激光整平机是一种比较省时省力的方式，主要施工工艺流程如图 4-3 所示。

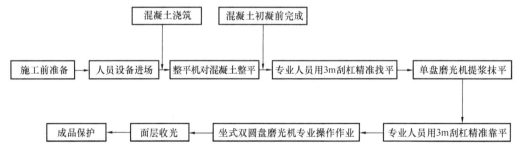

图 4-3　精平施工工艺流程

（1）混凝土浇筑：在混凝土浇筑之前将标高设定在柱筋上，并将准确的标高引到扫平仪控制系统，混凝土浇筑人员刮平时将标高控制在比设计标高高出 2～3mm 范围内，为下道激光整平机整平打好基础。根据设备性能要求，混凝土浇筑分条宽度不小于 2.5m。

（2）整平机整平：在专业技术人员标高设定准确的情况下，机械操作人员对通过扫平仪控制下的混凝土表面进行精准整平，整平机会自动以 10 次/s 的频率对整平机进行校准控制，以保证整平面的精准度，整平需在混凝土初凝前完成（图 4-4）。

（3）专业人员找平：本道工序是待混凝土浇筑面泌水完成时，用激光扫平仪复测水洼处，对积水处用混凝土填平，用 3m 刮杠对面层 360°旋转刮平，达到全面控制平整度并将柱根模板边缘细部顺平，用激光扫平仪反复检测达到要求为止。

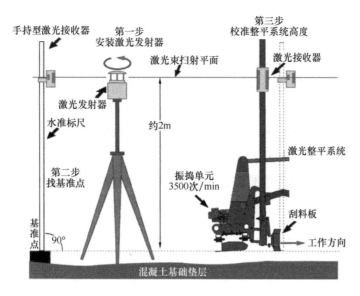

图 4-4　激光整平机工作示意图

（4）单盘抹光机抹平提浆：在混凝土按规范有序浇筑的同时，利用混凝土施工的时间差，早浇筑的混凝土会早些达到初凝，初凝时便利用单盘抹光机和镘抹圆盘，进行交叉破浆镘抹，以保证机械运行过程的平整控制。

2）驾驶式双盘高速抹光机

采用驾驶式双盘高速抹光机进行整平的施工流程如图 4-5 所示。

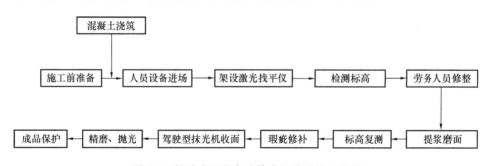

图 4-5　驾驶式双盘高速抹光机整平施工流程

（1）混凝土浇筑时分包方人员进场。

（2）标高检测：在主体混凝土浇筑的过程中，派遣技术员用激光找平仪检测标高，高的区域安排人员扒平，低洼区域则补平。

（3）采用 3m 刮尺进一步刮平。

（4）待混凝土地面初凝时，提浆抹面。当混凝土表面的水渍消失或混凝土有足够硬度可以承受汽油磨光机的操作时，开始用机械磨光，上机时间应根据混凝土的坍落度、气温等因素而定。在初磨期间，应用 2m 靠尺随机反复检查，工作持续到混凝土表面平整、无明显缺陷时结束。待混凝土初凝开始，人站立到混凝土表面无明显脚印时，使用抹光机（安装圆盘）进行作业，将表面砂浆层搓打均匀（提浆）。如混凝土表面出现浮浆，应使用圆盘机械均匀地将混凝土表面浮浆层破坏掉。

（5）瑕疵修补，特别是边角区域，机械收不到的区域，采用人工抹光。

（6）大小型抹光机反复收光抹面。视面层硬化情况，至少进行六次圆盘机械镘抹圆盘抹压作业，机械镘抹的运转速度应视混凝土面的硬化情况做出适当调整，机械镘抹作业应纵横交错进行。

（7）精磨，抛光至成型效果。待面层具备足够强度后，将机械的圆盘卸下进行地面收光，收光遍数不低于 6 遍，边角、模板边缘处用铁抹子人工收光，初磨之后，调整汽油磨光机抹片角度，进行精磨，直至表面光亮结束。精磨完成后的地面应表面致密，颜色一致。

4.3 超高支模施工技术

根据《住房城乡建设部办公厅关于实施〈危险性较大的分部分项工程安全管理规定〉有关问题的通知》（建办质〔2018〕31 号），混凝土模板支撑工程：搭设高度 8m 及以上，或搭设跨度 18m 及以上，或施工总荷载（设计值）15kN/㎡ 及以上，或集中线荷载（设计值）20kN/m 及以上均属超过一定规模的危险性较大的分部分项工程范围。

而前文已经提到，电子洁净厂房因其大跨度、大空间设计及技术夹层空间需求，一般存在大量的高大模板支撑区域。相较于传统的高大模板施工，在保证施工安全的基础上，洁净厂房的高大模板尚需考虑以下因素。

4.3.1 架体杆件的匹配和周转

为尽最大可能提高材料的周转率，保证下层架体组合的立杆从技术上尽可能多地应用到上层架体中，应结合层高对立杆组合方式排杆。

碗扣立杆的长度规格一般为 300mm、600mm、900mm、1200mm、1500mm、1800mm、2100mm、2400mm、3000mm，盘扣立杆的长度规格一般为 250mm、500mm、1000mm、1500mm、2000mm、3000mm。对相同层高而言，立杆的组合形式可以多种多样，选择合适的立杆组合可以最大程度地提高周转和施工效率。

举个例子。假设采用盘扣式脚手架，其周转的整体规划为一层转三层、二层转四层，一层需要的架体高度为 4.5m，三层需要的架体高度为 5.5m。那么一层的立杆组合形式可以为3m＋1m＋0.5m、3m＋1.5m、2m＋2m＋0.5m 等；三层的立杆组合形式可以为 3m＋2m＋0.5m、3m＋1.5m＋1m、2m＋2m＋1.5m 等。一层如果采用 2m＋2m＋0.5m 的形式，则三层采用 3m＋2m＋0.5m、3m＋1.5m＋1m、2m＋2m＋1.5m 的任一立杆组合都不能形成100％周转；如三层选用 2m＋2m＋0.5m＋1m 的形式，则四段立杆的组合必然降低施工效率。一层如果采用 3m＋1.5m 的立杆组合，而三层采用 3m＋2m＋0.5m 或 2m＋2m＋1.5m 的形式也不能达到最大周转。因此，一层用 3m＋1.5m 的立杆组合，三层采用 3m＋1.5m＋1m 的形式，则理论上一层架体可以全部周转到三层使用，可以最大化提高材料的周转使用率。

4.3.2　架体的安全性

架体的安全性是指架体的抗倾覆、立杆的强度和稳定性、地基承载力、主次楞强度等满足施工安全要求，不会出现架体坍塌等安全事故，所有架体施工均需满足此要求，此处不再赘述。

4.3.3　架体的平整度

洁净厂房对华夫楼面平整度要求非常高，而华夫筒筒模为工厂定制产品，定型化加工精度高，筒高固定且等于华夫板厚度，同时混凝土浇筑完成后与结构一体化，筒间允许偏差要求仅为 1mm，因此对筒模安装的平整度要求极高，而筒模安装的平整又与模板的平整度密切相关。混凝土浇筑后架体的沉降、主次楞的挠度、模板的挠度又是影响模板平整的决定性因素。

因架体底座均设置在底板、楼板面等混凝土结构上，基础和架体的沉降可以忽略不计。对模板平整度影响最大的因素即为主次楞和模板自身挠度，在方案设计时需要重点进行验算。

1. 架体的间距是影响主楞和次楞挠度的重要因素

架体间距不宜过小，过小则杆件密集、材料用量大、施工效率低、成本增加；架体间距也不宜过大，过大则支架安全系数低、工人操作不便、主次楞跨度大挠度同样增大。一般采用碗扣式脚手架体系，架体间距 600mm×900mm、900mm×900mm 较为合适；采用盘扣式脚手架体系，架体间距 1500mm×1500mm、1500mm×1800mm 较为合适，但具体应该根据楼板荷载情况计算确定。

2. 主次楞的材质和截面尺寸也是影响其自身刚度的重要因素

根据架体选用形式的不同采用不同的主次楞。碗扣型架体一般采用钢管＋木枋的形式；盘扣型架体一般采用工字钢/铝梁＋木枋的形式。因碗扣架体较密，跨度较小，常规碗扣＋木枋一般也能满足要求；对盘扣架体来说，从材质上钢材的刚度大于铝材的刚度，同样高度同等受力下工字钢的挠度小于铝梁的挠度，但工字钢重量较大，操作相对不便；对次楞的选择，40mm×80mm 的木枋与 50mm×100mm 的木枋刚度差距较大，但可通过木枋间距进行调节，应结合成本综合考虑进行选择。

3. 次楞间距是影响模板挠度的重要因素

结合次楞截面尺寸，选择满足模板挠度要求的最大次楞间距。

在进行挠度验算时，主楞的挠度、次楞的挠度、模板面板的挠度在满足结构安全性的前提下，还需分别满足平整度的要求。另在主楞、次楞、模板挠度综合作用下的面板变形，还需建模进行分析,确保其最大变形量满足平整度要求(图 4-6)。

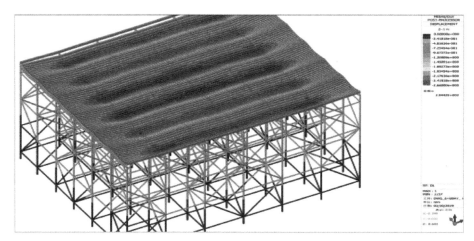

图 4-6　面板变形模型分析

4.3.4　华夫筒部位钢板的设置

受架体间距和华夫筒间隔影响,华夫板层上部架体搭设时,可能存在架体立杆与华夫筒孔洞相重合的情况,此时需要在架体立杆底部设置钢垫板,钢垫板不仅作为立杆的底座,也可起到保护华夫筒的作用(图 4-7)。钢垫板尺寸完全覆盖华夫筒,钢垫板厚度根据立杆轴向力进行计算确定。

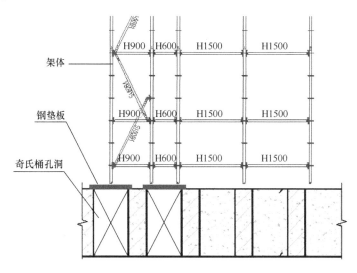

图 4-7　华夫筒孔洞节点钢板覆盖剖面示意图

4.3.5　水平安全网的设置

为避免在施工过程中,上部人员或是材料掉落,对下方施工人员或是成品造成破坏,需要在架体内部设置水平安全网(图 4-8)。水平安全网设置间隔不宜超过 5m,一般间隔三步

图 4-8　水平安全网效果图

设置一道，随架体搭设高度同步进行。

4.4　华夫板施工技术

4.4.1　九步控制法

华夫筒平整度及定位控制质量是华夫板成型质量的关键，在施工过程中通过华夫板"九步控制法"保证筒模平整度及定位控制质量（表 4-4）。

华夫板"九步控制法"　　　　　　　　　　　　　　表 4-4

序号	施工内容	图示	要点
1	华夫板支撑架体搭设及模板安装		1. 架体搭设严格按照高支模方案放线定位，排脚位置准确； 2. 顶部标高利用标记在柱筋上的标高控制点和卷尺进行粗平控制； 3. 模板使用质量较好的防渗漏黑模板
2	木枋及模板调平		1. 拉十字线，使用卷尺对架体及木枋粗平调整； 2. 用精密水准仪和靠尺对木枋及模板精平调整； 3. 粗平及精平主要通过调整立杆顶托长度完成； 4. 模板平整度控制允许偏差为 2mm/2m，精平复核覆盖率为 100%
3	筒模定位放线及铁底盘安装固定		1. 依据轴线将钢筒位置的筒心以十字线的方式标于底模面上； 2. 以每条轴线作为控制线，防止累计误差过大； 3. 依据十字线安装铁底盘，保证每个铁底盘用不少于 6 个螺丝钉锁紧，在铁底盘中心用钻机打孔； 4. 将塑料底盘套在铁底盘上，以签字笔描绘出钢筒位置，作为钢筋控制线

序号	施工内容	图示	要点
4	密肋梁钢筋绑扎		1. 按照放梁主筋线→设置垫块→放主梁钢筋→绑扎 X 向密肋梁钢筋→穿 Y 向密肋梁主筋→绑扎 Y 向密肋梁钢筋的方法完成密肋梁钢筋绑扎; 2. 梁钢筋绑扎过程中应依照钢筋控制线预留保护层厚度绑扎,严禁偏位
5	钢筒与上盖安装、密封		1. 将塑料底盘放置于铁底盘上; 2. 将钢筒套在塑料底盘上,将顶盖套入钢筒上部;从上盖中孔插入螺杆并拧紧,防止钢筒移位; 3. 用胶布将螺栓顶部扳手孔封闭,防止混凝土浇筑时浆液流入污染筒壁; 4. 将各筒模用木方和钢丝绑扎固定,使筒模形成整体,减小施工对筒模平整度和定位产生的影响
6	钢筒定位及标高复核、位置调整		1. 用水平尺对每两筒之间做水平复校; 2. 用精密水准仪进行抽检复查; 3. 对筒模数量、位置根据图纸全面复核
7	混凝土布料机及泵管敷设		1. 布料机安放于主梁上,沿梁走管,避开筒模; 2. 泵管敷设由下而上依次为:梁主筋→模板→轮胎→木枋→泵管
8	华夫板混凝土浇筑		1. 混凝土分层浇筑,分层厚度 200~250mm; 2. 布料机沿梁出料,严禁正对钢筒,严禁振动棒接触钢筒; 3. 浇筑完成后对混凝土精平、养护
9	混凝土整平收光养护		1. 采用激光扫平仪配合红外线接收器辅助跟踪检查混凝土表面平整度。使用机械磨光机对大面积混凝土进行磨光; 2. 人工将筒与筒之间小面积混凝土收面完成

4.4.2　精平四步法

华夫筒平整度及定位控制为华夫板混凝土精平打下良好的基础，但最终成型效果关键在于精平（表 4-5）。

华夫板精平四步法　　　　表 4-5

序号	施工内容	图示	要点
1	华夫板粗平	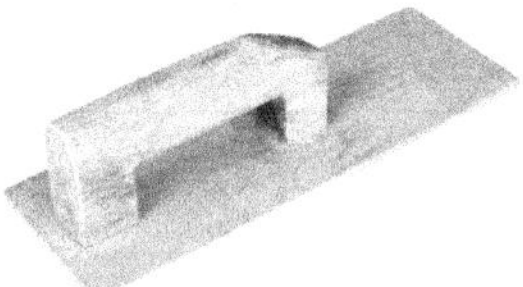	1. 在混凝土浇筑、混凝土初步整平后静停 15min 左右，保证精平人员踩上去不会陷入即可； 2. 采用 2m 刮尺进行粗平，用木抹拍浆压密，将表面粗骨料剔除，便于磨光机磨光
2	华夫板精平		1. 采用 3m 刮尺（中间带水平尺）刮平，检查各个方向水平度，确保平整度基本满足要求； 2. 预留 3mm 左右厚度作为机械磨损量
3	圆盘磨光机提浆磨光		1. 对混凝土静停，使混凝土处在临界初凝期，其判定方法是脚踩到上面有脚印痕深 5mm； 2. 用圆盘磨光机提浆打磨，将混凝土表面浆磨出，并对少数仍旧突出的地方进行最后压实赶平
4	人工最后精修		1. 人工对机械覆盖不到位的边角位置及筒间混凝土精修； 2. 收光阶段为混凝土即将初凝阶段，必须保证技术工数量满足施工时间要求； 3. 钢筒缘与混凝土必须切齐平整

4.4.3　华夫筒更换工艺要点

在工程施工过程中，尤其要注重对华夫筒的成品保护。而华夫筒一旦损坏必须进行更换，更换程序及注意要求如下：

华夫筒更换方法　　　　表 4-6

序号	施工内容	图示	要点
1	确认需要更换的华夫筒位置	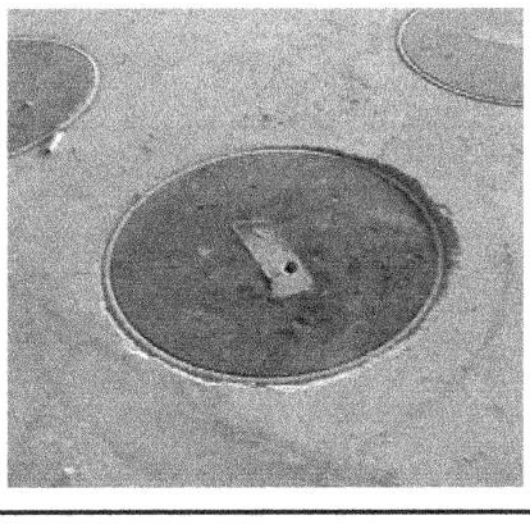	确认需更换的华夫筒，用粉笔在楼面做好标记

序号	施工内容	图示	要点
2	垂直切开华夫筒	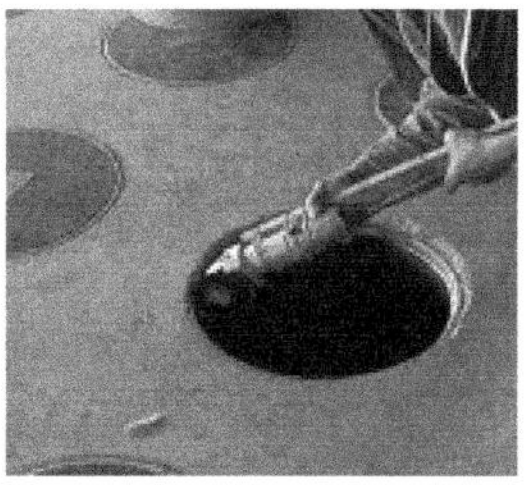	用砂轮机将华夫筒垂直切开，切开过程中尽量不破坏周边已成型混凝土
3	取出华夫筒筒模	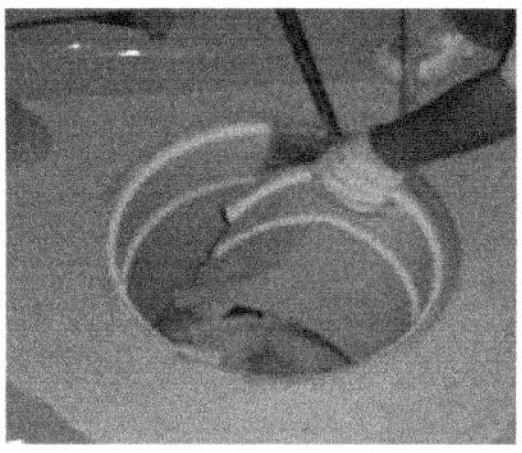	镀锌筒竖向切开后将镀锌筒与混凝土剥离、取出
4	扩孔		用角向磨光机将孔壁磨平扩孔，以利于华夫筒安装
5	更换华夫筒筒模、灌浆	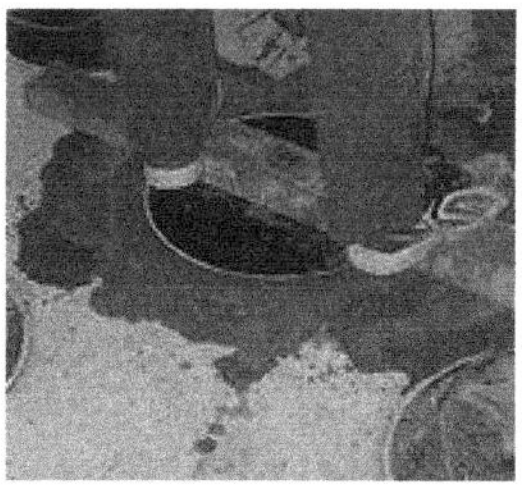	安装新华夫筒，盖上顶盖固定牢固，用木枋整平筒模边缘，将无收缩水泥浆灌入华夫筒模周边缝隙内
6	周边整平及收光	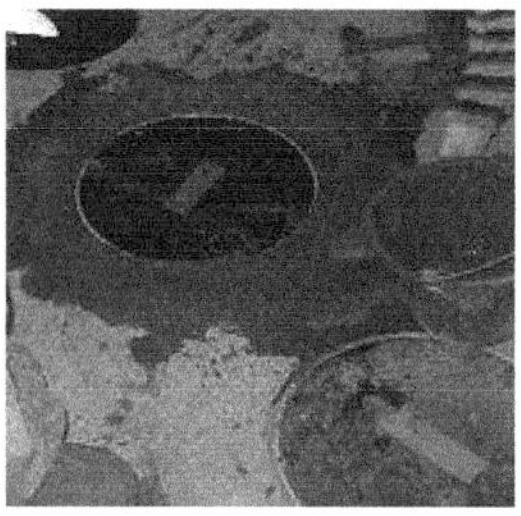	灌浆完成后，及时对周边楼地面进行整平、收光养护，在成型前严禁踩踏

4.5 大跨度结构施工技术

电子洁净厂房由于生产层的工艺布置需要，柱间距往往比较大，从而造成楼板主梁、屋面板主梁跨度较大。根据《混凝土结构工程施工质量验收规范》GB 50204—2015 及《混凝土结构工程施工规范》GB 50666—2011 规定，对跨度不小于 4m 的现浇钢筋混凝土梁、板，其模板应按设计要求起拱；当设计无具体要求时，起拱高度宜为跨度的 1/1000～3/1000。这是为减小视觉上梁板因自重和上部荷载导致的下挠，同时也考虑了一定的施工模板因素。当屋面为重型钢结构桁架屋面结构时，其相关施工技术则需要特别关注和设计；以某大型电子洁净厂房重型钢桁架屋面结构为例进行介绍如下。

4.5.1 钢构件的进场验收与堆放要求

1. 钢构件的进场要求

参见表 4-7。

钢构件进场要求 表 4-7

序号	钢构件进场要求
1	根据安装进度将钢构件用平板车运至现场，构件到场后，按随车货运清单核对构件数量及编号是否相符，构件是否配套。如发现问题，制造厂应迅速采取措施，更换或补充构件，以保证现场急需
2	钢构件及材料进场按日计划精确到每区的编号，构件最晚在吊装前两天进场，并充分考虑安装现场的堆场限制，尽量协调好安装现场与制造加工的关系，保证安装按计划进行
3	构件的标记应外露，以便于识别和检验，注意构件装卸的吊装、堆放安全，防止事故发生
4	构件进场前与现场联系，及时协调安排好堆场、卸车人员、机具。构件运输进场后，按规定程序办理交接、验收手续

2. 钢构件的验收方法

构件验收主要是焊缝质量、构件外观和尺寸检查及制造资料的验收和交接，质量控制重点在制造厂。构件到场后，按随车货运清单核对所到构件数量及编号是否相符，针对重型构件，应在卸车前检查构件尺寸、板厚、外观等（表 4-8）。按设计图纸、规范及制造厂质检报告单，对构件的质量进行验收，做好记录。

进场构件验收方法 表 4-8

使用直尺、卷尺测量构件尺寸	直接用肉眼观察构件外观

续表

根据清单对照实物清点构件	核对构件进场资料	使用测厚仪测量厚度

3. 构件验收及缺陷修补的方法

参见表4-9。

构件验收及缺陷修补方法 表 4-9

序号	验收项目	验收工具、验收方法	拟采用的修补方法
1	焊角高度尺寸	量测	补焊
2	焊缝错边、气孔、夹渣	目测检查	焊接修补
3	构件表面外观	目测检查	焊接修补
4	多余外露的焊接衬垫板	目测检查	去除
5	节点焊缝封闭	目测检查	补焊
6	相贯节点夹角	专用仪器量测	制造厂重点控制
7	现场焊接坡口方向角度	对照设计图纸	现场修正
8	构件截面尺寸	卷尺	制造厂重点控制
9	构件长度	卷尺	制造厂重点控制
10	构件表面平直度	水准仪	制造厂重点控制
11	加工面垂直度	靠尺	制造厂重点控制
12	构件运输过程变形	经纬仪	变形修正
13	预留孔大小、数量	卷尺、目测	补开孔
14	螺栓孔数量、间距	卷尺、目测	铰孔修正
15	连接摩擦面	目测检查	小型机械补除锈
16	构件吊耳	目测检查	补漏或变形修正
17	表面防腐油漆	目测、测厚仪检查	补刷油漆
18	表面污染	目测检查	清洁处理
19	质量保证资料与供货清单	按规定检查	补齐

4. 钢构件的堆放要求

1）钢构件堆放的层次、顺序及规则，见表4-10。

钢构件堆放层次、顺序及规则 表 4-10

序号	层次、顺序及规则
1	构件堆放按照节点、上弦杆、下弦杆及其他连接件分四类进行堆放，主构件单层堆放，间距为1.0m；次构件堆放两层为宜，上下层之间用木支垫在同一垂直方向
2	构件堆放时应按照便于安装的顺序进行堆放，即先安装的构件靠近吊机堆放，后安装的构件紧随其后堆放在便于吊装的地方

续表

序号	层次、顺序及规则
3	构件堆放时一定要注意把构件的编号、标识外露，便于查看
4	钢结构施工时，屋面及钢结构安装等工序同时在进行，钢构件材料进场时间和堆放场地布置应兼顾各方，统一协调
5	构件卸货到指定场地，堆放应整齐，防止变形和损坏。构件堆放根据其编号和安装顺序来分类
6	所有构件堆放场地均按现场实际情况进行安排，按规定的要求进行支垫，避免构件堆放发生变形；钢构件堆放场地按施工作业进展分阶段布置
7	构件堆放场地需硬化处理，构件堆场的排水要畅通

2）构件堆放的支垫形式

场地外侧设置临时堆场，作为构件临时中转堆场，厂房周边设置临时堆放场地，作为塔吊吊装时的临时堆场。地面堆放构件时，为了防止发生变形，根据构件外形尺寸，设计各种不同形式的支垫（表 4-11）。构件堆放场地需硬化处理，构件堆场的排水要畅通。形状规则、重量轻的构件采用枕木支垫。

构件支垫形式　　　　　　　　　　　　　　　　表 4-11

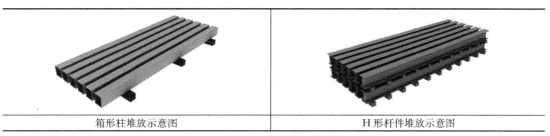

箱形柱堆放示意图	H 形杆件堆放示意图

3）楼面结构的保护

楼面作业前先铺设木模板对结构进行保护，机械作业及行走的区域与路线需再铺设钢板（表 4-12）。

楼面结构保护措施　　　　　　　　　　　　　　表 4-12

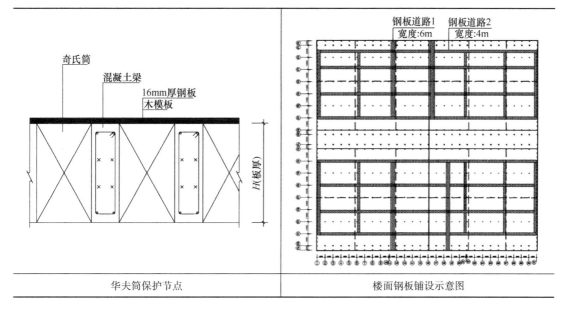

华夫筒保护节点	楼面钢板铺设示意图

4.5.2 钢桁架拼装技术

1. 钢桁架拼装概况

针对该工程结构体量大、工期紧、现场起重能力有限等施工特点，需采用"地面、楼面分段拼装＋楼面分段组装＋高空安装"的施工方法。根据吊装设备起重能力及场地限制，主厂房屋面钢桁架拟在四层楼板上进行拼装。该工程的桁架单元主要分为 36m 跨度桁架和 18m 跨度桁架两种，其拼装技术如下。

1）36m 桁架拼装技术

将 36m 跨度的桁架分为 A、B、C 三段，采用 QY25T 汽车吊将分段 A、分段 C 进行原位拼装，分段 B 进行非原位拼装（拼装位置详见表 4-13），然后利用 QUY80T 履带吊将分段 B 吊至分段 A、C 之间进行组装，组装完成后再进行整体吊装、高空安装。

2）18m 桁架拼装技术

18m 跨度桁架采用 QY25T 汽车吊分两段在地面堆场拼装，采用 100t 汽车吊将两段桁架垂直运输至楼面，再由 QUY80T 履带吊进行整体吊装、高空安装（图 4-9）。

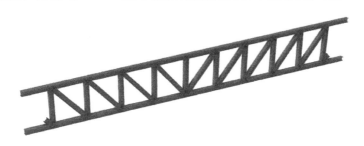

图 4-9　主厂房桁架拼装单元

拼装场地必须平整，屋面片式桁架采用屋面拼装，拼装胎架采用分散的单独式支撑胎架，由 H200×200 热轧 H 型钢拼装组成，如图 4-10 所示。

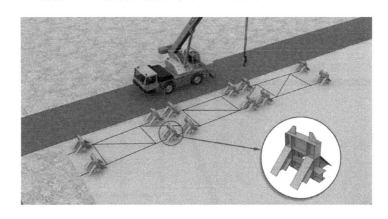

图 4-10　拼装示意图

桁架各分段拼装位置布置图如表 4-13 所示。

桁架拼装位置布置示意图 表 **4-13**

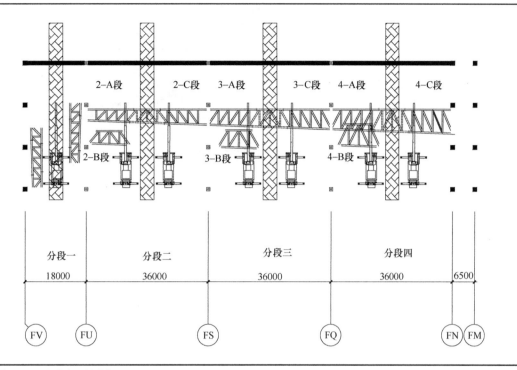

备注：1. 实线表示拼装位置，虚线表示各小分段组装位置；

2. 分段四的 4 - B 段需要与 4 - A 段重叠拼装，即先拼装完成 4 - A 段，然后在其上拼装 4 - B 段。

2. 钢桁架拼装流程

1）拼装流程图，如图 4-11 所示。

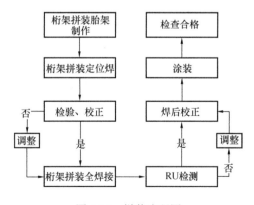

图 4-11 拼装流程图

2）小段拼装流程图

在拼装场地设置移动式拼装胎架，并画出地样，每个 36m 桁架分段设置 2 台 25t 汽车吊，进行桁架小分段杆件的卸车及拼装。

桁架节段拼装完成后，移至下一榀桁架拼装区域。桁架分段 A、分段 B、分段 C 的拼装流程如表 4-14 所示。

小段拼装流程 表 4-14

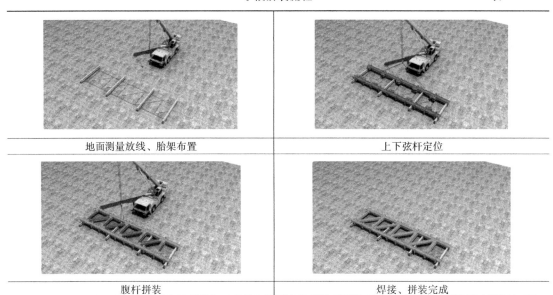

| 地面测量放线、胎架布置 | 上下弦杆定位 |
| 腹杆拼装 | 焊接、拼装完成 |

3. 桁架整体拼装流程

参见表 4-15。

桁架整体拼装流程 表 4-15

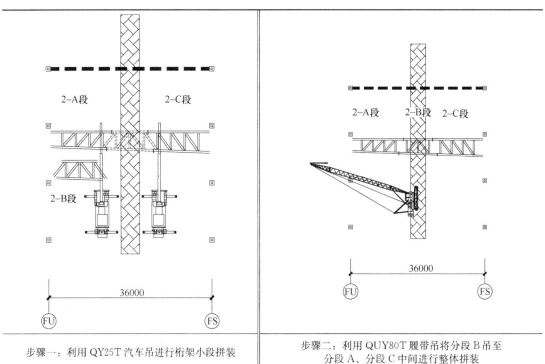

| 步骤一：利用 QY25T 汽车吊进行桁架小段拼装 | 步骤二：利用 QUY80T 履带吊将分段 B 吊至分段 A、分段 C 中间进行整体拼装 |

续表

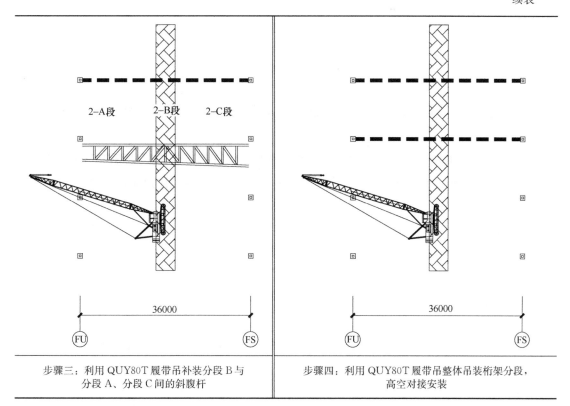

步骤三：利用 QUY80T 履带吊补装分段 B 与分段 A、分段 C 间的斜腹杆	步骤四：利用 QUY80T 履带吊整体吊装桁架分段，高空对接安装

4. 现场拼装注意事项

参见表 4-16。

现场拼装注意事项　　　　　　　　　　　　　　　　表 4-16

序号	注意事项
1	桁架拼装应遵循"先主后次，先上后下，先易后难"的原则进行拼装
2	桁架吊装分段外形尺寸大、重量重，不便于转运，因此，桁架吊装分段的拼装位置考虑布设在安装起吊范围内
3	桁架拼装时构件需按编号对号入座进行精确定位，节点定位时必须按构件出厂时标记的中心线及相贯口节点坐标进行拼装
4	上下弦杆件安装后，安装上下弦腹杆时由易到难进行，腹杆定位要求同弦杆定位要求，定位后与节点进行定位焊接
5	桁架所有杆件安装后，提交检查验收，焊接前必须先进行整体测量验收，会同质检、监理进行拼装的测量，填写拼装记录，合格后方可大量施焊
6	焊接后自检、打磨、校正，合格后交 UT 检测及监理验收，过程中用钢尺和全站仪测量每个空间接口点位，并做好记录，与理论长度及数据进行对比，其误差应在下一个拼装单元加以修正，减少及控制误差的范围
7	构件拼装时对跨度较大的构件需进行起拱，起拱值需满足设计要求
8	构件拼装完成后，应确认上部临时固定措施连接稳固后方可起吊

4.5.3 钢桁架安装技术

1. 桁架吊装分段

1）分段原则

（1）满足吊装设备的起重性能：吊装单元的划分应能满足吊装设备的吊装，保证能够顺利吊装。

（2）满足结构特点：根据电子洁净厂房工程的结构特点，为了保证钢结构分段的完整性，将结构在径向方向分为长条状的桁架单元和各主桁架单元之间的次向连接杆件（高空散件安装）。

（3）利于临时支撑系统的布置：考虑分段处能支撑于结构柱或临时支撑措施上，保证临时支撑系统受力合理性，减少高空拼装工作量。

（4）便于吊装单元的地面拼装：吊装单元的划分应尽量减小地面拼装临时支撑措施的高度，减小地面拼装的措施量及高空作业。

2）分段详情

该工程主厂房主桁架共有 27 榀，最大跨度 36.0m。根据桁架分布情况和吊机的起重能力，将桁架沿横向划分为 8 个吊装单元，最大吊装单元重约 27t。纵向钢梁采用单杆补装形式，并散件安装。

桁架以柱与柱间的 36m 桁架为桁架节段，由上、下弦杆及腹杆组成。

3）主吊装单元分段信息表，见表 4-17。

主吊装单元分段信息表 表 4-17

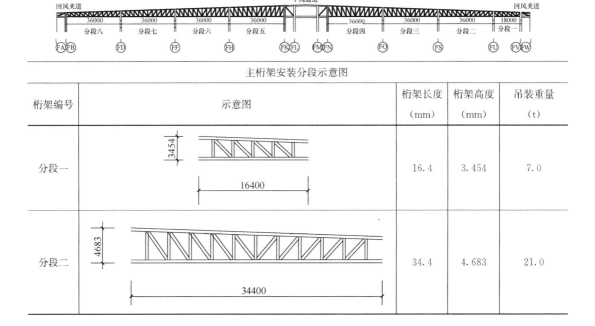

桁架编号	示意图	桁架长度（mm）	桁架高度（mm）	吊装重量（t）
	主桁架安装分段示意图			
分段一		16.4	3.454	7.0
分段二		34.4	4.683	21.0

桁架编号	示意图	桁架长度 （mm）	桁架高度 （mm）	吊装重量 （t）
分段三	5913 ... 34400	34.4	5.913	24.0
分段四	7144 ... 34400	34.4	7.144	27.0
分段五	7202 ... 34400	34.4	7.202	27.0
分段六	6111 ... 34400	34.4	6.111	24.0
分段七	5021 ... 34400	34.4	5.021	21.0
分段八	3931 ... 34400	34.4	3.931	20.0

2. 桁架安装方案

1) 桁架吊装工况分析

桁架在楼面拼装成节段后采用履带吊单机起吊安装，并用临时措施固定，然后再嵌补桁架腹杆。大桁架安装吊装工况分析如表 4-18 所示。

大桁架安装吊装工况分析 　　　　　　　　　　　　　　　　　表 4-18

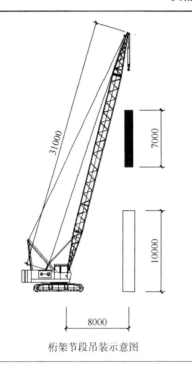

桁架节段吊装示意图

桁架节段在四层楼面拼装好后，采用 1 台 80T 履带吊单机起吊。钢桁架最重约 27t，80T 履带吊臂长 31m，吊装半径 8m，额定吊重为 33.8t，$33.8 \times 0.85 = 28.7t > 27t$，满足吊装要求

QUY80T 履带吊性能表

幅度(m) \ 吊重(t) \ 臂长(m)	13	16	19	22	25	28	31	34	37
4.3	80								
5	68	66.8							
6	52.3	52	51.8	51.7					
7	42.3	42	41.9	41.7	41.4	40.72			
8	35.5	35.2	35	34.8	34.6	33.97	33.8	33.5	
9	30.5	30.2	30	29.8	29.5	29	28.8	28.6	28.4
10	26.7	26.4	26.2	26	25.7	25.3	25	24.8	24.6
12	21.2	20.9	20.7	20.6	20.3	19.9	19.7	19.4	19.2

回风夹道				中间通道				回风夹道
	36000	36000	36000	36000	36000	36000	36000	18000
分段八	分段七	分段六	分段五		分段四	分段三	分段二	分段一

FA FB　　　FD　　　FF　　　FH　　　FK FL　FM FN　　　FQ　　　FS　　　FU　　　FV FW

续表

主厂房主桁架共有 27 榀，每榀分为 8 段，分为 T1、T2、T3 三种形式，最大跨度 36m。根据桁架分布情况和吊机的起重能力，将桁架沿横向划分为 8 个吊装单元，最大吊装单元重约 27t

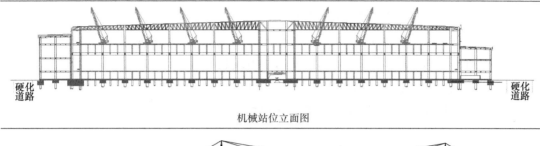

机械站位立面图

塔吊站位立面图

2）桁架吊装方式

电子洁净厂房工程桁架吊装采用两根钢丝绳环套的方式进行吊装，如图 4-12 所示。

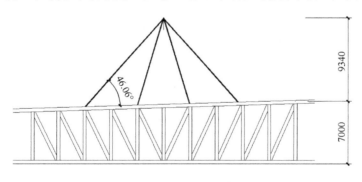

图 4-12　钢丝绳吊示意图

3）桁架吊装及安全措施，如图 4-13 所示。

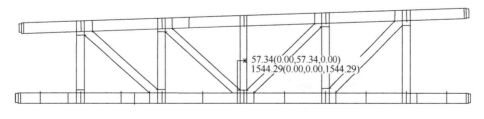

图 4-13　通过 3D 软件查找桁架的重心

（1）小节段桁架运输至四层楼面预装的胎架上进行整榀拼装，并根据重心对称安装吊耳。拼装完成后 80T 履带吊就位，将钢丝绳固定在桁架吊耳上，然后缓慢收紧钢丝绳将桁架一边慢慢抬起，在将桁架直立的过程中钢丝绳始终保持垂直状态，在此过程中桁架通过下端边缘设立的限位板防止桁架在胎架上滑动，通过桁架两端预装的马板缓慢与钢柱牛腿对接就位后进行标高的测量，准确无误后安装腹板的安装螺栓，然后进行翼缘板、腹板的焊接，焊接完成满足时间要求后履带吊方可缓慢松钩。

（2）应先将桁架吊起离地面 200～500mm 后，检查起重机的稳定性、制动器的可靠性、重物的平稳性、绑扎的牢固性，确认无误后方可继续起吊，对易晃动的重物应控拉绳。

（3）操作人员进行起重机回转、变幅、行走和吊钩升降等动作前，应发出音响信号示意；作业时应与操作人员密切配合，执行规定的指挥信号。

4.6 屋面防水施工技术

电子洁净厂房由于独立屋面的面积较大，特别是生产区屋面，以某电子洁净厂房为例，ACF 栋屋面面积达到约 11 万 m²，屋面防水一次施工的施工质量控制难度较大；与此同时，电子洁净厂房生产层内设置有精密贵重生产设备，一旦屋面漏水，造成的损失巨大。因此，对于电子洁净厂房，屋面防水施工质量要求较高，防水施工技术需要重点把控。以下以某电子洁净厂房为例，对其影响超大面积屋面防水质量的相关施工技术进行介绍。该工程屋面建筑做法如表 4-19 所示。

某电子洁净厂房屋面工程概况　　　　表 4-19

主要屋面	施工项目	施工内容
ACF 栋、CELL 栋及支持区	保护层	60 厚 C20 细石混凝土保护层，表面压光，内配单层 φ6.5 钢筋网，双向中距 200mm，分隔缝 6000mm×6000mm，缝宽 15mm，缝内嵌单组分聚氨酯建筑密封胶
	隔离层	干铺无纺布隔离层 200g/m²
	保温层	50mm 厚挤塑聚苯乙烯泡沫塑料板
	找平层	20mm 水泥砂浆
	防水层二	1.5 厚反应粘结型高分子湿铺防水卷材(单面贴)
	防水层一	1.5 厚反应粘结型高分子湿铺防水卷材(双面贴)
	结构层	ACF 栋：DECK 钢承板上混凝土、钢筋混凝土表面赶光找坡 3%；支持区及 CELL 栋：混凝土结构屋面、钢筋混凝土表面赶光找坡 3%

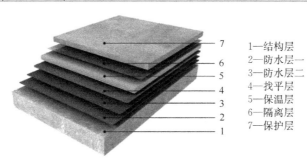

1—结构层
2—防水层一
3—防水层二
4—找平层
5—保温层
6—隔离层
7—保护层

屋面做法示意图

4.6.1 屋面结构板自防水控制要点

压型钢板施工完成后，可以其为模板施工屋面钢筋混凝土结构。

（1）垃圾清理的基本要求，参见表 4-20。

垃圾清理基本要求 表 4-20

序号	垃圾清理基本要求
1	压型钢板安装完成后至混凝土施工前必须把垃圾、灰尘等杂物清理干净，清理时宜采用吸尘器
2	采用扫把、吸布等方式对压型钢板凹槽内积水进行排放处理，同时制定混凝土施工过程遭遇暴雨的对策，做好凹槽内雨水的应急处理方案

（2）混凝土施工的注意事项，参见表 4-21。

混凝土施工注意事项 表 4-21

序号	混凝土施工注意事项
1	混凝土施工前不能对压型钢板浇水润湿
2	混凝土浇筑时不能在某个地方堆积，混凝土料应均匀分布，对于已堆积较高的混凝土必须马上人工向四周扒平，分散受力
3	采用平板震动器振捣混凝土时不能长时间停留在同一地方

（3）混凝土养护注意事项，参见表 4-22。

混凝土养护注意事项 表 4-22

序号	混凝土养护注意事项
1	加强混凝土养护控制，及时覆膜养护
2	对预留洞口的周边进行围护处理，防止洒水养护时孔洞口或其他空隙漏水，影响其他工序施工

4.6.2 找平层施工技术

1. 施工工艺流程

找平层标高弹线→打灰饼、冲筋→刷素水泥浆结合→弹分格缝线→安装分割缝木条、支边模板→铺设砂浆面层→搓平→压光→养护→分格缝、变形缝等细部构造密封处理。具体流程及要点参见表 4-23。

找平层施工工艺流程及要点 表 4-23

序号	工序名称	施工要求	验收流程	责任人
1	标高坡度弹线	根据设计要求的标高、坡度，找好规矩并弹线(包括天沟、檐沟的坡度)	防水层施工完毕后，由队伍自检合格，工长、质检员检查	负责工长、质检员

序号	工序名称	施工要求	验收流程	责任人
2	洒水湿润	在施工找平层前应洒水湿润，保证找平层与上一个施工层的较好连接，以基层湿润无水渍为宜	由施工队进行自检、工长检查	负责工长
3	水泥砂浆找平层	基层验收合格，采用水泥砂浆做找平层	找平层施工完毕后，由施工队进行自检，工长、质检员检查	负责工长、质检员
4	洒水养护	找平层施工完毕，防止找平层砂浆开裂，应对找平层砂浆进行洒水养护48h	由施工队进行自检、工长检查	负责工长
5	质量验收	所有子分部施工完毕并检验合格后，进行质量验收，同时做好分部工程的质保资料	施工完毕后，由各方组织验收	负责工长、质检员、资料员

2. 冲筋或拉线

根据设计厚度贴灰饼、冲筋，冲筋的间距一般为 1.5m 左右，冲筋后即可进行找平层的施工。在施工过程中，如果能确保找平层的平整度，也可采用拉线的方式进行施工。

3. 抹找平层

在基层上抹水泥砂浆。抹水泥砂浆时用木杠沿两边冲筋标高刮平，木抹子搓揉、压实。砂浆铺抹稍干后，用铁抹子压实三遍成活。头遍提浆拉平，使砂浆均匀密实。当水泥砂浆开始凝结，人踩上去有脚印但不下陷时，用铁抹子压实第二遍，将表面压平整、密实；注意不得漏压，并把死坑、死角、砂眼抹平；当水泥开始凝结时，进行第三遍压实，将抹纹压平、压实，略呈毛面，使砂浆找平层更加密实，切忌水泥终凝后压光。

4. 分格缝留设

分格缝木条在细石混凝土浇筑前嵌好，分格缝规格为 6m×6m。

分格缝木条做成上口宽 20～30mm，下口宽 20mm，高度等于找平层厚度，用水泥砂浆固定牢固，木条埋入部分涂刷隔离剂，终凝前取出分格条。

5. 养护

砂浆找平层压实后，常温时在 24h 后浇水养护。

4.6.3 屋面防水卷材施工技术

1. 施工流程

基层表面处理、清扫干净、除去浮灰→卷材防水层施工→试水→找平层施工→挤塑聚苯乙烯泡沫塑料板保温层施工→无纺布隔离层施工→细石混凝土保护层施工。

2. 施工工艺

1) 基层清理

将基层上松散杂物、垃圾清除干净，原浆抹平，凸出基层上的砂浆、灰渣用凿子凿平，阴阳角、管根等处应做成圆弧或 45°坡角，禁止用水冲洗干净，扫净楼面即可（图 4-14）。

2) 防水卷材施工

（1）工艺流程：基层处理→细部节点处理→配置水泥凝胶→定位、弹线、试铺→大面铺贴防水卷材两层（搭接处理、收边处理等）→施工检查验收。

（2）施工方法：

① 节点密封、附加层处理。节点细部处理应按规范要求，对节点部位进行加强处理，如阴阳角、檐口等做附加层处理，落水口等应涂

图 4-14　基层清理

抹密封膏。附加层宽度为 500mm，上下为 250mm。

② 配置水泥凝胶。水泥凝胶的配制：水泥和水拌合而成，水泥∶水＝100∶（15～25）（重量比），所用水泥皆为 P·O42.5 普通硅酸盐水泥，用电动搅拌器搅拌均匀成腻子状即可使用。气温过高（≥30℃）或基面过于干燥时应在水泥凝胶内，适量添加聚合物建筑胶保水剂，并搅拌均匀。

③ 定位、弹线、试铺

根据施工现场状况，进行合理定位，确定卷材铺贴方向，在基层上弹好卷材控制线，依循流水方向从低往高进行卷材试铺。铺贴天沟、檐沟卷材时，宜顺天沟、檐沟方向铺贴，减少卷材的搭接。弹线完成，各细部节点处理完成后由业主、总包、监理验收后进行大面卷材铺贴。

④ 卷材铺贴（图 4-15）

大面铺贴第一幅卷材：卷材打开试铺后，将卷材从两边向中间回卷，至卷材 1/2 长度处，

图 4-15　铺粘防水卷材

用壁纸刀轻轻划开隔离膜（注意不要划伤卷材），剥去隔离纸后置于脚下，接着边倒水泥浆，边向前滚铺卷材。倒水泥浆时，应倒于待铺贴卷材位置中间，并用刮板向两边涂抹均匀。待卷材铺贴完成后，用木抹子或橡胶板、辊筒等从中间向两边刮压并排出空气，使卷材充分满粘于基面上。卷材长、短边搭接长度应不小于 80mm、100mm；与立面搭接时上层卷材盖过下层卷材应不小于 150mm。

大面铺贴第二幅卷材：搭接铺贴下一幅卷材

时，将位于下层的卷材搭接部位的隔离纸揭起，以同样的铺贴方式铺贴卷材，并将上层卷材对准搭接控制线平整粘贴在下层卷材上，辊压排气，充分满粘，两层卷材接头应错开300mm（搭接处也抹上水泥凝胶，并回刮封边）。

依照设计图纸要求，防水层施工完毕后做蓄水试验，合格后进行覆盖层施工。

4.6.4 防水保护层施工技术

1. 绑扎钢筋网片

钢筋网片设计为：双向φ6.5@200。

钢丝网在平面上按常规方法铺设，钢丝网片在分格缝处断开，网片垫砂浆垫块，上部保护层厚度为10～15mm。放置、点焊双向钢筋网片前，调直钢筋，不得损坏防水层，且不得使钢筋被污染。

2. 留置分格缝

防水层在板块之间以及与女儿墙、突出屋面结构的交接处，均留置分格缝（图4-16），天沟内同样做防水保护层。保护层的分格缝应设在屋面板的支承端、屋面转折处、保护层与突出屋面结构的交接处，并应与板缝对齐。

分格缝做法为混凝土终凝前完成，避免损坏卷材，分格缝缝宽15mm，高度等于细石混凝土厚度，采用截面为15mm×60mm的木条在混凝土浇筑前安装，终凝前取出木条形成分格缝。

不同类型的刚性防水层分格缝间距除应满足计算需要外，还应在下列部位设置分格缝。

（1）屋面结构变形敏感部位；

（2）屋脊及屋面排水方向变化处；

（3）防水层与凸出屋面结构的交接处；

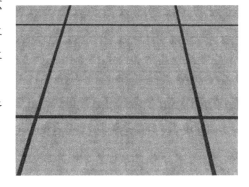

图4-16 分隔缝效果

（4）一般情况下，每个开间承重墙处宜设置分格缝；

（5）保护层与山墙、女儿墙以及屋面结构交接处应留缝隙，缝宽30mm，缝内宜填塞聚苯乙烯泡沫塑料，并应用密封材料嵌填。

3. 浇筑细石混凝土

（1）混凝土大面采用地泵浇筑，边缘处采用天泵浇筑。

（2）混凝土分板块浇筑，将混凝土倒在板面上，铺平使其厚度一致，用木抹抹平压实。待混凝土初凝前再进行二遍压浆抹光，最后一遍收光在混凝土终凝前进行。

（3）每个分格板块的混凝土必须一次浇筑完成，不得留施工缝。

（4）在混凝土最后一遍抹压与收光时，取出分格木条。

4. 养护

混凝土浇筑最后一遍收光后，及时覆盖塑料薄膜养护，不少于 7d。

5. 密封胶嵌缝

细石混凝土经养护并干燥后，采用单组分聚氨酯建筑密封胶嵌缝。嵌缝前将分格缝中的杂质、污垢清理干净。

4.6.5　主要细部大样做法

除主要施工工艺做法外，电子洁净厂房由于屋面汇水面积较大，排水不能按照常规方式，需设置排水悬挑结构天沟，采用虹吸原理加速排水，并进行相应构造设计；同时女儿墙位置卷材的防老化设计、屋面整体的防滑移设计等都对屋面防水非常关键。主要细部设计节点如表 4-24 所示。

主要细部做法大样图　　　　　　　　　　　表 4-24

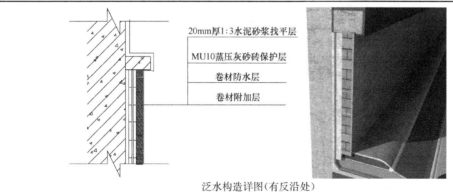

20mm厚1:3水泥砂浆找平层
MU10蒸压灰砂砖保护层
卷材防水层
卷材附加层

泛水构造详图(有反沿处)

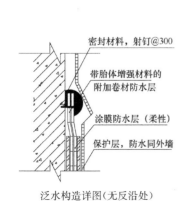

密封材料，射钉@300
带胎体增强材料的附加卷材防水层
涂膜防水层（柔性）
保护层，防水同外墙

泛水构造详图(无反沿处)

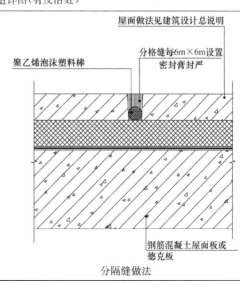

屋面做法见建筑设计总说明
分格缝每6m×6m设置密封膏封严
聚乙烯泡沫塑料棒
钢筋混凝土屋面板或德克板

分隔缝做法

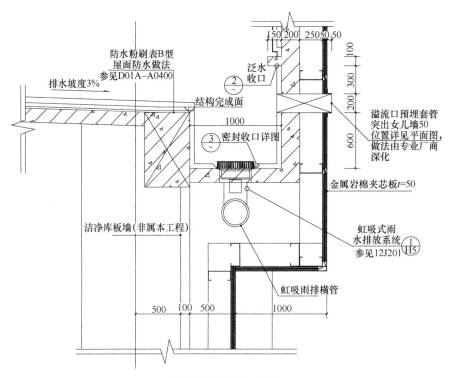

天沟溢流口及落水口做法

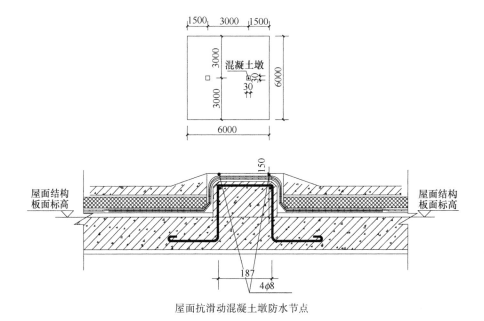

屋面抗滑动混凝土墩防水节点

4.6.6 屋面试水试验技术

1. 屋面试水试验施工条件

1）屋面防水卷材施工完毕。

2）屋面细部处理完成且卷材搭接处已密封。

3）屋面卷材保护层施工以前。

4）设计及规范要求的落水管预留洞已做临时封堵（蓄水屋面）。

5）试验用的排水系统已准备就绪。

6）各项保证试验安全的措施已满足要求。

7）满足设计的其他特殊要求。

8）以上条件根据建筑物屋面实际情况，由总包、监理等单位共同确认。

2. 屋面试水试验准备工作

1）选定好洁净、充足的水源。

2）淋水前应在屋面最高处摆放一根与屋面长度相同的 DN25 软塑料水管，管头应进行封堵，并在水管上每隔 100mm 开一个小孔，孔应按照梅花形布置，两侧均开。

3）注水前应将水管用钢丝绑好并固定在女儿墙压顶的电器专业的避雷带上，谨防坠落；检查抽水用的水管是否有漏水现象，若有应及时更换。

4）检查水泵是否完好且能正常运行，临时用电措施是否安全。

5）检查排水系统是否完好且能正常运行。

6）当蓄水完成之后，应将屋面上的水用软塑料管排到污染雨水池内；不得随意排放；淋水屋面上的水从落水管连续向污染雨水池内排放。

3. 试验方法

1）屋面采用淋水试验，天沟采用蓄水试验。

2）蓄水实验时间应为 24h，蓄水时应定时对天沟周边和天沟底部进行检查，若发现渗漏现象应停止注水，采取相应的措施及时处理，处理完成之后再进行注水。

3）淋水及蓄水完成之后应请监理、总包单位进行现场确认，之后进行下一道工序。

4）用水管与屋面落水管连接，将水管排向污染雨水池；将实验用水排到水池。

5）当屋面试水合格后，需请业主、监理等单位进行确认，是否具备下道工序施工条件，具备条件后各方共同签字确认，签字合格后方可进行下道工序施工。

4.7　围护结构施工技术

各个厂房工艺的不同及业主的区别导致外围护结构设计的不同，但总体采用檩条加墙板的形式。

4.7.1 施工准备

1）在围护结构招采定标之前应提前做好当地资源的调查工作，进场后第一时间进行钢材备料，立即与业主确认墙板的样品颜色及技术参数，并进行彩钢卷的备料，为复合墙板的加工做好准备工作（一般彩涂钢卷的生产周期为 30～40 天）。外墙彩钢板、烤漆铝板等原材料尽量一次性采购，既保证供货期，又避免色差，另外小型材料可考虑当地外协加工，以缩短加工工期。

2）结合工艺需求及总体进度安排，确定墙板进场顺序，做好材料进场计划。第一类进场的材料完全按照设计图纸尺寸加工制作，第二类进场材料待钢龙骨安装完成、现场尺寸复核后再进行加工制作，不管哪类墙板均需做好周详的进场时间安排。

3）优先保证业主提出的关键作业面的围护封闭，保证下道工序及室内其他专业包商的正常施工。

4.7.2 檩条施工

1. 施工方法

1）檩条的施工可采用井字梯作为操作平台进行安装。

2）檩条的垂直提升可采用人工、卷扬机、吊车等方式提升。

3）地面设置专人操控缆风绳控制檩条的晃动。

4）使用桁架井字梯作为檩条施工的操作平台，可从垂直方向自下至上同时施工，两架井字梯配合施工檩条，可大大提高现场施工效率，尤其是涉及横向檩条位置，亦可在施工的同时调整檩条垂直度和平整度，保证现场施工质量。

2. 施工工艺

1）檩条安装前应根据图纸对其进行编号。

2）复核檩条与柱连接的连接板位置，将骨架的安装位置准确标识，统一复核无误后开始安装，安装采用自攻钉的形式固定。

3）为控制各墙面骨架的外表面垂直度及整个骨架外表面的平面度，安装墙面骨架时，保证两根方管的外表面在同一垂直线上，依次安装中间各道骨架。

4）窗框、拉杆随着墙面骨架进行安装，拉杆施工应从上向下进行，窗框处骨架的安装要确保立框的垂直度和对角线不超差。

5）将檩条调整成垂直状态，防止因自重或结构应力等因素造成檩条变形。

6）檩条在安装的同时应留有适当的调整余量，用挂线或其他手段使檩条处在同一平面上，然后再将自攻钉打入檩条及连接件。

7）组合檩条的安装大多集中在门、窗洞口或需加强的位置，更需注意檩条的规格、尺寸及定位。

8）待墙面骨架、拉杆安装完毕后，检查各项指标不超差且经验收后方可进行墙面板的安装。

9）檩条安装严格按《钢结构工程施工质量验收标准》GB 50205—2020 要求进行施工，安装允许误差如表 4-25 所示。

檩条安装允许偏差表　　　　　　　　　　　　　　　表 4-25

项目		允许偏差（mm）	检查方法
墙架立柱	中心线对轴线偏移	10.0	钢尺检查
	垂直度	$H/1000$，不大于 10.0	经纬仪或吊线、钢尺
	弯曲矢高	$H/1000$，不大于 15.0	经纬仪或吊线、钢尺
抗风柱、桁架的垂直度		$h/250$，不大于 15.0	吊线、钢尺
檩条、墙梁的间距		± 5.0	钢尺检查
檩条弯曲矢高		$L/750$，不大于 12.0	拉线和钢尺
墙梁的弯曲矢高		$L/750$，不大于 10.0	拉线和钢尺

注：H 为墙架立柱的高度；h 为抗风柱、桁架高度；L 为檩条或墙梁的长度。

4.7.3　墙板施工

1. 施工流程

檩托、檩条安装精度检测→焊接施工井字梯→外墙面测量放线→外墙起始支架安装→保温条→外墙板安装→转角板安装→门窗口包件安装→收尾。

1）对已安装完的檩条进行复测确认檩距偏差，达到墙板安装要求后复测檩条平整度，做好隐蔽验收工作。

2）墙面起始支架安装

根据施工图排版编号，按照标高线安装起始支架（用膨胀螺栓固定，见图 4-17），起始

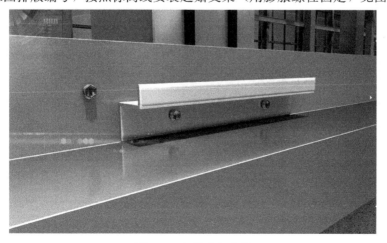

图 4-17　起始支架安装

支架下面填充保温岩棉，水平尺检验水平度，安装精度一般为±2mm。当确认安装精度完全符合安装公差时，再用自攻钉将外墙板同檩条固定。

3）第一块墙板安装（图4-18），板安装前要注意用经纬仪控制其双面垂直度≤$L/1000$，安装就位后用自攻钉固定。

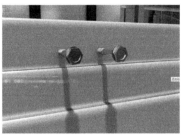

图4-18　第一块墙板安装

4）按照第一块墙板安装方式依次对第二块板、第三块板、……、第 N 块板进行安装（图4-19、图4-20）。

图4-19　墙板依次安装

插接榫槽部位自攻钉固定方式（隐钉式）

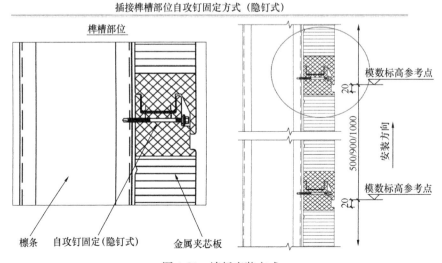

图4-20　墙板安装方式

2. 施工方法

根据施工现场条件的不同，使用不同的安装方法来应对复杂多变的现场环境，因地制宜，灵活调整，不能拘泥于既定方案，要采用多方案施工。

1）桁架井字梯

桁架井字梯适用于檐口高度较低（通常 25m 以下）的厂房外墙施工，对场地无硬化要求，具有轻巧、移动方便、坚固、易于施工等特点。

（1）墙板安装作业在桁架井字梯内进行。

（2）施工人员配备安全带、安全绳、生命线、自锁器（防坠器）等安全防坠落措施用具。

（3）井字梯上可以悬挂附带工器具、工具袋、电源配电箱等，可随着安装同步移动、固定。

（4）地面设置专人操控缆风绳牵引墙板，防止墙板提升过程中的晃动损伤已安装完成的墙面板，也有利于工人安装定位时的准确性。

（5）使用桁架井字梯施工可适应任何场地形式（图 4-21），垂直方向从下至上均可施工，两个桁架井字梯配合施工外墙板会更加便捷，在施工外墙板的同时也可以控制板材平整度，可大大提高现场施工效率，同时把控外墙质量。

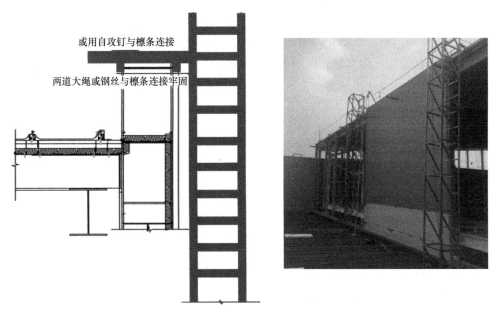

或用自攻钉与檩条连接

两道大绳或钢丝与檩条连接牢固

图 4-21 桁架井字梯

2）墙板垂直提升

（1）采用吊车提升安装墙面板

优点：安装效率高；

缺点：对周围场地要求高，占用厂房周边有限道路空间。

（2）采用卷扬机配合抱杆提升安装墙面板

优点：不受场地限制；

缺点：提升速度慢、效率低。

在现场实际施工中，由于各专业交叉施工密集，尤其是与室外工程交叉，厂房周边道路拥挤，施工人员多且施工机械大，如果现场不具备使用吊车的情况下，可以利用卷扬机配合抱杆的方式来实现檩条与墙板的安装。

3. 施工注意事项

1）对进场的墙面板，按墙面板排版图及安装顺序分批堆放，避免二次搬运及翻找，以免造成涂层划伤、表面污染等。

2）墙面板的安装需保证垂直度，以形成垂直平面，通过垂直度控制平整度。安装时从墙面一端开始，边安装、边调整、边固定。每安装 5 排外墙板，必须测量一次安装公差，并进行调整。

3）所有自攻钉都应垂直于墙板，不得倾斜。泛水板之间、包角板之间以及泛水板、包角板与压型钢板之间的搭接部位，必须按照要求设置防水密封材料。使用密封胶材料时，密封胶挤出宽度应控制在 6mm 左右，每管密封胶约打 6m，密封胶中心线距板边缘 5~10mm。打胶前必须将板表面擦拭干净，否则将影响胶的密封作用。

4）铺设门窗洞口墙面板时，门窗洞口尺寸、位置应符合设计要求，必须保证门窗洞口的准确位置，切割前要实测实量，然后划线再切割。

5）洞口两侧应进行结构加固（洞口上无墙檩时也应加固），加固材料与墙檩同材质，按设计图纸执行。

6）安装每一块墙面板前要在地面上清洗干净方可安装，减少后期清理的高空作业。

4.7.4 关键工序控制要点

1. 板底泛水板、板托的安装

外墙板安装前首先安装板底挡水板和板托，板底泛水板和板托的安装必须精确控制好其位置和标高。一旦板托标高出现误差，整面墙板的标高将都随着板托偏差。因此墙板安装之前，必须使用水准仪复查板托的标高是否准确、一致，如有偏差必须调整完成后，才能安装上部墙板。

2. 墙板的安装

安装第一块墙面板时，应使用经纬仪、铅锤线和水平仪测量板的平直度和标高，以保证上层墙面板继续安装的质量。墙板之间采用嵌固方式连接，保证气密性和防水性能。安装上层面板前，应确保下层面板接头处完整清洁。上层面板要从上端接近下层已紧固面板，并滑入接头内部。每安装两块墙面板后应测量标高是否符合要求，并保证同一墙面板的水平度。检查两个相邻面板企口是否完全契合，以核实接头是否完好，上下层墙板两端应对齐平整，相邻两间墙板之间间距（竖缝）应符合图纸节点设计要求。

3. 收边板的安装

窗口收边多数采用折型彩钢板，窗口收边上口采用隐式收边，侧口无收边，下口收边与大墙面平齐不出墙，避免漏水隐患。窗口收边板与墙板面采用暗铆钉固定，在接缝处注射密封胶。对接缝折边处采用 U 形槽连接。墙面板洞口处采用物理及封胶两种防水方法，保证墙板开洞处的防水效果，通过修饰收边和泛水板兼顾建筑效果的美观。

4. 墙板的密封处理

泛水板之间、包角板之间以及泛水板、包角板与压型钢板之间的搭接部位均需设置防水密封材料。打胶前必须将板表面擦拭干净，否则将影响胶的密封作用。

5. 墙板安装的保护

在安装过程中要防止损伤和污染墙板，注意成品保护。一旦已安装的墙板出现损伤需要更换时，必须将这块板以上的板块全部拆除才能更换。在施工过程中，必须对施工机具靠外墙板的面进行有效防护。

4.8　实施效果及总结

某电子洁净厂房项目在实施过程中运用超大面积筏板的裂缝控制和平整度控制技术、超高支模及华夫板施工技术，实现大面积筏板肉眼无裂缝、筏板平整度检测 4mm/2m 全部合格、华夫板平整度测量 2mm/2m 合格率达到 99％以上、主体结构工期提前 27 天、竣工交付提前 15 天完成（图 4-22）。

图 4-22　某电子洁净厂房效果图

另一电子洁净厂房项目在实施过程中运用大跨度结构施工技术、屋面防水及围护结构施工技术，实现屋面零渗漏、洁净包商提前 16 天插入施工、室内环境测试一次合格、竣工交付时间提前 21 天完成（图 4-23）。

图 4-23　另一电子洁净厂房效果图

在电子洁净厂房施工中，通过合理的分区分段及通道留置将超大面积筏板划分成不同的施工单元，减少其相互之间混凝土应力的影响；采用跳仓法施工，从施工组织层面进一步将不同施工单元划分为更小的流水段，合理安排浇筑间隔时间释放不同区段混凝土的内力和形变；优选混凝土的原材料、优化混凝土的配合比，从源头上把控混凝土的质量，减少裂缝的产生；加强混凝土浇捣的质量控制和养护，在措施层面上进一步降低裂缝的发生。但混凝土裂缝的成因多种多样，荷载引起的结构性裂缝以及湿度变化、温度变化等引起的非结构性裂缝，无法完全避免。因此在现场实施条件下，如何能够做到更优、更进一步确保施工质量，仍是值得思考和探索的问题。

在筏板平整度控制上，主要通过精准测量以及面层精平技术来实现。因筏板面积较大且分区分块较多，各区块独立施工后接缝处的平整度控制最难把控，因此测量工作的统一管理及控制网的闭合复核工作尤其重要。面层的精平采用激光整平机或驾驶式双盘高速抹光机来进行，尤其注意精平控制网的设置，从柱网标高控制点引测，按 2m×2m 网格设置结构收面精平控制网，以实现平整度要求。

高大模板的施工除常规考虑的安全因素外，在电子洁净厂房中，尤其是华夫楼板施工时，还应着重考虑平整度要求。架体立杆的沉降忽略不计，而主楞、次楞以及模板面板在承受荷载的情况下挠曲，会导致整体面板呈现忽高忽低的波浪形状，势必导致华夫筒模之间高低不平。因此在架体方案考虑时还应验算挠度要求，综合选择架体立杆间距、主楞材质及型号、次楞型号及间距等。

华夫板施工从架体搭设、模板调平到混凝土浇筑、抹平收光、人工精修等方面总结提炼出了"九步控制法"及"精平四步法"。

大跨度结构施工和屋面防水施工，依托已完工程项目，从施工准备、施工部署和材料进场、钢结构桁架拼装及安装、屋面各工序施工等各个方面阐述其流程和要点，为其他类似厂房项目的大跨度钢桁架及超大屋面防水施工提供借鉴和参考。

因围护结构施工期间现场条件复杂，分包种类繁多，外围场地有限，在檩条和墙板安装的工艺流程基础上，提出两种应对不同场地条件的施工方法：桁架井字梯及墙板垂直提升法。桁架井字梯对场地无硬化要求，轻巧、移动方便，坚固，易于施工；墙板垂直提升采用吊车安装，效率高但对周围场地要求高，采用卷扬机配合抱杆提升不受场地限制但施工效率低。因此，根据施工现场条件的不同要因地制宜地使用不同的安装方法来应对。

第5章 一般机械及给水排水工程施工技术

5.1 技术背景及特点

洁净车间是电子洁净厂房的核心部位，洁净车间内部环境的温度、湿度、洁净度的维持主要依靠外围设备支持，一般机械及给水排水工程作为电子洁净厂房内的常规机电施工内容，从厂房功能上讲是为整个厂区提供动力能源及能源输送。

电子洁净厂房中一般机械及给水排水工程通常包含表5-1所列工作内容。

各专业工作范围 表5-1

序号	专业	工作范围
1	暖通	热水管道系统、冷水(低、中温)管道系统、空调冷凝水系统、空调机房内加湿纯水系统(RO)；通风系统(含全室通风、事故排风系统、事后排风、补风系统)；一般空调系统(分体空调、空调机组、循环空调)
2	给水排水	室内：非洁净包区域内的生活、生产给水系统；非洁净包区域内的生活、生产排水系统；非洁净包区域内的有压废水系统(YF)、无须处理的一般冷凝水系统(F)、非洁净包区域内的部分需经废水站处理和回收的生产废水排水系统(Y/YF)、非洁净包区域内的中水系统(RCW)。 室外：一般生活、生产给水系统，中水给水系统(RCW)；一般排水系统、雨水系统
3	动力	真空机组安装、真空泵机组的中温冷冻水系统；空压机、干燥机安装、空压机组的中温冷冻水、冷却水、热回收水系统；锅炉安装、机房内热水系统、机房内补纯水管路；冷机安装、冷冻水、冷却水、热回收系统
4	自控	温度、压力、流量等传感器安装，界面箱至各监控点的线缆安装

随着"芯、屏、器、合"产业规模不断扩大，洁净室规模越来越大，这也意味着需要规模更大的配套系统，对动力能源的规模及动力输送管线的需求越来越大。电子洁净厂房的常规机电内容与常规机电项目类似，但从管理和施工上又有其特点（表5-2、表5-3）。

管理重点、难点分析 表5-2

序号	管理重点、难点	因素分析
1	快速启动	电子厂房技术更新迭代较快，因此，一般机械及给水排水工程约85%的工作需在100天左右完成，工期极短；空间管理涉及单位多，要在有限的时间完成施工内容，各项工作高效快速启动是前提
2	各类资源的保障	物资设备种类、规格繁多，需求量大，供应时间短。尤其是动力站，主要设备及阀门部件需在2个月内全部到场。高素质焊工需求量较大，组织时间短。资源组织是能否按时完成工程施工的决定因素

续表

序号	管理重点、难点	因素分析
3	协调管理	电子厂房专业繁多，参建包商数量众多，各包商与一般机械包存在大量技术接口及界面需要梳理。施工区域普遍存在多家包商交叉作业，工作面移交及工序穿插协调量大。高效的协调管理将是实现工期目标的关键
4	空间管理	各专业管线复杂，部分包商工艺管线需进场后二次深化，空间管理信息量大、深化时间短。管线综合不仅需考虑各工艺管道的安全距离，还需考虑穿插施工的顺序及施工预留空间。合理的空间管理方案是工程实施的保障

施工重点、难点分析　　　　　　　　　　　　　　　　　表 5-3

序号	施工重点、难点	主要因素
1	大口径管道焊接	电子洁净厂房规模来越大，冰水管道口径大于常规项目，同时焊缝数量多，焊接难度大。厂房投产后空调系统即全天候运行，大口径管道焊接是一般机械及给水排水工程施工重点
2	大型设备、管道的吊装	冷水机组、锅炉、水泵等大型设备数量多，设备重量较大，需安全快速就位。大口径管道多，尤其在动力站，汇水管管径巨大，需在短时间内安装，为后续接驳提供作业面
3	系统调试	系统庞大，与各包商接口多，调试需配合各包商逐次进行。自控要求较高，配合调试难度高、工作量大

一般机械及给水排水工程施工范围广、协调单位多，同时为尽快投产，过程中又要求冷热源系统尽快施工完成。以提供冰水为分界，前期围绕动力站、室外管廊冷热媒管道（连接主厂房部分）、支持区冷热媒管道（供给干盘管、新风空调机组）组织实施，穿插进行其他部分施工；供冰水后主要围绕完善其余部分施工及配合其他包商调试为主展开部署。

1）依据专业相似性、均衡工作量、减小平面管理跨度为原则可以将一般机械及给水排水工程的施工内容分为动力站施工区，主厂房支持区施工区，主厂房 CELL 区及研发楼施工区，小栋号、室外管廊及室外一般给水排水施工区四个施工区。

2）动力站施工区是电子洁净厂房的核心，必须强化物资保供，合理划分施工区段平行开展施工，集中力量快速完成主干汇集管的施工，为后续设备就位提供工作面。

3）支持区施工区各包商管线密集，空间管理难度大，施工区域狭小，需强化与各工艺包商管理配合，合理安排施工穿插顺序，优先实施洁净包冷热媒管线。

4）主厂房 CELL 区及研发楼施工区施工内容主要为常规空调系统（风机盘管＋新风），施工难度较小。由于研发楼有提前使用的需求，因此优先开展该区域施工。

5）各工艺楼栋、室外管廊及一般室外给水排水施工区平面管理跨度较大、施工单体多、施工制约因素也较多。施工时优先实施室外管廊（供给 FAB 主厂房部分）管线，其余施工内容根据工作面的提供情况及时插入实施。

5.2 大管径镀锌钢管安装及焊接施工技术

电子洁净厂房中机房 $DN{\geqslant}500$ 的大管径热镀锌螺旋缝埋弧焊钢管众多,且连接方式均为焊接。焊接是管道安装中一道极其重要的工序,焊接质量的好坏将直接影响整个工程的质量。通常电子洁净厂房投入使用后将处于全天候运行状态,任何一处焊缝出现问题都将带来巨大的损失,所以焊接过程中必须要保证所有焊缝质量满足规范要求。

针对大管径镀锌钢管施工,需按照施工部署的总体要求,按照不同的区域组建相应的班组,每个区域安装顺序按施工部署指引进行施工(图 5-1)。

图 5-1 大口径管道焊接技术流程

大管径镀锌钢管安装及焊接施工要点:

1. 焊接方法选定

考虑到一般机械及给水排水工程的大管径钢管众多,为提高工效和保证焊接质量,采用氩弧焊打底、手工电弧焊盖面方式进行焊接。不同焊接方法的工艺特点见表 5-4。

手工电弧焊及氩弧焊工艺特点 表 5-4

焊接方法	工艺特点	焊接方法	工艺特点
手工电弧焊	焊接设备简单、便宜	氩弧焊	减少焊瘤、未焊透和凹陷等缺陷
	焊接方法灵活,可用于全方位焊,适应性强		氩弧焊为连弧焊,降低清理成本,提高效率
	对风和气流的影响不敏感		变形小
	焊接速度慢,生产效率低		容易受风速的影响

2. 焊接工艺

1)预制下料

对于大管径管道,预制下料时采用磁力管道切割机切割,同时又可以进行坡口处理。坡口加工后,用角磨机磨平,除去氧化渣及飞溅物。

预制下料时,注意以下几点:

(1)管道的预制严格按照设计及相关规范要求进行,预制管道前认真核对审核通过的空间管理图纸及相关设计图纸,以避免造成不必要的返工;

(2)下料时严格控制管道的用量,对 100mm 以上的切割余量不作为废料处理,按管径登记保管以备利用;

（3）为了满足施工进度的要求，减少现场的工作量，要充分提高预制的深度：对动力站的主管，可以采用多根管道作为一个预制管段；对动力站水泵、冷水机组进出口至主管接驳处的支管，根据实际情况，以阀门、法兰等管道附件作为分界，分为几个预制管段；

（4）管道预制要留有调整活口，对已就位的设备，可先实测后预制；

（5）预制完毕的管道清理后，用记号笔做好图号标记，封闭管口，并堆放整齐，以备安装时查找。

2）坡口处理

对焊时，必须进行适当的开口处理或者倒角处理。根据钢管壁厚，可采用"V"形或"I"形坡口。管道坡口表面要求整齐、光洁，不合格的管口不得进行组对焊接。焊接 I 形、V 形坡口形式及尺寸见表 5-5（参考《气焊、焊条电弧焊、气体保护焊和高能束焊的推荐坡口》GB/T 985.1—2008）。

焊接 I 形、V 形坡口形式及尺寸表　　　　　表 5-5

母材厚度 t (mm)	坡口名称	坡口形式	坡口尺寸			适用的焊接方法[①]	备注
			坡口角度 α (°)	间隙 b (mm)	钝边 C (mm)		
≤4	I 形坡口		—	≈t	—	3 111 141	（必要时加衬垫）
3<t≤8				3≤b≤8		13	
≤15				≈t		141	
3<t≤10	V 形坡口		40≤α≤60	≤4	≤2	3 111 13 141	（必要时加衬垫）
5≤t≤40	V 形坡口（带钝边）		≈60	1≤b≤4	2<c<4	111 13 141	

说明：①3—气焊；13—熔极气体保护电焊；111—焊条电弧焊；141—钨极惰性气体保护焊。

3）管道组对

管道的组对质量是影响管道安装质量的关键点，组对质量的好坏直接影响着管道水平度、垂直度及最终的焊接质量，特别是大口径管道，必须严格控制组对质量。为保证组对质量，采用管道对口器进行组对。根据现场操作空间及操作方便程度，选用不同形式的管道对口器（表 5-6）。

对口选型图　　　　　　　　　　　　　　　　表 5-6

| 管道液压对口器(>DN50) | 液压分离式外对口器(>DN800) |

管道组对时，注意以下事项：

（1）直管段上两对接焊口中心面间的距离，当管径不小于 DN150 时，不应小于 150mm；当管径小于 DN150 时，不应小于管子外径，且不小于 100mm；

（2）除采用定型弯头外，管道焊缝与弯管起弯点的距离不应小于管子外径，且不得小于 100mm，管道对接环焊缝距支、吊架边缘之间的距离不小于 50mm；

（3）管道对接焊件组对时，内壁错边量应符合下列规定：

① 当接头母材厚度不大于 5mm 时，内壁错边量不大于 0.5mm；

② 当接头母材厚度大于 5mm 时，内壁错边量不大于 0.1 倍的接头母材厚度，且不大于 2mm；

（4）焊件组对时，选用定位焊的焊材及工艺措施应与正式焊接保持一致；

（5）管道预制的自由段和封闭段加工尺寸应符合表 5-7 的要求。

管道预制加工尺寸表　　　　　　　　　　　　表 5-7

检查项目		允许偏差(mm)	
		自由管段	封闭管段
长度		±10	±1.5
法兰面与管子中心垂直度	<DN100	0.5	0.5
	≤DN300 且≥DN100	1.0	1.0
	>DN300	2.0	2.0
法兰螺栓孔对称水平度		±1.6	±1.6

（6）预制管道组合件应具有足够的刚度，否则要加装临时加固措施，摆放时注意支撑，不得产生永久变形。

4）焊缝焊接

（1）使用工具：焊条烘干机、电焊机、角磨机、钢丝刷、面罩、保温筒、99.99% 高纯氩气、气管等。

（2）焊工具备资质并取得考核认证。对每个焊工进行的焊接，将在管道、阀门或配件上的焊缝处盖有该焊工的标识，以便对他的作业进行质量跟踪、鉴定。在焊接作业前提交焊工名单并对其有效的焊工证进行报验（图 5-2）。经资质测试尚存在焊接缺陷的焊工，将对其进行资质复试，若仍不合格，则不准参与该项目焊接作业。资质测试合格的焊工，也要持证上岗，并随身携带焊工证复印件以便查验。

（3）焊前焊条烘干，碱性焊条烘干温度 350～400℃，保温 1.5～2h，烘好的焊条存放在 100℃ 左右的恒温箱内，焊接过程中，焊条放在保温筒内，随用随取，焊接氩弧焊打底时，焊丝提前除锈并除去水分。

管线编号	
焊工编号 （统一编号）	作业日期

图 5-2　焊工标识章图

（4）焊接前，将焊接面、坡口及其内外侧表面 20mm 范围内的杂质、污物、毛刺和镀锌层等清理干净，且不得有裂纹、夹层等缺陷。

（5）氩弧焊打底时，不允许出现未焊透现象。焊接层间焊缝时，要认真打磨，去夹渣、飞溅物，严禁在坡口以外的母材表面试验电流，并防止电弧擦伤母材，当瓶装氩气的压力低于 0.5MPa 时，停止使用。

（6）施焊收弧时应将弧坑填满，多层焊的层间接头应相互错开。

（7）进行室外焊接时，当风速较大（氩弧焊风速不小于 2m/s，手工焊风速不小于 8m/s）时，或下雨天气，要采取防护措施，现场利用挡雨布，自制简易挡棚（图 5-3）作为防护措施。

图 5-3　自制简易挡棚

5）外观检查

管道焊接完成后，要对焊缝外观进行检查。

（1）利用低倍放大镜或肉眼观察焊缝表面是否有咬边、夹渣、气孔、裂纹等表面缺陷；

（2）用焊接检验尺测量焊缝余高、焊瘤、凹陷、错口等；

（3）检查焊件是否变形。

3. 阀门安装

1）阀门安装前，进行壳体压力试验和密封试验，具有上密封结构的阀门还要进行上密封试验，不合格者不得使用。

2）阀门的壳体压力试验和密封试验以洁净水为介质。不锈钢阀门试验时，水中的氯离

子含量不得超过 25×10^{-6}（质量浓度）。试验合格后立即将水渍清除干净。

3）阀门的壳体试验压力为阀门在 20℃时最大允许工作压力的 1.5 倍，密封试验压力为阀门在 20℃时最大允许工作压力的 1.1 倍。当阀门铭牌标示最大工作压差或阀门配带的操作机构不适宜进行高压密封试验时，试验压力为阀门铭牌标示的最大工作压差的 1.1 倍。

4）阀门在试验压力下的持续时间不得少于 5min。无特殊规定时，试验介质温度为 5～40℃，当低于 5℃时，应采取升温措施。

5）试验合格的阀门，及时排尽内部积水，并应吹干。除需要脱脂的阀门外，密封面与阀杆上涂防锈油，阀门关闭，出入口封闭，并做出明显的标记。

6）阀门试验合格后，填写"阀门试验记录"。

大口径管道顺利完成焊接作业，经过试压后验证技术合格，确保动力站冷热媒能够通过管网顺利到达各用水末端。

大口径管线在焊接之前，需注意管道端口的打磨工作，包括镀锌层的处理应一次性到位。焊接作业前需进行焊工合格证考核，选择合格的焊工进行动焊作业。每道焊口应有标记，注明焊接人员、焊接时间，方便后期焊口质量普查。

5.3 动力站大口径管道滑移施工技术

大型管道作为厂区动力源输送核心部分，其就位安装处于电子厂房施工过程中的重要施工环节。动力站内及室外管廊大口径管线数量众多，需要在短时间内吊装完毕；动力站内管道是整个厂区冷热源的汇合点，管道口径大，同时管道吊装空间有限，吊装区域内其他工序复杂繁多，造成了大型管道在动力站内以及管廊上的管道的穿插转运及吊装困难，在此条件下传统方式仅能依靠人力搬运，采用葫芦吊装，大大增加了人力成本，同时施工效率低下，无法满足工期要求。

大型管道转运的难点为各系统的主管道在室内和管架上水平运输与垂直吊装。根据各层管道的管径、安装标高、分布位置、支架形式制定了管道滑移安装方案。

利用滑移的方式，快速将管道进行就位，采用该方式安全、可靠、节约工期。具体流程如图 5-4 所示。

图 5-4　管道滑移技术施工流程

大口径管道滑移施工要点：

1）施工平台布置

以某电子厂房项目动力站施工为例，在 A-1、B-1、B-3、C-1、C-2 段的外墙处搭建 7 个 9m×3m 的施工平台，具体位置见图 5-5。

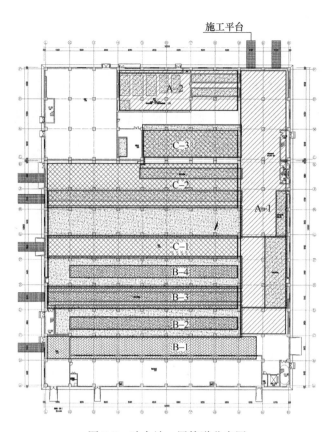

图 5-5　动力站一层管道分布图

以 B-1 段管道施工为例，施工平台搭建在离 C 轴/1 轴外墙处，其上平面与室内管道支架上表面一致（图 5-6）。

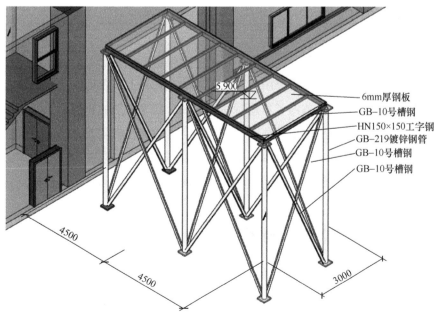

图 5-6　施工平台

2）在施工平台和管道支架上布置一排滚轮架，滚轮架安装如图 5-7 所示。

图 5-7　滚轮架及安装图

3）在另一端的地面上安装一台卷扬机，在最末端的立柱上安装一定滑轮，其工作轴线与滚轮架轴线在一条直线上，布置见图 5-8。

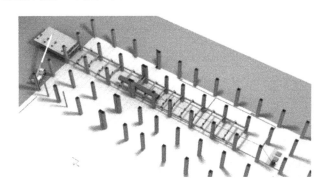

图 5-8　B-1 施工平面布置图

4）各段内施工顺序

以单根管道（长度 12m）为 1 段施工，管道使用吊车吊装至施工平台上的滚轮架上，用慢速卷扬机滑移至安装位置，然后采用叉车水平移动至管托上。管道通过滑移，能够快速就位。使用该方式安全可靠，且节约了建造时间，更加有利于工期的管控。

电子洁净厂房动力站一般面积及高度都很大，且管线直径也较大。采用传统室内单管吊装工艺，效率低下，安全可靠性低且占用垂直空间，不利于大面积开展动力站工作。因此，采用滑移技术能够有效地节约建造时间，辅助整体项目早日完成通水送水任务。

5.4　基于 BIM 的密集管线施工技术

BIM 技术是现代化建筑产业必备的一项技术，其将二维空间的图形要素转化为三维空间要素，极大地提高了空间管线布置的合理性。通过早期规划、早期布局的方式，将大量的空间碰撞协调解决在了图纸上，确保现场施工一次到位。电子洁净厂房管道的空间管理中，针对密集管线的综合排布尤为重要，其中包含水暖、电气、大宗气体、纯废水、化学品、工艺管道等多家专业管线，管线错综复杂（图 5-9）。

图 5-9 电子洁净厂房密集管线

1）深化设计及 BIM 建模基本要求

在进行大规模管线施工前，应组织专业深化设计人员展开深化设计及空间管理工作，一般机械及给水排水工程，涵盖了洁净室外最大的管线施工内容，根据空间管理排布原则，一般机械及给水排水工程应作为空间管理的主导者，从图例、文字大小、线型颜色、图层设置等方面最大限度地考虑原设计单位、业主单位的审图习惯、风格，制定相关的出图细则要求，与原设计图保持协调，为业主单位、设计单位审图营造良好的快速适应的图纸环境。

BIM 模型文件色彩的设置遵循工业色涂色相关规定，在 Revit 软件中通过设置不同机电系统，然后设置过滤器区分颜色，以便各方对空间管理的宏观把控。在进行空间排布时不仅要考虑空间优化排布，同时还应考虑设备的后期维护及使用需求。

洁净工程包商多，工期紧，机电管线专业众多且繁杂，前期需尽快做好图纸深化工作并建立 BIM 模型进行空间管理的把控，以减少后期拆改与返工，保障项目工期节点的顺利完成。深化设计及 BIM 空间管理审批流程，见图 5-10。

2）设备及管道间距规定

（1）各动力站房、空调机房落地式 MCC 柜、配电柜、控制柜均距墙 600～800mm 安装，柜前操作距离≥1500mm。

（2）气体管道与电缆桥架水平净距应大于 500mm，交叉净距应大于 300mm，其他普通气体管道之间的净距按 150mm 考虑。明敷电缆不宜平行敷设在热力管道的上部。电缆桥架与管道之间无隔板防护时的允许距离，应符合表 5-8 的规定。

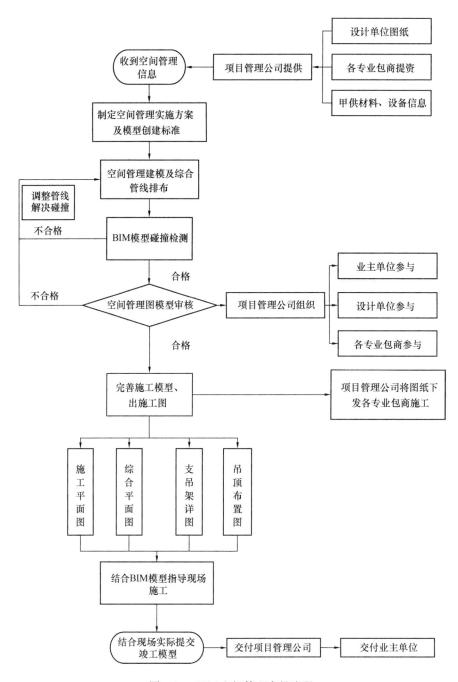

图 5-10 BIM 空间管理审批流程

电缆桥架与管道之间无隔板防护时的允许距离要求　　　　表 5-8

电缆与管道之间走向		电力电缆（mm）	控制和信号电缆（mm）
热力管道	平行	1000	500
	交叉	500	250
其他管道	平行	150	100

电缆在交叉处有防止机械损伤的保护措施时，交叉净距可缩小到 100mm。

（3）相邻管道阀门错开安装。

（4）氢气、氧气管道净距大于 500mm，与其他管道净距大于 250mm；车间架空压缩空气管道与其他架空管线的净距要求如表 5-9 所示。

车间架空压缩空气管道与其他架空管线的净距要求　　　　表 5-9

名称	水平净距（mm）	交叉净距（mm）
给水与排水管道	150	100
非燃气体管	150	100
热力管	150	100
燃气管	250	100
氧气管	250	100
乙炔管	250	100
电缆	500	500

（5）电缆群敷设在同一通道中位于同侧的多层支架（桥架）上，应按电压等级由高至低的电力电缆、强电至弱电的控制和信号电缆、通信电缆的顺序排列。

3）支吊架设计及间距要求

（1）风管与 OHCV（过顶天车）吊点无法闪避区域采用二次吊架形式。

（2）管道在室外管架上需根据管架梁间距设置管托，不得跨管架梁设置管托，若梁间距为 2.5m，管道需每隔 2.5m 设置管托，不得跨梁设置管托。

（3）共用管道支吊架严格按照空间管理范围图纸进行设计。

（4）吊架安装时要在面层与邻近的物体之间至少留出 38mm 的距离。

（5）其他支吊架设计依据相关规定考虑，抗震支吊架间距设置符合《建筑机电工程抗震设计规范》GB 50981—2014 要求，最大间距规定见表 5-10。

抗震支吊架最大间距规定　　　　表 5-10

管道类别		抗震支吊架最大间距（m）	
		侧向	纵向
给水、热水管道	新建工程刚性连接管道	12.0	24.0
通风管道	新建工程普通刚性材质风管	9.0	18.0
	新建工程普通非金属材质风管	4.5	9.0
电线套管及电缆梯架、电缆托盘和电缆槽盒	新建工程刚性材质电线套管、电缆梯架、电缆托盘和电缆槽盒	12.0	24.0
	新建工程非金属材质电线套管、电缆梯架、电缆托盘和电缆槽盒	6.0	12.0

4）动力站内设备多、设备尺寸大、管道尺寸大、阀门配件多、支吊架占用较多空间位置，在动力站施工前通过 BIM 技术预先进行空间设计，三维模拟与碰撞检查，合理排布设备与管线安装位置，充分考虑设备检修运输空间、阀门等的操作检修空间、巡检通道等，方能更好地保证后期施工有条不紊。动力站深化设计及 BIM 空间管理的目标与思路如表 5-11 所示。

| | 动力站深化设计及 BIM 空间管理的目标与思路 | 表 5-11 |

序号	管理目标	管理思路
1	达到空间管理净层高要求	BIM 建模，在达到管道设备及阀门等附件安装规范要求的基础上，尽可能提升净空
2	避免主管道翻弯	动力站主管道管径均较大，在 BIM 建模时，采取小管让大管，施工难度大的管道先行排布的原则，避免主管道的翻弯
3	机房检修通道位置预留	机房设备及阀门众多，需在设备及管道之间留有足够的空间作为检修的通道
4	设备、阀门检修位置预留	BIM 建模时，考虑相邻管道阀门错开安装，既可为检修提供空间，又可达到美观整齐的要求
5	支吊架位置预留及设计	在 BIM 建模过程中，先预留出支吊架布置空间，再通过支吊架设计选型、二次负荷计算确定支吊架形式，并进行支吊架模型的绘制
6	对设备、管线精准定位	通过 BIM 建模及精细化出图，对设备、管线进行精准定位，明确设备及管线细部做法，为后期施工提供便利

5.5 设备接驳处管线预制加工技术

动力站内设备数量众多，接驳工作量大，在冷冻机房及锅炉房的设备接驳处管线预制加工方面进行预制加工，可以使机电安装工程材料管理更加合理有序，减少现场场地占用，加快施工进度。

将制冷设备前后管道 BIM 模型导出加工数据，输入预制加工设备中，直接进行生产下料，完成预制加工（图 5-11）。

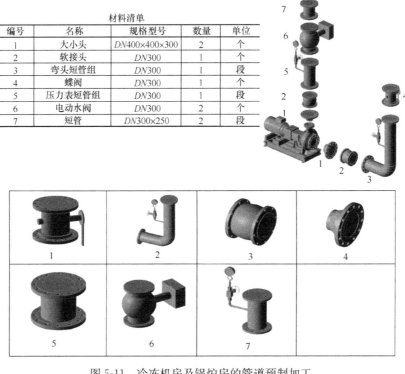

材料清单

编号	名称	规格型号	数量	单位
1	大小头	DN400×400×300	2	个
2	软接头	DN300	1	个
3	弯头短管组	DN300	1	段
4	蝶阀	DN300	1	个
5	压力表短管组	DN300	1	段
6	电动水阀	DN300	2	个
7	短管	DN300×250	2	段

图 5-11 冷冻机房及锅炉房的管道预制加工

5.5.1　施工工艺流程

研究图纸→BIM 分解优化→放样、下料、预制→预拼装→除锈、防腐→现场组对→安装就位。

1. 研究图纸

组织管理人员认真阅读熟悉图纸，领会设计意图，掌握工程建筑和结构的形式和特点，了解工程的施工难点以及在施工过程中需要采用的新技术，各专业管理人员根据施工图纸进行核实工作，检查各专业施工中是否有矛盾之处，为图纸会审做准备。

2. **BIM 分解优化**

利用 BIM 技术对动力站进行全专业的精准测量、建模，根据产品样册对泵组等设备进行真实产品族库的建立，出具精细的装配图纸、支架细部节点详图。

3. 放样、下料、预制

（1）预制厂内设备布置

采用机械坡口、自动焊接，并使用厂内物流系统整个预制过程形成流水线作业，提高了工作效率。可采用移动工作站预制技术，运用自动切割、坡口、滚槽、焊接机械和辅助工装，快速组装形成预制工作站，在施工现场建立作业流水线，进行管线安装施工作业。

（2）预制机房单元与阀门部件组合

机房内设备进出口管段，法兰管件多，焊口多，加上现场施工场地相对狭窄，交叉作业频繁，尽可能先在预制厂预制焊接，再到现场安装。机房外拐弯处、阀门管件处的管道，尽可能在工厂预制，以保证质量、提高效率。

（3）预制厂根据 BIM 分解图，进行材料采购备料。

在 BIM 生成风管、水管预制加工图的同时给每节管道、每个部件进行标识，便于出厂、运输、现场验收、安装等环节的统计与跟踪。

4. 预拼装

管材预制加工完成后，需进行预拼装，检查管件、部件之间连接的合理性，复核误差尺寸，及时调整反馈信息。

5. 除锈、防腐

预拼装完成后，为避免安装完成后进行管道除锈防腐处理，污染施工环境和增加施工工作量，在预制厂对需要做防腐措施的管材进行一次防腐处理，待安装完成后再对局部进行二次防腐，提高施工效率。

6. 现场组对

参照 BIM 模型分解图及材料表，制作管道及阀门组件标识，根据标识进行组队。

7. 安装就位

根据空间关系，在管线综合的地方，确定管道的安装顺序并进行安装。

5.5.2 施工准备

1. 技术准备

为保证动力站顺利完成，在动力站开始施工前，编制动力站专项施工方案，提前组织相关施工材料机具，安排专门班组进行施工方案交底，严格落实各项施工任务，严控施工质量。

2. 深化设计

动力站内机电布局紧凑，管线众多，解决好机电系统的交叉施工是协调管理的一项重要工作，而机电深化设计工作又是解决管线交叉施工的主要措施。在施工前，利用 BIM 技术专门针对动力站进行详细地深化设计和综合排布，对重点部位进行施工模拟推演，确保动力站综合排布美观，施工顺序合理，施工安装高效。

3. 设备基础浇筑

根据深化设计图纸，逐一确定所有设备的基础位置，并出具设备基础图，交由土建单位进行设备基础施工，待基础完成后，复核现场基础尺寸，并根据现场实测数据调整 BIM 模型，确保模型与现场高度统一。

4. 设备吊装

根据吊装方案，依次将冷冻机组吊装至基础就位，待冷冻基础就位完成后，再一次复核冷冻基础进出水管接管高度数据，并根据实测数据再次调整模型，确保设备接口高度与模型完全一致。

5. 预制加工及安装

根据最后调整的模型进行模型分解，结合结构预留孔的尺寸，将模型分为多个区域，并将分区后的图纸单独导出，交给预制加工厂进行预制加工，再分别在场外和场内同步进行各管段构件加工，制作并依据模型及施工流程现场安装。

5.5.3　施工区域划分及预制加工原则

1. 施工区域划分

电子洁净厂房动力站作为动力能源的核心建筑，站内设备数量众多，看似动力站面积较大，但机房各区域同步施工存在一定困难，结合机房布置情况，以冷机、水泵设备布局划分施工区域，此外管段的转运根据建筑布局及设备安装的次序来规划。

以某电子厂房为例，动力站一层大型管道的吊装进度，将会影响后续的管道焊接安装、设备搬运等一系列工作的衔接，是极其重要的一环。

动力站内大型管线设备若在室内采用传统的电（手）动葫芦吊装，预埋固定点多且费时费力。采用传统汽车吊，受空间影响吊装效率低，且管道转运堆放、吊车移动作业都将极大地占用室内的施工面。

2. 预制加工原则

根据调整或修正后的机房管线 BIM 模型，对机房管线 BIM 模型进行科学地数字化模块分段并进行编码，综合考虑运输空间、装配空间，形成加工图、装配图及总装配图。分节时注意以下几点：

1）根据运输条件的局限性与运输吊装的方便性，管段大小要合适。

2）尽量避免一些短管，能够合并制作的尽量合并制作，减少管段拼接处，减少误差与接口漏水风险。

3）管段分节时考虑到法兰连接带来的尺寸误差与法兰螺栓的安装，要留有施工的操作空间。

4）对于不易控制的尺寸及角度参数可整体作为一段，尽量避开管段的弯头、顺水三通。

5）遇到管道阀门的位置可利用阀门作为一个管段分节。

6）确保每一个横向管段都有支吊架支撑。

7）机房内管道不允许"T"字连接，必须采用弯头连接。

5.5.4　设备接驳处管线预制加工技术示意

1. 水泵接驳组织流程示意

1）水泵模块分解图，见图 5-12。
2）标准泵组分解图，见图 5-13。
3）标准泵组装配图，见图 5-14。

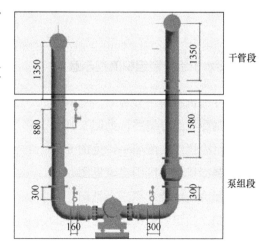

图 5-12　水泵模块分解图

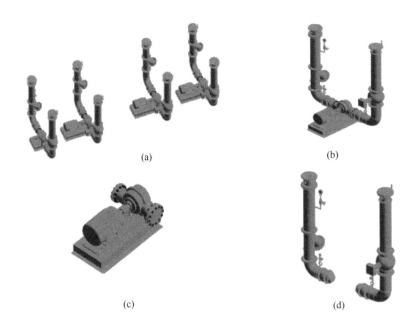

图 5-13　标准泵组分解图

（a）泵组安装效果；（b）标准泵组；（c）泵；（d）支管

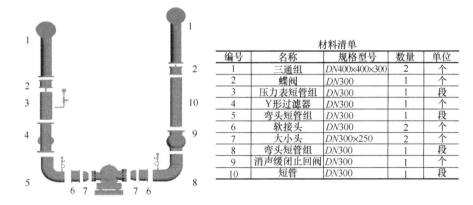

材料清单

编号	名称	规格型号	数量	单位
1	三通组	DN400×400×300	2	个
2	蝶阀	DN300	1	个
3	压力表短管组	DN300	1	段
4	Y形过滤器	DN300	1	个
5	弯头短管组	DN300	1	段
6	软接头	DN300	2	个
7	大小头	DN300×250	2	个
8	弯头短管组	DN300	1	段
9	消声缓闭止回阀	DN300	1	个
10	短管	DN300	1	段

图 5-14　标准泵组装配图

2. 冷水机组接驳组织流程示意

1）冷水机组模块分解图，见图 5-15。

2）制冷机组分解图，见图 5-16。

3）制冷机组装配图一，见图 5-17。

4）制冷机组装配图二，见图 5-18。

5）制冷机组装配图三，见图 5-19。

6）制冷机组装配图四，见图 5-20。

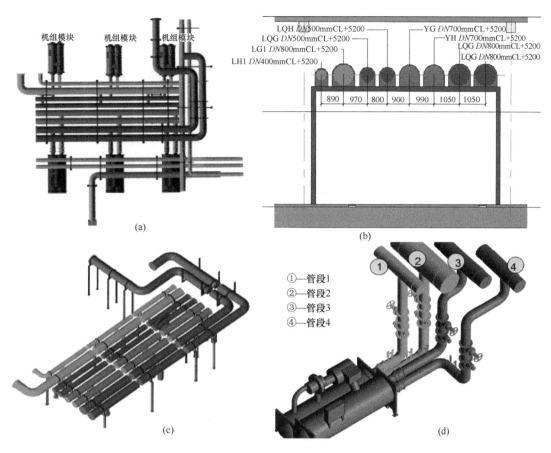

图 5-15　冷水机组模块分解图

(a) 机组模块分解；(b) 干管剖面；(c) 干管段；(d) 机组段

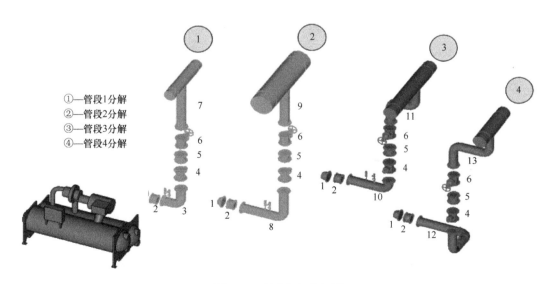

图 5-16　制冷机组分解图

材料清单

编号	名称	规格型号	数量	单位
1	大小头	DN300×250	1	个
2	软接头	DN300	1	个
3	弯头短管组	DN300	1	段
4	蝶阀	DN300	1	个
5	短管	DN300	1	段
6	开关型电动蝶阀	DN300	1	个
7	三通短管组	DN400×400×300	2	段

图 5-17　制冷机组装配图一

材料清单

编号	名称	规格型号	数量	单位
1	大小头	DN300×250	1	个
2	软接头	DN300	1	个
8	弯头短管组	DN300	1	段
4	蝶阀	DN300	1	个
5	短管	DN300	1	段
6	开关型电动蝶阀	DN300	1	个
9	三通短管组	DN800×800×300	2	段

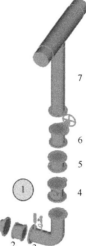

图 5-18　制冷机组装配图二

材料清单

编号	名称	规格型号	数量	单位
1	大小头	DN300×250	1	个
2	软接头	DN300	1	个
10	弯头短管组	DN300	1	段
4	蝶阀	DN300	1	个
5	短管	DN300	1	段
6	开关型电动蝶阀	DN300	1	个
11	三通短管组	DN500×500×300	2	段

图 5-19　制冷机组装配图三

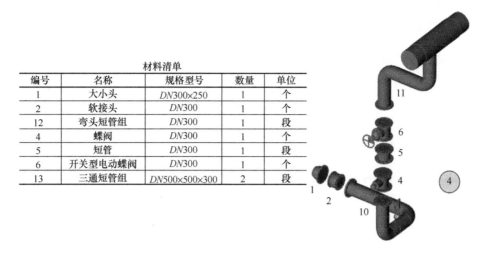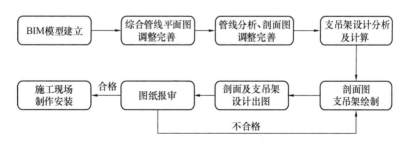

编号	名称	规格型号	数量	单位
1	大小头	$DN300\times250$	1	个
2	软接头	$DN300$	1	个
12	弯头短管组	$DN300$	1	段
4	蝶阀	$DN300$	1	个
5	短管	$DN300$	1	段
6	开关型电动蝶阀	$DN300$	1	个
13	三通短管组	$DN500\times500\times300$	2	段

材料清单

图 5-20　制冷机组装配图四

5.6　动力站房共同管架设计与施工技术

　　动力站房共同管架的特点是：管道尺寸大、管道层数多、支吊架形式多。施工时应按相关标准图，根据现场管道的位置、空间距离的大小及结构的特点选用合适的共同管架，如所采用的共同管架形式和标准图不一致时，进行负荷验算后方可施工。

　　共同管架设计主要考虑建筑结构、施工空间、支吊架荷载、支架使用年限等因素综合确定。共用管道支吊架严格按照空间管理图纸设计、选型、校核，提交业主、设计审核确认后施工，利用 BIM 技术建立支吊架 3D 模型，并在机电管线模型中布置，优化管理空间（图 5-21）。

图 5-21　动力站房共同管架施工流程图

5.6.1　设计选型分析

　　建筑结构分析：分析建筑层高、梁高、梁间距，建筑防火分区间隔位置，合理确定支吊架间距。

　　管线综合分析：依据建立的 BIM 模型，分析支吊架预设位置的管道类别、大小及管道走向，针对性地提出解决问题的措施。

5.6.2 支吊架设计计算

支架的荷载主要是管道的荷载和支吊架自身的重量。管道荷载包括管道的自重、输送流体的重量、由于操作压力和温差所造成的荷载，以及振动、风力、地震、冲击和位移应变引起的荷载。

1. 支吊架受力分析计算的主要内容

1）横担强度与稳定性计算；

2）横担与立杆节点强度计算；

3）立杆与生根件节点强度计算；

4）受压立杆强度与稳定性计算；

5）生根件强度计算，生根件又细分为：焊缝强度计算、螺栓强度计算等。

横担强度与稳定性使用 Detail（结构细部设计）软件附带的计算工具及 ANSYS R15.0 Workbench 软件进行模拟受力分析并进行计算。

2. 支架受力分析的主要步骤

1）管道重力计算：

按设计管道支吊架间距内的管道自重、满管水重、保温层重及以上三项之和 10% 的附加重量（管道连接件等附件）计算，保温材料容重按橡塑海绵保温管壳 100kg/m^3 计算。

2）设计载荷：

考虑制造、安装等因素，采用支吊架间距的标准荷载乘以 1.35 的荷载分布系数。

3）横梁抗弯强度计算：

$$\frac{M_x}{\gamma_x W_x} + \frac{M_y}{\gamma_y W_y} < 0.85f$$

式中：γ_x、γ_y——截面塑性发展系数；承受静力荷载或间接承受动力荷载时，$\gamma_x = \gamma_y = 1.05$；直接承受动力荷载时，$\gamma_x = \gamma_y = 1$；

M_x，M_y——所验算截面绕 x 轴和绕 y 轴的弯矩（N·mm）；

W_x，W_y——所验算截面对 x 轴和对 y 轴的净截面模量（mm^3）；

f——钢材的抗弯、抗拉强度设计值（kg/mm^2）。

4）立柱抗拉强度计算：

$$\frac{1.5N}{A_n} + \frac{1.5M_x}{\gamma_x W_x} + \frac{1.5M_y}{\gamma_y W_y} \leqslant 0.85f$$

式中：N——立柱所受拉力；

A_n——立柱净截面面积；

其余参数同横梁抗弯强度计算。

5.6.3　施工要点

根据施工顺序，首先需要施工的是化学锚栓预埋件，是支架体系受力的关键位置，施工过程中需注意以下几点：

1）钻孔时须保证钻机、钻头与基材表面垂直。保证孔径与孔深尺寸准确，垂直孔或水平孔的偏差应小于 2°。

2）钻孔应避开钢筋，特别是预应力筋和受力筋。钻孔时，如果钻机突然停止或钻头不前进时，应立即停止钻孔，检查是否碰到内部钢筋。对于失败孔，应填满化学胶粘剂或高一个强度等级的水泥砂浆，另选新孔。

3）参照化学锚栓厂家提供其产品的固化时间表（由于不同品牌的化学锚栓性能不一，不单独列出固化时间表），严格遵守安装时间与固化时间，待胶体完全固化后方可承载，固化期间严禁扰动，以防锚固失效。

4）螺杆插入孔内的部分要保持干燥、清洁，无严重锈蚀。

5）化学胶管应存放于阴凉、干燥的地方，避免受阳光直接照射，长期存放温度应为 5~25℃。

6）如果孔壁潮湿，可以进行安装，但固化时间应按厂家提供的固化时间表中所列时间要求加倍延长。

支架横担与预埋件施工采用焊接连接，支架焊口除锈合格后涂防锈底漆两道，刷银粉漆覆盖。

5.7　给水排水工程施工技术

5.7.1　给水排水系统说明

电子洁净厂房给水排水系统包括室外给水排水系统及室内给水排水系统。室外给水排水系统包括全厂区一般给水系统、全厂中水（RCW）系统、全厂一般排水系统；室内给水排水系统包括生活生产给水系统、生活排水系统、一般生产排水系统、有压废水（YF）系统、中水（RCW）系统。

给水排水系统概览表
表 5-12

序号	系统名称	水源	用水对象
1	厂区室外给水系统	接市政自给水进水管，水压不小于 0.25MPa，进入厂区后在厂区内形成环状	供厂区生活、生产使用
2	厂区室外排水系统	生活污水、生产废水	—
3	中水系统(RCW)	来自厂区纯水处理站回用水水池	经水泵加压后供给主厂房卫生间、室外绿化浇洒用水

续表

序号	系统名称	水源	用水对象
4	二次加压供水系统	纯水站及研发楼生活水泵房	主厂房及研发楼楼内生活、清洗、试验、生产用水，应急洗眼器及高位消防水箱补水
5	室内生产、生活排水系统	1. 卫生间污废水 2. 普通清洁排水、盥洗排水及空调机房、冲身洗眼器废水及少量酸碱排水等	—
6	有压废水系统	各集水坑内的废水，如电梯、空调机房、生产车间等	—

5.7.2 主要施工工艺

1. 室外给水系统、中水系统

室外与市政给水接管处大于 DN400 的采用球墨铸铁管，小于 DN400 的给水管及中水管采用丙烯酸共聚聚乙烯管（AGR）粘结连接，管架上给水管采用衬塑钢管。市政给水进水管进入厂区后形成环状，中水管接纯水站内中水泵，输送至厂区各栋号中水用水。

室外管道的施工原则是优先施工各厂房后期安装量大且需吊装站位或材料运输的区域，室外管廊区域在管架基础施工后进行开挖施工，其余管线待厂房外架拆除且具备条件后启动施工。

1）施工流程，见图 5-22。

图 5-22　室外给水管道施工流程图

2）施工机具

施工机具包含：履带式挖掘机、汽车吊、平板拖车、前四后八自卸车、打夯机、切割机、细齿锯、角磨机、捯链、三脚架、全站仪、水平仪、水平尺、电动试压泵、压力表、倒角器、直尺、油笔、干布。

3）管道连接方式，见表 5-13。

室外给水管道连接方式表　　　　　　　　　　　　　　　表 5-13

管材	连接方式
球墨铸铁管	承插连接
丙烯酸共聚聚乙烯管（AGR）	粘结连接

4）管道冲洗、消毒

管道冲洗宜采用最大流量，流速不得低于 1.5m/s。冲洗水连续冲洗，直至出水口处浊度、色度与入水口处冲洗水浊度、色度相同为止。冲洗时应保证排水管路畅通安全，排水管不得形成负压。

管道冲洗时，要对仪表采取保护措施（如增加阀门、拆除仪表用直管代替等），对有碍于冲洗的止回阀、节流阀、水表等应拆除用直管代替。冲洗后及时复位，拆除盲板、排尽液体，液体不得随地排放，需有组织地排至厂区雨水系统，不得污染周边已经安装了的物项及地面、墙面，水排尽后及时对管口进行封堵，防止异物进入。

生活给水管道在冲洗后进行消毒，满足饮用水卫生要求，并出具有关部门提供的检验报告。

2. 室外排水系统

室外排水系统采用生活污水、生产废水、雨水分流制排水系统，生活污水经化粪池处理后提升至废水站处理，之后排至市政污水干管，有毒有害生产废水经合理收集后在废水站集中处理，最终通过巴歇尔槽计量后排放。施工内容包括室外污水管网、检查井、小型化粪池和附属污水泵、加压污水泵和管道及少量雨水管道等。

1）施工流程，见图 5-23。

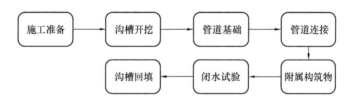

图 5-23　室外排水管道施工流程图

2）施工机具

施工机具包含：履带式挖掘机、自卸汽车、电动潜水泵、打夯机、柴油发电机、砂轮切割机、电锤、台钻、扳子、改锥、卷尺、小线、水平尺、线坠、气筒、压力表、灌水试验气囊。

3）管道连接方式，见表 5-14。

室外排水管道连接方式表　　　　　　　　　　　　　　　表 5-14

管材	连接方式
双壁波纹管	电熔连接
SCH80-PVC 管	粘结连接

4）附属构筑物

位于车行道或铺砌地面、停车位的检查井、阀门井采用重型铸铁井盖及井座，井盖表面与路面齐平，载重不得低于 60t，人行道或绿化带采用轻型铸铁井盖及井座。检查井及阀门井均采用混凝土材质，污水检查井做法参照《排水检查井》（02S515），水表井及阀门井做法参照《室外给水管道附属构筑物》（05S502）。

混凝土污水井施工步骤及要点   表 5-15

序号	项目	步骤及要点
1	垫层施工	1. 垫层边模可采用 10 号槽钢或 100mm×100mm 方木模板，模板背后用钢钎或方木固定。 2. 浇筑垫层混凝土：采用平板振捣器振捣密实，根据标高控制线，进行表面刮杠找平，木抹搓压拍实，待垫层混凝土强度达到要求后方可进行下一道工序施工
2	钢筋绑扎	1. 钢筋的接头形式与位置：钢筋接头形式必须符合设计要求。 2. 钢筋接头可采用绑扎搭接，其搭接长度应符合设计及相应施工规范规定
3	模板安装	1. 模板可采用胶合模板现场拼装。该部位采用吊模处理，吊模底部应采用同等强度等级细石混凝土垫块与钢筋三脚架支顶牢固。 2. 模板接缝处应紧密吻合，可以用胶条嵌缝，如果缝隙过大应重新加工或修改模板尺寸
4	混凝土浇筑	1. 混凝土应连续浇筑，不得留设施工缝；采取压槎赶浆的方法浇筑。振捣时间以混凝土表面开始泛浮浆和不冒气泡为标准。吊模部位的浇筑：吊模内混凝土需待其下部混凝土浇筑完毕且初步沉实后方可进行，振捣后的混凝土初凝前应给予二次振捣，以提高混凝土密实度。 2. 墙体混凝土应分层连续浇筑，采用插入式振捣棒振捣密实，每层浇筑厚度不大于500mm。混凝土自由落体高度不得超过 2m，否则应用串筒或流槽的方法浇筑，防止混凝土浇筑过程中产生离析现象。墙体分层浇筑时，上一层混凝土应在下一层混凝土初凝之前完成，两侧墙体应同步对称浇筑，高差不应大于 300mm
5	压光收面	1. 混凝土浇筑完毕，及时用平板振捣器和副杠将混凝土表面刮平，排除表面泌水。 2. 待混凝土收水后用木抹子搓压平实，铁抹子收光，初凝后立即养生

5）闭水试验

相邻井孔之间的截污管道安装完毕覆土之前，须按施工验收规范要求进行闭水试验，确认渗漏量在规范允许值范围后方可覆土回填。当管道接口工作结束 72h 后其接口的水泥浆或其他接口材料已终凝并且有一定强度后，方能做闭水试验，并应在回填土之前进行，以利观察管道及接口的渗漏情况和采取堵漏措施，为节省试验工作，亦可选取数个井段一起进行闭水试验。

按闭水试验的技术要求进行试验并及时记录渗水量，观察渗漏点，测定渗水量的时间不得少于 30min。闭水试验合格后，立即回填。

3. 室内给水、中水系统

主厂房与厂内研发办公区域一般为二次加压供水，其余单体和附属设施采用市政直接供给。中水系统水源可以取自纯水处理站回用水水池，加压后供各厂房使用。

1）施工流程，见图 5-24。

图 5-24　室内给水管道施工流程图

2）施工机具

施工机具包含：管子切断机、PPR 热熔机、扳子、改锥、卷尺、小线、水平尺、线坠、压力表、自动套丝机、标准螺纹规、专用绞刀、细锉、金属锯。

3）管道连接方式，见表 5-16。

室内给水管道连接方式表　　　　　　　　　　表 5-16

管材	连接方式
PPR 管	热熔连接
内外衬塑钢塑复合管	＜DN50 螺纹连接
	≥DN50 卡箍连接
AGR 管	粘结连接

4. 室内排水系统

室内卫生间采用污水和废水合流排水系统，厂区所有生活污水经生化池处理后排至厂区废水处理站，最终和生产废水一起达标排放。一般生产排水主要为普通清洁排水、盥洗排水及空调机房、空压机房冷凝排水，此类排水经集水坑收集后排至主厂房支持区或纯水站回收二次利用。厂区各泵房内集水坑、消防电梯集水坑、报警阀间等压力排水均直接排至室外雨水沟。

1）施工流程，见图 5-25。

图 5-25　室内排水管道施工流程图

2）施工机具

施工机具包含：砂轮切割机、电锤、台钻、扳子、改锥、卷尺、小线、水平尺、线坠、气筒、压力表、灌水试验气囊、管道疏通机。

3）管材及连接方式，见表 5-17。

室内排水管道连接方式表　　　　　　　　　　表 5-17

管材	连接方式
UPVC 管	粘结连接
机制铸铁管	橡胶圈连接

4）灌水试验

生活污水、废水管道在隐蔽前必须做灌水试验，其灌水高度应是一层楼的高度，且不低于上层卫生器具排水管口的上边缘，满水最少 30min；满水 15min 液面下降后，再灌满观察 15min，液面不下降、管道及接口无渗漏为合格。

地漏灌水至地坪用水器具排水管甩口标高处，打开检查口，先用卷尺在管道外侧大概测量从检查口至被检查管段相应位置的距离，然后量出所需伸入排水管检查口内胶管的长度，并在胶管上做好记号，以控制胶囊进入管内的位置；用胶管从方便的管口向管道内灌水，边灌水边观察水位，直到灌水水面高出卫生器具管口为止，停止灌水，记下管内水面位置和停止灌水时间，并对管道、接口逐一检查，从开始灌水时即设专人检查监视易跑水部位，发现堵盖不严或管道出现漏水时均应停止向管道内灌水；停止灌水 15min 后如未发现管道及接口渗漏，再次向管道内灌水，使管内水面回复到停止灌水时的位置后第二次记下时间。

在第二次灌满水 15min 后，对卫生器具排水管口内水面进行检查，水面位置没有下降则管道灌水试验合格。试验合格后，排净管道中积水，并封堵各管口。

灌水示意图见图 5-26。

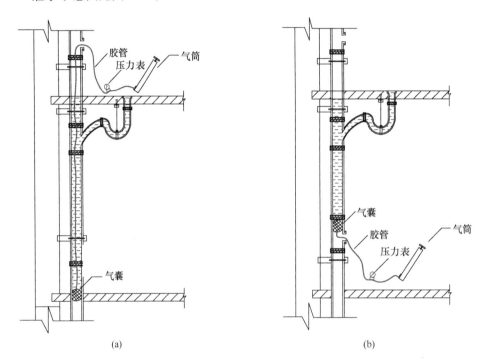

图 5-26　灌水示意图

（a）对下层楼层灌水示意图；（b）对上层楼层灌水示意图

5）通球试验

排水主立管及水平干管均应做通球试验，通球球径不小于排水管道管径的 2/3，且通球率必须达到 100%。

通球试验应从上至下进行，胶球从排水立管顶端投入，注入一定水量于管内，使球能顺利流出为合格；通球过程如遇堵塞，应查明位置进行疏通，直到通球无阻为止。

5.7.3　地下管线及其他地上地下设施保护措施

1. 地下管线及其他地上地下保护概述

室外一般给水排水工程，地下管线沿厂房周边敷设，路线较长，经过区域较多，在管线沟槽开挖、检查井开挖过程中，对地下管线、电缆及地上周边电杆、管道等必须采取有效加固保护措施，保障各设施的安全及施工安全。

2. 地下管线及其他地上地下保护方法

施工前加强相关人员的保护意识，明确各级人员的责任，项目总工程师制定施工方案时，需充分考虑相关设施保护措施的可操作性和安全性。

施工中安排专人进行监护，实时观测各设施的状态，同时施工队长、管理人员及上游单位加强监督巡查，要求作业班组严格按方案及流程进行施工，重点保护区域各级相关人员必须旁站指导。

施工后对地下管线及其他地上地下设施进行检查，确保没有问题后方可进行下一步。

3. 地下、 地上管线及设施保护措施

1）收集地下管线所有相关资料，包括各专业图纸、总评规划、原地下管道、道路等，并逐一落实，绘制综合平面图，在施工现场做出明显标志。

2）组织沿线有关单位协调会议，确定施工先后顺序，制定具体保护方式。

3）作业前根据制定的保护措施、现场环境对现场技术负责人、施工员、班组长及作业人员进行安全技术交底，讲明地下管线情况，明确设施保护具体方法。

4）对调查确定有管线的部位施工时要特别提醒施工人员注意保护管线。在大型机械施工前，要先人工探槽挖出管线，确认施工不影响管线后进行施工。对于雨水管道基坑开挖及降坡工程，有管线的部位需要采用人工开挖。

5）开挖过程中，各岗位人员均要到位，严禁擅自离岗。挖掘机驾驶员须有较高的业务水平，并有良好的配合意识，能坚决服从指挥。

6）工程施工过程中密切注意周围管网的安全，遇到不明地下障碍物或与资料不符时，立即停止施工，通知业主单位及相关单位到现场查看，在探明落实清楚后方可继续施工，不得擅自处理或继续施工。

7）对施工出现的设施破坏事故，要先报告设施所属单位和建设单位，然后请专业人员进行处理，对于重要设施要立即采取应急措施。

8）对于施工确实有影响且无法避让的，可与各方进行沟通迁移，根据实际情况制定迁移方案。

4. 地下典型重点设施保护措施

参见表 5-18。

地下重点设施加固保护方法表

表 5-18

序号	名称	加固、保护方法
1	地下管线	1. 地下横向管线一般采用槽钢对扣保护，对于不影响雨水管道及结构层工程的管线，工程施工完成后继续埋到地下即可。 2. 地下纵向刚性管线一般采用迁移方法

续表

序号	名称	加固、保护方法
2	基础沉降	根据土建地勘报告以及现场实际勘测，现在土质主要为素填土与黏土，遇不良土质地段时适当加大放坡坡率，或用钢板桩支护
3	路灯	采用剪刀撑加固：用两根直顺木质较好或其他圆木绑扎成剪刀形，支撑在电杆的上方

5.8 实施效果及总结

5.8.1 实施效果

一般机械及给水排水工程负责 FAB 主厂房正常运行所需的冷热水输送，也是整个厂区各功能区域在生产运行前所必需的前置工程。只有一般机械及给水排水工程实现快速建造及建成后功能达标，才能保证 FAB 主厂房的核心洁净区调试工作顺利开展，保证各功能栋号的设备可以顺利开机。

经过调试，实现冷水机组、水泵、锅炉等核心设备的正常运行，保证各工艺设备生产所需的冷却水流量，供洁净室温湿度环境所需的冷热水水力平衡、流量达标，保证厂区生产工艺设备的顺利运行是一般机械及给水排水工程以期达到的实施效果（图 5-27、图 5-28）。

图 5-27　一般机械及给水排水工程室外管廊管道　　　　图 5-28　一般机械及给水排水工程动力站

5.8.2 实施总结

1）冷冻机房内管路系统水平干管与竖向干管交会处，采用顺水三通代替直三通，以保障水流和水力效果，同时可达到局部节能目的；

2）冷冻机房内管路系统为方便后期冲洗与调试等，在机房空间管理深化时设置旁通管路；

3）冷冻机房内管路系统为方便后期冲洗与调试等，在管道最低端设置泄水阀，如水泵的入口端管段、冷水机组的进水口端管段等；

4）冷冻机房内管路系统必须做有组织排水；泄水阀泄水处需做一段管段连接至排水沟；

5）冷冻机房内管路系统中在循环水泵的主管段处，需做部分固定支架，避免水泵启停时造成管路振动，产生移位，造成危险隐患；

6）水泵之间设置一定的间距，以方便水泵的电机等部件检修吊装与放置；

7）冷水机组与墙壁和其他设备之间保持一定的距离，以方便后期冷水机组的冷凝器等部件的检修；

8）主机上部结构处预留压缩机检修吊装构件，方便后期检修维护。

第6章 消防工程施工技术

6.1 技术背景及特点

电子洁净厂房制造的产品具有高精度、高标准的特点，对洁净度要求高，厂内机械设备自动化程度高。根据产品生产流程和工艺需求，电子洁净厂房内密闭，划分为多个区域，这些区域之间通过通道彼此串联。同时，厂房内存在一些易燃、易爆的危险有害品，当遇到明火时，会发生爆炸，危害程度极大。

6.1.1 技术背景及特点

根据电子洁净厂房的特点，其消防工程有以下几点问题需要重点关注和解决：

1）厂房洁净度要求高。消防工程需在工程施工各阶段考虑厂房的洁净度要求，即在施工中考虑各项洁净防护措施及特殊施工工艺要求。

2）机械设备自动化程度高，工作人员少。电子洁净厂房工作区的人员较少，不易及时发现火情。当发生火情或危险化学品泄漏时，人员可用的疏散时间极短，如无法早期撤离后果不堪设想。

3）设备仪器较为贵重。电子洁净厂房需合理选择消防灭火系统，尽量避免对设备仪器造成损坏。

4）洁净厂房空间密闭性好。洁净厂房的空间密闭性好，人流和物流通道曲折，一旦发生火情，对疏散和扑救极为不利。同时，由于热量得不到有效释放，火源的热辐射经四壁反射使室内迅速升温，大大缩短室内各部位材料达到燃点的时间。

5）通风管道彼此串通。为了去除电子洁净厂房的灰尘、细菌，保持洁净度，洁净室要循环使用大量的空气，通风管道彼此串通。洁净厂房的室内装修多使用一些高分子合成材料，这些材料在发生燃烧时会产生大量浓烟，造成毒气扩散。由于多数设计方案空气是从顶棚向地板单方向流动，因此在火灾初期很难用设置在顶棚的探测器探测到。为了早期发现火灾，需要在排风口、回风管、回风夹道内设置火灾探测系统。

6）危险化学品存储量大。电子产品在制造过程中需要使用大量腐蚀易燃化学品，并且这些化学品因物理特性无法通过管道长距离输送，通常以瓶装分散存储在厂房内，再通过管线输送到工作台，对洁净厂房构成了潜在的消防隐患。

7）体量大，工期紧。电子洁净厂房多为高大空间厂房，施工工期紧，作业面流水快，对各项施工部署等要求高。

因此，电子洁净厂房应选用响应及时、扑救有效，对设备损坏小的消防系统，探测和喷淋系统的设置需充分考虑厂房设计特点，以利于火情的及时发现和扑救。同时，其材料及施工工艺应满足电子洁净厂房洁净度的要求。

6.1.2 消防系统施工洁净控制特点

电子洁净厂房消防系统施工，必须要从各阶段提前考虑、严格控制，严格把控每道工序施工的质量，进而保证整个工程的质量。

1. 建筑施工阶段

做好消防系统深化设计、材料准备、预制管加工，必要时进行相关保护，避免灰尘污染。

2. 消防系统安装阶段

此阶段洁净区并未建立成形，但仍需注意消防材料运输、施工人员作业或活动等产生的灰尘。每道工序操作结束后，要及时清除灰尘，避免出现灰尘集聚的情况，且消防用料应选用不生锈的材料。

安装支架的过程中，要利用螺栓连接支吊架。焊接过后，焊接部位不仅要喷射防锈漆，还要加入厌氧胶封闭。对于支架与墙壁的接缝处，也需要利用厌氧胶来封闭。

安装洁净区域消防管道的过程中，为了避免破坏处生锈或起尘，需要二次涂刷防锈漆进行保护。

3. 封闭施工阶段

此阶段洁净区已经封闭，要严格控制材料、人员、施工作业等引发的灰尘，控制其洁净度。这个阶段会涉及很多环节，因此必须要做到以下几点：

1）严格培训施工人员的施工技术，提高他们对洁净度的认知——在进入洁净区域工作时，必须穿戴洁净服。

2）进入洁净区域的施工材料都必须要清洁。

3）必须要认真擦拭与外部连接的管网。

4）在施工过程中，要尽量避免产生灰尘。如果有灰尘，要及时清除，不能出现灰尘聚集的情况。

6.2 消防报警及联动控制系统施工技术

消防报警及联动控制系统主要由感温探测器、感烟探测器、报警控制器（箱、柜）、发光发声设备等组成，还有检测消防水压力、联动输出电信号、启动消防泵、关闭空调通风设备、切断非消防用电、关闭消防分区卷闸门、视情况打开排烟风机等功能。

6.2.1 系统工作原理及设备元器件概述

对于需要监视火灾的场合，依环境安装感温探测器或感烟探测器。当可燃物易产生烟雾、屋顶容易收集烟雾时，安装感烟探测器；在正常时温度变化不大、又不易收集烟雾的房间安装感温探测器，且平时要经常巡查。当火灾发生时，火灾的两个特征，烟气或温度上升被探测器检验到，转换成电信号送到报警控制器，火灾报警控制器要进行延时二次确认；在确定有火灾发生后，控制器首先用警笛和灯光发出声光报警，在显示屏上让人直观看到火灾所在的区域。另外，当消防箱内按钮被击破、手动报警按钮被按下，或自动喷淋水管压力突降、水流指示器测到消防水管内有水流动，都会引起控制器完成相同的报警功能。

考虑人群疏散的时间，关闭防火分区门需延时一段时间，以阻止火灾蔓延。控制器还会发出控制信号，切断非消防电源，避免火灾烧坏电线、电缆和电器的绝缘层造成短路，从而引发新的或者更大的火灾。关闭空调通风管道，能起到断绝燃烧所需氧气的供给作用，避免空气流通，使火灾窒息。同时，必须打开排烟机，经验表明，火灾造成死亡大部分是因为吸入烟气熏死或烟雾中有毒物质使人昏迷后被火烧死。发出控制信号启动消防泵，保证供给消防用水和自动喷淋设施用水。

以上是消防报警及联动控制系统工作原理，为了能充分地认识一个系统，使自身具备设计或指导施工的能力，还需对每个组成器件有充分的认识。

1. 探测器有三种，即线型感温探测器、点型感温探测器、点型感烟探测器

线型感温探测器主要用于大型工矿企业电缆井或电缆隧道，沿电缆布设，当温度升高到一定程度时，线型感温探测器的电气参数发生变化，由控制器侦测到后报警。在民用建筑或工厂厂房、办公区用的是点型探测器。点型探测器是对警戒范围中某一点周围的火灾参数作出反应，用得较多，以下简称探测器。感温探测器采用热敏电阻元件，同时存贮环境温度作对比，经过电路对比分析，如温度超过某值或温度快速升高，都可引起报警。目前的感烟探测器有离子感烟型和光电感烟型，当探测室内烟雾浓度达到设定值时，经电路整理，输出报警信号。新型探测器都自带地址编码。其中一种底座上有拨码器，例如 4 个拨码最多可产生 2^4 ＝16 个地址，同一个控制器上的一个回路可接 16 个探测器，火灾发生时，控制器依据地址可知火灾的确切地点。还有一种是电子编码的探测器，这个编码已经在出厂时固定在探测器的集成电路内，用计算机或配套的控制器可读出此码。

2. 手动报警按钮和消火栓按钮

手动报警按钮和消火栓按钮都属于开关量输入型，其区别于常规开关的是它强调可靠性高。手动报警按钮是一个 $50mm×50mm$ 的红色方盒子（红色显眼，也有消防专用的意思），正面有一块玻璃或透明胶片，上面文字注明"火灾时往里压"，实际上玻璃底下是个开关，

压下玻璃即触动了开关，也有击碎玻璃型。较高级的还有发光二极管指示灯，供晚上便于寻找或确认。手动报警按钮分两种：一种是标准型，一种是自带地址编码。

消火栓报警按钮是消防箱的附属设施，一般装于消防箱内左上角。火灾发生时，在动用消防水管前，先用小锤击破面板上的玻璃片。消火栓报警按钮电气工作原理与手动报警按钮相同。也有四线制的，即两根信号线接开关，两根线接指示灯。

3. 报警控制器

报警器的种类繁杂，最简单的为挂墙式箱形。一个控制箱可接 64 个或 128 个探测器或其他有地址编码的人工报警器，箱体正面有二极管显示屏，能反映时间、工作状态，可对设备巡检和设定状态等，还可显示各防火区的状态。带有小型的打印机可记录输出故障、预警、报警等事件的时间。通常还有应急电源，能独立发出报警声光。

还有放在消防控制中心室的报警控制柜。报警控制柜在控制箱的基础上，其接入点数更多、回路也多，显示屏上反映的信息量大。一般伴随控制柜的有消防广播柜、消防联动柜。报警柜记录事件的发生，一旦确认有火灾，除自身控制声光报警外，还输出信号给广播柜，或是分区或是全部区域，播放事先录制好的磁带，引导人群疏散；输出信号给联动控制柜，拨通 119，启动消防泵，关闭空调，打开抽烟机等。当然这两个柜子的组合形式多样。

4. 声光报警器

声光报警器一旦接到控制器发来的报警信号，即闪红灯和发声报警。声光报警器因消耗一定功率，是有源设备，所以用一路由消防控制中心引来的 UPS（Uninterruptible Power System）电源，或由两路互投电源供电，确保火灾时的电力供应。

5. 防火阀、排烟阀

防火阀安装在通风空调的风管上，平时温度熔断片卡住风管叶片机构。发生火灾时，温度熔断片动作，叶片在弹簧的作用下转动，阀门关闭，切断火势和烟气沿风管蔓延。熔断片的温度一般设定为 73℃。在叶片转动的同时，触动微动开关，输出报警的信号。排烟阀安装在排烟风机的管道上，平时阀门关闭。火灾时接受火灾联动信号，电磁铁动作，打开叶片，使室内烟气能顺利排出。

6.2.2　消防报警及联动控制系统施工技术

1. 施工工艺流程

参见图 6-1。

2. 管路敷设

进场管材、型钢、金属线槽及其附件应有材质证明或合格证，并应检查质量、数量、规

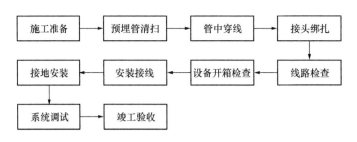

图 6-1 消防报警及联动控制系统施工工艺流程

格型号是否与要求相符合，填写检查记录。钢管要求壁厚均匀、焊缝均匀，无劈裂和砂眼棱刺，无凹扁现象，镀锌层内外均匀完整无损。金属线槽及其附件，应采用经过镀锌处理的定型产品。线槽内外应光滑平整、无棱刺，且不应有扭曲等变形现象。

电线保护管遇到下列情况之一时，应在便于穿线的位置增设接线盒：管路长度超过20m，无弯曲时；管路长度超过15m，有一个弯曲时；管路长度超过10m，有两个弯曲时；路长度超过4m，有三个弯曲时。

电线保护管的弯曲处不应有折皱、凹陷裂缝，且弯扁程度不应大于管外径的10%。明配管和暗配管弯曲半径不宜小于管外径的6倍，当埋于地下或混凝土内时，其弯曲半径不应小于管外径的10倍。

当管路暗配时，电线保护管宜沿最近的线路敷设并应减少弯曲。埋入非燃烧体的建筑物、构筑物内的电线保护管与建筑物、构筑物墙面的距离不应小于30mm。金属线槽和钢管明配时，应按设计要求采取防火保护措施。

电线保护管不宜穿过设备或建筑、构筑物的基础，必须穿过时应采取保护措施，如采用保护管等。敷设在多尘、潮湿或有腐蚀场所的电线保护管，管口及其各连接处均应密封处理。管路敷设经过建筑物的变形缝（包括沉降缝、伸缩缝、抗震缝等）时应采取补偿措施，可采用接线盒间配合金属软管连接。

明配钢管应排列整齐，固定点间距应均匀，管卡与终端、弯头中点、电气器具或盒（箱）边缘的距离宜为 0.15～0.5m。

吊顶内敷设的管路宜采用单独的卡具吊装或支撑物固定，经装修单位允许，直径20mm及以下钢管可固定在吊杆或主龙骨上。暗配管在没有吊顶的情况下，探测器的盒的位置就是安装探头的位置，不能调整，所以要求确定盒的位置应按探测器安装要求定位。明配管使用的接线盒和安装消防设备盒应采用明装式盒。

各种金属构件、接线盒、接线箱安装孔不能使用电、气焊割孔，应用电钻、台钻开孔。配管及线槽安装时应考虑不同系统、不同电压、不同电流类别的线路，不应穿于同一根管内或线槽同槽孔洞。

配管和线槽安装时应考虑横向敷设的报警系统的传输线路。如采用穿管布线时，不同防火分区的线路不应穿入同一根管内，但探测器报警线路若采用总线制时不受此限制。

弱电线路的电缆竖井应与强电线路的竖井分别设置，如果条件限制合用同一竖井时，应分别布置在竖井的两侧。

在建筑物的顶棚内必须采用金属管、金属线槽布线。

钢管与热水管、蒸汽管同侧敷设时应敷设在热水管、蒸汽管的下面。有困难时可敷设在其上面，相互间净距离不应小于下列数值：当管路敷设在热水管下面时为 0.20m，上面时为 0.3m；当管路敷设在蒸汽管下面时为 0.5m，上面时为 1m。当不能满足上述要求时应采用隔热措施。对有保温措施的蒸汽管上、下净距可减至 0.2m。

钢管与其他管道如水管平行净距不应小于 0.10m。当与水管同侧敷设时宜敷设在水管上面（不包括可燃气体及易燃液体管道）。当管路交叉时距离不宜小于相应上述情况的平行净距。

线槽敷设宜采用单独卡具吊装或支撑物固定，吊杆的直径不应小于 6mm，固定支架间距一般不应大于 1～1.5m，在进出接线盒、箱、柜、转角、转弯和弯形缝两端及丁字接头的三端 0.5m 以内，应设置固定支撑点。

固定或连接线槽的螺钉或其他紧固件紧固后，其端部都应与线槽内表面光滑相接，即螺母放在线槽壁的外侧，紧固时配齐平垫和弹簧垫，线槽桥架跨接扁铜线连接在易观测的一面。线槽的出线口和转角、转弯处应位置正确、光滑、无毛刺，连接处不应在穿过楼板或墙壁等处进行。

金属管或金属线槽与消防设备采用金属软管和可挠性金属管作跨接时，其长度不宜大于 2m，且应采用骑马卡固定，其固定点间距不应大于 0.5m，且端头用锁母或卡箍固定，并按规定接地。

暗装消火栓配管时，接线盒不应放在消火栓箱的后侧，而应侧面进线。

消防设备与管线的工作接地、保护地应按设计和有关规范文件要求施工。钢管、金属电线（TC）管的连接应按规范进行接地跨焊；镀锌钢管、KBG 管的连接应采用黄绿色截面不小于 4mm² 进行跨接，金属桥架的连接处应用截面不小于 4mm² 的铜扁带线或铜线进行可靠连接，确保接地可靠。

3. 管内穿线、线槽内配线安装

火灾报警器的传输线路应选择不同颜色的绝缘导线，探测器的"＋"线为红色，"－"线应为蓝色。但同一工程中相同用途的导线颜色应一致，接线端子应有标号。严禁使用别的颜色线型代替总线回路、消防 24V 电源线，严禁工程中各类线路相互混用、同类线路颜色不一。

管内穿线、线槽配线前应消除槽内的污物和积水，采用镀锌钢丝引线，应无背扣弯，并有相应的机械强度。管内无接头，穿线后要做密封处理，导线连接牢固，包扎严密，绝缘良好，不伤线芯。

导线连接需要焊接时，接头部分必须盘入接线盒内并堵封严密，以防污染，防止盒内进水，降低绝缘程度。

在同一线槽内包括绝缘在内的导线截面积总和应该不超过内部截面积的40%。

缆线的布放应平直，不得产生扭绞、打圈等现象，不应受到外力的挤压和损伤。缆线在布放前两端应贴有标签，以表明起始和终端位置，标签书写应清晰、端正和正确。电源线、信号电缆及建筑物内其他弱电系统的缆线应分离布放。各缆线间的最小净距应符合设计要求。

缆线布放，在牵引过程中，吊挂缆线的支点相隔间距不应大于1.5m。布放缆线的牵引力，应小于缆线允许张力的80%，对光缆瞬间最大牵引力不应超过光缆允许的张力。在以牵引方式敷设光缆时，主要牵引力应加在光缆的加强芯上。

槽内缆线应顺直，尽量不交叉，缆线不应溢出线槽，在缆线进出线槽部位，转弯处应绑扎固定。垂直线槽布放缆线应每间隔1.5m处固定在缆线支架上，以防线缆下坠。在水平、垂直桥架和垂直线槽中敷设缆线时，应对缆线进行绑扎。

金属管或金属线槽与消防设备采用金属软管和可挠性金属管作跨接时，其长度不宜大于2m，且应采用骑马卡固定，其固定点间距不应大于0.5m。软管同线槽、电管连接均需使用锁母连接。软管同铁管连接需用软硬管接头电线穿好后测绝缘电阻，电阻值必须符合要求后才能进行下一道工序安装。

4. 探测器安装

厂房为垂直单向流多层厂房，考虑气流形式，除了在洁净厂房上技术夹层顶棚设置普通感烟探测器外，在下技术夹层外的回风夹道处布设了空气采样及早期烟雾探测系统，以保证在火灾初期及时探测到火情。并且，在洁净室的排风管道上设置有风道式探测器（图6-2、图6-3）。

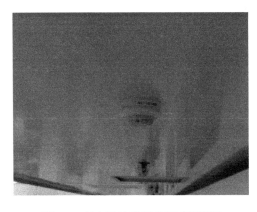

图6-2 某电子洁净厂房烟感探测器

由于气流影响，在洁净生产区及下技术夹层的顶棚无法聚烟，所以，此两处顶棚均未设置火灾探测器。

探测器在即将调试时方可安装，安装前先将探测器底座的穿线孔封堵。预留在盒内的导线用剥线钳剥去绝缘外皮，露出线芯10～15mm，顺时针压接在探测器底座的各个接线端子上。然后将底座用配套的机螺丝固定在预埋盒上，编好探测器的地址码。探测器的确认灯，应面向便于人员观察的主要入口方向，并安装好防护罩，做好防潮、防尘、防火、防腐蚀措施。

同时探测器的安装位置需满足以下要求：

1) 探测器至墙壁、梁边的水平距离≥0.5m，探测器正下方及其周围0.5m内不应有遮挡物。

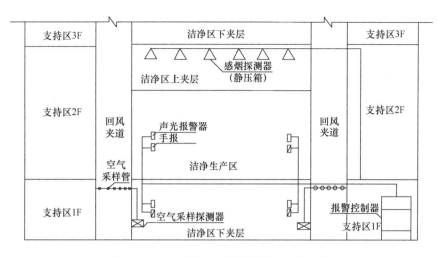

图 6-3　洁净厂房火灾报警系统布置示意图

2）在有空调系统房间内安装时，探测器至送风口边水平距离应≥0.5m，探测器至多孔送风口水平距离应≥0.5m；顶棚有回风口的应安装在回风口附近。

3）探测器宜水平安装，当必须倾斜安装时，倾斜角度应≤45°，若倾角＞45°必须加装底座调正。

4）电梯井、升降机和电梯机房隔板等有开口部位，应在机房井道上方安装探测器，若无开口部位则应在电梯井、升降机上方顶棚和机房内顶棚上分别安装探测器。

5. 手动报警按钮安装

洁净生产区及下技术夹层均按规范设置有手动报警按钮、消火栓按钮及声光报警器（图 6-4）。上技术夹层为静压箱、无人，故不设置手动报警、消火栓按钮及声光报警器。

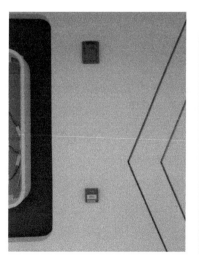
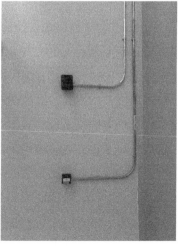

图 6-4　某电子洁净厂房手动及声光报警器

安装高度为底层边距地面 1.3～1.5m，且有明显的标志（相邻两个手报的最近步行距离应≤30m）。按钮外接导线应≥0.1m 余量且端部有明显标志。

6. 火灾报警控制器安装

落地式安装应垂直，其底边高出地坪 0.1～0.2m。壁挂式应安装牢固，安装在轻质墙上应有加固措施，底边距地面高度≤1.5m。

引入控制器的电缆和电线，应符合以下要求：配线应整齐，避免交叉，固定牢靠；电缆芯线和所配导线的端部，均应标明编号，并与图纸一致，字迹清晰且不易褪色；端子极每个接线端接线≤2 根；导线应有≥0.2m 余量，导线应绑扎成束，导线引入线穿线后应封堵。

控制器的主电源引入线，应直接与消防电源连接，严禁使用电源插头。主电源应有明显标志。控制器接地牢固，并有明显标志，报警器主电源保护开关不应采用漏电保护开关。

7. 系统调试

火灾自动报警系统的调试，应在该工程内部装饰和各项安装施工结束，并完成线路测试、火灾报警、系统接地测试后，现场具备开通条件，方可组织人员进行整个系统的开通调试工作。

报警系统的调试，应分别对探测器、区域报警控制器、集中报警控制器、火灾报警装置和消防控制设备，按说明书进行单机通电检查，均正常后方能进入系统调试。

系统调试包含主机单体调试、烟感测试、温感测试、报警装置测试、消防联动系统调试等。

6.2.3 极早期火灾探测及报警系统施工技术

1. 系统原理

试验及经验表明，绝大多数火灾都可分为四个阶段：

第一阶段是火灾的起始阶段，存在着肉眼看不见的很微弱的烟雾，这个阶段发展很慢，可达几个小时，且不易被人们发现，普通的感烟探测器在这个阶段还没有反应；

第二阶段是有可见烟雾燃烧阶段，人们可以看到烟雾的明显存在，这个阶段离明火的出现仅有数分钟，这也是离子、光电感烟探测器工作的阶段；

第三阶段是有焰燃烧阶段，阴燃聚集的热量导致物质出现有焰燃烧；

第四阶段是剧烈燃烧阶段，环境温度上升数十度至几百度，这是感温探测器、水喷淋的动作温度区。

传统的探测器一般都在火灾发展到后三个阶段时发出报警，而这三个阶段时间相对较短，即使发现火警，火灾也已基本形成。

大多数洁净厂房内设有昂贵设备、仪器，而且建造费用较高，一旦发生火灾，损失巨大。这就要求火灾自动报警设施能够在火灾形成的第一阶段就发出警报，将火灾控制在未完全形成阶段，以最大限度地降低损失。常规的火灾探测器系统往往不能有效地发挥作用，因此采用极早期火灾探测及报警技术才能达到早期报警，减少损失，甚至达到无损失的目的。

极早期火灾探测及报警系统又称为空气采样感烟测控系统，这种系统在探测方式上完全突破被动式感知火灾烟气、温度和火焰等参数特性的局面，主动进行空气采样，快速、动态地识别和判断出空气中各种聚合物和烟粒子。该系统通过高效抽气机，主动、连续不断地将防护区内的空气吸入采样管，然后经采样管到达双级过滤器。其中一部分经第一级过滤后，作为空气样本进入系统探测腔，用于分析和测定烟雾含量。探测腔内有一个稳定的激光源，烟雾离子使激光发生散射，散射光使高灵敏度的光接收器产生信号。经过系统分析，完成光电转换。烟雾浓度值及其报警等级由显示器显示出来。

极早期火灾探测报警系统与传统感烟式火灾探测系统在探测原理、采样方式、探测灵敏度、抗干扰能力、适应环境等方面存在较大的差异。经过对比，我们发现：

第一，极早期火灾探测报警系统灵敏度高。普通感烟感温探测器工作至少都在火灾第二阶段之后，早期烟雾探测系统的灵敏度为 $0.004 \sim 4\% \mathrm{obs/m}$（传统探测器一般为 $5\% \mathrm{obs/m}$），是普通感烟探测器的 1000 多倍。早期火灾探测报警系统在火灾第一阶段就可以探测到火灾起始的烟雾。早期报警，给人们以足够的时间来查找火源，控制火灾形成。

第二，极早期火灾探测系统采样方式灵活简便，不受洁净室中高气流影响，可以布置在顶棚下、地板下、机械内，甚至可以布置在风管中对空气进行采样收集，分析烟雾浓度。

第三，极早期火灾探测报警系统误报率低，性能可靠。极早期火灾探测报警系统具有高精度的激光探测器，探测范围广，灵敏度高，对被测粒子的发生源及大小无要求。

第四，采样管网通常使用 PVC 材料，不存在电磁干扰问题。

由于极早期火灾探测报警系统具有反应灵敏、不受洁净室气流组织形式影响的特点，在洁净厂房火灾自动报警系统的选择上，极早期火灾探测报警系统更优于传统火灾报警探测器。

2. 取样管选材

选取材料必须配有国家建材质量检测中心的检测报告，其检测报告中注明阻燃指标，以便证明其是难燃自熄材质（表 6-1）。

常用取样管管材（一）　　　　　　　　　　　　　　　表 6-1

取样管材质	外径（mm）	内径（mm）	弯管方式	粘结方式
ABS	$\phi25$	$\phi22$	直角弯头	胶粘
UPVC	$\phi25$	$\phi22$	直角弯头	热熔
阻燃冷弯 PVC 管	$\phi25$	$\phi22$	直角弯头	胶粘
			手工弯曲	

有腐蚀性气体及温热交替较大场合宜选用 ABS；在管路较短、弯头总和小于 4 个的场

合可以考虑采用 UPVC 材质；如果管路较长，可以采用阻燃冷弯管，可手工弯制弯头，减少空气阻力。

如选定阻燃冷弯 PVC 管，其配套辅材一般如表 6-2 所示。

常用取样管管材（二） 表 6-2

品种	材质	规格	配接模式
直通	阻燃 PVC	$\phi25$mm	两直管相连
三通			分支或接毛细管
末端盖			取样管末端堵头
托卡			支撑用
PVC 专用胶		无色透明	粘结
自攻丝	铁镀锌	$\phi4$mm	固定托卡

3. 取样管安装

1）一般要求

（1）标准采样管一般在被保护区内安装外径为 25mm 的阻燃 PVC 管。

（2）为确保通过空气采样系统气流状况通畅，吸气泵排出的气体的气压应与被探测区域的气压相等或略低。

图 6-5 空气采样管采样孔

（3）取样管上取样孔 $\phi2.5\sim\phi4.0$mm，取样孔的间距为 1~4m。一般将每根取样管分成三段。如单管长 70m，前 20m 中取样孔为 $\phi2.5$mm。中间 30m 取样孔为 $\phi3.00$mm，后 20m 取样孔为 $\phi3.5$mm。依次将取样孔变大，最末端为 4 个 $\phi4$ 孔。每个取样孔上贴上指示标签（图 6-5）。

（4）取样管上直角弯应尽量避免小弧度，可采用半径大于或等于 20cm 手工弯制。

（5）取样管路总长度一般小于 200m，极限 250m（4 根×50m、3 根×70m、2 根×100m），而每路取样管上取样孔的数量一般不超过 25 个，当只用一根管路时，长度不要超过 100m。

（6）每根管直角弯小于 10 个。

（7）实际应用中，每根管路的长度应尽量接近，这样可使空气取样系统内部气流容易平衡。

（8）若环境要求取样管承受很大的承载力或长时间暴露于强光、极热、极冷的环境中，或是遇到可溶解 PVC 管气体时，也可以使用 ABS 管或其他金属管材。

（9）每个取样孔的间距（即保护半径）最大不应超过 8m，管和管之间不大于 8m，最小不应少于 1m（图 6-6）。

2）取样管安装前深化设计及加工

根据深化设计确定取样管弯头数量、所用根数、配接直通数。每根管长 3m，配一个直通，每 1.0～1.2m 配一个托卡。低层铺管可以先铺设后打取样孔，高空铺设必须先打取样孔，取样孔径 $\phi2.5$mm，末端塞用 $\phi4$mm 钻头均匀打 4 个孔，然后粘好取样孔标签。取样管长度依据设计手册和图纸中注明的长度。

管路处理一般有下列几种：

（1）切。为了保证尺寸精度和防止碎屑的影响，采样管应该用切管器剪断而不要用锯子。

（2）弯。一般取 40cm 长管将弯管器插入其中（弯管器一端用结实绳子连出，以便弯曲成形后可用力拉出弯管器），将热吹风机对其应弯部位吹加热，加热时要移动，使加热部分大于 25cm，加热 5～

图 6-6　某电子洁净厂房空气取样管安装

8min 后可以手工弯曲成半径为 20cm 的圆弧，注意弯曲一定均匀，防止死弯，同时必须保证弯曲后两头成 90°角，并防止扭曲不在同一平面。

弯曲半径变化不是全部为半径 20cm，两根管平行时，第一根为 R20cm，那么第二根半径就必须是：200mm～间隙 A～100mm。这样才能保证弯曲平行放置时，外观顺畅美观，但是最小半径不能小于 R10cm。弯管后不要急于抽出弯管器，应稍等温度变低后，再用力抽出弯管器（通过绳索），如效果不好，可多次反复，成型后备用。

（3）粘。粘结管路时应将管路端部外侧清洁干净，均匀涂胶长度为 2cm，再将直通内壁（或三通内壁）均匀涂胶，然后再将两者插入，放置在平面上静止 5min 以上，以保证粘结后平行不弯曲。

（4）伸缩缝。如果在冬天安装管路则夏季来临时管路涨长，容易向上或向下弯曲变形，夏天安装易在冬季出现收缩断裂，所以管路必须留有伸缩缝。一般每 2 根管长（含 6m）留有一个直通伸缩缝不能粘胶。

（5）毛细管。在顶棚下方和机柜内部取样时，需用配接毛细管，毛细管总长小于 0.6m。

3）取样管固定

（1）平面固定

平面固定是最常用的方法，就是将采样管水平敷设在房间顶部，具体固定方法需根据具体结构形式确定。水泥混凝土墙：在墙面上用手电钻打一个直径 8mm 左右的孔，然后用膨胀塞和自攻螺丝把管卡固定。砖墙也同样可以采用以上方法，最为特别的是石灰墙板，由于其密度小，不宜拧螺丝，可在石灰墙板上打上直径相对较小的孔，然后把胀塞及型号较大的延长攻丝往里拧，这样才能固定好卡托。

（2）弯头固定

弯头的固定不能等同直管的方法，需在弯头的两侧分别用卡子加以固定。

（3）捆扣固定

房间顶棚上部一般都有吊杆（$\phi8\sim\phi10$mm）垂直向下，将取样管的吊杆靠接，采用尼龙扎带交叉十字方法固定较为方便，如果考虑到取样管长期和吊杆相靠易变形，可在取样管和吊杆之间放置一个托卡。

（4）金属卡固定

这种方法和吊顶固定方法有点相同，但其使用材料不一样，一般为直径 25mm 镀锌金属卡或 PVC 卡托。

（5）拉钢索固定

在一些高大空间中，上下方钢梁结构无法直接固定采样管。而每根钢梁之间距离较大（$\geqslant$2m），可以采取拉钢索的方式来固定取样管。将 PVC 取样管用尼龙扎带捆在钢丝绳上，然后绷紧钢丝绳，再将每根钢梁和 PVC 管搭接处固定。每根钢丝绳一般不宜超过 80m，钢丝绳直径 $\phi4\sim\phi6$mm。

（6）保护区上方有纵横主梁固定

在厂房及大空间仓库中，上方有纵横相间的大量主梁，主梁副梁下沿最大可达 70cm，一般下沿小于 20cm 可不采取特殊固定方式，而大于 20cm 时可采用下列方法固定：

① 主梁和主梁之间必须有 1 个小升取样管，上升取样管间距 3～4m，上升管采用主管三通过渡至 $\phi20$ 取样管，$\phi20$ 末端塞上打 2 个 $\phi3$mm 孔，距顶部小于 20cm。

② 在主梁形成井状结构时，必须保证每格井中都有一个或几个上升取样管。

③ 主梁距离大于 4m 时可采取在主梁中间用吊杆将 PVC 管托起。

（7）空调回风口取样固定

在有中央空调房间，布设取样管时，除按无空调状态设置采样管外，还应单加一路管道在中央空调回风口。

（8）空调回风主管道内取样固定（图 6-7）

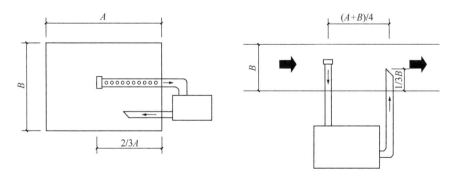

图 6-7 取样管布置图

① 在主空调回风管道内，尺寸一般较大，所采集空气面积比较大，负压较高，须单独

采用一台主机仅出一根管，并将主机回风返回空调管道内，如下：风口内取样管长度：2/3A；上下位置：1/2B；取样孔数 20 个；取样孔密度：2/3A÷20；取样孔径：ϕ4mm 孔；末端孔径：5 个 ϕ4mm 孔。

② 机器回风管。风口内回风管长度：1/3A；上下位置：1/3B；取样管和回风管间距：(A+B)/4；回风口径：直径 ϕ25mm；口径形状：末端切成斜状，出气方向顺着风向。

③ 主机内风机调速。上述安装尺寸定型后，通过回风管道进行放烟实验，此时可调整取样风机（风机分 10 档），逐渐从 1 档增加使取样到最灵敏状态。

（9）取样管和主机连接方法

① 管路敷设最后要在设备的上方将几根采样管收拢，以便和机器连接，这当中要注意以下几个细节：管路收拢后不能直接固定就安插进机器，而是在设备上方大约 50cm 左右切断管路并固定好，切断后的管路末端粘结直通。在粘结直通时要注意只能在直通上方内侧擦胶，而下方内侧不能擦胶。

② 固定机器时，按测量尺寸把 PVC 管切好，必须先将管插进机器后再插入直通管中，取取样管时同样先轻轻地将管子往设备内按一下使管路从直通中露出后方可取管，而这几节 PVC 管和直通及机器之间不能用胶粘连，在以后设备保养方面减少不必要的麻烦。

③ 取样管路的打孔：打取样孔时应注意考虑孔径的直径在 3～4mm 之间，而末端塞孔由 4 个 ϕ4mm 孔组成，取样孔的大小由取样管路长短来决定，原则上距设备越远的地方孔径就相应从 ϕ2.5mm 增加到 ϕ3.0mm、ϕ3.5mm、ϕ4.0mm。打孔方法是用手枪钻直接在采样管上打孔，孔与孔之间的距离应为 3～8m，即每一节管至少打 1 个孔（图 6-8）。

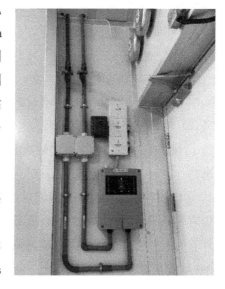

4）设备安装完毕后放烟调试

机器在通电 20min 后，可以进行放烟实验。在每一根管子的末端放烟，机器应在小于等于 120s 做出反应，这样就可以证明管路的气流是畅通的。在采样管中间释放浓度相对较小的烟雾，机器可在小于 120s 做出反应。

图 6-8　某电子洁净厂房空气取样管安装

测试阻燃烟。用 220V 调压器将电压输出调到 0V，插下 30W 电烙铁，电烙铁发热体部分，绕上 ϕ1.5mm 塑胶电线（非阻燃），将电烙铁放置距取样孔 10cm 处，缓慢升压到能闻到烧焦的味儿及少许烟，维护 2～3min，此时机器应出现警觉，如烟雾加大则上升到行动级、火警 1 级、火警 2 级。

5）维护保养

为确保空气采样探测器系统能在最佳功能状态下正常运行，需定期作维护保养才能使系统发挥最大效能，一般其维护保养时间及内容如表 6-3 所示。

常用取样管管材表 表 6-3

内容	每月	每季	每半年	每年	每两年
检查电源供应器（UPS）	√	√	√	√	√
检查气流状态	√	√	√	√	√
管末端测试		√	√	√	√
采样管路检查			√	√	√
联动系统测试					√
清洁采样孔					√

空气采样系统应每月做一次检查，若当月为季保养则将月保养取消改为季保养，若当月为半年保养则将月保养及季保养取消改为半年保养，其余依此类推。除月保养由使用单位（设备负责人）自行检查外，其余各阶段维护保养建议应由专业厂商进行。

（1）检查电源供应器（UPS）

① 每月应以万用表测量探测主机的电源输入"＋""－"端，检查空气采样探测器的 DC 输入电压范围是否为 $24V\pm2V$，以确定电源供应器是否正常；

② 将 UPS 主电源关闭，检查 UPS 主备电切换功能是否正常，同时检查空气采样探测器或报警控制器是否出现主电源检查故障；

③ 将 UPS 电池上负极卸下，此时检查空气采样探测器或报警控制器是否出现备电故障；

④ 每半年应将 UPS 放电一次，以确保 UPS 充放电功能及电池是否正常。

注：如未使用 UPS 系统或与其他设备共享大型 UPS 系统则不需检查③～④项。

（2）检查气流状态

① 使用显示面板或空气采样探测系统管理软件检查每一根管路的气流比数值，并记录下来；

② 比较此数值与验收时的记录，看是否有较大出入，如果有较大出入则：检查采样管是否有明显的断裂或堵塞；检查每根采样管的接合处以确保每部分都能维持牢固；检查每根采样管的末端管塞是否牢固；若有采样软管，检查其连接处是否牢固。

（3）管末端测试。

在管末端导入少量烟雾，记录反应时间，看是否在 120s 内反应，若系统没有反应则采样管路可能断裂或阻塞。

（4）采样管路检查

① 每 6 个月应检查空气采样管路及其接合以确保其未受损伤并免于灰尘污染；

② 目视检查每根采样管是否有明显的断裂；

③ 检查每根管的接合处以确保每部分都能保持牢固；

④ 检查末端帽以确保其牢固；

⑤ 若有毛细采样软管，则检查其连接处是否松脱。

（5）检查空气采样管的气流量

通过显示面板来查看特定管路目前的气流量，此数据可作为空气采样管路是否正常的辅助参考。建议在系统安装后，记录目前气流量之值，并且每 12 个月再检查一次，若是气流量有显著减少，则可能是空气采样孔阻塞所造成的。

（6）清洁采样孔

每两年应清洁每个空气采样孔以清除累积的灰尘。以适当工具插入采样孔并除去累积的灰尘。若有采样软管时，从采样管取下软管，并以自黏胶带将采样孔贴上。此时可能需以压缩空气吹过采样软管以清除累积的灰尘。当使用风管内采样时，条件允许的情况下，应取出风管内的采样管进行清洁工作。

（7）用空气清洗采样管

可每两年清洁一次，此步骤的目的在清除空气采样管内之灰尘并且应与清洁采样孔同时实施。

① 确认所有的采样管路均从侦测器移开；

② 以具渗透性的纸或布袋紧固在每根管的尾端以收集被清出之灰尘；

③ 清洁并封住空气采样孔；

④ 取下每个终端盖；

⑤ 插入一段连接至压缩空气来源（如反向运转真空吸尘器）的弹性管到空气取样管的开口端；

⑥ 释放压缩空气 2min，以清出管内累积的灰尘；

⑦ 移开管子并盖上终端盖；

⑧ 移开灰尘收集袋，并小心不要散落灰尘；

⑨ 打开已封住的所有采样孔，若需要的话，重新接好采样软管；

⑩ 记录所有的测试、维护，并报告任何错误或其他显示的信息。

（8）管路气密性烟雾测试

建议每 12 个月检查空气采样探测器管路的气密性，此结果应与系统初建立时相符。大多数的法规及标准要求空气采样式探测主机的实际测试以符合最低的性能规范，烟雾测试是检查管路气密性的一种方法。

6.3　消防灭火系统施工技术

6.3.1　喷淋灭火系统

在洁净生产区、上下技术夹层的顶棚均设置自动喷水灭火喷淋头，且根据美国消防协会（National Fire Protection Association，NFPA）规范要求，均采用快速响应喷头。

一般采用湿式自动喷水灭火系统，但考虑洁净区内的设备较贵重，通常建议采用预作用灭火系统（图 6-9~图 6-13）。

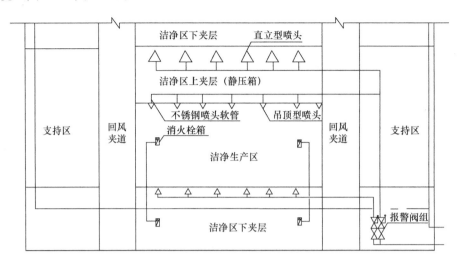

图 6-9　某电子洁净厂房消防灭火系统布置示意图

图 6-10　某洁净厂房下技术夹层喷淋系统

图 6-11　某洁净厂房上技术夹层喷淋支管

图 6-12　某洁净厂房上技术夹层喷淋主管

图 6-13　某洁净厂房风管下喷淋系统

6.3.2　高压细水雾灭火系统

1. 系统原理

洁净厂房，作为建筑中的一个特殊场所，它和其他被保护场所的最大区别就是要求在火灾中贵重仪器、设备以及产品的损失达到最小值，其中包括水渍损失。因此，选择何种自动灭火设施是洁净厂房在消防设计上所面临的一个问题。传统的自动喷水灭火系统无论是开式系统还是闭式系统，都无法达到洁净厂房无尘无菌的要求，也无法避免水渍的二次污染。在这种情况下，高压细水雾作为一种新型的灭火技术则更具有优越性。

高压细水雾灭火系统又称超细水雾灭火系统、高压水喷雾自动消防系统、细水雾灭火系统等，它是由高压水通过特殊喷嘴产生的细水雾来灭火的自动消防给水系统。

细水雾是指在最小设计工作压力下，距喷嘴 1m 处的平面上，测得水雾最粗部分的水微粒直径 Dv0.99 不大于 $1000\mu m$。Dv0.99 是水微粒直径，它是指微粒子直径从 0～0.99 微粒直径的累计体积与相应的总累计体积之比。它将细水雾分为 3 级，第 1 级细水雾为最细的水雾。NFPA750 中的细水雾，既包含了 NFPA15 中定义的一部分水喷雾系统，又包含了在高压状态下的自动喷水灭火系统所产生的水雾。

按系统工作压力，细水雾分为三类：系统工作压力大于 3.45MPa 的，为高压细水雾；系统工作压力大于等于 1.21MPa 且小于等于 3.45MPa 的，为中压细水雾；系统工作压力小于 1.21MPa 的，为低压细水雾。

高压细水雾的灭火机理主要是冷却效应、窒息效应、隔离净化效应。

冷却效应：高压水经雾化，大大增加了作用面积和热交换面积，具有良好的吸热效果，可快速冷却火焰表面和降低火场温度。同时，具有高速动能的细水雾能够穿透火焰，从而能够大大提高灭火效率。

窒息效应：雾化水吸热汽化，体积增加到 1640 倍。它稀释了火源附近空气中的氧气，限制了火源向外的传输，同时在燃烧物及火焰周围形成一道屏障，阻挡新鲜空气的吸入。当燃烧物周围的氧气浓度降到一定水平时，火焰将被窒息、熄灭。

隔离净化效应：在火场中，细水雾遇高温形成的汽化水将整个火源包围，隔离辐射热向外扩散，对火焰的辐射热具有极佳的阻隔能力，能够有效地抑制火场高温向周围辐射。同时，细水雾蒸发膨胀后充满整个火场空间，燃烧的灰粒、煤烟颗粒与细水滴粘合而得到洗刷，从而有效消除烟雾中的腐蚀性物质。

高压细水雾与传统自动喷水灭火系统相比较而言，主要有以下特点及优势：

第一，具有一定的穿透性，灭火效率高。高压细水雾的雾滴较传统的喷洒水滴直径小得多，因此具有一定的穿透性，很大程度上防止了火灾的复燃。也正因为高压细水雾颗粒微小，增加了与烟气粒子的接触面积，这就大大减少了火灾情况下烟气的产生。同时，由于冷却、窒息、净化等作用，可以迅速扑灭火灾。

第二，用水量较少、没有水渍的二次污染。高压细水雾系统具有气体特性，可以解决全淹没和遮挡的问题。同时，扑灭火灾的用水量与传统的喷淋相比，它仅需传统自动喷水灭火系统喷水量的10%或更少。

第三，工程造价低，安装、维护简便。相对气体灭火系统，高压细水雾系统管道尺寸小，节省空间，节省资源，且不会对环境及保护对象造成危害，避免了灭火剂与燃烧物发生链式反应而产生对人有害的气体，更加符合环保的要求。另外，它可局部应用，保护独立的设备或设备的某一部分，又可作为全淹没系统，保护整个空间。尤其可用于水源匮乏的地区及部分禁止用水的场所。同时，相对于传统的自动喷水灭火系统而言，高压细水喷雾系统重量轻，安装费用也相应降低。更适用于洁净厂房的消防。

2. 系统组成

高压细水雾系统由高压细水雾泵组、细水雾喷头、过滤器、区域控制阀组、不锈钢管道等组成。

高压细水雾灭火系统的管网系统必须采用具有抗锈蚀能力的不锈钢管，因为一旦出现锈蚀，管路上的锈蚀淤积物就会堵塞喷头，导致系统失效。管网系统的清洁程度对于高压细水雾灭火系统来说是至关重要的，因此管道安装好后必须严格进行冲洗、试压、吹扫。

3. 系统操作

高压细水雾系统具有自动启动、电动启动（远程或就地）、机械应急启动三种启动式。

1）系统自动启动

当保护区发生火灾时，火灾探测器探测到火灾，发出信号至火灾报警控制器。火灾报警控制器根据火灾探测器的地址确认发生火灾的区域，然后发出联动启动灭火系统的控制信号，打开相应的区域阀。区域阀打开后管道压力下降，稳压泵自动启动运行超过10s后因为压力仍达不到1.2MPa，高压主泵自动启动，系统管道水迅速达到工作压力，并通过高压细水雾喷头喷射而出，产生细水雾扑灭火灾。

2）手动电气启动

远程启动：当人发现火灾发生时，在火灾探测器尚未动作的情况下，可以通过远程消防控制中心启动相应区域的电动阀（或电磁阀）按钮，达到启动区域阀的目的，水泵能自动启动进行供水灭火。

就地启动：在人发现火灾时，也可就地打开区域阀箱，按下区域阀控制按钮打开区域阀进行灭火。

3）机械应急启动

在火灾报警系统失灵的情况下可手动操作区域阀上的手柄打开区域阀进行灭火。

4）系统恢复

灭火后，通过按下泵控制箱面板上的急停按钮来停止主泵，再关闭区域阀箱的区域阀。

停泵后排空主管道的压力水。

　　关闭泵组处的主阀，把泵组控制柜的主泵启动触点断开，按下泵控制柜面板上的复位按钮，使系统处于准备状态，水箱自动开始补水，补水完成后用稳压泵对主管进行充水，直至达到正常的系统准备工作压力（1.0～1.2MPa），在对主管网补水的同时，要注意在主管道的末端进行排气。补水完成后，按系统的调试程序对系统进行调试及检查，使系统各部件处于工作状态。

4. 主要施工工艺及方法

　　高压细水雾系统主要分为设备安装、管道安装。设备中包含高压泵组、高压区域阀组及阀箱、细水雾喷头等设备的安装、调试。管道含管道及管道附件的安装、管路系统的水压强度试验、气压密性试验及吹扫。施工工艺流程如图 6-14 所示。

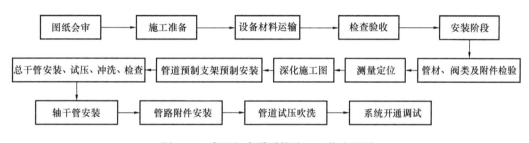

图 6-14　高压细水雾系统施工工艺流程图

　　1）高压区域阀组及阀箱安装

　　（1）区域控制阀应安装在操作面一侧，安装高度不应超过 1.7m，不应低于 1.2m。

　　（2）区域控制阀上应设置标明防护区名称和编号的永久性标志牌。

　　（3）阀箱安装应牢靠稳定。

　　（4）阀箱安装的位置及接管的连接应符合设计及生产厂家的要求。

　　（5）阀门检验。复查阀门的材质、规格、型号及公称压力等技术参数是否符合设计文件的规定；并对阀门外表面进行检查，不得有裂纹、砂眼、划痕等缺陷，其零部件应齐全完好，填料压盖螺栓应留有压缩裕量。到货阀门应从每批（同制造厂、同规格、同型号）中抽查 10％且不得少于 1 个，进行壳体压力和密封试验，对于主管起切断作用的阀门应逐个进行试验。

　　2）细水雾喷头安装

　　（1）喷头安装时应核对其型号、规格和喷向，并应符合设计要求。

　　（2）管道安装时宜采用专用弯头、三通，并应符合设计要求。

　　（3）喷头安装时，不得对喷头进行拆装、改动，并禁止给喷头附加任何装饰性涂层。

　　（4）喷头安装应使用专用扳手，禁止利用喷头的框架施拧。

　　（5）喷头安装时，与吊顶、门窗、洞口或墙面的距离应符合设计要求。

　　（6）喷头安装前系统的管道应严格冲洗和吹扫，避免管道堵塞。

（7）喷头的外露水道应清晰、完整、未堵塞。

3）管道及管道附件的安装

（1）管道安装的一般规定

① 开工前先组织业主、监理、施工技术人员和焊接班长到类似工程现场参观考察后，对先试焊的一组甚至几组管道焊接完成进行工艺评定。

② 施工前结合各系统施工图进行综合图纸会审，以确保管道与土建结构不相矛盾、不交叉，间距合理、排布美观。

③ 管道穿过墙壁和楼板，应安装钢制套管，穿墙套管长度应和墙厚相等，穿过楼板套管长度应高出地面50mm。管道与套管间的空隙采用柔性不燃材料填塞密实。穿过诱导缝时应采取防止管道破裂措施。

④ 管道安装前，必须清除污垢和杂物，安装中断或完毕的敞口处，应临时封闭，防止杂物进入管道和设备。

⑤ 要合理安排施工程序，一般先装大口径管道，后装小口径管道，先装支、吊架，后装管道系统。

⑥ 管子及管件请避免粗暴操作，以免造成瑕疵和凹陷。

⑦ 管材存放：管子要避开太阳直射。

⑧ 管子、管件在装卸、搬运时应小心轻放，不得抛、摔、滚、拖，避免油污，尤其是管端及管件密封圈部位，应确认是否存在异物，若有异物，会造成安装不良。

⑨ 配管弯曲不正时，请在直管部位修正，不可在管件部位矫正，否则连接处可能松弛，这也是造成泄露的原因。

⑩ 螺纹连接处若有松弛现象，可用扳手拧紧。

（2）管道支吊架制作安装

① 确定标高。按照设计图纸并参照土建基准线找出管线标高。

② 标高确定后，按照管线系统所在的空间位置，确定管道支吊架形式。

③ 型钢的切断。型钢的切断使用砂轮切割机切割，使用台钻钻。支架的焊缝必须饱满，保证具有足够的承载能力。

④ 支吊架安装前，应进行外观检查，外形尺寸及形式必须符合设计要求，不得有漏焊或焊接裂纹等缺陷。

⑤ 支吊架位置正确，安装平整牢固，管子与支架接触良好，一般不得有间隙。管道末端采用固定支架，支架与喷头间的管道长度不应大于250mm。

（3）不锈钢管连接

① 焊工资格。参加焊接的焊工必须按安全监督管理局之相关规定进行培训考试，取得相应资格的有效证书，焊工应在合格的焊接项目进行管道的焊接。

② 焊接条件。环境：风速小于2m/s，焊接电弧在1m范围的相对湿度小于90%、环境温度大于0℃，当环境条件不符合上述要求时，必须采取挡风等有效措施。氩弧焊所用氩气

纯度不低于 99%（氧含量不大于 25×10^{-6}，水含量不大于 25×10^{-6}）；焊接设备采用逆变焊机和可控硅整流焊机，设备所使用的计量仪表应处于正常工作状况，并定期校验。

③ 焊接材料。选择焊接材料时，应保证焊接接头的耐腐蚀性能不低于母材的耐腐蚀性能，焊缝中的合金元素含量也不应低于母材中合金元素的含量。

④ 焊接前准备。技术交底：焊接前由焊接检验员会同焊接技术人员和焊工，检查焊接技术交底的落实情况，确认符合工艺要求后可组装、施焊。下料：钢管下料应采用冷切割或机械加工式（诸如带锯、带金属刀片切割设备、割管机等），禁止采用等离子切割或其他可能造成钢管材质变化的切割式切割，切割后应清除管外毛刺和锐边。开坡口：钢管焊接前应开坡口，根据现场情况采用手工加工式，坡口应光滑平整无毛刺，其坡口做成 30°全坡口。

⑤ 焊接法。高压细水雾不锈钢管道的焊接，必须采用氩弧焊的焊接工艺进行焊接。焊接时在焊缝背面采用气体保护，焊接时背面充氩保护，采用铝箔纸封堵成气室，焊缝背面保护气体一般采用氩气（氧含量不大于 25×10^{-6}，水含量不大于 25×10^{-6}，纯度大于 99.99%）或者惰性气体（90% 的氮气和 10% 氢气），并应持续供应至焊缝温度低于 250℃ 为止。如果焊缝背面不能采用气体保护，则需进行一些焊后处理。

⑥ 为保证质量要求，每个焊口焊工要做好标记，每个焊口位置要 100% 自检，并填写焊工自检记录。

⑦ 工艺要点：

焊接工艺规应严格按焊接工序作业指导书的规定执行，宜采用小电流、短电弧、小摆动、小线能量的焊接方法。禁止在被焊件表面引弧、试电流或随意焊接临时支撑物。打底的根层焊缝检查后，经自检合格可焊接次层，直至完成。断弧后应滞后关气，以免焊缝氧化。

若现场不具备焊缝背面气体保护的条件，焊丝可选用背面自保护不锈钢焊丝进行焊接。自保护焊丝适用于打底焊接，不适于第二道及以上的焊接，并且焊丝价格较贵，成本比较高。还可以采用免充氩焊接保护剂进行焊接。焊接前取适量保护剂与适量甲醇按照比例调匀，均匀涂抹在接头表面上（宽度为 5～10mm），涂抹后不能对涂层进行刮擦，否则会影响保护效果。

焊接时应注意接头和收弧的质量，收弧时应将熔池填满。焊接过程除工艺和检验要求分次焊接外，应按层间温度的控制要求进行，当层间温度过高时，应停止焊接。再焊时应仔细检查确认无裂纹后，可按照工艺要求继续焊接。焊口焊完后应进行清理，层间清理和表面清理采用不锈钢丝刷。

⑧ 操作注意事项。钢管焊接时，管应有防止穿膛风的措施。焊接完毕焊工应自检并标识，焊接施工应做到工完料尽，场地清。

⑨ 外观检验。焊工对所有焊缝的表面质量必须做 100% 的自检，并填写焊工自检记录表。焊缝外观的质量须符合下述要求：焊缝表面不允许有裂缝、气、未熔合、超规咬边等缺陷；焊缝的外形尺寸应符合设计要求，焊缝边缘应圆滑过渡至母材；焊缝不允许有重氧化或过烧（指焊缝的正面或反面发黑、起渣等）现象。

⑩ 焊接检验员根据技术规程或图纸规定的要求进行专检，及时填写焊接"焊缝质量检验评定表"。

⑪ 焊接质量由焊工自检、焊接检验员随机抽查。

⑫ 焊接过程中外观检查由检验员进行不定期地抽查，包括焊接工艺参数、外观成形情况、焊缝外观检查等，并做好记录。

⑬ 返修。当焊接接头有超标缺陷时必须进行返修；焊缝返修工艺应有经评定合格的焊接工艺评定。需返修挖补的焊缝，按返修工艺要求立即进行返修。对不合格的焊接接头，应查明原因，采取对策，并对缺陷进行消除，确认缺陷消除后可返修；同一部位的返修次数一般不得超过两次。

（4）管道安装

支架和吊架安装须按施工图要求进行。支架和吊架之间距离、形式和采用的材料应符合设计要求。管道与支吊架的安装应有良好的防震性能，安装时请在每个吊架与管位之间用3mm橡胶板隔开，并用U形螺栓紧固。支吊架安装后应按照相应规格和图纸要求做好防腐处理。

管道的安装应符合施工图的要求。管道施工应采用氩弧焊焊接连接。管道安装前，应清理干净、无杂物。管道连接时，不得用强力对口、加偏垫或加多层垫等方法来消除接口端面的空隙、偏斜、错口或不同心等缺陷。

管道穿过楼板和墙壁处应安装套管。穿楼板套管应高出地面50mm，穿墙套管长度应和墙厚相等，管道与套管间的空隙应采用柔性不燃材料填塞密实。需要法兰连接时，密封面应完整光洁，不得有毛刺和径向沟槽，非金属密封垫片应质地柔韧，无老化变质或分层现象。

排水管的支管与主管连接时，宜按介质流向稍有倾斜，末端试验放水装置外接管道应引入排水沟、地漏等排水设施。当阀门与管道以焊接方式连接时，阀门不得关闭，安装阀门前必须复核产品合格证和试验记录。

管路安装时不宜使用临时支、吊架，当使用临时支、吊架时，不得与正式支、吊架位置冲突，并应有明显标记，在管道安装完毕后应予拆除。

4）管路系统的水压强度试验、气压密性试验

管道安装完毕后，结合现场实际情况应逐步分区进行水压强度试验，每个分区试压一次，主干管试压一次。水压强度试验压力应为系统设计压力的1.5倍。管道进水应从低点处缓慢灌入，试验管段的高点及末端应设排气阀，使管段气体排放干净。系统试压前应对管道的位置、管道支架等复查且符合设计要求，按要求配备好试压器具和工具，对不能参与试压的设备、仪表、阀门应加以隔离或拆除，加设的临时盲板（堵塞）应作明显标志，并记录临时盲板（堵塞）的数量。

系统试压过程中，当出现泄漏时，应停止试压，释放压力消除泄漏后，重新试压。系统试压完成后，应及时拆除所有临时盲板（堵塞）及试验用的管道，打开排水将各部分的水放空。

试压用压力表应不少于两块，压力表应在校验期。管道进行强度压力试验时，应分级升压（10％、20％、30％、40％、50％、60％、70％、80％、90％），每一级应检查管端堵板、后背支撑、支墩、管身及接口，当无异常时，再继续升压，水压升至试验压力后，保压 10min，检查接口、管身无破损、无漏水为强度试验合格。

管道强度压力试验合格后按需求进行气密性压力试验，试验压力为系统设计工作压力，进行气密性试验时应以不大于 0.5MPa/s 的升压速率缓慢升至试验压力，关掉试验气源 3min 压力降不超过试验压力的 10％为合格。保压 10min，无压降为合格。

当进行压力试验及气密性实验时，置警戒区，挂设警戒标志，并设专人监护，安排专人现场不间断巡查，无关人员禁止进入试验区域。所有在试压区域的人员必须正确佩戴安全帽等个人安全防护用品，不得站在喷头堵板（堵头）正下方及 1m² 区域。试压机械等放在开阔地带且稳固好，远离盲板（堵头）正下区域。试压所用的电源线悬挂起来不得拖地。

5）管路系统吹扫

水压强度试验完成后，应进行吹扫，吹扫管道采用压缩空气。

管道压力试验完成后，应用压缩空气对管道系统进行吹扫，以清除管道的焊渣、铁锈、氧化物等杂质。吹扫的气源采用空气压缩机。隔离或拆除不能进行吹扫的设备、仪表等，并打开吹扫系统的末端管口，拆换并网段阀门前的管段。对排放口的管道安装临时支撑进行固定，并应安装临时管道把排出的气体引到室外安全区域。

空气吹扫的顺序应按主管、支管依次进行。吹扫前，应先排出管积水。空气流速不应低于 30m/s，吹扫空气压力应为设计压力的 75％。各排气口吹扫时间不小于 15~20min，一般吹扫次数为 2 次。吹扫过程中采用白布检查，直至无铁锈、灰尘、水渍及其他脏物为合格。

6）系统开通调试

为了确保业主所提出的工程节点要求，顺利按时完成各系统开通调试工作，项目部需积极配合设备供货商做好各设备单机调试工作。在确保安装工作量全面完成的同时，按供货商要求做好各系统负荷调试各项辅助准备工作，确保各系统负荷调试工作顺利进行。

（1）调试前的准备工作

调试人员的准备。参与系统调试的人员必须具有丰富的调试经验，对各系统的工艺流程、控制原理非常熟悉，有较强的解决调试过程中出现问题和排除故障的能力，并由主管施工员带队负责。

现场准备。在系统调试前应对施工管道进行完整性检查，现场的环境也要保持清洁。

资料准备。调试资料包括整套的系统图、控制原理图、相关的平面图和应由生产厂家提供的调试数据。

调试用仪器、仪表、设备的准备。

制定调试进度计划：由项目经理召集各专业人员，排出一个综合的调试计划，在各专业协同调试时，组织一个综合小组，并指定一名组长负责某一综合项目的调试工作。

系统调试方案编写。各专业施工技术人员必须熟悉设计要求、工艺流程、压力和输送介质、温度等技术参数。根据各系统的负荷调试施工顺序、进度和施工方法，编制出相应完善的调试方案来指导调试全过程。

在调试前确定系统管路完善，设备机房压力排水系统处于正常工作状态。

（2）系统调试方案

① 管网调试。

当分区管道安装完毕，可进行系统水压试压与气密性试验。验收合格后，在投入使用前还应按照要求进行管路空气吹扫，合格后可投入使用。在各系统安装完毕、试压清洗与系统开通交验后，为了确保给水系统的设计要求与功能的完善体现，使系统能投入正常运行，还应做好各系统负荷运行的调试工作。对管道系统的阀门、附件、自控元件、泵类设备进行检查（调试），并配合做好水系统的联动调试工作，使水系统处于正常运转状态，符合设计与负荷调试验收要求。

② 高压细水雾泵

高压细水雾泵运转应具备的条件：施工现场清扫整理完毕，现场照明、消防设施齐全；异地控制的电机试运转应配备通信工具。

泵控制箱的检查。控制箱柜确认电压正常，信号灯指示准确。细水雾水泵的启动，以自动或手动式启动消防水泵时，泵应在 5min 投入正常运转，以备用电源切换后，泵应在 90s 投入正常运行。

排水装置要求。开排水装置的主排水阀，按系统最大设计喷水量排水。整个排水过程中，从系统放出的水，应全部从室内排水系统排走，不得造成任何水害。联动试验要求用专用测试仪表或其他方式，对火灾自动报警系统的各种探测器输入模拟信号，火灾自动报警控制器应发出报警信号，并启动系统。

（3）联动调试

① 系统调试原理。

系统设置自动、手动和机械应急三种控制方式，火灾报警控制系统具有手动/自动控制转换功能。探测器报警信号通过输入模块接入 FAS 系统火灾报警主机，由火灾报警联动控制系统发出联动控制命令，达到监控高压细水雾灭火系统的目的。其中火灾报警系统（Fire Alarm System，FAS）的火灾报警控制器实现对现场火灾信号的采集，实现对区域控制阀、细水雾水泵、消防警铃、声光报警器、释放指示灯等设备的联动控制。以实现启动高压细水雾灭火系统有效灭火的功能。

② 调试要求。

手动控制调试。探测器的终端盒有自检按钮，用于模拟火灾试验。按下接线盒的自检按钮，火灾报警控制系统收到火灾探测器的报警信号后，启动报警设备。操作人员确认火灾，打开现场区域控制箱的紧急启动按钮来启动系统。启动高压细水雾泵组，喷出细水雾。同样利用探测器进行模拟火灾试验。火灾报警控制系统收到火灾探测器的报警信号后，启动报警设备。操作人员确认火灾，在控制中心直接打开对应的区域控制阀来启动系统。启动高压细水雾泵组，喷出细水雾。

自动控制调试。模拟火灾，FAS 系统火灾报警控制器接受火灾报警后，发出联动控制信号，启动对应区域的消防警铃，打开区域控制阀组，自动启动高压细水雾泵组，喷出细水雾。模拟火灾，启动压力开关，压力开关信号反馈至 FAS 系统火灾报警控制器，发出联动控制信号，启动对应保护区的释放指示灯，启动高压细水雾泵组，喷出细水雾。

6.3.3 消火栓灭火系统

在洁净生产区及下技术夹层按规范设置室内消火栓系统。洁净厂房的室内外消火栓系统的设计与一般厂房的消火栓系统的设计基本一致，主要采用水池＋加压泵＋屋顶水箱的临时高压系统。但系统有以下特点：

1）有些洁净厂房屋面为钢结构厂房，无法设置屋顶水箱，因此采用稳高压系统替代屋顶水箱系统。

2）洁净厂房设有上下技术夹层，上层为可通行的吊顶，下夹层为设备层，设计中上下技术夹层必须设置消火栓及灭火器，以保证检修人员的安全。

3）洁净厂房消火栓的设置应考虑室内洁净度的要求，除了保证满足建筑内任何一点均有两股水柱同时到达的要求，还应使消火栓外箱符合洁净厂房的要求，如采用不锈钢外箱。

6.3.4 消防灭火系统管路施工技术

1. 管路的设置要求

1）洁净区内，配线管等以暗装为原则，在必须明装的情况下，只能在垂直部分明装。

2）为保证洁净生产区的洁净度要求，喷淋系统主立管设置于洁净区外，横干管及横向支管均设置在上、下技术夹层内，洁净生产区内只引入垂直管路供手动报警、消火栓按钮及声光报警器使用。

3）洁净生产区顶部喷头采用专用不锈钢金属软管与设置在上技术夹层内的喷淋横向支管连接。不锈钢金属软管穿吊顶板处需密封处理。

4）消火栓环管均设置在上、下技术夹层内，仅有竖向支管引入洁净生产区（图 6-15）。

5）贯通于洁净生产区的管路在穿墙、穿地面和穿顶棚时必须采取密封措施。

6）明装线管、配件等，外表楞角要少且光滑，以便于清扫。

2. 设备材料的特殊要求

1）进入洁净区（包括上、下技术夹层）

图 6-15 上技术夹层消防管道

的线管宜采用热镀锌钢管。

2）进入洁净区（包括上、下技术夹层）的消防水管应采用不锈钢管或热镀锌钢管，镀锌钢管需刷环氧树脂漆。

3）洁净区内（包括上、下技术夹层）的管道连接件要求采用不锈钢管件或镀锌沟槽管件及镀锌丝接管件。

4）洁净区内（包括上、下技术夹层）的管道设备支吊架，要求采用镀锌支吊架。

3. 管道布置

管道的布置除应考虑设备的操作与检修这——般管道的基本要求外，更应充分考虑易于设备的清洗。

凹槽、缝隙、不光滑平整都是微生物滋生、侵入的潜在危险。因此，在管线深化设计时，尽量减少管道的连接点，因为，每一个连接点都存在因泄漏而导致微生物侵入的潜在风险。

同样，不光滑平整的焊接是需要杜绝的，因此，设计时应尽量减少焊接点，最大限度地减少不光滑平整的机会。对于小口径管线，可以通过采用弯管的方式来替代弯头的焊接，弯管的弯曲半径至少应为 3 倍的 DN，弯管处不得出现弯扁或褶皱现象。若管线的设计不可避免地存在袋形的话，应设计成高点放空、低点排净。

死区的存在也是产生微生物污染的另一个原因，因此，管线的设计应尽量避免死角，尤其是在需要蒸汽进行杀菌消毒的管线上更应注意。若死角无法避免，也应让死角朝上或至少水平，这样可以防止积液。对于较长管线，应设计成能够自排积液型，由此可将管线设计成 3° 的坡度。

在法兰形式上，最好选用高颈焊接法兰，高颈焊接法兰焊接后其内径可达到与管子内径一致。这样，就有效地避免凹槽的产生而导致的生菌（图 6-16、图 6-17）。

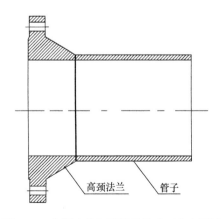
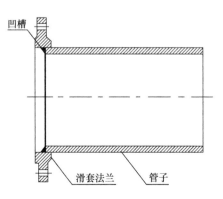

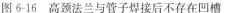

图 6-16　高颈法兰与管子焊接后不存在凹槽　　图 6-17　滑套法兰与管子焊接后存在凹槽

关于异径管，水平管线上的异径管应采用低平型的偏心异径管，顶平形的偏心异径管只有在泵入口处才允许采用。当异径管装于垂直管线上时，应采用同心异径管。如图 6-18 所示。

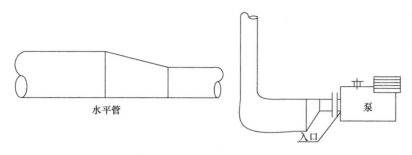

水平管　　　入口　　　泵

图 6-18　不同偏心异径管的选用

4. 管道施工

管架的预制及安装也应尽可能地考虑避免积尘或积液，最好选用圆角型的 SS304 不锈钢型材，其表面的粗糙度达到便于手工清洁即可。避免使用存在尖角、尖锐边缘及裂缝的型材作管架。

当管道在洁净区与非洁净区之间穿越时，在管子外壁和土建之间会产生空隙，为确保洁净区的洁净度，需要对空隙采取有效的密封措施，通常采用在管子与土建开孔之间加装不锈钢 SS 环片的方式来解决。

对于安装在吊顶内（即非洁净区）的保温/保冷管线，自然要进行常规的保温/保冷，在此有必要提醒的是：应关注某些可能出现结露的管线，这些管线也必须保温，因为，这些管线的保温要求往往是工艺专业经常疏忽的。

1）施工工序。根据洁净厂房的洁净度要求，洁净厂房的管道施工比普通消防工程增加了清洗、包装、预试压、气压等多道工序（图 6-19）。

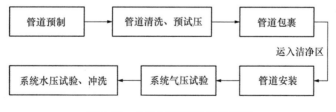

图 6-19　洁净厂房管道施工工序

2）为满足洁净度要求，洁净区丝接管道连接密封采用专用液体生料带（主要成分厌氧胶）代替传统的铅油、麻。要求液体生料带需涂抹均匀，组装后抽取部分支管段进行试压，做到事前控制、发现问题及时整改。

3）管线穿墙、穿楼板、穿吊顶处的洞口周围应修补平齐，确保严密、确保清洁，并用不产尘的密封材料封闭。

4）洁净区内的消防水管道宜刷环氧树脂漆防护。

5）洁净区内的线管应刷不产尘、附着力好的防火涂料进行防火保护。

6）管道穿过洁净室墙壁、楼板和顶棚时应设套管，管道和套管之间应采取可靠的密封措施。无法设置套管的部位也应采取有效的密封措施。

5. 管道支架施工

1）洁净区支架、吊架、连接件要求全部采用热镀锌产品，吊杆采用镀锌通丝杆。支、吊架方式全部为装配式支、吊架，不允许焊接，如有焊接则须进行二次镀锌处理后方可入场。

2）屋顶一般为钢结构，喷淋主管抱卡直接安装在主钢梁工字钢上，此部分工作可借用洁净包商脚手架，在洁净包安装主、次方钢时同时安装就位。喷淋支管的吊架采用抱卡方式与支撑主、次方钢连接固定，再下连吊杆、管卡支撑管道，可在洁净包安装龙骨吊杆时，共用其脚手架将此部分支管吊架大部分安装到位，局部自行搭设移动架子车安装。

3）在洁净厂房装设支吊架时应提前做好构件预埋，尽量避免打孔装膨胀螺栓的方式。少数地方必须打孔的，应做好防尘、清扫工作。并且，要对所开的孔眼用厌氧胶做好封堵工作。

6.4 实施效果及总结

洁净厂房施工除了洁净度要求高外，往往还具有高大空间、工作量大、工期紧等难度因素，对施工效率和准确性要求高，特别强调一次施工到位，尽量避免返工。工程返工可能给后序施工带来巨大麻烦并产生巨大经济损失，所以施工前的准备工作非常重要。

洁净厂房是有特殊要求的厂房，洁净厂房消防设计应充分考虑此类厂房的特点，慎重选择自动消防设施，尽量在选择自动消防设施时，做到扬长避短、物尽其用。在严格遵守规范的同时，应考虑其性能化设计，以利于解决洁净厂房的消防问题。

科学技术在不断进步，电子洁净厂房防火系统的施工技术也需要不断研究和改进。因此，在工作中，要将新型防火系统与灭火系统相结合，将其融入电子洁净厂房中，并有效应用自动感知报警系统。这样才可以使电子洁净厂房的整个防火系统更加完善，进而保护操作人员的生命安全和企业的财产安全。

第7章 废水工程施工技术

7.1 技术背景及特点

7.1.1 技术背景

废水处理站为厂区工艺废水净化、处理和处置污泥的场所。

例如，OLED（Organic Light-Emitting Diode）芯片制造主要工艺有：清洗→蒸镀→光刻→蚀刻→性能中测→补底→切割→检验等步骤。其中，清洗工艺消耗超纯水，并添加化学试剂和有机溶剂等，进入废水的有尘埃颗粒、有机溶剂、金属离子、无机酸等；蚀刻工艺进入废水的有蚀刻液、无机酸等。因此，OLED 芯片产业项目产生的废水主要有：酸碱废水、含氟废水、含磷废水、有机废水等。另外，超纯水制备站废水主要有：多介质过滤器反洗排水、混床再生废水、RO（Reverses Osmosis）浓缩水，以及用于废气洗涤后的排水（氢氟酸废气洗涤产生少量含氟废水、挥发性有机溶剂洗涤产生少量有机废水）。

电子洁净厂房应结合废水种类选择合适的废水处理工艺进行处理，出水排至市政污水厂收纳。废水系统应该能够全年 24h 不间断处理，并排放 100% 符合排放标准的废水。

废水废液收集及提升系统一般布置于主厂房，收集罐布置于支持区，废水系统设备布置于废水站。

7.1.2 技术特点

1. 废水站土建工程

废水站建筑物及处理池土建建造一般属于土建承包商施工范围，废水处理所需的各种土建配合条件（包含但不限于开口、套管等）由废水承包商完成设计及确认，经业主及项目设计方审批认可后，交由土建承包商施工，废水承包商配合。土建承包商移交后，处理池的防腐内衬、打磨一般由废水承包商完成。废水站结构施工关键为水池结构渗漏、清水混凝土施工等，应做好施工前的方案策划、交底和实施工作。

废水处理站土建施工关键是水池及各楼层的移交。为了确保水池及各楼层的装饰装修尽早顺利移交，通过合理分区分段、有序组织资源及工序衔接，保证高效施工，实现快速移交。水池施工时可在水池顶板上预留材料清退口，实现快速清退。

2. 废水站系统工程

废水承包商应开展的工作有：废水收集及处理系统的设计、采购、制造、运输、安装、试运行、验收、保修及对业主的培训等要求。整个废水系统一般由一个系统供应商来供货、安装和试运行。承包商有责任在满足合同文件要求下，协调其他承包商、业主和工程师按照项目计划完成全部系统。废水处理系统装置设备包括各种废水收集、处理、提升系统，化学品供应系统，污泥处理系统，所有废水管道系统，远程控制系统，调试系统，现场监视系统，水量计量系统和其他辅助系统，废水、废液收集系统及废液委外系统等。

1) 废水处理系统原水水质

承包商应依据实际废水进水条件设计系统处理能力，设计时需考虑废水原水水质指标浓度提高10%。表7-1为某薄膜晶体管液晶显示器件项目废水处理系统原水水质表。

某薄膜晶体管液晶显示器件项目废水处理系统原水水质表 （mg/L）　　　表 7-1

项目	pH	COD	TP	氨氮	TN	过氧化氢	总铜	F-	SS	色度
S1-1 含氟废水	1～3	425	—	1	2			735	30	—
S1-2 铝蚀刻废水	3～5	500	1350	25	30				30	—
S1-3 铜蚀刻废水	1～3	350	—	15	70	1000	80	150	30	—
S2 stripper 废水	9～12	1500		150	200				30	
S3 有机回收水	6～9	101	0.5	9.4	62.7				19.2	
S4-1 染料废水	5～10	3600	2	3	20				200	9300
S4-2 TMAH 废水	10～13	500	—	61.5	61.5					—
S5-1 有机废水（回收）	6～9	954	1	1.4	9.6				14.3	
S5-2 有机废水（不回收）	5～9	395	1.88	40.3	149	22.49	0.54	4	23.8	
S6-1 中和废水	4～10	109.7	1.05	6.8	23.4		0.08	2.4	28.3	

2) 废水处理系统能力

废水站应具备相应电子厂房要求的处理能力，表7-2为某薄膜晶体管液晶显示器件项目废水处理系统处理能力表。

某薄膜晶体管液晶显示器件项目废水处理系统处理能力表　　　表 7-2

序号	处理系统种类	废水水量	废水处理设计值	
			水量（m³/d）	水量（m³/h）
1	S1-1 蚀刻废水处理系统	676	720	30
2	S1-2 蚀刻废水处理系统	1800	2400	100
3	S1-3 蚀刻废水处理系统	1690	2400	100
4	S2 stripper 废水处理系统	5113	7200	300
5	S3 有机回收系统	19373	19920	830
6	S4-1 废水处理系统	2409	2400	100
7	S4-2 废水处理系统	4808	5040	210

序号	处理系统种类	废水水量	废水处理设计值	
			水量（m³/d）	水量（m³/h）
8	S5-1 有机废水处理系统	7177	7200	300
9	S5-2 有机废水处理系统	10029	10800	450
10	S6-1 浓酸碱废水处理系统	12529	14400	600

含氟废水需单独排至含氟废水专用排口排放。

各处理系统均和池均需安装曝气搅拌装置，提升泵、污泥泵、鼓风机、RO 能力须符合处理水量，并采用 $N+1$ 设置。加药泵、搅拌机、MBR、仪表等设备须符合系统功能设置。

化学品供应系统按总处理水量计算各类化学品供应系统容量，并以此进行系统容量的设计，化学品储存槽按总需求量进行设置，化学品输送泵及卸料泵采用 $N+1$ 设置，管道、搅拌机、仪表须符合功能设置。

无机污泥及有机污泥系统能力须符合总水量废水处理污泥脱水需求，包含但不限于污泥浓缩槽、污泥泵、管道、脱水机、烘干机等达到功能要求所需之设备。铜制程污泥须独立处理，不可与其他污泥混合。无机污泥及有机污泥分开处理，无机污泥采用板框压滤机进行脱水，经脱水后的污泥含水率须小于 55%；脱水机须有自动清洗设备，并应预留污泥干燥设备安装空间及接口，以备无机污泥干燥设备安装使用。有机污泥采用叠螺式污泥脱水机进行脱水，经脱水后的污泥含水率须小于 85%；脱水后的污泥须再经干燥设备干燥处理，经处理后的污泥含水率须控制在 30% 以下。污泥脱水或干燥装置须有除尘设施。

3）废水处理系统出水水质

废水站污染物经处理后，排放浓度达到污水处理厂进水水质的相应要求，可纳入污水处理厂处理。表 7-3 为某薄膜晶体管液晶显示器件项目废水处理系统出水水质表。

某薄膜晶体管液晶显示器件项目废水处理系统出水水质表（mg/L） 表 7-3

项目	pH	COD	TP	氨氮	TN	过氧化氢	总铜	F-	SS	色度
S1-1 氟废水处理系统	6~9	—	—	—	—	—	—	15	50	—
S1-2 铝蚀刻废水处理系统	6~9	—	8	—	—	—	—	—	50	—
S1-3 铜蚀刻废水处理系统	6~9	—	—	—	—	5	0.5	15	50	—
S2 剥离废水处理系统	6~9	200	—	40	80	—	—	—	100	—
S3 有机废水回收系统（MBR 出水）	6~9	30	0.3	1	5	—	—	—	—	—
S3 有机废水回收系统（RO 出水）	6~9	5	0.1	0.3	1	—	—	—	—	—
S4-1 染料废水处理系统	6~9	—	—	—	—	—	—	—	50	300
S4-2 TMAH 树脂吸附系统	6~9	100	—	—	—	—	—	—	—	—
S5-1 有机废水处理系统（回收）	6~9	100	1.5	5	10	—	—	—	100	—
S5-2 有机废水处理系统（不回收）	6~9	100	0.5	5	20	—	—	—	100	—
S6-1 废水中和处理系统	6~9	—	—	—	—	—	—	—	—	—

4）废水废气排放标准

一般根据项目环评报告要求，项目废水可分为含氟废水和其他废水两大类。含氟废水经厂区含氟废水处理设施处理达标后通过专用排口排入专用管道进入污水处理厂含氟废水处理单元进行处理。其他废水分类收集进入污水处理站相应的废水处理系统，经处理达标后通过厂区综合废水排口排入市政污水管网进入污水处理厂其他废水处理单元进行处理。表 7-4 为某项目外排控制水质标准。

某项目外排控制水质标准　　　表 7-4

项目	排放指标	pH	COD	BOD5	SS	氨氮	总氮	总磷	氟化物	总铜
含氟废水	排放限值	6～9	≤500	≤300	≤400	≤45	≤70	≤8	≤20	≤2.0
其他废水	排放限值	6～9	≤500	≤300	≤400	≤45	≤70	≤8	≤1.5	≤2.0

注：以上排放限值为进入污水管网的排放限值，以瞬时值计量。

　　生产废气中氮氧化物、二氧化硫、氟化物、氯化氢、氯气和颗粒物污染物排放执行《大气污染物综合排放标准》GB 16297—1996 和无组织排放监控点标准限值；氨排放执行《恶臭污染物排放标准》GB 14554—1993；挥发性有机物排放参照执行《四川省固定污染源大气挥发性有机物排放标准》DB 51/2377—2017。具体参见表 7-5。

生产废气污染物排放标准　　　表 7-5

污染物	最高允许排放浓度（mg/m³）	最高允许排放速率（kg/h）		无组织排放监控浓度限值（mg/m³）	来源及标准
		排气筒高度（m）	标准值		
颗粒物（石英粉尘）	60	20	3.1	1.0	
		30	12		
		40	21		
氮氧化物（硝酸使用和其他）	240	30	4.4	0.12	
		40	7.5		
		50	12		
二氧化硫（硫、二氧化硫、硫酸和其他含硫化合物使用）	550	30	15	0.40	
		40	25		
		50	39		
氟化物（其他）	9.0	30	0.59	0.020	《大气污染物综合排放标准》GB 16297—1996
		40	1.0		
		50	1.5		
氯化氢	100	30	1.4	0.20	
		40	2.6		
		50	3.8		
氯气	65	25	0.52	0.40	
		30	0.87		
		40	2.9		
		50	5.0		

续表

污染物	最高允许排放浓度（mg/m³）	最高允许排放速率（kg/h）		无组织排放监控浓度限值（mg/m³）	来源及标准
		排气筒高度（m）	标准值		
氨	—	20	8.7	1.5	《恶臭污染物排放标准》 GB 14554—1993
		25	14		
		30	20		
		35	27		
		40	35		
		60	75		
VOCs	60	挥发性有机物（VOCs）排放速率<3.4kg/h，则其最低处理效率不低于90%，排气筒高度不低于15m			《四川省固定污染源大气挥发性有机物排放标准》 DB 51/2377—2017

废水处理站洗涤塔处理废水站内废水处理系统产生的酸碱废气、生化废气，纯水处理系统产生的酸碱废气、生化废气，化学品库产生的酸碱废气，特气站产生的酸碱废气。

污水处理系统主要为反应池密闭集气，废气经酸碱两级喷淋吸收处理后通过站房顶部排气筒排放，主要污染物氨能够达到《恶臭污染物排放标准》GB 14554—1993，氯化氢和氟化物能够达到《大气污染物综合排放标准》GB 16297—1996 要求，参见表 7-6。

污水处理站废气排放标准　　　　　　　　　　　　　　表 7-6

污染物	最高允许排放速率（kg/h）		无组织排放监控浓度限值（mg/m³）
	排气筒高度（m）	标准值	
氨	15	4.9	1.5
硫化氢	15	0.33	0.06
氯化氢	15	0.26	100
氟化物	15	0.1	9
DMS	—	—	排放口：70×10⁻⁹
DMSO	—	—	排放口：70×10⁻⁹

厂区总排放口设计应满足环保局相关要求，并完成环保局相关的总排口水污染源在线监测系统，以及安装、调试、验收及其与环保局的连线水污染源在线监测系统工程。

5）防腐要求

系统内所有与腐蚀性液体或固体接触的构筑物和设备均需设计 FRP 防腐（三布五涂厚度不小于 2.0mm）。作底涂层：在干净的构筑物和设备表面，均匀涂刷一层树脂作为 FRP 积层粘结过渡，凝固后施工下一步工序。修补层：对于表层的凹坑，用树脂腻子填，使其平滑，防止在做 FRP 积层时出现空洞气泡。作防腐蚀层：在底涂层上刷"树脂一层＋短切毡一层"＋涂刷"树脂一层＋短切毡一层"＋涂刷"树脂一层＋铺表面毡一层"，使纤维全部浸透。用压辊排出气泡扎实，固化后抛光。做面涂层：防腐蚀层固化后，抛光打磨，做面涂树脂层，第一次涂刷固化后，涂刷第二次树脂＋3％的空气硬化剂。然后进行清洁表面，达到使用条件。

防腐严格按照《建筑防腐蚀工程施工规范》GB 50212—2014 及其他相关国家规范、规定实施。

6）标识

所有设备和管道须采用业主规定的标识形式、颜色，业主认可的管道标识形式（表7-7）。

管道标识示例　　　　　　　　　　　　表 7-7

物质	基本识别颜色	颜色标准编号
水	艳绿	G03
水蒸气	大红	R03
空气	淡灰	B03
气体	中黄	Y07
酸和碱	紫	P02
可燃液体	棕	YR05
其他液体	黑色	
氧气	淡蓝	PB06

注：上述管道标签型式参照《工业管道的基本识别色、识别符号和安全标识》GB 7231—2003 的相关标准。

7.2 废水站结构及防腐施工技术

7.2.1 废水站水池施工技术

1. 水池剪力墙施工

废水站水池密集，功能复杂，大小不一，钢筋密集，加腋部位处理难度比较大，是施工质量控制的重点。采用18mm厚双面覆膜板，并用钢管代替木方以增加主次背楞强度，可确保墙体垂直度、顺直度和表面观感。

2. 水池退料通道设置及架料清理

为保证水池内架料后期顺利清退，穿过墙体的后浇带宽度可设置成 4m 宽，方便叉车和工人进出。小水池无法设置宽度较大的后浇带，直接在顶板预留出料口，垂直吊出。水池满足拆除内架条件后，立即单独组织班组插入。

3. 水池蓄水及移交

为检测混凝土结构的自防水性能，需在水池内 FRP 施工前进行蓄水试验，根据现场试验结果进行修补，以免使用过程中池水渗漏对建筑功能造成危害，影响结构安全（表 7-8）。蓄水前需完成后浇带浇筑、水池内壁清理打磨工作，与业主、管理公司、后续包商等单位共同讨论确认蓄水顺序和移交时间，并提前制定水池渗水修补方案（表 7-9）。

蓄水施工重点及难点　　　　　　　　　　　　　　　　　表 7-8

序号	蓄水重难点
1	施工现场水池多，蓄水泄水工作量大
2	水池侧壁套管多，部分套管管径较大，套管封堵难度大
3	因工期较紧，蓄水试验与水池外模板架料拆除需交叉进行，组织协调难度大

蓄水前需满足的条件　　　　　　　　　　　　　　　　　表 7-9

序号	蓄水前需满足条件
1	池体混凝土达到 100％设计强度
2	水池的防水层、防腐层施工以前
3	池内清理干净，修补池内外缺陷及穿墙止水螺杆孔完成，外观质量检查合格
4	池壁上预埋管管口由机电进行封堵，必须封堵密实、不漏水
5	闭水试验相关脚手架搭设完毕，并符合安全规定
6	闭水试验所需材料设备进场，人员到位
7	备 10 台大型风扇及风带，保证水池内部足够的通风

1）蓄水方法及控制要点

（1）蓄水

向水池内充水宜分三次进行：第一次充水为设计水深的 1/3；第二次充水为设计水深的 2/3；第三次充水至设计水深。对大、中型水池，可先充水至池壁底部的施工缝以上，检查底板的抗渗质量，当无明显渗漏时，再继续充水至第一次充水深度。

充水时的水位上升速度不宜超过 2m/d。相邻两次充水的间隔时间，不应小于 24h。

每次充水宜测读 24h 的水位下降值，计算渗水量，在充水过程中和充水以后，应对水池做外观检查。当发现渗水量过大时，应停止充水。待做出处理后方可继续充水。

（2）水位观测

充水时的水位可用水位标尺测定。充水至设计水深进行渗水量测定时，应采用水位测针测定水位。水位测针的读数精度应达 0.1mm。充水至设计水深后至开始进行渗水量测定的间隔时间，应不少于 24h。

测读水位的初读数与末读数之间的间隔时间，应为 24h。连续测定的时间可依实际情况而定，第一天测定的渗水量符合标准，应再测定一天；第一天测定的渗水量超过允许标准，而以后的渗水量逐渐减少，可继续延长观测。

（3）蒸发量的测定

由于温度的变化、风力的影响及空气的对流等因素使池内水量蒸发，水池面积越大，则由蒸发造成的水量损失越大，对于这一因素如果不加以考虑，则势必造成总渗水量数值偏大，导致错判。所以，在测定水池水位下降的同时，必须对蒸发量的大小进行定量地测定。

作业现场，可用薄钢板焊成直径为 50cm、高 30cm 的水箱，经检查无任何渗漏的条件下在其间充水约 20cm 置于水池旁边，在测读水池水位的同时测定水箱中的内的水位。

（4）渗水量计算

水池渗水量按以下公式计算：

$$q = \frac{A_1\left[(E_1 - E_2) - (e_1 - e_2)\right]}{A_2}$$

式中：q 为渗水量 $[L/(M \cdot d)]$；A_1 为水池水平面面积；A_2 为水池浸湿总面积；E_1 为水池中水位测读初读数；E_2 为测读 E_1 后 24h 水池中水位测读末读数；e_1 为测读 E_1 时，蒸发水箱中水位测针初读数；e_2 为测读 E_2 时，蒸发水箱中水位测针末读数。

当连续观测时，前次 E_2、e_2 即为下次 E_1 和 e_1 值，若遇下雨，当降雨量大于蒸发量时，e_1、e_2 为负值，则测试结果无效，必须待雨停重测。

（5）蓄水试验标准

在满水试验中应进行外观检查，不得有漏水现象。水池渗水量按池壁和池底的浸湿总面积计算，钢筋混凝土水池不得超过 $2L/(m^2 \cdot d)$。

试水合格后即可缓慢放水，池内至少要留 0.5m 深的水，以保持池体湿润状态。水池闭水试验应填写试验记录，格式应符合《给水排水构筑物工程施工及验收规范》GB 50141—2008 的规定。构筑物不得有漏水现象，渗水量不得超过 $2L/(m^2 \cdot d)$。

图 7-1 蓄水试验流程

2）施工流程及工艺

（1）蓄水试验流程，见图 7-1。

（2）蓄水试验工艺

① 水池清理及修补

水池内外缺陷要修补平整，对于预留孔洞、预埋管口及进出口等都要加以临时封堵，同时还必须严格检查充水及排水闸口，不得有渗漏现象发生，在完成上述工作后即可设置充水水位观测标尺，用以观察充水时水位所达到的深度，水位观测标尺可以用立于水池中部的塔尺，也可在池壁内侧弹线标注标高控制线。

水池内搭设上下临时爬梯，按水池蓄水要求使用红油漆在水池墙面划分蓄水高度线位。

② 水池蓄水过程

水池灌水水源可采用厂区临水经临时水泵加压供给，将水由指定部位灌入水池直至达到蓄水试验液面高度要求。为了考虑节水，后面的若干水池灌水则利用前面闭水试验完成水池之蓄水与临水管道补水配合灌水的方式将后续水池灌满。

③ 检查漏水情况

充水完成后需蓄水 24h，若 24h 内无明水渗漏现象，由总包通知业主、管理公司、监理等单位共同对水池自防水性能进行检查。根据防水规范对水池混凝土防水性能进行检查，需修补的地方做出标记，检查过程中应填写闭水试验检查记录并经各方共同签字确认。

④ 水池泄水

蓄水试验完成后，将水池水利用潜水泵抽至市政管道中。水池泄水完成后，水池干燥及清理干净后方可移交。

⑤ 注意事项

A. 所有注水、倒水过程必须严格按方案执行，尤其须注意，注水、倒水过程必须利用指定位置套管或人孔。

B. 每个水池均独立进行蓄水试验，不得在相邻两个水池同时进行。

C. 向水池内蓄水前需将水池套管进行可靠封堵，封堵完毕后方可蓄水。

D. 蓄水过程需安排专人 24h 全程看护，发现较大渗漏及时切断进水水源并第一时间进行修补。蓄水过程中需注意将水灌至试验液面高度即可。

E. 泄水时机可在闭水试验完成后根据移交计划自行安排。泄水过程需安排专人看护。

F. 利用潜水泵泄水后，水池底部会有少量存水无法泄净，此时需采用潜水泵配合人工的方式将水池内存水泄干净。

G. 移交前应将水池内的混凝土毛刺、钢筋头、浮浆、缝、沟槽等处理和清理干净。

（3）渗漏修补措施

水池堵漏在满水状态下进行，直至不漏水为止。对充水过程中渗漏较轻的部分进行标记，用高压注浆方式进行修补。修补完成后用高压水枪对修补部位进行高压水喷射试验，喷射时间 5～10min，喷射完成后观察墙体另一面是否渗漏，如渗漏则继续进行注浆修补，直至达到要求。高压注浆修补施工方法如下：

① 确定渗水点。根据现场勘察，对渗水部位进行标记。

② 清理渗水基面。将渗水点混凝土基面清理干净。

③ 钻孔。根据灌浆孔布置原则标记注浆孔位置，用电钻钻孔，钻孔深度视裂缝渗水程度但不得大于 2/3 混凝土墙厚度。

④ 洗孔。用高压清洗机向孔内灌注清水，清洗孔内灰尘及残渣。将洗孔时出现渗水的裂缝用防水砂浆进行封堵，防止注浆过程中材料沿缝流出。

⑤ 安装注浆接嘴。在转好的孔内安装注浆嘴，并用专用的六角扳手拧紧，使灌浆嘴周围与转孔之间无缝隙、不漏水。

⑥ 高压灌注油性聚氨酯。使用高压灌浆机向孔内灌注化学灌注浆料。立面灌浆顺序为由下而上；平面可以从一端开始，单孔逐一连续进行。当相邻孔开始出浆后，保持压力 3～5min，即可停止本孔灌浆，改注相邻灌浆孔。

⑦ 拆除灌浆嘴。灌浆完毕，确认补漏，等待聚氨酯完全反应后，即可去掉或者敲掉外露的灌浆嘴。清理干净已固化的溢出的灌浆液。

⑧ 槽孔修补。用防水砂浆进行灌浆口的修补、封口处理。

⑨ 表面恢复。清理表面浮灰，待防水砂浆强度达到标准以后进行手工打磨，保证处理完的混凝土表面平整。

充水过程中发生较严重渗漏时，应立即组织人员采用堵漏灵对渗漏点进行修补。堵漏灵堵漏施工方法如下：

① 找出漏水点或裂缝，凿成"V"形，清除泥浆、油污及碳化混凝土。

② 取适量产品粉料，搅拌成浆体。

③ 将浆体嵌入"V"形槽处，压实抹平。

④ 渗漏严重的坑、洞可直接用"堵漏灵"干粉投入渗水处压实，待止渗后修补平整。渗漏严重的缝隙，用引流法引出渗漏水，用"堵漏灵"浆体堵住缝隙，再堵孔引流。

7.2.2 清水混凝土施工技术

一般附属配套工程柱、梁、板混凝土表面是外露的，模板须达到清水混凝土外观要求。在实际实施过程中，为保证施工质量，将按照清水混凝土施工的管理、工艺要求进行工程清水混凝土施工。

1. 主要施工流程

柱清水混凝土施工程序如图 7-2 所示。

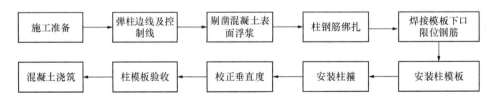

图 7-2 柱清水混凝土施工流程示意图

梁板清水混凝土施工程序如图 7-3 所示。

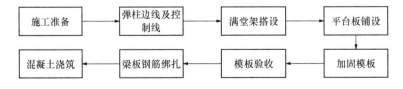

图 7-3 梁板清水混凝土施工流程示意图

2. 清水混凝土施工质量控制要点

参见表 7-10。

清水混凝土施工质量控制要点　　　　　　　　　　　　表 7-10

序号	控制要点	控制措施
1	模板选材	1. 普通钢面板虽然刚度好，但易生锈，表面易出现瑕疵，透气性和吸水性差，混凝土表面易产生气泡； 2. 竹胶板表面平整性差，而且难以加工、钉装，不易定尺成型； 3. 根据使用经验，18mm 防渗漏黑色平板模为最佳选择
2	柱模板加固	1. 将四片方柱模板依次对接，并用方柱辅助支架将模板逐一连接； 2. 将四片尾端依次穿过相邻卡箍头端折弯空间，同时要保证每一片卡箍头端折弯空间卡住另一片卡箍尾端，放置在辅助支架上； 3. 用锤子依次敲击各加固斜铁，确保加固每个单片紧固件受力的均匀，量出卡箍间距，按照以上次序进行下一道卡箍加固
3	模板精平	1. 放置顶托和架管，架管沿东西向摆放，从标高控制点引出交叉线调平，用水平尺和水准仪对架管验收； 2. 满堂架搭设后，利用精密水准仪从柱身将标高控制点引到满堂架双钢管和木枋上，再采用卷尺拉出架管的标高位置，然后调整顶托，放置架管，对架管和木枋进行调平； 3. 主次龙骨调整符合要求后，铺设模板，用精密水准仪检查平整度，控制在规范要求范围内； 4. 在木模板拼缝时要严格控制好接槎处的平整度，木模板铺设过程中采用拉十字交叉线和水准仪 "双控" 方法来保证木模板平整度，确保底模板平整度控制在规范要求范围内
4	气泡控制	1. 优化混凝土配合比，掺入水泥质量的 $0.5‰ \sim 1.5‰$ 的引气剂； 2. 采用二次振捣法减少表面气泡，第一次在混凝土浇筑时振捣，第二次待混凝土静置一段时间再振捣； 3. 控制清水混凝土表面气泡均匀、细小，气泡直径不大于 3mm，深度不大于 2mm，每平方米气泡面积小于 $3 \times 10^{-4} m^2$
5	清水混凝土颜色	1. 混凝土用材必须一致，凡是清水混凝土选用的材料，一经确定不得变更； 2. 搅拌站原料储存专罐专用，砂石料等大宗材料封闭储存，同时材料组织时，保证施工现场每两层的混凝土原材料属于同批次； 3. 混凝土配合比的一致性、稳定性； 4. 生产过程、施工过程严格进行质量控制
6	成品保护	1. 在混凝土终凝后应立即采取覆盖措施，每天均匀洒水养护，始终保持混凝土处于潮湿状态，直至养护期满； 2. 柱边加 3m 高橡胶护角，板面满铺土工布＋12mm 厚木模板

3. 施工工艺

1）柱模板工程

（1）柱模板设计，见表 7-11。

柱模板设计　　　　　　　　　　　　　　　　　　　表 7-11

序号	分类	选型
1	模板面板	18mm 防渗漏黑色平板模
2	次龙骨	50×100 木枋
3	主龙骨	可调节固定销

（2）柱模板施工工艺，见表 7-12。

柱模板施工工艺 表 7-12

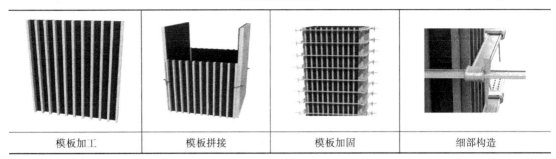

| 模板加工 | 模板拼接 | 模板加固 | 细部构造 |

2）梁板模板工程

（1）梁板模板设计，见表 7-13。

梁板模板设计 表 7-13

序号	分类	选型
1	模板面板	18mm 防渗漏黑色平模板
2	板底木枋	50×100 木枋
3	板底托梁	ϕ48 双钢管
4	模板支撑架	依据具体工程设计

（2）梁板模板施工工艺，见表 7-14。

梁板模板施工工艺 表 7-14

| 架体搭设 | 架设龙骨 | 铺设模板 |

4. 雨天清水混凝土浇筑注意事项

参见表 7-15。

雨天清水混凝土浇筑注意事项 表 7-15

序号	注意事项
1	适当减少混凝土拌和用水量和出机口混凝土的坍落度，必要时应适当缩小混凝土的水胶比
2	尽量加快浇筑速度并且要做到边浇筑边覆盖
3	振捣操作要到位，不要因为在雨中作业而漏振
4	做好新浇筑混凝土面尤其是接头部位的保护工作

续表

序号	注意事项
5	大面积浇筑时应落实排水措施（如排水孔、排水沟），并在需要的地方安装好水泵，以保证正在浇筑混凝土的区域没有积水
6	在开始浇筑混凝土之前，工长必须检查待浇筑混凝土的区域防雨准备工作，以保证（浇筑混凝土时）在下雨的情况下所需要的防雨措施（包括机具材料）是足够的
7	浇筑前下大、中雨时，应临时取消混凝土浇筑计划，待雨停后，立即开始浇筑。雨后浇筑前，应清除模板内积水方可浇筑
8	在浇筑混凝土过程中，遇到大、中雨时，采取分层浇筑，第一次浇筑至混凝面以下 40～50mm，待第一层浇筑完后，如果雨停了或下小雨，马上接着浇筑第二层混凝土至设计标高，如果继续下大、中雨，对第一层浇筑的混凝土面进行凿毛，保证施工缝的接槎，待雨停后浇筑第二层混凝土至设计标高，表面磨光收平

7.2.3　废水站防腐施工技术

系统内所有与腐蚀性物质（气体、液体及固体）接触的构筑物和设备均需设计 FRP 防腐，且防腐材料材质及施工工艺须经业主认可后方可采用。设备防腐可以选用 SUS 等防腐材料或在设备上涂防腐材料。

1. 混凝土基层要求及处理

1）混凝土基层，必须牢靠、密实、平整；基层的坡度应符合设计要求，不应有起砂、起壳、裂缝、蜂窝麻面等现象。平整度应用 2m 靠尺检查，允许空隙不大于 5mm。

2）混凝土基层的阴阳角应做成斜面或圆角，槽或地沟的外翻角要做导角。

3）基层表面必须洁净。防腐蚀施工前，应将基层表面的浮土、水泥渣及疏松部位清理干净。基层表面的处理方法，宜采用砂轮或钢丝刷等打磨表面，然后用干净的软毛刷、压缩空气或吸尘器清理干净。

4）基层必须干燥。在深为 20mm 的厚度层内，含水率不应大于 8%。当设计对湿度有特殊要求时，应按设计要求进行施工。

5）凡穿过了防腐层的管道、套管、预留孔、预埋件，均需预先埋置或留设。如工艺槽体需用的玻璃钢或硬塑料预埋件，在土建施工过程中，由防腐施工人员采用胶泥预先理设。

6）玻璃钢防腐蚀施工前，混凝土基层必须充分干燥。针对以上要求，施工人员应仔细检查。处理时应将基面进行打磨作业，突出物用磨石机或砂轮机砂磨，清扫并吸尘。

2. 底涂施工

按比例将主剂与硬化剂以电动搅拌器充分混合，在可使用时间内均匀涂布（起砂部分底涂用量以正常结构面的 2～3 倍计），使其形成一道紧密防返潮之接合层。

3. 防腐玻纤层

在贴衬玻璃纤维毡的部位先均匀涂刷一层和所衬玻璃布同宽的胶料，随即衬上一层玻璃布。玻璃布应密贴，赶走气泡，再涂上一层胶料，自然固化 24h。固化后检查其质量，如有毛刺、流淌和气泡等缺陷，应马上清除，刮腻子找平，再按以上步骤贴衬下一层（玻璃纤维毡层数一般为两层）。

每块玻璃布搭接宽度不应小于 50mm，搭接应顺物料流动的方向，各层接缝要错开，一般是二层错开 1/2。

4. 腻子修补

采用树脂腻子全面做一层批覆，重点填平小的凹凸不平处，使表面平整光洁，待干燥后砂磨，清扫吸尘并做面漆涂布的准备。

5. 面层贴布

按比例将主剂、硬化剂、空干剂等混合并充分搅拌均匀之后，依规格粘贴一层表面毡，充分压实整平后再充分干燥待使用。

6. 施工注意事项

1）FRP 内衬施工，玻璃纤维重叠部分应在 3～5cm。

2）下雨天或阴天，当相对湿度大于 90％时，避免施工以防树脂硬化不良。

3）必须使用经许可之硬化剂时，其添加量应在 1.0％～2.5％，绝不可低于 1％。

4）面涂配方宜用短胶化配方，建议 MEKPO（过氧化甲乙酮）量在 2％以上。

5）底漆胶化时间应控制在 15min 以内。

6）做后硬化处理时，避免急加温或急降温，以防 FRP 与底材因热胀冷缩不均而脱层。

7）乙烯基酯树脂为一潜在反应性树脂，有一定的保存期限，贮存场所务必阴凉、通风，不可置于高温、阳光曝晒场所，并远离火源。

8）通风设施：施工场所必须有充足的通风设备，使作业场所苯乙烯含量低于 50×10^{-6}（OSHA《职业安全与健康标准》），氧气浓度大于 19％。若作业场所苯乙烯含量在 $50 \times 10^{-6} \sim 100 \times 10^{-6}$ 间时，作业人员需每 15min 至室外呼吸新鲜空气，以防中毒，若超过 $100 \times 10^{-6} \sim 200 \times 10^{-6}$ 则需佩戴活性炭面罩（防毒面罩）。

9）苯乙烯比重大于空气，且其气爆点为 1.1％～6.1％，闪点为 30℃，故严格禁止作业场所有任何火花、吸烟情况，尤其避免槽底之火花。

10）作业场所必须有明显的"禁止烟火"等警告标语，作业场所严禁闲杂人员进出。

11）硬化剂 MEKPO 为高爆性化学品，绝不可置于日光直晒或高温场所。宜储存于阴凉通风处，储存场所亦需标识"严禁烟火""高爆物质"。若同时使用促进剂，促进剂需与

MEKPO分开存放，因两者相混会引起爆炸。

12）施工人员必须配置足够的防护器材，手套、口罩、护目镜及衣物，若不慎接触眼睛，必先以清水冲洗15min以上再就医。

7. 防腐内衬检测方案

1）检测方法

一般由客户任意选择区域，进行抽样检查。切片的大小一般为100mm×100mm，切片厚度一般可以使用游标卡尺或专门的厚度测量仪进行检测。这种方式其检测到的厚度会较实际厚度偏薄，因为切片一般没有底涂层，所以一般厚度在$>T-0.1mm$。

底部、顶部应在四个不同位置进行抽检，四个位置最好可以均分在底部和顶部。侧壁一般在上部、中部和下部取至少三块样本进行检测。

2）硬度检测

硬度检测，在厚度大于1.5mm的情况下使用。硬度检测的目的是检查树脂的固化程度。硬度要求为大于等于30。如果表涂中掺入了色膏，会导致硬度下降，下降程度因表涂树脂中色膏的掺入量不同而不同。

3）丙酮测试

丙酮检测的目的是检查树脂固化程度。检测要求采用99%的丙酮，用棉花或棉布蘸取少量丙酮后，在内衬层表面轻轻擦拭，观察擦拭部位表面是否起粘。如果表面起粘，则表示固化不完全。如果表面没有起粘，则表示内衬层固化已经完全，可以进行试水。

4）表观目测

表观目测应在满水试验完成后进行，具体检测项目参见表7-16。

表观目测检测标准　　　　　表7-16

缺陷名称	描述	内衬表面接受标准	内衬层接受标准	备注
烧焦	树脂有热分解现象，变色或变形	N[①]	N	不是由于分层或腐蚀变色
碎屑（表面）	边缘或表面有小碎片脱落	碎片直径小于3.2mm，深度<50%表面毡	—	
断裂	一部分断裂或脱粘	N	N	
龟裂（表面）	表面细微裂纹	N	—	
分层	层与层以及内衬于基体材料剥离分开	N	N	
干点（表面）	增强材料未被树脂浸润而外露	N	N	
边缘外露	多层增强材料未被树脂浸润而外露	N	N	
杂质	与FRP本身无关的颗粒夹杂在材料中	直径<6.4mm，深度<50%表面毡	直径<12.7mm，深度<50%厚度	
气泡	滞留在增强材料间直径>0.38mm的气泡	直径<1.6mm，深度<30%表面毡	直径<3.2mm，深度<30%厚度	

缺陷名称	描述	内衬表面接受标准	内衬层接受标准	备注
毛刺	表面突起的锥形且表面锋利的小点	直径以及高度<0.8mm	—	必须树脂充满突起
凹坑	在积层表面的小孔	直径<3.2mm，深度<50%表面毡	—	不允许玻纤外露
针孔	出现许多可见的小凹点，直径约为0.12mm的小孔	深度<50%表面毡	不穿透	不允许玻纤外露
划痕	做记号的浅痕或不当操作引起的槽沟	N	—	
树脂垂流	树脂在表面凸起，类似人体皮肤上的痘子，没有增强材料	直径<4.8mm，高度<1.6mm	—	必须充满树脂，不容易剥落
树脂浸润不良	树脂无法浸润增强材料	N	N	
褶皱折痕	线性的，在表面由于增强材料褶皱而引起的不规则形状的突起，或由于树脂重叠引起	高度<20%且<3.2mm		
缺陷累加	每平方尺允许数量	5	5	

注：表中 N 表示不允许。

5）满水试验

满水试验的目的是保证产品不存在渗水或漏水的问题。

满水试验要求使用自来水或消防水，注满桶槽内部，至其顶部人孔处。满水后测试开始，至测试结束少需要 24h。测试时，要观察是否有水渗出。满水测试开始和结束时，均需要进行照片记录。

6）电火花测试

电火花测试的目的是保证产品不存在穿透性的针孔。电火花测试应在满水测试前进行，或在满水测试后，待其完全干燥之后进行，否则会影响测试结果。

电火花测试的电压根据产品厚度的不同而不同。一般电压的取值为 (10kV+5kV)/mm，测试电压不宜过高，否则会击穿产品。电火花测试是全部检测，并要求做检测记录。

7）原材料合格证递交

原材料，包括底涂树脂、树脂、玻璃纤维、色膏、固化剂、丙酮均需要提供原材料检验合格证。

8）总结

检查工作由专门的 QC 执行。每项检查均需要进行详细而完整地记录。检查不合格的项目需要进行修改和整理后再次检查，直至合格为止。

检查合格后，需要递交检查报告、质量合格证书以及质量保证书。

7.3 废水站管线及设备安装施工技术

7.3.1 设备安装施工

1. 泵的安装

1）现场验收

（1）基础的检查与验收

在土建提供基础质量合格证及中间交接证书后，复核基础有关尺寸、位置和标高等，以确定设备中心线位置。首先，确定基础中心线；然后根据中心线复测基础的坐标是否正确，地脚螺栓预留孔与设备底座螺栓孔尺寸是否相符；最后复测基础上表面标高是否正确。

（2）设备的检查与验收

设备的检查与验收必须在业主、监理公司和施工单位三方同时到场的情况下进行，并在《设备开箱检验记录》上签字。

① 外观检查

设备运抵现场后，必须逐台开箱检查其数量、锈蚀、缺陷等（目测），对发现的伤痕及缺陷按标准规定的方法进行修复及检验，合格后才能进行下一步安装，如情况严重，无法修复，退回制造厂家重新发货。

② 设备型号等技术参数的确认

在对设备进行外观检查的同时，必须根据设备上的铭牌复核其型号规格、技术参数是否与设计图、产品技术说明书一致。

③ 设备内部装配质量的检查

泵在制造厂家装配后，由于在运输过程中可能会产生连接部件松动，必须进行内部装配检查，检查的方法是：手动盘车，在盘车的同时，用听棒聆听，是否有松动、异常声响、卡住等现象，如发现异常情况应拆开检查。

④ 随机资料、产品合格证、备品备件和专用工具的检查

根据装箱清单检查随机资料、产品合格证、备品备件和专用工具。

2）主要施工程序，如图 7-4 所示。

3）主要安装工艺

（1）基础处理

基础复查合格后，根据设备的重量和底座尺寸确定垫铁的规格、数量和位置，原则上每根地脚螺栓近旁放置两组垫铁，每间距 600mm 左右增设一组垫铁，垫铁的斜度在 1/20～1/10 之间。垫铁位置确定后，为保证垫铁与基础接触紧密，必须铲除垫铁窝并且在基础上表面及其四周铲除麻面，以增强二次灌浆层与基础的粘结效果。

利用导轨安装固定的潜污泵，除掉预埋钢板上的水泥和油渍，根据泵轴线的安装位置，

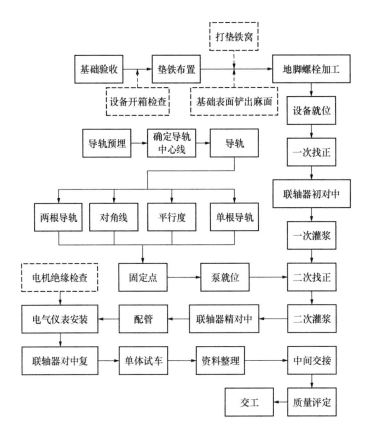

图 7-4　主要施工程序流程图

在两块预埋板之间的垂直方向上画出泵的安装基准线后，就可确定每根导轨的中心位置。导轨安装主要是控制两根导轨对角线距离、单根导轨垂直度、平行度、间距和平面度在规定范围内。

① 对角线。用钢盘尺测量两对角线距离并随时调整，允许偏差＜5mm。

② 不直度。利用 ϕ0.5mm 钢丝拉线测量并随时调整，允许偏差＜2mm。

③ 平行度。利用卡规在导轨上每 500mm 距离测量，允许偏差＜2mm。

④ 平面度。利用经纬仪在导轨表面切边扫描，允许偏差＜2mm。

（2）设备就位安装

根据施工图确定泵的标高及安装方位，在设备底座上画出泵的十字中心线，吊装就位，使其十字中心线与基础十字中心线重合，一次找正，泵体找水平时，测量点选择在泵体水平加工面上（中分面），或在进出口法兰面上；用条式水平或框式水平测量其水平度，通过调整垫铁使条式水平或框式水平读数在规范规定的范围内。对于潜污泵的安装，导轨找正后泵就位安装，检查泵的水平度、中心线及标高在规范范围内，用固定螺栓把泵固定好。

（3）一次灌浆

设备初找正完成后，用 C30 混凝土对地脚螺栓预留孔一次灌浆，灌浆前应把孔内水、杂物、油渍等清除干净，严禁碰撞设备，以免泵产生移动。

（4）二次找正

待一次灌浆达到设计强度的 75% 后，进行二次找正（精找正），方法与一次找正相同，此时只能作微量调整，如果泵与驱动电机不在同一底座上，此步骤与第（6）项同时进行。找正完毕后，做好记录（包括纵横中心线偏差、水平度偏差）；纵横中心线允许偏差 ±5mm；水平度允许偏差：横向<0.20/1000，纵向<0.10/1000。

（5）二次灌浆

二次灌浆前进行隐蔽前的检查，由业主、监理公司和施工单位联合检查，并在《隐蔽工程记录》上签字，点焊垫铁，用 C30 砂浆浇灌。

（6）联轴器对中

泵体找正完毕后，进行联轴器对中，采用双表、两轴同时同一方向转动的方法，根据径向和轴向百分表的读数，通过铜皮在电机底座处的增减来达到联轴器对中偏差在规范规定范围内。联轴器对中允许偏差：径向位移<0.05mm，轴向倾斜<0.2/1000。

（7）电机单独试运转

把联轴器连接螺栓取下，电机单独试运转，检查电机转向是否与泵转向一致，及电流、电压与轴承温升情况并做好记录。

（8）单体试车

① 泵试车前进行下列检查并确保：驱动电机的转向与泵的转向相符；各固定连接部位无松动；各润滑部位加注润滑剂的规格型号和数量符合设备技术文件要求；各指示仪表、安全保护装置及电控装置均灵敏、准确、可靠；手动盘车灵活、无异常现象。

② 试车用介质：水。

③ 主要试车过程：

打开泵吸入管路阀门，关闭排出管路阀门；泵吸入管路应充满水，并把空气排尽；泵启动后应快速通过喘振区；转速正常后应打开出口管路的阀门，出口管路阀门的开启不宜超过 3min，并将泵调节到设计工况下，不得在性能曲线驼峰处运转。在设计工况下连续运转 2h。

在试车过程中，应随时检查以下内容，并每隔半个小时做一次记录：各固定连接部位是否有松动；转子及各运动部件运转是否正常，不得有异常声响和摩擦现象；附属系统运转应正常；管道连接应牢靠且无渗漏；轴承的温度不应大于 80℃；用测速仪测量转速；用测振仪测量轴承体处振动值；停泵：缓慢关闭出口管路阀门，关闭电源，关闭进口管路阀门，排尽泵内积存的水。

2. 斜管沉淀设备安装

1）蜂窝斜管安装程序

（1）沉淀池底部排泥管安装。斜管沉淀池安装顺序一般从底部开始，先完成最底部的排泥管道系统的安装，确保排泥管道开孔符合设计要求、固定牢靠，检查无误后，才允许进入下一道安装工序。

（2）完成填料支架安装。根据斜管沉淀池填料支架安装施工图，先将填料支架安装到位，检查并确保所有焊接结点牢靠、支架强度足以承受填料重量，并在支架表面完成防腐处理。

（3）完成斜管填料烫接。按斜管填料的烫接方法将每一个斜管填料包装作为一个单独的烫接单元，一个单元完成烫接后为1m²，烫接完成后在场地上整齐堆放（保留少量的散片备用）。

（4）斜管填料池内组装。将烫接后的填料单元在填料支架上部自左向右进行组装。始终保持60°角不变，每一单元顺序组装时要适当压紧，组装到最右侧时若尺寸不是正合适，需要根据尺寸用散片斜管填料烫接后进行组装直至全部到位。

（5）斜管填料上部固定。由于斜管填料比重略小于水，斜管填料在池内组装到位后需要在填料上方自左向右方向拉上10mm的圆钢进行加固（每个单元填料上部要求有两根圆钢通过），圆钢两端在沉淀池池壁上可靠固定，安装圆钢后可以很好地防止斜管填料在初期使用时有可能发生的松动上浮现象，圆钢采用环氧煤沥青防腐。

（6）斜管沉淀池运行调试。

① 检查进水是否均匀，不得对沉淀池造成冲击，影响沉淀效果。

② 调整出水堰槽高低及水平度至合适位置，保持出水均匀。

③ 经过以上施工工序，至此斜管沉淀池填料安装已经全部完成。正常投入使用后需要根据进水中悬浮物浓度情况确定排泥周期，注意及时排泥，确保斜管沉淀池始终保持良好的运行状态及令人满意的出水水质。

2）斜管使用注意事项

由于斜管填料比重略小于水，应用10mm的螺纹钢或圆钢拉筋固定在填料上方，防止其松动上浮，钢筋和角钢均采用环氧煤沥青防腐。

3）斜管填料烫接方法

（1）现场准备：

① 烫接电源、电缆准备；

② 准备好500W电烙铁2支；

③ 操作人员到位、监护人员到位；

④ 斜管填料烫接完成后体积庞大将占很大空间，提前预留堆放场地。

（2）烫接操作

① 打开斜管填料包装，将第一片斜管填料平放于地面，取第二片斜管填料置于第一片填料之上，检查斜管填料的切口，必须保证60°角并呈六角蜂窝状，检查无误后开始烫接粘结点；

② 在六角蜂窝两端所有平面接点全部要烫接，两侧两片平面合缝处要求烫接四点以上，在两片斜管填料平面中间要求焊接四点以上，确保焊接牢固；

③ 烫接时注意操作节奏，控制好温度，烫接点数不得遗漏；

④ 每一个斜管填料包装作为一个单独的烫接单元，烫接完成后在场地上整齐堆放；

⑤ 中途休息一定要切断电烙铁电源，并且要安全放置。

（3）安全事项

① 在接点烫接时要求注意人身安全，防止烫伤、触电；

② 烫接操作要求至少有两人在场时进行，相互协助，配合操作；

③ 烫接操作要求在空旷的场地上进行，施工时必须有监护人；

④ 烫接场地上不得有易燃物品，并且必须有消防设施在场。

7.3.2　管路安装工程施工

1. 管道安装主要内容

厂区管道主要有碳素钢管、PVC 管等，分为污水管道、污泥管道、加药管道等。用于管道制作安装的材料必须具备材质证明书和出厂合格证，钢板或管材的厚度符合设计要求。

2. 施工准备

根据设计图纸、技术文件以及原规范、规程、标准要求，结合施工现场的具体条件编制专业施工技术方案，进行详尽的技术交底。做好设计图纸，依据随机技术文件提供的各种管道的材料参数及运行技术参数，对已确定的设计图纸及拟采用的施工方法进行核实，确保系统正常运行的技术要求。

3. 主要施工方法

1）管道安装的一般规定

管道安装应与土建及其他专业密切配合，对有关的建筑结构、支架、预埋件、预留孔、沟槽垫层及土方工程等质量，应按设计和相关的施工规范及验收标准进行检查验收，合格后方可进行管道安装。与管道连接的设备找正调平和，固定完毕。必须在管道安装前完成的有关工序如清洗、内部防腐等已进行完毕并验收合格。管材、管件及阀门等按设计要求检验合格，且具备有关的技术证件并核对无误，内部已清理干净。管道的坡度、坡向应符合设计要求。法兰、焊缝及其他连接件的设置应便于检修，且不得紧贴墙壁、楼板和管架上。埋地管道安装时，如遇地下水或积水，应采取排水措施。管道穿越道路埋深不足 800mm 时，应按设计要求加设套管。与设备连接的管道，安装前必须将内部清理干净，如需采用气割、电焊作业，不应在与设备连接后进行操作，管道与设备连接后，不能因管道安装使设备承受其他外力。管道安装合格后，不得承受设计以外的附加载荷。

管道经试压、吹扫合格后，应对管道与设备的接口进行复位检查。

2）管道安装程序

放线→坐标及标高测量→沟槽开挖→管沟砌筑、井体砌筑、沟槽检验→管架制安→管材、管件及阀门检验→管子及附件预制加工→管道焊接→管道安装→管道试压→管道防腐→管沟回填。

3）定线测量及水准测量

按主干线、支干线及进户的次序对主干线等的起点、终点、中间各转角点在地面上定位，对系统的固定支架、检查井、阀门井等在管线定位后，用尺丈量确定位置，放线后设置施工控制桩，防止沟槽开挖时，中心桩被挖掉造成施工困难。

4）管子、管件及阀门检验

管子、阀门等必须具有出厂合格证明书及材质化验单，使用前应按设计要求核对其规格、材质、型号。

5）管道加工

镀锌钢管及公称直径≤50mm的碳素钢管必须用机械法切割；不锈钢管一般使用机械切割，大口径管使用等离子切割，不锈钢管修磨时，应用专用砂轮片。管子切口表面应平整，不得有裂纹、重皮、毛刺、凸凹、缩口、熔渣、氧化铁、铁屑等；切口平面倾斜偏差为管子直径的1%，但不得超过3mm。

6）管道安装

（1）管子切割。DN100以下的焊接钢管，采用砂轮切割机或氧乙炔焰进行切割，DN150以上的焊接钢管采用氧乙炔焰切割，并清除管端的熔渣。

（2）管子坡口。DN600以上的焊接钢管坡口采用X形坡口，坡口角度为55°～65°。DN600以下的管道采用V形坡口，坡口角度为65°～75°。

（3）管道焊接。刮风下雨及露天作业时必须有遮风避雨措施。根据管道材质选用相应焊条，且必须具有质保证明书，并按规定烘干后使用。

（4）法兰安装。安装用的法兰应进行检查，材质、规格应符合设计要求，法兰密封面应平整光洁，不得有径向沟槽。螺栓及螺母的螺纹应完整，无伤痕、毛刺等缺陷，石棉垫片应质地柔韧，无老化变质和分层现象。

（5）法兰式阀门安装。安装阀门前，应按设计核对型号，并按流向确定其安装方向。仔细核对其产品合格证和试验记录。阀门应在关闭状态下安装。

7）管道系统试验

（1）液压试验

液压试验用清洁自来水进行，系统注水时，打开管道各高处排气阀，将空气排尽，待不灌满，关闭排气阀和进水阀，用试压泵加压，压力逐步升高，加压到0.5倍试验压力时，停下来对管道进行检查，无问题时再继续加压，分三次升到试验压力，当压力达到试验压力时，停止加压，停压10min，压力表针不降，无泄漏、目测无变形，则强度试验合格。

强度试验合格后，将压力降至工作压力进行严密性试验，在工作压力下，对管道进行全面检查，用重1.5kg的小锤在距焊缝15～20mm处沿焊缝方向轻轻敲击，检查完毕时，如压力表指针不降，管道的焊缝及法兰连接处没有渗漏现象，则严密性试验合格。

（2）闭水试验

闭水试验是在要检查的管段内充水并具有一定的水头，在规定时间内观测漏水量。闭水前，在管段两端用水泥砂浆砌砖抹面封堵，低端连接进水管，高处设置排气管，管内满水后，继续向水槽（或利用检查井）内注水，使水位高于检查管程段上游端部的管顶。充水 24h 后开始观测，记录 30min 内水位降落值，新合成每千米管道 24h 的渗水量是否超过规定，如小于规定值，则该段管程闭水试验为合格。闭水试验的水头，若管道埋设在地下水位以上时，一般为管顶以上 2m。

7.4　实施效果及总结

废水站土建施工重点在于满足附属工程土建施工总体部署，实现成本、工期、质量完美履约。废水池施工过程中应不断积累新型放水施工方法、工艺、材料，规避常规做法所导致的渗漏问题，减少渗漏的风险（图 7-5）。同时，结合招标文件和图纸要求，局部结构应达到清水混凝土外观要求。

图 7-5　某电子洁净厂房废水站外部全景照片

电子洁净厂房项目在生产过程中产生大量的废水及污染物，我国各地区该类项目多建于高新技术开发区，为保护环境，减少污染物排放，需要建立可靠的废水处理工艺进行处理，同时废水处理工艺还需要经实际运行进行逐步完善。

第8章 纯水工程施工技术

8.1 技术背景及特点

8.1.1 技术背景

随着现代电子器件生产技术的飞速发展，电子洁净厂房生产对水的纯净度要求越来越高，在超大规模集成电路80％以上的制作工序中都要进行化学处理，化学处理则离不开水。有很多工序，如硅片与纯水接触后紧接着就进入高温过程，此时水中的杂质若进入硅片，会在芯片或玻璃水中形成氧化膜，导致器件性能下降，成品率降低，因此，制备出合乎要求的高纯水是提高集成电路产品质量的关键基础技术之一。微电子工业所需高纯水制水工艺应在十万级洁净条件下进行，高纯水的应用是集成电路生产的必要条件之一，电子洁净厂房所需要的高纯水一般为超纯水。

超纯水（Ultrapure Water）又称 UP 水，是指在 25℃时，电阻率为 10MΩ·cm 以上，通常接近 18MΩ·cm，极限值达到 18.25MΩ·cm 的水，其主要用于配置电解液及清洗部件。超纯水系统是指将一般的自来水处理成对不同离子的含量和颗粒度都有很高要求的超纯水的系统，其总体来说一般可分为四个部分：超纯水制造区、超纯水抛光循环区、超纯水输送管网以及超纯水回收系统。

超纯水制造区是最重要也最为复杂的部分，其又可分为预处理、脱盐处理、后处理三个部分。预处理主要是去除原水中的悬浮物、色度、胶体、有机物、微生物、余氯等杂质，常用的方法有砂滤、膜过滤、活性炭吸附等，主要设备有过滤器、吸附柱、热交换器、投药装置、脱碳器等。根据国际半导体技术蓝图（International Technology Roadmap for Semiconductors）浸没式超纯水制备要求，超纯水制造过程的颗粒物处理一般借助多介质过滤器（Multi Media Filter）和活性炭过滤器（Activated Carbon Filter）来完成。但在制造半导体使用超纯水时，颗粒物尺寸控制要求更高，高达 50nm 微粒子。采用以往纯水制造方法无法满足需求，还要利用精密膜过滤装置对颗粒物进行微小尺寸处理，可使用超滤（Ultra Filtration）、纳滤（Nano Filtration）、微滤（Micro Filtration）以及反渗透（Reverse Osmosis）等处理工艺。超滤能够将过滤孔径控制在 $0.01 \sim 0.02 \mu m$ 之间；微滤能够将孔径控制在 $0.02 \sim 10 \mu m$ 之间；反渗透工艺可将孔径控制在 $0.0001 \sim 0.001 \mu m$ 之间。站在理论角度进行的膜过滤装置组合，就能满足去除超纯水中颗粒物的规范标准要求。当处理工艺完成后，还要对前期阶段处理工作中散落的微小颗粒进行深度处置，以提高微粒子精度控制效果。

脱盐处理主要用于除去水中的离子，常用的脱盐方法有电渗析、反渗透、离子交换等，主要设备有反渗透装置、离子交换器、连续除盐装置等。电阻率是衡量水中离子的含量的重要指标，脱盐处理完成后，水的电阻率应超过 18MΩ·cm。

后处理主要是深度杀菌、去除自来水中的有机物和气体。深度杀菌，去除自来水中的有机物常用的方法有紫外杀菌、臭氧杀菌、超过滤、微孔过滤等，主要设备有精制混床（Mixed Bed）等；去除水中的气体多采用物理、热气、膜脱气以及化学脱气的方法，其中膜脱气是较为先进的工艺方法，主要通过憎水纤维膜来分离液相与气相。

考虑到在向工艺设备输送高纯水的过程中，输水管道可能会对水质再次造成污染，因而在制造车间内一般都设立抛光循环系统。抛光循环系统主要以混床为核心，再加上超滤设备，以除去在向工艺生产线输送纯水的过程中，管网溶入水中的杂质。

超纯水输送管网由超纯水储存系统和输送装置组成。超纯水储存周期不宜大于 24h，其储罐宜采用不锈钢材料或经验证无毒、耐腐蚀、不渗出污染离子的其他材料制作。其通气口应安装不脱落纤维的疏水性除菌滤器。储罐内壁应光滑，接管和焊缝不应有死角和沙眼。应采用不会形成滞水污染的显示液面、温度压力等参数的传感器。对储罐要定期清洗、消毒灭菌，并对清洗、灭菌效果验证。

超纯水输送装置由超纯水输送泵、超纯水输送管网和超纯水给用点（Point-of-Use）（图 8-1）组成。为节约成本，超纯水输送泵应配置智能化的变频系统，超纯水输送管网对管材材质要求极高，在反渗透前段，通常采用氯化聚氯乙烯（CPVC），从反渗透处理到超纯水箱，通常采用高洁度聚丙烯（PP），从超纯水箱到超纯水给用点，则采用高洁度聚偏氟乙烯（PVDF），而该段回收系统采用普通的聚偏氟乙烯（PVDF）。

超纯水回收系统是对无尘室里的机台最初和最后的清洗水及含氟废水进行收集，然后用活性炭过滤器进行处理，进入系统循环使用，从而达到节约用水、降低成本的目的。

8.1.2　技术特点

纯水工程施工除了要满足电子洁净厂房施工的一般要求外，还具有以下特点：

1）建筑结构及管道安装的精度要求极高。整段管架安装完成后必须保持水平，以免管道与共用管架接触部位由于应力不均匀引起管道弯曲破损。

2）管道密闭系统要求极高。由于电子洁净厂房生产对水的纯度要求极高，任何杂质的渗入，都会影响水的纯度，进而影响产品质量，所以管道粘结及安装过程中，要严格控制管道的渗漏，管道堆场要垫上彩条布或塑料薄膜对管道进行保护。

3）对管材的选用有严格的要求，既要能保证水

图 8-1　超纯水给用点

质，又要经济合理。超纯水制造系统中各个不同的部分应根据处理方法与设备的不同，选用不同的管材。

4）施工人员洁净意识要求极高。施工过程中，要全程保证管道的洁净。施工人员在施工过程中必须佩戴专用洁净一次性手套，施工过程中禁止徒手接触管道内壁，以免手上的油脂粘在管内壁造成污染。

1. 纯水站土建工程

纯水站建筑物及混凝土水池等土建建造一般属于土建承包商施工范围，纯水处理所需的各种土建配合条件（包含但不限于开口、套管等）由纯水承包商完成设计及确认，经业主及项目设计方审批认可后，配合指导土建承包商施工。纯水站土建工程施工关键为水池结构渗漏问题，应做好施工前的方案策划、交底和实施。

纯水站建筑物一般为型钢混凝土框架结构。施工内容通常包括基础施工、地下结构施工、地上混凝土结构施工、钢结构施工。其中钢结构施工顺序为钢结构柱脚锚栓预埋→劲性柱吊装→钢梁吊装→防火防腐施工→压型钢板施工。

2. 纯水站系统工程

纯水系统必须能够在供水主管各用水点连续出水。纯水系统需全天候、全年制造，并100％符合品质要求。纯水系统装置设备包括预处理系统、制程系统、精炼处理系统、所有纯水管道系统、远地控制系统、现场监视系统、水量计量系统和其他辅助系统。纯水系统装置通过预处理、制程处理、精处理、回收水处理不同阶段，把水中的不纯物去除以满足纯水水质要求，整个纯水制备流程中尽量减少酸碱等废水的产生，降低能源消耗，减少化学用品使用量。

纯水系统及配管系统一般发包模式为工程总承包模式，承包商负责设计（初步和施工设计、竣工设计）、设备供货、系统安装、系统调试和售后服务等相关技术服务。承包商需根据原水水质、纯水水量、纯水水质等，提出系统方案，下面以某洁净厂房为例介绍该工程原水水质、纯水水量、纯水水质和回收水水质、水量。

1）纯水水源水质

表 8-1 所示为某地纯水原水水质情况。

自来水水质示例 表 8-1

项目	单位	含量	项目	单位	含量
Ca^{2+}	mg/L	56	铝	mg/L	0.10
Mg^{2+}	mg/L	14.4	铁	mg/L	0.017
Cl^-	mg/L	14.1	锰	mg/L	0.005
NO_3^-	mg/L	1.6	铜	mg/L	<0.006
Na^+	mg/L	19.6	镉	mg/L	<0.00006

续表

项目	单位	含量	项目	单位	含量
K⁺	mg/L	5.1	铅	mg/L	＜0.00007
SO_4^{2-}	mg/L	65	锌	mg/L	＜0.003
碱度（以 $CaCO_3$ 计）	mg/L	160	六价铬	mg/L	＜0.004
总硬度（以 $CaCO_3$ 计）	mg/L	210	汞	mg/L	0.00004
pH 值	—	7.42	氯化物	mg/L	8.2
总溶解固体量	mg/L	379	氰化物	mg/L	＜0.004
耗氧量	mg/L	0.56	硫酸盐	mg/L	45
SiO_2	mg/L	9.35	氟化物	mg/L	0.17
砷	mg/L	＜0.001	硝酸盐氮	mg/L	＜0.83

注：1. 水质指标应由承发包商进场后实际测量或获取全年 12 个月原水水质资料。

2. 承包商有义务对原水水质进行取样分析以获得设计系统必需的水质资料。承包商应在设计文件中明确说明系统设计的各项水质指标（设计值及变化范围），在系统设计过程中必须充分考虑原水水质的季节性变化。

3. 承包商负责提供原水分析报告，并对分析数据进行分析后报告给业主。

2）纯水水量

纯水在电子洁净厂房中主要供给阵列生产线、彩膜生产线、成盒生产线以及其辅助设施。表 8-2 为某洁净厂房纯水消耗量。

纯水消耗量　　表 8-2

工段	消耗量（平均量）（m³/h）
阵列生产线	1485
彩膜生产线	265
成盒生产线	277
辅助设施	26
化学品配置用水	63
合计	2100

注：1. 纯水系统必须保证在设计流量 100％的工况下全年 24h 不间断连续运行。

2. 供水管路附加循环量不小于 20％。

3）纯水水质

纯水中各项杂质具体含量及性能指标要求详见表 8-3。

纯水中各项杂质具体含量及性能指标要求　　表 8-3

项目	单位	指标	检测方法
电阻率	$M\Omega \cdot cm$（25℃）	≥18.0	实验室检测
微粒子（≥0.2μm）	个/ml	＜10	实验室检测
细菌个数	个/100ml	＜10	细菌分析方法
溶解氧（DO）	×10⁻⁹	＜50	实验室检测

续表

项目	单位	指标	检测方法
总有机碳（TOC）	$\times 10^{-9}$	<50	实验室检测
Na^+	$\times 10^{-9}$	<1	离子色谱法
Fe	$\times 10^{-9}$	<0.05	离子色谱-质谱联用检测
K^+	$\times 10^{-9}$	<0.05	离子色谱法
Zn^{2+}	$\times 10^{-9}$	<0.05	离子色谱-质谱联用检测
Cu	$\times 10^{-9}$	<0.05	离子色谱-质谱联用检测
SiO_2	$\times 10^{-9}$	<10	离子色谱-质谱联用检测
Cl	$\times 10^{-9}$	<1	离子色谱法
用水点水压	MPa	0.25 ± 0.05	实验室检测
水温	℃	23 ± 1	实验室检测

4）回收水量、水质

回收水主要回收至纯水系统的多介质过滤器产水以及其辅助设施。表8-4～表8-6为某洁净厂房回收水系统处理能力、回收水水源水质以及出水水质表。

回收水系统处理能力表　　　　　表8-4

序号	回收水系统	水量（m³/h）	设计处理装置能力（m³/h）	备注
1	处理系统 W_1	673	700	不合格排水进入 W_2
2	处理系统 W_2	382.5	800	W_2 不合格排水进入中水或 S_1
3	处理系统 S_1	47 / 21	100	—

回收水水源水质表　　　　　表8-5

序号	回收水系统	pH	TOC（mg/L）
1	处理系统 W_1	6～9	<3
2	处理系统 W_2	6～9	3～100
3	处理系统 S_1	4～10	<5

注：1. 设计时考虑废水水质指标浓度升高20%。

　　2. 承包商需根据相同类型产业实际回收水进行设计，系统需满足出水水质要求。

回收水出水水质表　　　　　表8-6

序号	回收水系统	pH	TOC（mg/L）	电导率（uS/cm）	微粒子（$\leqslant 10\mu m$）
1	处理系统 W_1	6～9	<1	100	10 个/mL
2	处理系统 W_2	6～9	<1	100	10 个/mL

8.2　纯水站房结构及防腐施工技术

纯水站房主体结构一般为型钢混凝土框架结构，结构及防腐主要施工技术可参考废水站房。

8.3　纯水管线及设备安装施工技术

超纯水系统水站施工中最关键也是最难点在于设备的搬入及安装、共用管架的制作安装以及管道的安装。设备的移入需编制详细的设备吊装方案。共用架台的施工要注意以下两个环节：

1）架台与土建结构连接处一定要坚固，最好采用预埋铁板。若因种种原因不能预埋，则应用化学锚栓固定在梁上，不应使用一般的简易膨胀螺栓。切不可用铁板和简易膨胀螺栓固定在楼板上。

2）整段管架一定要保持水平，以免管道与共架接触部位由于应力不均匀引起管道弯曲破损。

管道施工除压缩干燥空气、氮气及热交换器用的蒸汽或冷热水管道可以按系统进行施工外，其他站内管道施工可分为两大部分，即共架管道施工和设备周边配管施工。开工初期两部分可以同时进行施工。当共架直管段与设备本体配管完成之后，应该从设备周边管道向共架管道进行连接配置，最终与共架管道相连形成封闭的管路系统。

纯水系统管道施工与其他一般动力管道施工有很大区别，除了要保证管道系统的密闭性外，还有更加重要的一点，就是要在施工过程中保证管道的洁净。下面主要介绍纯水系统管道施工。

8.3.1　施工准备

1. 管材的选择

1）管材性能比较

选择管材的依据主要是管道的溶出物及内表面光洁度。主要应用的管道有 Clean-PVC 管、洁净 PP 管、PVDF 管等（表 8-7）。Clean-PVC 管采用耐冲击硬质聚氯乙烯制造，其比普通 PVC 管含有较少的添加剂，从而减小了管道内壁的粗糙度（Clean-PVC 管的表面粗糙度小于 $0.37\mu m$，而普通 PVC 管的表面粗糙度在 $1.0\mu m$）以及污染物的析出。

某洁净厂房纯水系统管材选用　　　　　　　　表 8-7

系统	材质
原水及市政水	SCH80 PVC/ SUS304/SGPW
多介质过滤器和活性炭过滤器	SCH80 PVC/ SUS304
阴床、脱碳塔和阳床	SCH80 PVC/ SUS316/碳钢衬胶
RO 系统	SCH80 PVC/ SUS304
混床系统	SCH80 PVC/ SUS304/碳钢衬胶
脱气膜系统	SCH80 PVC/ SUS304

续表

系统	材质
初级纯水至纯水抛光间	SCH80 PVC/ SUS304
纯水抛光间至用水点供回水	SUS304/CLEAN PVC
酸液管道	内管 PVC（SCH80）＋透明 PVC（SCH40）外管
碱液管道	内管 PVC（SCH80）＋透明 PVC（SCH40）外管
其他药品管路	内管 PVC（SCH80）＋透明 PVC（SCH40）外管
冰水供/回	Q235-A（≥DN250 有缝热镀锌钢管，<DN250 无缝热镀锌钢管）
热水供/回	Q235-A（≥DN250 有缝热镀锌钢管，<DN250 无缝热镀锌钢管）
RO 药洗管路	SCH80 PVC
RCW 供水管路	SGPW
废酸碱管路（压力流）	内管 PVC（SCH80）＋透明 PVC（SCH40）外管
反洗排水管	SCH80 PVC/U-PVC
一般排水管路	U-PVC
废气管路	PP
回水系统	SCH80 PVC/SUS304
制备区 RC 水池至水泵	SUS304

洁净 PP 管材质为（β）-PP-H 均聚型聚丙烯，具有非常均一、致密的结构和出众的抗冲击强度。其高结晶度确保了极好的耐化学品性能，二氧化钛色素的使用进一步提高了此特性。其内壁粗糙度及污染物的析出性能与 Clean-PVC 接近（表 8-8）。

PVDF 管材质为聚偏氟乙烯，是一种高结晶度、高性能热塑性塑料，可用温度及压力范围广。其主要特性是力学强度高、韧性好，具有优异的耐磨性、热稳定性和介电性。其纯度高，能熔融成型，对于大多数化学品和溶剂都具有耐腐蚀性好、抗紫外线和核辐射性能好、耐候性好、耐生物菌类作用强、气体和液体阻隔性好、阻燃性好、发烟量少等优点。聚偏氟乙烯是一种纯净的材料，它不含任何添加剂，且其表面光滑，粗糙度小于 $0.2\mu m$。

管道溶出物数值表　　　　　　　　表 8-8

检测项目	Clean-PVC		洁净 PP		PVDF	
	析出浓度 $(\mu g/m^2)$	析出速度 $[\mu g/(m^2 \cdot d)]$	析出浓度 $(\mu g/L)$	析出速度 $[\mu g/(m^2 \cdot d)]$	析出浓度 $(\mu g/L)$	析出速度 $[\mu g/(m^2 \cdot d)]$
TOC	12.0	4.0	14.0	4.0	8.0	3.0
SiO$_2$	<2.0	<0.59	2.7	0.83	<2.0	<0.64
Na	0.09	0.03	1.2	0.37	<0.01	<0.003
K	0.03	0.009	0.06	0.03	<0.01	<0.003
Ca	0.39	0.12	0.07	0.02	1.1	0.35
Fe	0.09	0.03	0.07	0.02	0.05	0.02

检测项目	Clean-PVC		洁净 PP		PVDF	
	析出浓度 ($\mu g/m^2$)	析出速度 $[\mu g/(m^2 \cdot d)]$	析出浓度 ($\mu g/L$)	析出速度 $[\mu g/(m^2 \cdot d)]$	析出浓度 ($\mu g/L$)	析出速度 $[\mu g/(m^2 \cdot d)]$
Cu	<0.005	<0.001	<0.005	<0.002	<0.005	<0.002
Al	0.05	0.01	1.2	0.37	0.08	0.03

注：1. 测试方法是依据半导体基盘技术研究会提出的封水试验，试验时间是 8~30 天；

2. 测试数据仅为一段管道的溶出数据，考虑到 Clean-PVC 粘结胶水的因素，管道系统离子的溶出实际数值会更大；

3. 以上数据仅供参考，其数据因各制造商的产品会有不同。

2）管材选择

以几种典型电子洁净厂房用纯水进行比较，见表 8-9。

典型电子纯水水质指标

表 8-9

项目	水质指标			
	6 英寸半导体前工序	8 英寸半导体前工序	TFT-LCD	
			QIW	UPW
电阻率（$M\Omega \cdot cm$，25℃）	>18.0	18.2	>16.0	≥18.0
微粒子（个/mL）	(≥0.1μm) ≤5	(≥0.5μm) ≤1.5	(≥0.2μm) ≤10	(≥0.1μm) ≤10
活菌（cfu/100mL）	≤2	≤1	≤10	≤5
总有机碳 TOC（$\mu g/L$）	≤20	≤2	≤100	≤50
总硅（$\mu g/L$）	≤5	≤0.5	≤10	≤5
溶解氧 DO（$\mu g/L$）	≤20	≤5	≤50	≤100
Na、K、Ca、Mg（$\mu g/L$）	≤0.05	≤0.02	≤1	≤1
Cl（$\mu g/L$）	≤0.05	≤0.05	≤1	≤1
水温（℃）	23±2	23±2	23±2	23±2
水压（MPa）	0.3±0.05	0.3±0.05	0.25±0.05	0.25±0.05

类似于 6 英寸半导体前工序、TFT-LCD 的水质可选择 Clean-PVC 管或洁净 PP 管。

Clean-PVC 管从 20 世纪 80 年代即应用于半导体行业，现在在纯水中得到了广泛的应用。其优点在于由于得到了广泛的应用，故而供应商都有一定量的库存，所以交货周期较短，安装技术也比较简单，通常进行半天的教室和现场培训即可。其缺点在于，管道的粘结和安装的质量。这也是众多半导体厂中有大量的 PVC 管道系统失效和漏水问题的原因。PVC 管路系统失效主要是粘结质量不好所造成的，PVC 的连接方法主要是胶水粘结，这要求胶水能使粘结部位的表面软化，软化部位被压紧，它的粘结质量同操作人员技术的相关性非常大，而且管件的粘结部位要非常干净且光滑，管路要求完全插入管件。但是由于插入粘结的特性，实际粘结部位是看不见的，缺陷可能存在，并将对整个系统造成极大的风险。

由于 PP 是热熔焊接的，所以没有 PVC 那样担心的沾污，如粘结溶剂和其他有机溶剂等在 PVC 管道中经常使用的稳定剂。而这些胶粘剂及有机溶剂会产生有机物沾污（TOC）。另外，PP 管道的红外热熔焊接采用计算机控制，避免了人工操作导致的质量参差不齐，并能对焊点进行 100% 的检查。这使得 PP 管道相对于 Clean-PVC 在安装质量上更有保证。但是 PP 管道在管路/管件的价格及安装费用上要高于 Clean-PVC。根据英特尔遍布全球的封装测试厂的报告，每年都有大量的 PVC 管路系统失效和漏水问题，失效是由多种原因引起的，其中就包括不适当的粘结、缺少支撑、安装过程中没有对准而引起的冲击等。因此在英特尔新建的封装测试厂已开始广泛采用洁净 PP 管取代 Clean-PVC 作为首选管材。

类似于 8 英寸半导体前工序或更高水质要求的以 PVDF 管道为主。

如表 8-9 所示，8 英寸半导体对纯水水质指标的要求相当严格，Clean-PVC 及洁净 PP 已不能满足其要求，而 PVDF 管道的溶出物及管道内壁光洁度都远强于 Clean-PVC 及洁净 PP，故而只能选择 PVDF 管道。在国内的半导体生产中也有 8 英寸采用 Clean-PVC 管道的成功案例，但经过实测分析后发现，这类生产厂的产品都是从 6 英寸升级至 8 英寸的，也就是在 6 英寸纯水管道系统运行若干年后升级为 8 英寸的，而 Clean-PVC 管路系统经过长时间运行后，其溶出的离子呈逐步减少的趋势。以某电子厂为例，一期厂房纯水系统未设置专门的除 TOC 紫外线灯，仅依靠制备过程中对 TOC 的去除，在运行了若干年后，其回水管道 TOC 可以达到 15×10^{-6}，而二期新建的纯水系统，设置了专用的除 TOC 紫外线灯，在系统开始运行阶段的站房出口 TOC，其浓度达到了 50×10^{-6}。正是由于这种特性，所以纯水系统在投产前需经过相当长时间的冲洗运行。

所以在从 6 英寸升级到 8 英寸的生产中，经过若干年冲洗的 Clean-PVC 管道也是有可能达到使用要求的。而 PVDF 管道可以在短时间内冲洗到较低的指标。为了节省初投资，纯水回水管道可以采用 Clean-PVC 或者洁净 PP 管代替 PVDF，由于纯水回水需经过抛光系统的再次处理，所以即使回水中有较多的溶出物也不影响供水的水质，只是会影响抛光系统的维护费用，但长时间运行后维护费用的差别会逐步减小。

因此，超纯水管道管材选择主要考虑以下几点：

（1）化学稳定性好，因纯水是极好的溶剂，为减少管道微量溶出物对超纯水的影响，必须选择化学稳定性好的管材；

（2）管内光洁度好，防微粒、细菌沉积、繁殖；

（3）接头处平整度好，对防止涡流是非常重要的；

（4）电子行业用管材、管件及阀门采用高分子合成材料，如 PVDF、CPVC、PP 等。

2. 管材的保管

材料要在室内保管，一般放在搁板上，无法制作搁板时，在平坦的地面上用相同直径的枕木铺设 5～6 根（一般间距不大于 1m），并在使管材不会产生弯曲的前提下，将管材放置其上。管材应尽量在包装状态下保管，并不准堆积 4 层以上。

3. 作业环境的要求

洁净管材的施工作业，应在不产生尘埃、烟雾的洁净施工环境下进行。作业者应清洁身体，保持作业服、鞋、帽的清洁。在施工作业中使用的机器、材料等应保持清洁，无污迹、油脂、尘埃粘附。在净化车间从事作业时，必须穿着指定的防尘服。搬入机器材料工具时，仔细擦拭并确认无尘埃粘附，然后搬入净化车间内。

8.3.2　配管施工工艺

1. 管材加工

保证管材清洁度的管端帽盖，应加盖至用于施工使用管材时为止，接头应在开始施工时从塑料袋内取出所需的数量。用于连接施工的工具，应用丙酮、酒精等充分擦拭，除去油脂、灰尘等。穿戴干净的手套，禁止光手操作。

管材的截断：割刀应充分清洁，用浸有丙酮的脱脂纱布擦去油脂。管材应垂直截断，并使用专用的回转式割刀。

断截面的精加工：管材截断后，先在管内塞入脱脂纱布，然后使用专用刮刀对出现在截断面的毛刺及粗糙面进行端面精加工，待结束后取出纱布，再用浸有丙酮的脱脂纱布擦拭干净。对管材的外侧倒角，能防止由于插入不足引起的漏水；对管材的内侧倒角，则能有效地防止流体在管内滞留。

2. 管材热粘连接

管材热粘连接是指通过加热模（加热器表面）熔融管材外侧与接头内侧，使用热粘机连接。热粘机一般选用 N75 型或 150 型热粘机。

热粘作业时需特别注意以下两个方面：

1）熔融状态

实际操作前，必须在标准条件下确认熔融状态。如熔融状态不充分，需再次确认以下几点：

（1）管材、接头的尺寸与加热器表面尺寸的标准值应一致；

（2）管材、接头与加热模，管材与接头没有偏心；

（3）管材、接头无变形；

（4）加热板与加热模之间应无间隙；

（5）加热板与加热模之间无杂物；

（6）加热模没有损伤；

（7）按表 8-10 控制加热模的温度及熔融时间。

加热模的温度及熔融时间控制表　　　　　　　　　表 8-10

公称尺寸（mm）	13	16	20	25	30	40	50	65	75	100	125	150
熔融时间（s）	10		12		15		20		23	25		28
加热模温度	260±5℃											

2）加热模

（1）加热模的规格与管材、接头的规格应完全一致。

（2）加热模的安装采用 M6 螺栓固定，在加热器的左侧固定管材用加热模，在右侧固定接头用加热模。如夹有杂物或螺栓未固紧，都会在加热器与加热模的接触面产生间隙，致使温度不上升。

（3）热粘作业时，由于加热器温度控制箱的温度设定值与加热模的实际温度并不一致，所以需用表面温度计直接测定接头一侧加热模前端的温度，并进行微调至加热模温度的规定值。加热模表面的温度过高，会引起热粘部分内部起波纹，甚至融化部分表面烧焦；加热模表面的温度过低，会引起管与接头熔融面熔融不均。

（4）加热模与管及接头的中心线必须一致，否则会损伤加热模薄膜。加热模由于采用树脂涂覆处理，容易被损伤，所以使用过程中要注意保护。

（5）热粘作业中加热模所粘的熔化树脂，要用脱脂纱布揩干净。如揩拭不充分，则会缩短加热模寿命，造成粘合效果不好。

（6）由于热粘作业时加热器及加热模表面的高温，故运转时绝对不能将身体暴露部分与之靠近，以免受伤。

3. 管材焊接连接

PVDF 管道应全部采用焊接连接。PVDF 管道焊接必须在洁净室内进行，不得在一般的房间内进行施工。进入洁净加工间必须换上专用鞋，管口及附件在洁净间外必须封口不得外露。对于管件的包装材料必须在施工前才能开封，在焊接操作时必须戴好一次性洁净 PVC 手套，焊接前必须用异丙醇、酒精或丙酮对管端进行脱脂、清洗。清洗用布要采用无尘洁净布，不干净的无尘布要及时更换。辅助焊接的人员也须带上洁净棉手套。对于每一个焊口，焊完之后必须及时进行外观检查，要求焊口四周的焊露高低均匀，并高于管道外壁。

在 PVDF 管道焊接完之后必须及时对管口进行封扎，再运到现场采用法兰连接，法兰间的密封材料采用 PTFE 聚四氟乙烯（塑料王）。管道安装时先在现场量取尺寸绘制详细的安装加工图，再由专人进行管道焊接加工。

4. 加工场地试压

管材与接头热粘连接完成后，需在加工现场进行压力试验，可以单根管试压，也可以在加工场地空间许可的情况下，几根管连接起来一起试压。试压前，需专门加工一套附件，并进行洁净处理，以用于试压过程中管路的一端密封、一端送气。试压介质采用高纯度的氮气，试压压力为 0.15MPa，保压 10min 不降压为合格。在检查连接部位的密封泄漏时，应使用专用的检测液，并做好相应的试验记录。

5. 管道安装

管道加工完成并且压力试验合格后，两头用洁净塑料布包好，按要求堆放整齐。当加工管道达到一定数量时，例如：一个管路系统完成，或系统中相对独立的管路完成，就将加工管道运至安装现场，注意按实际安装位置摆放好。在搬运过程中，要注意对管子及包扎塑料布进行保护。主厂房超纯水配管主干管部分全部采用法兰连接，支管部分除法兰连接外，还有活接连接和螺纹连接两种方式。法兰连接时，法兰之间采用 PTFE 衬垫，两法兰面不能错开，必须连接密合。活接连接时，活接的拧紧要用手进行，当无法充分拧紧时，可使用扳手或带扳手，禁止使用管扳手。在与设备连接时，有时会用到一头螺纹一头承插的 VS 接头，则采用密封带作为密封材料，用活络扳手拧紧。在一个系统分几次安装的情况下，对于管路两头未连接部分应用洁净塑料布保护好，并在旁边做好严禁破坏塑料布的标识。

系统管路安装过程中，为不妨碍管路的伸缩动作，工程中采用了固定支架与活动支架相配合的形式。阀门、法兰、管接头等与支吊架之间需有 8～10cm 以上的距离。另外，在采用固定支架时，管材与扁钢管卡之间必须填入橡胶垫，以免伤及管材。

6. 管网试压

待主厂房内所有管路系统安装完成后，对管网进行压力试验。用高纯度氮气充入管网，缓慢升压至 0.15MPa，保压 4h 不降为合格。如在试压过程中发现有漏点，必须将该段管材拆下，采用新管材热粘连接后进行置换，并严格按照洁净要求处理好整个过程。

7. 管网水冲洗、 超纯水测试

为避免管材运输和加工中的二次污染，需用过氧化氢进行二次消毒，步骤如下：
1）用稀释的过氧化氢对管网进行循环消毒，保持 24h；
2）将过氧化氢放出，用容器回收或直接放回过氧化氢站进行处理；
3）用超纯水对管网连续冲洗 48h，然后用试纸测试 pH 值，达到中性为合格。

8.4　实施效果及总结

应从总承包管理的角度出发，通过对纯水工程技术背景的了解，熟悉纯水施工工艺流程及其系统组成，针对厂房选址位置水源水质进行分析，开展系统工程设计；并合理部署纯水站房的土建施工，使其进度满足洁净厂房附属工程的土建施工整体部署，在过程中采用新型的水池施工方法、工艺，规避常规做法可能导致的渗漏问题，最终可实现成本、工期、质量的多赢。

在超纯水系统管道工程的总承包管理中，从管材材料属性的源头分析，选取最优的配管材料；并对配管施工工艺进行细致地要求，落实一线施工人员的洁净意识，使其施工过程中能自觉遵守洁净管道施工要求，避免了因施工不当导致管道污染，确保了洁净管道的施工质量，满足后期超纯水使用方的运行需求（图8-2）。

图 8-2　某项目纯水站外部照片

第9章 化学品供应系统施工技术

9.1 技术背景及特点

9.1.1 技术背景

化学品供应系统是指以中央供应方式提供工艺生产过程中所需化学品的系统，属于生产的辅助工艺系统。根据生产对化学品需求不同、系统功能不同，采取的系统供给方式也有所不同。

电子洁净厂房常常需使用各种化学品，根据电子产品品种及其生产工艺的不同，各种电子产品生产所使用的化学品是不相同的，其中以集成电路芯片制造过程、TFT-LCD（高清真彩显示屏）生产过程所需的化学品种类较多，纯度要求严格。表9-1、表9-2是关于这两种电子产品生产用洁净厂房内所用的主要化学品及集成电路芯片64M生产过程部分化学品的质量要求。

电子洁净厂房所用主要化学品种类 表9-1

化学品种类	性质	TFT-LCD制造工厂	集成电路芯片制造工厂
C_3H_6O	毒性、可燃性		√
$(CH_3)_2CHOH$	可燃性	√	√
C_5H_9NO	可燃性	√	
$C_2H_3Cl_3$	毒性、可燃性		√
NH_4HF_2/NH_4T	毒性、可燃性		√
NH_4OH	腐蚀性		√
H_2SO_4	腐蚀性		√
HPO_3	腐蚀性	√	√
HCl	腐蚀性	√	√
HP	腐蚀性		√
BOE	腐蚀性		√
H_2O_2	氧化性		√
CH_3COOH	腐蚀性、可燃性	√	√
HNO_3	腐蚀性、氧化性	√	√
$NaOH$	腐蚀性	√	√
$(CH_3)_2SO$	腐蚀性	√	
$HOCH_2CH_2NH_2$	腐蚀性、毒性	√	

注：表中符号"√"表示该类工厂需用的气体。

集成电路芯片（64M）生产过程部分化学品的质量要求　　　　表 9-2

化学品种类	微粒（PC/CC）		金属离子
	$0.1\mu m$	$0.2\mu m$	
H_3PO_4	<40	<20	<10×10^{-9}
HCl	<30	<20	<10×10^{-9}
H_2SO_4	<20	<10	<10×10^{-9}
H_2O_2	<20	<10	<10×10^{-9}
NH_4OH	<20	<10	<10×10^{-9}
HNO_3	<30	<20	<10×10^{-9}
49%HF	<30	<20	<10×10^{-9}
5%HF	<30	<20	<10×10^{-9}
1%HF	<30	<20	<10×10^{-9}

9.1.2 技术特点

1. 储存输送管道的选用

电子洁净厂房所需化学品的品类较多，包括具有可燃性、氧化性、腐蚀性的各种酸碱、有机溶剂等，化学品供应系统与介质接触的储罐、桶槽、管道、管道附件应采用不与化学品产生反应、不向化学品渗透微量物质的材质。为确保化学品的输送质量、安全运行和使用寿命，输送化学品的管道材质应根据管内流过化学品的物理化学性质进行选择，如酸、碱类输送管道材质，通常采用聚四氟乙烯（PTFE）管，并以透明聚氯乙烯（PVC）管做保护套管，避免输送管道被腐蚀和预防酸碱液泄漏时造成人身伤害及设备受损。用于管道系统的垫片，宜采用氟橡胶或聚四氟乙烯，用于化学品管路的阀门材质应与管道材质一致。

为防止各类化学品，特别是一些高纯化学品在输送过程中被污染或因管道材质选用不当，引发不该发生的化学反应，影响化学品质量，输送化学品管道的材质应选用化学稳定性良好和相容性好的材料，如输送有机溶剂类化学品管道材质，通常采用管内壁抛光的低碳不锈钢管等。

酸碱类、腐蚀性溶剂类化学品管路中的阀门密封，应采用 PFA（少量全氟丙基全氟乙烯基醚与聚四氟乙烯的共聚物）或 PTFE 材质，溶剂化学品管路中的阀门密封材料应采用不与输送介质发生反应的材质。酸碱类化学品的主供应管道应采用内管 PFA、外管 C-PVC 的双套管，隔膜阀应采用 PFA 材质。非腐蚀性溶剂化学品的主供应管道应采用 SUS316LEP 管（日本 SUS 系列不锈钢，是一种重要的耐腐蚀性材料），腐蚀性溶剂化学品的主供应管路应采用内管 PFA、外管 SUS304 的双套管，隔膜阀应采用 SUS316L。

2. 化学品供应系统的材质选择

具体参见表 9-3。

化学品供应系统的材质选用   表 9-3

化学品供应系统部件	酸碱化学品	腐蚀性溶剂化学品	非腐蚀溶剂化学品
化学品单元外壳	PP（聚丙烯）或 PVC	PP 或 PVC	不锈钢
阀门箱和三通箱外壳	PP 或 PVC	PP 或 PVC	不锈钢
化学品储罐	内衬 PFA 或 PTFE 的 SUS304 储罐/内衬 PFA 或 PTFE 的碳钢储罐/内衬 PFA 或 PTFE 的 FRP（纤维增强聚合物）储罐	内衬 PFA 或 PTFE 的碳钢储罐/内衬 PFA 或 PTFE 的 SUS304 储罐	SUS316L-EP
化学品桶槽	内衬 PFA 或 PTFE 的 PE 桶槽/内衬 PFA 或 PTFE 的 SUS304 储罐	内衬 PFA 或 PTFE 的 SUS304 储罐/内衬 PFA 或 PTFE 的碳钢储罐	316L-EP
管路	PFA＋透明 PVC 双套管	PFA＋ SUS304 双套管	SUS316LEP 管
阀门	PFA（外壳）/PTFE（膜片）	SUS316EP（外壳）/PTFE（膜片）	SUS316EP（外壳）/PTFE（膜片）
接头	PFA/ PTFE/PVDF（聚偏氟乙烯）	SUS316	SUS316

3. 安全性系统

供给系统应该配备单独的控制和监测系统，包括控制器、控制阀门、可编程逻辑控制器、软件、操作界面等等。该控制系统应该具有与项目要求相同的通信协议。所有的自动阀门都应该为气动阀，由电磁阀启动。设计时确保所有的电磁阀都应该既能手动又能自动，并且在断电时阀门的位置应在满足系统安全的位置状态。所有的连锁控制以及与安全有关的监视系统均应保持在工作状态。每个控制装置都应该配备显示屏及灯光流程图，可以强迫阀件驱动及 Pump（泵）驱动，以便检查系统当前状态、运行参数等。每个控制装置在控制系统出现故障时都应该能够做到人工操作、人工调整或重新设置操作程序。系统接收到的信号以及系统内部的信号都应该带有防故障装置，可人为设定断电断气。当微处理器发生故障时，所有阀门应保持同断电时阀门的位置相同，既满足系统安全的位置状态，与此同时，工艺生产化学品供应停止，系统报警。系统报警的各项参数应可以人工设定。电气设备应配备适当的 UPS（不间断电源）电源以保证其在断电 30min 时间内，内存和程序不丢失。恢复供电后，电气设备应该经人工确认无误后方可重新投入运行。

9.2 化学品储存间施工技术

9.2.1 设计技术要求

根据对一些设有危险化学品储存、分配间的电子洁净厂房调查表明，储存化学品的储罐一般设置在位于化学品供应系统的最低处，在各类液体储罐之间设有隔堤或保护堤。保护堤是用于储罐泄漏或检修用围堰，防止液体化学品外溢；隔堤是用于甲、乙类液体或液体相互接触能引起化学反应的储罐之间的分隔。危险化学品储存、分配间一般均设有液体泄漏报警装置、紧急洗眼器、淋浴器。因此在化学品储存间施工前要熟悉洁净厂房内各种化学品储存间的相关规定及要求。

1) 洁净厂房内各种化学品储存间（区）的设置，应符合下列规定：

生产厂房内化学品的储存、分配间，应根据生产工艺和化学品的品质、数量、物理化学特性等确定。

应设计储存桶槽或储罐，储存桶槽或储罐的容量应为该化学品 7d 的消耗量，应设计日用桶槽，日用桶槽的容量应为该化学品 24h 的消耗量。

化学品应按物化特性分类储存；当物化性质不容许同库储存时，应采用实体墙分隔。

危险化学品应储存在单独的储存间或储存分配间内，与相邻房间应采用耐火极限大于 2h 的隔墙分隔，并应布置在生产厂房一层靠外墙的房间内。

危险化学品储存、分配间宜靠外墙布置。

各类化学品储存、分配间应设置机械排风。机械排风应采用应急电源。

易爆化学品储存、分配间，应采用不发生火花的防静电地面。

输送易燃、易爆化学品的管道，应设置导除静电的接地设施。

接至用户的输送易燃、易爆化学品的总管上，应设置自动和手动切断阀。

2) 危险化学品的储存、分配间应设置排水系统，并应符合下列规定：

含可燃液体的排水，应排入相关的生产排水管道，不得排入易产生化学反应以及引起火灾或爆炸的排水管道。

物理化学特性不相容的化学品，应分别单独设置排水系统。

3) 液态危险化学品的储存、分配间，应设置溢出保护设施，并应符合下列规定：

储存罐或罐组应设置保护堤，保护堤内容积应大于最大储罐的容积或 20min 消防用水量；保护堤的高度不应低于 500mm。

化学品相互接触引起化学反应的可燃液体储罐或罐组之间，应设置隔堤，隔堤不得渗漏；管道穿过隔堤时应采用不燃材料密封。隔堤高度不应低于 400mm。隔堤容积应大于隔墙内最大储罐单罐容积的 10%。

可燃溶剂储罐区应设置防火堤，防火堤容积应大于堤内最大储罐的单罐容积。

酸碱类化学品、腐蚀性化学品液体储罐区应设置防护堤，防护堤容积应大于堤内最大储罐的单罐容积。

防火堤及隔堤应能承受所容纳液体的静压，且不应渗漏；卧式储罐防火堤的高度不应低于 500mm，并应在防火堤适当位置设置人员进出的踏步。

防火堤、防护堤、隔堤四周应设置泄漏收集沟，沟内应设置泄漏收集坑，不同性质的化学品泄漏收集沟不应连通。

化学品储存、分配间四周应设置泄漏废液收集沟，沟内应设置废液收集坑，不同性质的化学品泄漏废液收集沟不应连通。

应设置液体泄漏报警装置。

应设置紧急淋浴和洗眼器。

4）化学品供应单元的设计应符合下列规定：

供应单元的设备、管路应设置于箱柜内，箱柜顶部宜装设高效空气过滤器，并应与单元门有自动联动功能，还应设排气连接口与相应的排气处理系统连接。

供应单元应设有确认化学品种类等信息的条形码读码机，单元柜体应设有危险性标识。

供应单元应设有清洗和吹扫槽车快速接头的纯水枪和氮气枪，有机溶剂化学品补充单元不应设纯水枪。

不同化学品应使用不同型号、不同规格的快速接头。

可燃溶剂化学品供应单元应设防静电接地，补充化学品时，静电接地线应与化学品桶或槽车连接。

供应单元箱柜门应设安全连锁装置，当非正常打开时，应即时报警。

当采用泵输送时，宜采用二组并联设计，当采用氮气输送时，两个压力桶应交替使用。

供应单元的桶槽应设计氮气密封。

供应单元的出口应设有自动和手动阀，自动阀的信号应连接监控系统，并应根据工艺设备的需求而开关，同时应设有联动的紧急按钮装置。

供应单元应设置紧急停止按钮和显示系统状态的三色指示灯，紧急按钮启动时，应发出声光报警信号；供应单元的桶槽应设置液位探测计和高低液位报警装置，同时宜设置可目视的液位计。

化学品供应单元应设紧急停止按钮，当系统流量过大或不符合工艺要求时，系统应自动停机，并应在启动时发出警报声及红光闪烁。

5）化学品储罐的设计应符合下列规定：

化学品储罐应采用氮气密封。

化学品储罐应根据体积大小设置检修口，并宜设检修用不锈钢爬梯等。

当采用氮气输送时，化学品储罐应设爆破膜、安全阀等泄压装置。

化学品储罐应设置液位探测计，并应设有高高、高、低、低低液位报警，同时应设计可目视的液位计。

化学品储罐外部明显处应标明储罐的编号、化学品名称，字体高度不应小于 40cm。

化学品储罐应预留必要的管路出入口，并应设排放口及排放阀。

6）阀门箱的设置应符合下列规定：

阀门箱内支管数量应按工艺要求确定，宜预留扩充接头，每一支管应设有切断阀、排液阀。

阀门箱底部应设泄漏或维修用的排液阀。

阀门箱应设置排气口，并连接至相应的排气处理系统。

阀门箱盖宜采用弹簧扣环设计，其承受压力应大于 0.01MPa。

9.2.2 主要施工内容及方法

洁净厂房包含有危废暂存间、纯水站、废水站、动力站、氢气纯化站、一般废品库暂存间、化学品供应站、特气站等配套相关专业，其中化学品供应站一般为钢筋混凝土框架结构、混凝土屋面，局部设有轻钢泄爆屋面，建筑内设有自动喷水灭火系统。化学品供应站内所包含的有：有机化学品库储存间、有机化学品收集间、碱化学品库供应间、酸化学品库供应间。有机化学品库储存间储存的有 IPA（一种无色的挥发性液体）、NMP（N-甲基吡咯烷酮）、PGMEA（丙二醇甲醚醋酸酯），有机化学品收集间有 PGMEA，碱化学品库供应间有氢氧化钾、四甲基氢氧化铵等，酸化学品库供应间有铝酸、铜酸、硝酸、草酸等。

1. 有机化学品泄爆间结构施工

化学品供应站中，有机化学品库储存间和有机化学品收集间对于泄爆有特殊要求，参见表 9-4。

泄爆储存间化学品特性 表 9-4

序号	名称	特性
1	IPA	IPA 是一种无色的挥发性液体，其气味不大。IPA 可与水和乙醇混溶。与水能形成沸物。它易燃，蒸气与空气形成爆炸性混合物，爆炸极限 2.0%～12%（体积），它属于一种中等爆炸危险物品。其蒸汽能滚动流过相当长的距离，并能产生回火。其蒸汽能对眼睛、鼻子和咽喉产生轻微刺激，能通过皮肤被人体吸收。可用于防冻剂、快干油等，更可作树脂、香精油等溶剂，在许多情况下可代替乙醇使用。IPA 也可用作涂料、松香水、混合脂等方面；无色透明；纯天然产品
2	NMP	无色透明液体，沸点 203℃，闪点 95℃，能与水混溶，溶于乙醚、丙酮及各种有机溶剂，稍有氨味，化学性能稳定，对碳钢、铝不腐蚀，对铜稍有腐蚀性。具有黏度低、化学稳定性和热稳定性好、极性高、挥发性低、能与水及许多有机溶剂无限混溶等优点
3	PGMEA	中文名称为丙二醇单甲醚醋酸酯，是一种具有多功能的非公害溶剂。主要用于油墨、油漆、墨水、纺织染料、纺织油剂的溶剂，也可用于液晶显示器生产中的清洗剂；是性能优良的低毒高级工业溶剂，对极性和非极性的物质均有很强的溶解能力，适用于高档涂料、油墨各种聚合物的溶剂，包括氨基甲基酸酯、乙烯基、聚酯、纤维素醋酸酯、醇酸树脂、丙烯酸树脂、环氧树脂及硝化纤维素等。其中，丙二醇甲醚丙酸酯是涂料、油墨中最好的溶剂，适用于不饱和聚酯、聚氨酯类树脂、丙烯酸树脂、环氧树脂等

有机化学品库储存间位于化学品供应站靠外侧边缘位置（图 9-1），其外侧三面外墙为深灰色岩棉夹芯金属外墙板，作为泄爆外墙标准进行施工，内侧墙壁紧邻的是有机化学品收集间，此墙壁为钢筋混凝土防爆墙。

有机化学品库储存间泄爆计算：

泄爆面积计算公式：$A = 10 \times CV^{2/3}$

长径比：长径比 $= L \times [(W+H) \times 2]/(4 \times W \times H) < 3$

泄爆面积计算参数：$C = 0.11$，$V = L \times W \times H$

泄爆区域外墙面积：S

若泄爆面积计算公式＜泄爆区域外墙面积＝$A < S$，则泄爆区域外墙面积满足泄爆要求。

有机化学品收集间位于化学品供应站中间位置，其三面为钢筋混凝土防爆墙，防爆墙厚度为 300mm，靠近外侧外墙为深灰色岩棉夹芯金属外墙板，有机化学品收集间顶部做法为单层压型钢板泄爆屋面。

有机化学品收集间泄爆计算：

泄爆面积计算公式：$A = 10 \times CV^{2/3}$

长径比：长径比 $= L \times [(W+H) \times 2]/(4 \times W \times H) < 3$

泄爆面积计算参数：$C = 0.11$，$V = L \times W \times H$

泄爆区域屋顶面积：S

若泄爆面积计算公式＜泄爆区域屋顶面积＝$A < S$，则泄爆区域屋顶面积满足泄爆要求。

图 9-1　化学品储存间示意图

有机化学品储存间和有机化学品收集间设置 300mm 宽的排水管道系统，排水系统坡度不应小于 0.3%，含可燃液体的排水，排入相关的生产排水管道，不得排入易产生化学反应以及引起火灾或爆炸的排水管道。物理化学特性不相容的化学品，分别单独设置排水系统。

2. 酸、碱化学品供应间结构施工

碱化学品库供应间有氢氧化钾、四甲基氢氧化铵等，酸化学品库供应间有铝酸、铜酸、硝酸、草酸等（表 9-5）。

酸、碱化学品供应间主要化学品特性 　　　　　　　　　　　表 9-5

序号	名称	特性
1	氢氧化钾	化学式为 KOH，白色粉末或片状固体。具有强碱性及腐蚀性。极易吸收空气中的水分而潮解，吸收二氧化碳而成碳酸钾。当溶解于水、醇或用酸处理时产生大量热量。溶于乙醇，微溶于醚。有极强的碱性和腐蚀性，其性质与烧碱相似
2	四甲基氢氧化铵	分子式为 $C_4H_{13}NO$，有一定的氨气味，具有强碱性，在有机硅方面，作为二甲基硅油、苯甲基硅油、有机硅扩散泵油、无溶剂有机硅模塑料、有机硅树脂硅橡胶等的催化剂
3	铝酸	氢氧化铝，化学式 $Al(OH)_3$，是铝的氢氧化物，是一种两性氢氧化物，显碱性又显一定的酸性，所以又可称之为铝酸 H_3AlO_3
4	铜酸	铜酸是四羟基合铜酸，四羟基合铜络离子，分子式为：$[Cu(OH)_4]^{2-}$，颜色为深蓝色，可由 $Cu(OH)_2$ 与浓 NaOH 反应生成。是一种配合物，和硼酸的显酸性过程一样，不是电离出氢离子，而是吸附氢氧根，是一种弱的路易斯酸（指电子接受体，即有可以用来接收电子对的空轨道）
5	硝酸	硝酸是一种具有强氧化性、腐蚀性的强酸。化学式为 HNO_3。易溶于水，常温下纯硝酸溶液无色透明。硝酸不稳定，遇光或热会分解而放出二氧化氮，分解产生的二氧化氮溶于硝酸，从而使外观带有浅黄色，应在棕色瓶中置于阴暗处避光保存，也可保存在磨砂外层塑料瓶中，严禁与还原剂接触。浓硝酸是强氧化剂，遇有机物、木屑等能引起燃烧。硝酸在工业上主要以氨氧化法生产，用以制造化肥、炸药、硝酸盐等；在有机化学中，浓硝酸与浓硫酸的混合液是重要的硝化试剂
6	草酸	草酸，即乙二酸，最简单的有机二元酸之一。分子式为 $H_2C_2O_4$，结构简式 HOOCCOOH。它一般是无色透明结晶，对人体有害，会使人体内的酸碱度失去平衡，影响儿童的发育，草酸在工业中有重要作用，草酸可以除锈。草酸遍布于自然界，常以草酸盐形式存在于植物如伏牛花、羊蹄草、酢浆草和酸模草的细胞膜中，几乎所有的植物都含有草酸盐

酸化学品库供应间和碱化学品库供应间对于泄爆没有特殊要求，房间内侧墙壁为钢筋混凝土结构，外侧墙壁材料为深灰色岩棉夹芯金属外墙板。房间内部设置排水系统，含可燃液体的排水，排入相关的生产排水管道，不得排入易产生化学反应以及引起火灾或爆炸的排水管道。物理化学特性不相容的化学品，分别单独设置排水系统。

3. 化学品泄漏报警阀组施工

化学品供应间内设有液体泄漏报警装置、紧急洗眼器、淋浴器等装置。在酸化学品库供应间单独设置一间报警阀室，作为对化学品供应间的监测使用。

1）进场检查要求

报警阀除应有商标、型号、规格等标志外，尚应有水流方向的永久性标志。

报警阀和控制阀的阀瓣及操作机构应动作灵活、无卡涩现象，阀体内应清洁、无异物堵塞。

水力警铃的铃锤应转动灵活、无阻滞现象；传动轴密封性能好，不得有渗漏水现象。

报警阀应进行渗漏试验。试验压力应为额定工作压力的 2 倍，保压时间不应小于 5min，阀瓣处应无渗漏。

2）施工要求

报警阀组的安装应在供水管网试压、冲洗合格后进行。安装时应先安装水源控制阀、报警阀，然后进行报警阀辅助管道的连接。水源控制阀、报警阀与配水干管的连接，应使水流方向一致。

报警阀组安装的位置应符合设计要求；当设计无要求时，报警阀组应安装在便于操作的明显位置，距室内地面高度宜为 1.2m；两侧与墙的距离不应小于 0.5m；正面与墙的距离不应小于 1.2m；报警阀组凸出部位之间的距离不应小于 0.5m。

水力警铃的工作压力不应小于 0.05MPa，并应设在有人值班的地点附近或公共通道的外墙上；与报警阀连接的管道，其管径应为 20mm，总长不宜大于 20m。

安装报警阀组的室内地面应有排水设施，排水能力应满足报警阀调试、验收和利用试水阀门泄空系统管道的要求。

对于报警阀组附件的安装，压力表应安装在报警阀上便于观测的位置；排水管和试验阀应安装在便于操作的位置；水源控制阀的安装应便于操作，且应有明显开闭标志和可靠的锁定设施。

湿式报警阀组的安装应使报警阀前后的管道中能顺利充满水；压力波动时，水力警铃不应发生误报警；报警水流通路上的过滤器应安装在延迟器前，且便于排查操作的位置。

干式报警阀组应安装在不发生冰冻的场所；安装完成后，应向报警阀气室注入高度为 50～100mm 的清水；充气连接管接口应在报警阀气室充注水位以上部位，且充气连接管的直径不应小于 15mm；止回阀、截止阀应安装在充气连接管上；气源设备的安装应符合设计要求和国家现行有关标准的规定；安全排气阀应安装在气源与报警阀之间，且应靠近报警阀；加速器应安装在靠近报警阀的位置，且应有防止水进入加速器的措施；低气压预报警装置应安装在配水干管一侧；报警阀充水一侧和充气一侧、空气压缩机的气泵和储气罐上、加速器上应安装压力表；管网充气压力应符合设计要求。

雨淋阀组的安装可采用电动开启、传动管开启或手动开启，开启控制装置的安装应安全可靠。水传动管的安装应符合湿式系统有关要求；预作用系统雨淋阀组后的管道若需充气，其安装应按干式报警阀组有关要求进行；雨淋阀组的观测仪表和操作阀门的安装位置应符合设计要求，并应便于观测和操作；雨淋阀组手动开启装置的安装位置应符合设计要求，且在发生火灾时应能安全开启和便于操作；压力表应安装在雨淋阀的水源一侧。

9.2.3　调试验收

1. 调试要求

1）湿式报警阀调试时，在末端装置处放水，当湿式报警阀进口水压大于 0.14MPa、放水流量大于 1L/s 时，报警阀应及时启动；带延迟器的水力警铃应在 5～90s 内发出报警铃声，不带延迟器的水力警铃应在 15s 内发出报警铃声；压力开关应及时动作，启动消防泵并反馈信号。

2）干式报警阀调试时，开启系统试验阀，报警阀的启动时间、启动点压力、水流到试验装置出口所需时间，均应符合设计要求。

3）雨淋阀调试宜利用检测、试验管道进行。自动和手动方式启动的雨淋阀，应在 15s 内启动；公称直径大于 200mm 的雨淋阀调试时，应在 60s 内启动。雨淋阀调试时，当报警水压为 0.05MPa 时，水力警铃应发出报警铃声。

2. 验收要求

1）报警阀组的各组件应符合产品标准要求。

2）打开系统流量压力检测装置放水阀，测试的流量、压力应符合设计要求。

3）水力警铃的设置位置应正确。测试时，水力警铃喷嘴处压力不应小于 0.05MPa，且距水力警铃 3m 远处警铃声声强不应小于 70dB。

4）打开手动试水阀或电磁阀时，雨淋阀组动作应可靠。

5）控制阀均应锁定在常开位置。

6）空气压缩机或水灾自动报警系统的联动控制，应符合设计要求。

7）打开末端试（放）水装置，当流量达到报警阀动作流量时，湿式报警阀和压力开关应及时动作，带延迟器的报警阀应在 90s 内压力开关动作，不带延迟器的报警阀应在 15s 内压力开关动作。雨淋报警阀动作后 15s 内压力开关动作。

9.3 化学品管道施工技术

9.3.1 施工准备

1. 安全施工基本要求

安全施工须遵循现场施工管理条例、安全管理条例、安全施工规范等，作业安全管理规定应遵循或不低于客户安全管理规定；人员设备入场需事先得到许可和认证；安全帽、安全鞋、安全标示、安全带、安全眼镜为标准基本安全装备；施工作业需按照客户程序书面申请并得到批准，特殊作业需制定专项方案；施工作业前必须先检查周围环境，满足基本安全条件方可施工；任何施工程序皆须使用安全锥、护栏等为隔离作业区及警示装置用；施工作业过程均需配备安全标示挂牌指示；独立施工区域需安全控管（安全锥、护栏或人员安保控管等）；交叉施工区域除安全控管外另需客户或相关施工单位协调作业以降低施工风险；施工前必须先观察周围环境、阀件、按钮及其他设备设施位置，以免碰触；需遵循高纯系统建设洁净施工相关原则。

2. 施工图纸技术文件确认

所有施工图纸必须为标准施工图纸，即设计审核确认签发施工图纸；施工图纸标注系统流程、布置位置、设备管道名称编号、材质、规格等；施工前需进行图纸技术文件交底。

3. 洁净设施准备

高纯 PVDF（聚偏氟乙烯）、高纯 PFA（为少量全氟丙基全氟乙烯基醚与聚四氟乙烯的共聚物）管道施工，需建立符合要求的洁净设施，配备高纯施工要求的专用施工设备工具及洁净用品；为保证洁净施工要求，现场需搭建管道预制用洁净小间（1000 级），保证高纯管道洁净的施工环境和高质量的预制焊接。所有设备、工具、材料等物品应分区储存放置在洁净控制区域。

4. 材料准备

1）材料检查与验收

进场：原材料运抵施工现场立即通知质量负责人，在质量负责人对材料的基本情况进行预检后方可卸货。在质量负责人确认后小心地将货物卸下，注意不可将材料及保护包装破坏。

若出现易碎标示显示异常，外包装明显破损或异常（如水浸等），设备材料外表有大量异物（如水/油等），货运方常识性错误状况（如倒立等），应马上停止卸货。

初检：质量负责人检查发货单，核对设备材料清单和附带文件以及货物外观等。初检合格后才能签署收货文件。

复检：对照设备材料合同所附技术条件和验收标准，对设备规格、性能作全面检查，确保符合技术要求。

化学品装置（CDM/CCB/VMB/TB/Sum-pit Box）、大宗过滤装备、重要关键设备装置（液罐/泵等）设备材料需依照标准检查程序。

记录：将通过所有检查的材料作上可用标记，记录日期及批号；将未通过检查的材料作上不可用标记，记录日期及货号；所有检测记录将记录在材料记录文件中。

2）材料储存与搬运

洁净管道存储，现场使用管架分类放置；阀门、管件类放置区域，设备放置区域，电气仪表区域，材料依型号厂家分类放置并加以标识；支架辅助材料放置区域；临时材料放置区域；施工用设备工具放置区域。

设备及大宗材料转移应选择相应的机械和装置；拆除包装且不作保护的任何设备和材料不准使用机械搬运，只能使用人工方式，长管道必须两人以上进行搬运；在搬运材料过程中，若接触工艺介质材料表面必须戴洁净手套；运输时，无论室内与室外都应用乙烯套保护运输。

5. 管道支架制作安装

支架的材质有冷镀锌、热镀锌、不锈钢等，因应用环境或客户要求而异，安装形式和管道固定方式依照标准设计；管道中心间距需考虑焊接机头、操作维护空间等因素；主系统管道间距宜留有以后系统扩充空间，双套管间距需要大于 50mm，缠带加热保温棉管道间距需要大于 60mm；支架与管道须采用 PVC 或橡胶类衬垫以防止外管划伤；非不锈钢支架切割面需刷防锈漆并以塑料封盖保护，破坏镀锌处均以此法处理；不锈钢支架选择合适的切割方式，并应防止氧化；支架切割后均需处理毛刺修边；管道墙开孔需及时封堵，管道穿墙需考虑加套管；化学品间内支架根据系统设计需要确定防腐等级（必要时采用环氧漆支架）。

9.3.2 主要施工内容及方法

1. CPVC 配管施工

1）CPVC 管道切割和连接

管道切割预制在洁净室内执行，必须配备洁净室专用吸尘器；管道横放水平固定切割，防止切屑进入管内；CPVC 管线不能直接放置于地面，应有防尘铺垫物；只有在管路施工开始后，方可拆开管道包装，保证管壁清洁没有划痕；CPVC 管线连接处采用冷胶溶接法。

2）CPVC 管道弯制

CPVC 外保护管是化学供应系统中最常用的管路之一，它在管路配管中所使用的各种类型的弯头都是根据现场情况现场加工的，其采用的方法是加热煨制热弯成型，在煨制时要特别注意加热温度的控制。

CPVC 管弯制控制要点：在弯管前要预制好模具，以模具为加工基准，保证同一规格的管子弯制成型后的半径、弧度要一致；管子被弯处不得有曲折，失圆度应控制在口径 0.5mm 标准内，一般情况下 2 寸管的弯曲半径为 400～450mm、1～2 寸管的弯曲半径为 350mm、1 寸管的弯曲半径为 250～300mm；管子在加热烘箱内加热时，要不停地转动，当烘箱加热长度不够时要同时前后移动，一个弯头的弯制加热要一次完成；弯头加工时所用的冷却水，要用洁净的纯水，并且要经常更换。

CPVC 管弯制流程如图 9-2 所示。

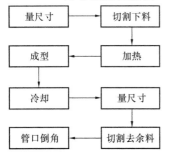
图 9-2　CPVC 管弯制流程示意图

3）CPVC 管路安装

CPVC 管路安装时都是采用外套接头，用 PVC 专用胶水粘结，每一个接头的密封性都直接影响整条管路的品质，所以在作业时要注意每一个施工细节。

管子切割后要用倒角器内外倒角；涂胶水前管子外壁和接头内壁都要用清洗剂清洗，胶水要在管子外壁和接头内壁均匀涂擦，管子的插入深度以接头的内部台阶为准，当管子插入接头后要保持用力 20s 左右后才可松手，对挂在外面的胶要用干净的棉布擦去；当有几条或多条管路平行、上下多层时，要注意管路的间距一致，管接头要在同一直线上，以保证管路的外形美观整齐。用 P 形管夹固定管路时，P 形夹不可直接夹在管子上，一定要用橡胶皮保护；CPVC 管塑性大，易弯曲、易变形、易折断，所以支架一定要按规范安装，2 寸管间距不大于 2.5m，1～2 寸、1 寸管则不大于 2m。支架一定要在管子安装前架好，禁止先安装管子后补支架的不规范操作；管路安装完后贴上管路标签，标签要注明管路内所存在化学品的名称、危害性、腐蚀性以及流向。

2. PFA 配管施工

1）PFA 管路安装

PFA 管子除在设备内部以外，其余都将安装在 CPVC 外管内或不锈钢 SS304 外管内；PFA 管道是整条管路安装，中间没有连接点，在安装前要对外管的管路长度做好测量工作，在选用内管时要保证其有足够的长度；PFA 管是高洁净管材，在安装时要保证其内部不被污染和外部不能沾上灰尘，所以作业现场要有良好的施工环境，在地上要铺有干净的 PVC 布，施工人员要求戴有无尘室作业用的 PVC 手套，不可让污物带入外管内；PFA 管是软性管材，在施工时不可折到。在施工中发现管材上有折到的痕迹必须更换管材（PFA 管子若被折到会严重影响其使用寿命）；PFA 内管安装采用长距离多人作业方式。在施工时要求专人指挥，作业人员配合动作一致；在拉内管时必须要有节奏性地一拉一松，让 PFA 的延伸率及时得以复原；严禁强行蛮拉、使用机械或电动葫芦等工具作业。

2）PFA 管道的切割与连接

PFA 管线连接处采用扩孔模具，将管线与 Fitting（配件）锁紧并用 Box（盒）保护；PFA 管线使用专用的不锈钢切割刀具；扩孔时确保扩孔模具表面清洁，防止污染内部管线。

3. 不锈钢管道配管施工

有机溶剂类化学品的管道一般分为两种：采用 SS316LEP 管道，无外套管；采用 SS304 外管，PFA 内管。

4. 管道接口方式及连接方法

酸碱类以及研磨液类采用 PFA 管道作为输送管道，而 PFA 管道长度长达 100～200m，一般中间不需要连接。当主管道长度超过 PFA 管道的长度而需要连接时，宜采用下述的 Flare（加热）扩口连接方式，也可采用 Super300 接口连接方式。

1）PFA 扩口接头安装

（1）先将螺母套入管中，并量好需要加工的管道的长度（图 9-3）；

（2）将 PFA 管道使用专用工具切成需要的长度；

（3）将进行扩口的一端用专用的烘枪烤热 15～20mm（对于 1/4～3/8 的管道烤热 5～

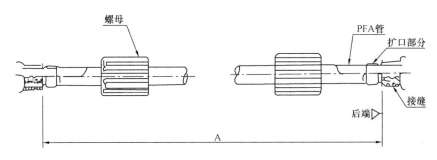

图 9-3　螺母套入管中示意图

6mm)，当观察到管道透明度增加后，可进行扩口工作；

(4) 将"烤好"的管道插入专用的扩管工具，如图 9-4 所示，并使其冷却、定形；注意需要选择正确的尺寸；

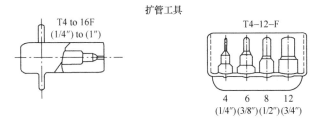

图 9-4　管道插入专用的扩管工具示意图

(5) 将扩口后的 PFA 管道插入接头，并确保插入足够长度，以确保管道的安装质量 (图 9-5)；

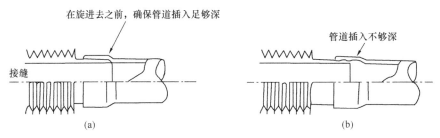

图 9-5　扩口后的 PFA 管道插入接头示意图

(a) 正确示例；(b) 错误示例

(6) 将螺母锁好，注意锁紧的力度。

2) PFA Super300 接头安装

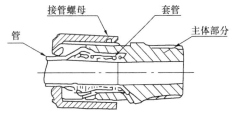

图 9-6　Super300 连接方式示意图

(1) Super300 连接方式，见图 9-6；

(2) 先将螺母套入管中，并量好需要加工的管道的长度；

(3) 将 PFA 管道使用专用工具切成需要的长度；

(4) 使用专用工具将 PFA Fitting 插入 PFA

Tube（管）内（图 9-7）；

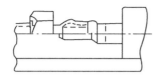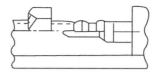

图 9-7　PFA Fitting 插入到 PFA Tube 内示意图

（5）将装入 PFA Fitting 后的 PFA 管道连接好接头，并锁紧螺母（图 9-8）；

（6）完成连接；

（7）对于设备内部的不锈钢管道（有机溶剂输送系统）的连接方法，除了自动焊接外，可以被接受的连接方式为 VCR（面密封接头的一种）连接，VCR 连接方式参照高纯气体管道施工程序。

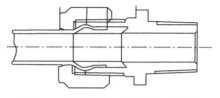

图 9-8　PFA 管道连接接头示意图

9.3.3　成品保护

1. 洁净成品保护

CPVC 及 PFA 管线铺设完毕后应及时张贴"保护成品"和"请勿踩踏"等标识；现场已安装管道和部件均以警示标志，必要时采用围栏，并派专人巡视；所有已安装室外管道和部件均采用洁净塑料纸进行保护，移交客户时才能打开。

2. 管线检查

管线检查前管道标签、化学品设备标示需完成；根据系统流程、系统布置图、材料规格表进行管线检查；施工小组自检完成后交于质量负责人进行检查；管线检查以系统为基础；检查后记录存档。化学品管道示意如图 9-9 所示。

图 9-9　化学品管道示意图

3. 管线测试与清洗

管道冲洗方案（化学品种类、顺序、方法、安全措施）由专人审订；冲洗管线使用的介质纯度确保不会影响管路的测试规格；冲洗基本介质为纯水、化学品；管线冲洗以系统为单位，执行后记录存档。

9.4 洁净区化学品管道施工技术

9.4.1 施工准备

1. 材料处理

原材料运抵施工现场立即通知 QA（品质保证）/QC（品质控制）工程师，在 QA/QC 工程师对货物的基本情况进行预检后方可卸货，注意不可将材料及保护包装破坏，将货物放置于具备空调设施的仓库内，以备 QA/QC 工程师进一步详细检查，并将货运文件、发票及熔炼测试报告等所有文件和拷贝件交予 QA/QC 工程师。QA/QC 工程师将根据货号仔细辨识货物材料或组件的类型，将信息记录于主签收单及货运单，将原始货运文档交予财务，并拷贝一份作为 QA/QC 文档。

2. 材料验收

在卸下货物及签署签收单后，QA/QC 工程师将对货物外观进行破损检查，若外包装有破损，该件物品将标记为 10%检验样品。对货物的炉号与供应商提供的熔炼测试报告进行核对，确保材料成分符合技术要求。肉眼检测材料的外观尺寸、凹痕、划痕及外表面的光滑程度；肉眼检查材料的内部尺寸，内表面疵点、划痕、剥落等；表面应经过精密抛光，达到镜面效果的高反射率（不锈钢电抛光系列）。检查所有材料应当被双层密封于充氮或氩的聚乙烯袋中，将通过所有检查的材料作上可用标记，记录日期及批号，将未通过检查的材料作上不可用标记，记录日期及货号。若在前 10%材料中有不可用材料，同批的另 10%材料将做检查，若仍有未通过检查材料，同批 100%材料将做检查。不可用材料将做记录并退回供应商处理或调换。所有检测记录将记录在 QA/QC 材料记录文件中，并交予业主过目。

3. 预制

所有为高纯系统进行的工作应当由有能力胜任的技术人员采用最合理的工艺及最先进的技术来完成。

4. 不锈钢管道预制

所有安装在高纯系统中的管道和组件应当由通过认证的焊接工程师采用自动轨道焊机进

行安装。清洁焊接和测试用的氩气和氮气应当来自于氧含量不高于 10×10^{-9}（即：$\mu g/L$、微克/升），水分不高于 50×10^{-9} 的低温气源。

9.4.2　主要施工内容及方法

1. 转移管道至洁净室

长度超过 $2.4m$ 的管道至少由 2 人运送，管道移至洁净室后除去外包装塑料层并肉眼观察有无损伤（弯曲、凹陷、变色、划痕等），用去离子水擦拭管道外表面，注意不要碰落塑料端盖（图 9-10）。将有外观损伤的管道隔离并通知 QA/QC 工程师。

2. 管道准备

用洁净的专用割刀切割管道，注意运刀时不可用力过大，以防损伤管道端口。切割完成后用聚乙烯袋和塑料端盖将剩余管道包装好，送回指定地点或仓库。

使用专用的管道预处理工具对管道进行平口处理。洁净的接头套管去毛刺工具只有管道经过平口处理后方可使用。

在被切割管道的一端接上经 $0.1\mu m$ 过滤吹扫氩气接头，并用 1/4 限流器在

图 9-10　洁净区化学品管道示意图一

另一端接上另一个吹扫接头。吹扫气流量控制在大约 $10L/min$。

将管道一端紧固在预处理工具的夹具上，检查对齐程度及刀锋情况。十分小心地启动平口机。不允许刨花进入管道，划伤抛光表面。

端口经平口处理后，用除毛刺工具除去内表面和外表面的毛刺，注意仅仅除去毛刺，不要除去过多的本体材料。不要划伤和接触管道内表面。

反向吹扫，对管道另一端进行平口和去毛刺处理。生产商处理过的管道端口也必须经过平口和去毛刺处理。

管道端口预处理完成后，对管道进行颗粒或其他污染物的肉眼检查，若需要则必须进行清理。若无需处理，用聚乙烯袋和塑料端盖密封管道。

3. 管道清洗工艺

生产厂商密封的管道无须重新清洗，为自动轨道焊作平口处理的管道端口需用去离子水进行擦拭，然后用经 $0.01\mu m$ 过滤的氩气或氮气进行吹扫，肉眼检查，如果需要，再次进行清理，清理后的管道用聚乙烯袋和塑料端盖进行保护，清理完成后，每根管道作上"洁净"标记，并记录日期。

4. 接头清理工艺

生产厂商密封的管道无须重新清理，在移至洁净室内前除去外包装。肉眼检测接头是否有其他物质，若有任何污染则应当拒收并通知 QA/QC 工程师。

5. 吹扫工艺

所有高纯管道系统应当用氩气不间断地吹扫，管道系统焊接时应当用 $0.01\mu m$ 过滤的氩气不间断地吹扫，由吹扫限制器端排至大气。轨道焊机焊头必须进行连续吹扫，对于每个吹扫限制器，至少要有 $1\sim3 L/min$ 的氩气流量。系统暴露于大气的任何时候必须进行不间断地吹扫。管线中任何暴露于大气的部分应当用袋子保护。在袋子上戳一个洞，让氩气得以流出管线，并用带子捆扎于管道外径上。始终适量打开吹扫阀，这样在未工作时，若有泄漏，系统也不至于暴露于大气中。确认吹扫气容量足够完成工程计划。在分气箱内安装足够的隔离阀，这样在开启、关闭低温吹扫气源时不必中断系统的吹扫。

6. 焊接工艺

焊接工程师必须得到认证（根据标准的高纯系统焊接相关规范），高纯管道不锈钢焊接须采用自动轨道焊机，每天焊接开始时，更换管道尺寸后，焊机或焊头经过维护后，应当调整焊机参数以适应管道尺寸，制作焊接试样，并让 QA/QC 工程师检查试样焊接是否过深或过浅，是否变色，及对齐状况、清洁状况，一旦通过 QA/QC 工程师的检查，应当在试样上记录焊机内径尺寸、日期、时间并标上试样号，这样焊机才能够进行工程作业。

焊机进行作业前，必须清理工作手套，若有破损必须更换，确认吹扫氩气的流量，焊接完成后，每个焊接工程师必须在焊接处立即标记上其独有的焊接辨识号码、日期以及焊接参数，若符合标准则记录在案，若不符合标准，必须割断后重新焊接，直至符合"高纯管路系统焊接标准"；焊接完成后在焊接处用聚乙烯袋捆扎保护，在袋底端戳一小洞，让氩气得以流出。始终打开吹扫阀，确保吹扫的连续不断。

焊接规范：同心度为同心度误差不得超过管道壁厚的 10%；外径凹度为凹度不得达到管道壁厚的 10%；外径凸度为凸度不得达到壁厚的 10%；外径外观为焊接处不得有任何空隙和过度的变色现象。

9.4.3　测试验收

1. 管道测试程序

在管线或系统安装完成后，应当将实际管线与最新的设计图纸进行核对，包括尺寸以及管线内所有组件的型号（例如阀门、过滤器、调压阀等）；检查管线标签标示是否正确，是否符合业主的使用要求。测试过程中应使用唯一并且符合高纯系统要求的测试表及测试终端，测试表的量程应当达到测试压力的 1.53 倍（图 9-11）。测试介质应当为高纯氩气或者氮气，污染率要低于或等于吹扫气体。

2. 压力下降测试

检查整条管线，确保管线内所有组件的承压能力大于测试压力，并确保管线内所有阀门和调压阀处于完全开启状态；在管线上寻找一处能够安全安装测试表并易于监测的吹扫口或类似的测试端口；切断可能与生产设备相连的所有管道，并用管帽密闭接口；拆除管线内所有压力范围小于测试压力的压力表，并用管帽密闭接口，将压力表置于聚乙烯袋内，密封开口处。准备工作完成后，切断焊接吹扫管线，并用管帽密闭

图 9-11　洁净区化学品管道示意图二

测试管道及吹扫管道，将吹扫过滤器装于袋中，卷起相连的管线以防被破坏或污染。

将测试压力升至标准测试压力的一半并作观察。如果没有明显的压力下降，继续将压力升至标准测试压力。观察压力表 15min，确保压力始终保持在设定的压力值。如果没有压力下降，在压降测试记录里记录下管线内径、气体名称、精确的压力值、时间和日期、大气温度。测试开始时，邀请业主监督。如果有压力损失，使用液体泄漏测试仪确定泄漏点。修复所有泄漏点并重新进行测试。若测试先前已经开始，则测试记录失效，须重新进行测试记录，并由业主进行监督。只有在规定时间内没有任何压力损失（经温度变化压力补偿后），测试才能算成功。在所有压降测试后，将最终的测试数据记录在主压降测试记录上，并由业主代表确认。

3. 压力测试

在压降测试完成后将立即进行静态压力测试；所有静态压力测试完成后，将最终的测试数据记录在主压降测试记录上，并由业主代表确认。

4. 氦检漏测试

在压降测试完成后将进行氦检漏测试以检测系统及组件的泄漏，氦检漏主要针对特种气体及高纯大宗气体，采用的设备为阿尔卡特、英福康氦检漏仪或与之同级设备。每一个焊接接头和组件都应当用袋子将测试区域隔离，并对检测处喷氦，记录测试所得的泄漏率，在完成氦检漏测试后须在管线内回冲氩气或氮气，并处于保压状态，系统测试通过后，须填写测试报告并交由测试工程师和监督测试的业主代表签字，氦检测试通过后，才能进行颗粒、水分、氧分等纯度相关测试。

9.5 实施效果及总结

化学品供应系统作为电子洁净厂房整体施工运转的血液，承担着整个电子工业厂房制造的光荣使命，因此，对化学品的储存、运输、使用都有着极高的标准。化学品储存间结构的选择、安全的要求，化学品输送管道材质的选择、施工等都需要满足质量安全要求。

1）化学品储存间对于泄爆有特殊要求，经计算有机化学品储存间单面外墙作为泄爆面完全满足泄爆要求，有机化学品回收储存间屋顶作为泄爆面完全满足泄爆要求，化学品储存供应系统在满足工业制造需要的同时，也对特殊情况下的安全处置起到了很好的保障（表9-6、表9-7）。

有机化学品储存间泄爆计算   表9-6

某电子洁净厂房项目有机化学品库储存间（P101）A区	
泄爆面积计算公式	$A = 10 \times CV^{2/3}$
长径比	长径比 $= L \times [(W+H) \times 2]/(4 \times W \times H) = 22.9 \times [(20.2+9.3) \times 2]/(4 \times 20.2 \times 9.3) = 1.79 < 3$
泄爆面积计算参数	$C = 0.11$ $V = 22.9 \times 20.2 \times 9.3 = 4301.99$
泄爆面积计算结果	$A = 10 \times 0.11 \times 4301.99^{2/3} = 290.96$
泄爆区域外墙面积	$S1 = 359.2$
泄爆区域屋顶面积	$S2 = 0$
核定结果	$A = 290.96 < S = 359.2$ 单面外墙作为泄爆面完全满足泄爆要求

有机化学品回收储存间泄爆计算　　　　　　　　表 9-7

某电子洁净厂房项目有机化学品回收储存间（P102）	
泄爆面积计算公式	$A = 10 \times CV^{2/3}$
长径比	长径比 $= L \times [(W+H) \times 2]/(4 \times W \times H) = 26.75 \times [(11.7+9.3) \times 2]/(4 \times 11.7 \times 9.3) = 2.58 < 3$
泄爆面积计算参数	$C = 0.11$ $V = 11.7 \times 7.4 \times 26.75 = 2316.015$
泄爆面积计算结果	$A = 10 \times 0.11 \times 2316.015^{2/3} = 192.55$
泄爆区域外墙面积	$S1 = 0$
泄爆区域屋顶面积	$S2 = 278.4$
核定结果	$A = 192.55 < S = 278.4$ 屋顶作为泄爆面完全满足泄爆要求

2）通过湿式报警阀组、干式报警阀组、雨淋阀组等报警阀组的安装施工，对化学品储存间的泄漏等情况，可以及时发现并进行处置，极大地保障了生产、人员的安全，减少经济损失。

3）一般环境下及洁净区环境下化学品管道的施工，对化学品的安全高效传输至关重要。外管采用透明 PVC 管套于 PFA 软内管外部，具有良好的可视性，一旦内管发生泄漏，外套管既可起保护作用，又方便透过外套管及时观测到内管发生了泄漏，及时进行维修，减少伤害。

第10章 气体供应系统施工技术

10.1 技术背景及特点

半导体工业用的气体统称电子气体。按其门类可分为纯气、高纯气和特殊气体三大类。特殊气体主要用于外延、掺杂和蚀刻工艺；高纯气体主要用作稀释气和运载气。电子气体按纯度等级和使用场合，可分为电子级、大规模集成电路（LSI）级、超大规模集成电路（VLSI）级和特大规模集成电路（ULSI）级。

10.1.1 发展现状

电子气体是超大规模集成电路、平面显示器件、化合物半导体器件、太阳能电池、光纤等电子工业生产不可缺少的原材料，它们广泛应用于薄膜、刻蚀、掺杂、气相沉积、扩散等工艺。例如在目前工艺技术较为先进的超大规模集成电路工厂的晶圆片制造过程中，全部工艺步骤超过450道，其中大约要使用50种不同种类的电子气体。电子气体输送系统是指为满足工艺制程的需求，在充分保证工艺和产品安全使用的前提下，将电子气体从气源端无二次污染、满足控制工艺需求的流量和压力等参数下稳定地输送到工艺生产设备的用气点。

目前，电子消费品的种类繁多且升级换代日趋频繁，同类产品的不同制造规模、不同级别档次的生产工厂和科研机构共存。基于投资规模和产品档次的不同，实际要求存在差异，工业界对电子气体输送系统基本有以下三类：

1. 简单供气系统

简单供气系统主要针对小型电子厂房、科研实验机构以及一些单台的工艺设备等。它们制程简单，通常不需要连续性供气，对气体供应系统的投资预算低。

由于气体流量小且不经常使用，特殊气体气源多采用普通钢瓶（≤50L），输送系统多采用半自动气瓶柜加上简单的控制面板。惰性气体则采用全手动控制，有些甚至用单瓶系统。所有气体共用一个气体房，甚至没有气体房，特气钢瓶和输送系统有时放在回风夹道或直接放在工艺制造设备旁边。如果没有特别危险的气体一般共用一个抽风系统，因此，简单供气系统通常存在安全隐患。

2. 常规供气系统

常规供气系统主要应用于4～6英寸的大规模集成电路厂、50MW以下的太阳能电池生产线、发光二极管的芯片工序线及其他用气量中等规模的电子行业。其对气体纯度控制的要求不苛刻，系统配备在满足安全的前提下较为简单，投资预算也较低。

常规供气系统的大宗普通气体多建立现场气站，采用现场液体储罐或集装格供应方式。气体由管路系统输送至厂房，直接开三通送至用气点。

特殊气体一般采用普通钢瓶（≤50L）供气。特气输送系统采用气瓶柜，配置全自动PLC 控制器、彩色触摸屏等；气体面板采用气动阀门和压力传感器，可实现自动切换，自动氮气吹扫，自动真空辅助放空；采用多重安全防护措施，包含泄漏侦测、远程紧急切断等。惰性气体多采用半自动气瓶架，继电器控制，自动切换，手动吹扫，手动放空。气体房和抽风系统根据气体性质进行分类。

3. 大规模供气系统

大规模供气系统主要针对大规模量产的 8～12 英寸超大规模集成电路厂、100MW 以上的太阳能电池生产线、5 代以上液晶显示器工厂等大型电子行业。其用气需求量大，采用最先进的工艺制程设备，对气体的稳定供应、纯度控制和安全生产有严格的要求。

上述工厂的大宗普通气体多采用现场制气或工业园区管道集中供应方式。

除了普通钢瓶（≤50L）包装的特殊气体外，还有多种类的特殊气体都普遍采用大包装容器，由此它们被称为大宗特气，包括 Y-钢瓶（450L）、T-钢瓶（980L）、集装格（940L）、ISO 罐（22500L）、鱼雷车（13400L）等。

大宗气体供应系统（BSGS）采用全自动 PLC 控制器、彩色触摸屏；气体面板采用气动阀门和压力传感器，可实现自动切换，自动氮气吹扫，自动真空辅助放空；多重安全防护措施，包含泄漏侦测、远程紧急切断等。特殊气体一般采用独立气源，多用点采用 VMB（阀箱）或 VMP（阀盘）分路供应，VMB 或 VMP 采用支路气动阀，氮气吹扫，真空辅助排空等。由于大宗气体气源总量大，多采用独立的气体房、独立的抽风系统。

10.1.2　发展趋势

1. 电子气体纯度控制要求越来越高

随着电子消费品的升级换代，产品制造尺寸越来越大，产品成品率和缺陷控制越来越严格，整个电子工业界对电子气体气源纯度，以及杜绝输送系统二次污染的要求越来越苛刻。基本上工业界对电子气体气相不纯物以及颗粒度污染提出的技术指标，直接与分析仪器技术进步带来的最低检测极限（LDL）相关联。如传统的激光颗粒测试仪可测到 $0.1\mu m$，而核凝结技术（CNC）可达到 $0.01\mu m$。

目前 12 英寸超大规模集成电路制造线宽已经发展到 45nm，对于大宗气体的纯度都要求在 10^{-12} 级别，颗粒度控制值指 CNC 分析仪器的下限。实验室超高亮度发光二极管（LED）技术指标已达到 200lm/W（流明/瓦）以上，对于氢气和氨气的纯度控制要求也都小于 $1\times$

10^{-9}，氨气则采用多级精馏生产，技术指标到达 7N（99.99999%）的"白氨"，5N（99.999%）的氢气需要采用先进的钯膜纯化器提纯至 9N（99.9999999%）。

大宗气体系统的及时应用有利于提高污染控制。首先，大包装容器保证了气体品质的连续性，降低了多次充装污染风险。另外由于换瓶频率的减少，也降低了污染概率。大宗气体系统多采用深层吹扫，显著提高了吹扫效果。

输送管路系统普遍采用 316L 不锈钢电解抛光（EP）管道，高纯调压阀、隔膜阀、高精密过滤器（＜$0.003\mu m$）、VCR 接头等，同时采用零死区设计。施工技术采用全自动轨道焊接，同时制定和实施严格的超高纯施工和 QA/QC 保证程序。

气体输送系统建成后必须经过严格的保压、氦检漏、颗粒度和水分、氧分以及其他气相杂质的测试。

2. 大流量、不间断和稳定输送

电子气体多以集中式供应为趋势。输送系统的数量是根据机台对流量的需求进行的合理配置。特气输送设备必须采用全自动切换供气，而且需要考虑备用设备。

对于低蒸汽压气体，需要考虑钢瓶加热、气体面板加热、管道伴热等。为了精确控制流量，在气源端一般会考虑配置高精度的压力变送器、电子秤、温控器等。在机台用气点也都配置质量流量计；对于大流量的气体，不但要考虑管路压降和液化钢瓶蒸发吸热对流量的影响，还要考虑气体经过调压阀减压后的焦耳-汤普逊效应。一般而言，气体减压后温度会降低甚至液化，这会造成输送压力的不稳定以及管路系统的损坏，因此需要考虑在减压前对气体进行预热。

气体监控系统（GMS）通过计算机网络，实现对气体输送系统的实时监控，以确保系统的稳定性。针对液化气体（如氨气）的供应，采用直接加热液体的气化输送系统（Evaporator）目前已经研发成型，很快会进行推广。

3. 安全要求日趋严格

电子气体可能存在窒息性、腐蚀性、毒性、易燃易爆性等危险，其危害性被不同国家区域和不同的工业组织进行了详细的等级分类。任何设计上、施工中、日常运行里存在的安全隐患都会对工厂、人员和环境带来巨大的灾难。

如何保证电子气体的安全储存、使用操作，系统的工艺和产品安全设计，在众多的标准规范中都有很详细的规定。通常而言，会根据气体性质和相容性，将气体房分成可燃气体房、腐蚀性气体房、惰性气体房、硅烷气体房、三氟化氯气体房等。气体房规划需要考虑建筑物的防火、泄爆、防火防爆间距、危险物总量控制等。针对硅烷输送系统，特别是大宗供气系统，因总量较大，应采用隔离式建筑。气体房和气柜应采用自动喷淋系统。而三氟化氯遇水反应，需要采用二氧化碳灭火系统。

使用电子气体的工厂抽风系统也根据危险品性质分成了普通排风系统（GEX）、酸性排风系统（SEX）、溶剂排风系统（VEX）和氨气排风系统（AEX）。

输送管道一般采用无缝 SS316L EP 管。施工采用自动轨道焊接，经保压、氦检漏和纯度测试。对于剧毒、高反应性和自燃气体，应使用双套管输送。一些剧毒气体如磷烷、砷烷等，安全输送系统（SDS）正在被广泛使用。其钢瓶内采用负压吸附的方式，用真空法输送，从根本上避免了气体的泄漏。

气体侦测系统（GDS）是全厂生命安全系统（LSS）的重要组成部分。对于侦测器的要求，除了精度高、反应迅速外，还应具备自检功能。

4. 建设成本日趋降低

因电子工业投资规模越来越大，缩短建设周期、降低建设成本也越来越重要。对电子气体输送系统而言，如何在不降低系统污染控制水平和不牺牲安全配置的前提下，努力减少建设和运行成本同样是一个挑战。

合理配置系统，合理选型材料，可显著降低初始投资费用。这就要求电子气体输送系统承包商具备较强的系统设计能力。性质相匹配的气体，采用同一吹扫氮气系统，可显著节约气瓶柜的投资。对于小管路的施工，直接采用弯管的方式，既节约了弯头的费用，也大大提高了施工效率。严格执行高纯管路施工规范，可大大降低测试气体和测试时间。采用大包装容器的气源，可大大降低物流和人力操作等运行费用。

10.2　特殊气体供应系统施工技术

10.2.1　特殊气体简述

1. 特殊气体分类

由于制作工艺上的需要，在电子厂房中将会使用到许多种类的气体。依据气体的特性来进行区分，又可将其划为一般气体（Bulk Gas）与特殊气体（Special Gas）两大类。一般气体为集中供应且使用量较大的气体，也可称为大宗气体，涵盖制程气体如 PHe、PH_2、PO_2 等[①]，也包含非制程气体如 GN_2（普氮）等；特殊气体主要有各种掺杂用气体、外延用气体、离子注入用气体、刻蚀用气体等，其使用量较小，但极少用量也会对人体造成巨大的生命威胁，如 SiH_4、NH_3、NF_3、SF_6 等，以及他们与 N_2、H_2、He 的混合气体等。

特殊气体种类繁多，依据其本身危险性又可划分为五类，分别为惰性气体（Inert Gas）、毒性气体（Toxic Gas）、腐蚀性气体（Corrosive Gas）、易燃性气体（Flammable Gas）以及低压性/保温气体（Heat Gas）。

惰性气体：又称窒息性气体，这类气体性质稳定，不燃也无毒性，一般不会直接对人体

[①]　此处的 P 意思为 Purity（纯净）。

产生伤害,但当泄漏到不通风的场所时,若空气中含氧量减少至 16% 以下,将会使人缺氧呼吸困难,如不及时解救将会导致死亡,如 SF_6、CF_4、N_2O、CO_2 等。

毒性气体:反应性极强,能强烈危害人体功能,如 CO、NO、ClF_3 等。这些气体的允许浓度极微,因此在贮存、输送以及使用的过程中都要特别小心,一般都应采取特定的技术措施来控制使用这些气体。

腐蚀性气体:腐蚀性气体通常也有较强的毒性,在干燥状态下一般不易侵蚀金属,但易与水起反应而产生酸性物质,有刺鼻、腐蚀、破坏人体的危险性,如 HCl、HF、SiF_4、Cl_2 等。

易燃性气体:自燃、易燃、可燃性气体都定义为这类气体。在空气等助燃气体中点火(即在一定温度、火花存在时)就会燃烧,其燃烧速度极为迅速,产生爆炸性燃烧的气体称为爆炸性气体,可燃、易燃气体都有一定的着火燃烧爆炸范围,即上限、下限值,此范围越大的气体其爆炸危险性越高,属于可燃易爆的气体如:H_2、CH_4、H_2S、NH_3、SiH_4、PH_3、B_2H_6、SiH_2Cl_2、ClF_3、$SiHCl_3$ 等。自燃性是在没有火源(即没有火花和一定温度情况下),只要与空气等助燃气体接触就会自燃,如 $40\sim50℃$ 的 PH_3、$37\sim52℃$ 的 B_2H_6 等。

低压性/保温气体:属黏稠性液态气体,需包加热线及保温棉,将管内的温度升高以使其气化才能充分供应的气体,如 WF_6、BCl_3 等。

还有一类助燃性气体,这些气体自身不能燃烧,但若与可燃物、可燃气体接触,它们可帮助燃烧、容易燃烧,必须在使用、输送过程中加倍重视,属于这类气体的有 O_2、N_2O、F_2、HF 等。

其他一些特性可参见表 10-1~表 10-3。

部分特殊气体对人体的毒性　　　　　　　　　　　　　　　　　　表 10-1

气体	毒性	允许浓度(10^{-6})
硅烷	由于吸入而刺激呼吸系统,急性时有强烈的刺激作用,但未发现对全身以及慢性影响	0.5
磷烷	急性:引起头痛、呕吐、恶心、横膈膜部位疼痛 慢性:消化系统病变、黄疸、刺激鼻和咽喉、口腔炎、贫血	0.3
乙硼烷	吸入会刺激肺,引起肺水肿、肝炎、肾炎、咳嗽、窒息、前胸部痛、呕吐	0.1
砷烷	急性:与红血素母质结合导致红细胞急剧下降,呈现强烈的溶血作用。头痛、恶心、头昏眼花 慢性:逐渐破坏红细胞,尿中含蛋白质	0.05
三氯化硼	由于水蒸气而水解生成盐酸和硼酸,损伤皮肤和黏膜。刺激肺和上呼吸管,引起肺气肿	0.6
二氯硅烷	吸入强烈刺激上呼吸道。因呛咳嗽,与眼、皮肤、黏膜接触时引起烧伤	0.6
氨	吸入引起呼吸管浮肿、声带痉挛,甚至引起窒息。对皮肤、黏膜有刺激性和腐蚀性	25
锑烷	与砷对人体的毒性相似。过多接触会排放血尿	0.1
氢化硒	刺激结膜,呼吸异常,肺水肿,恶心,呕吐,口腔有金属臭,头晕,呼吸有大蒜臭,四肢无力	0.05
氯化氢	损伤皮肤和黏膜,有强烈痛感,引起烧伤。如果接触眼睛有强烈的刺激,如果吸入刺激呼吸道,有窒息感、肺气肿、咽喉痉缩	5

部分特殊气体的物理性质　　　　　　　　表 10-2

物理性质	硅烷	磷烷	砷烷	乙硼烷	氯	氯化氢	三氯氧磷	四氯化硅
分子式	SiH_4	PH_3	AsH_3	B_2H_6	Cl_2	HCl	$POCl_3$	$SiCl_4$
外观（常温常压）	无色气体	无色气体	无色气体	无色气体	黄绿色气体	无色气体	无色透明气体	无色透明气体
臭味	恶心臭味	腐鱼臭味	大蒜臭味	VB 臭味	刺激性臭味	刺激性臭味	刺激性臭味	刺激性臭味
气体相对密度（空气＝1）	1.11	1.18	2.7	0.95	2.49	1.27	5.32	5.9
液体密度	0.68（−185℃）	0.746（−90℃）	1.604（−64.3℃）	0.47（−120.4℃）	1.468（−0℃，0.365MPa）	1.194（−36℃）	1.645（25℃）	1.524（0℃）
沸点（℃）	−112	−87.7	−62.5	−92.53	−34.05	−85	105.8	59
冰点（℃）	−185	−133	−117	−164.86	−100.98	−114.2	1.25	−70
蒸汽压	2.45MPa	3.66MPa	1.5MPa	2.8MPa	0.66MPa	13.3kPa	13.3kPa	13.3kPa
在水中的溶解度	发生反应	20ml/100ml（20℃）	20ml/100ml（20℃）	发生反应	7.3g/L（20℃）	82.31 g/100g（0℃）	发生反应	发生反应
备注	在室温下稳定，但加热到300℃以上或放电面会分解	在300℃以上时会分解	在约300℃以上时会分解	在室温下逐渐分解	—	—	热分解成磷的氯化物和高毒性的氧化物薄膜	能溶于苯、乙醚中

部分电子气体的化学性质　　　　　　　　表 10-3

化学性质	硅烷	四氯化硅	磷烷	三氯氧磷	砷烷	乙硼烷	氯	氯化氢
分子式	SiH_4	$SiCl_4$	PH_3	$POCl_3$	AsH_3	B_2H_6	Cl_2	HCl
与水的反应性	水解产生四份 H_2O，在碱性水溶液中特别容易分解	水解反应生成盐酸和硅	生成水合物	与水反应生成盐酸和磷酸	在加压下生成水合物，由溶解氧气分解成As	迅速而且完全水解，变成硼酸和氢气	生成盐酸和氧气	不发生反应但能充分溶解
燃烧性	能在空气中自燃	—	在空气中自燃	在湿空气中会激烈发烟	在空气中燃烧成蓝白色火焰	在空气中自燃，特别是在40~50℃的湿空气中	助燃	在650℃的空气中燃烧
与其他物质反应	与氯气等卤素气体激烈反应	在酒精中分解	与氯气等卤素气体激烈反应	能与带羟基的有机化合物反应	与氯气反应生成氯化氢和砷	能与盐酸等卤素气体激烈反应	与氢气发生爆炸性反应，几乎能与所有金属反应	与氟气强烈反应，与大多数金属反应生成氯化物和氢气

2. 特殊气体的品质要求

随着电子信息产业技术的不断发展，以动态随机存取存储器（DRAM）为代表的超大规模集成电路生产技术得到了迅速发展，特征尺寸的不断缩小、层数日益增加和性能的飞速提高，对芯片加工过程所需高纯气体中污染物的敏感度日益增加，从而要求使用的高纯气体对杂质含量的控制越来越严格。国际半导体设备与材料协会（SEMI）从 20 世纪 60 年代开始制定半导体制造用高纯气体的标准，包括大宗气体、特殊气体及其分析方法的标准，这些标准随着半导体制造技术的发展不断修订（表 10-4）。

部分 SEMI 半导体用气体的质量标准　　　　　　　　　　　表 10-4

名称		砷烷	氯化氢	磷烷	硅烷	氨	一氧化氮	氯
分子式		AsH_3	HCl	PH_3	SiH_4	NH_3	NO	Cl
状态		瓶装	瓶装	瓶装	瓶装	瓶装	瓶装	瓶装
纯度（%）		99.9467	99.9940	99.9814	99.9417	99.9986	99.9974	99.9961
杂质含量（$\times 10^{-6}$）	CO/CO_2	>2	10	10	>10	1	1/2	1/10
	H_2	500	10	100	500	—	—	1
	N_2	10	16	50	—	5	10	20
	O_2	5	4	5	10	2	2	4
	PH_3	10	—	—	—	—	NH_3 5	$Fe<200\times10^{-9}$
	AsH_3	—	—	15	—	—	—	$Cr<200$
	稀有气体	—	5	—	—	—	—	
	$SiCl_4$	总硫 1	—	—	10	—	NO_1 NO_2 1	
	H_2O	4	10	2	3	5	3	3
小计		533	60	186	583	14	26	

注：表中数据参照《电子工业洁净厂房设计规范》GB 50472—2008。

3. 特殊气体用途

特殊气体作为集成电路、平面显示器件、化合物半导体器件、太阳能电池等电子工业生产中不可缺少的基础性材料之一，依据其不同组成成分被广泛应用于刻蚀、掺杂、气相沉积、腔体清洁等工艺中（表 10-5）。

部分常用的特殊气体工艺用途　　　　　　　　　　　表 10-5

化学成分	名称	工艺用途
氢化物	硅烷	气相沉积工艺的硅源
	砷化氢	n 形硅片离子注入的砷源
	磷化氢	n 形硅片离子注入的磷源
	乙硼烷	p 形硅片离子注入的硼源
	二氯硅烷	气相沉积工艺的硅源

续表

化学成分	名称	工艺用途
氟化物	三氟化氮	等离子刻蚀工艺中的氟离子源
	六氟化钨	金属淀积工艺的钨源
	四氟甲烷	等离子刻蚀工艺中的氟离子源
	四氟化硅	等离子刻蚀工艺中的氟离子源
酸性气体	三氟化氯	工艺腔体清洁气体
	三氟化硼	p 形硅片离子注入的硼源
	氯气	金属刻蚀中所用氯的来源
	三氯化硼	p 形硅片离子注入的硼源
		金属刻蚀中所用氯的来源
其他	氯化氢	工艺腔体清洁气体和去污剂
	氨气	工艺气体用来和 SiH_2Cl_2 反应生成淀积用的 Si_3N_4
	一氧化二氮	与硅反应生成二氧化硅的氧源
	一氧化碳	用在刻蚀工艺中

10.2.2　特气供应系统简介

1. 系统组成

特殊气体供应系统主要由三部分组成：气瓶柜（Gas Cabinet）、阀箱（VMB）/阀盘（Valve Manifold Box/Panel，VMP）、机台（Tools），各组成部分之间通过管路进行连接（图 10-1）。特殊气体通过气瓶柜输送到特殊气体分配器——VMB/VMP，然后送到机台端给制程用。

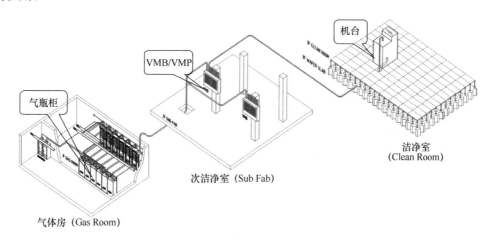

图 10-1　特气系统图

2. 气瓶柜

工业气体的供应方式有多种，如现场制气、管道输送供气、槽车输送供气、外购气体钢瓶或钢瓶组供气等。目前特殊气体应用最为广泛的是采用气体钢瓶供气，它具有投资少、使用灵活等特点，但在气体输送过程中也易受到污染，因此对整个供气系统应有严格的管理和维护。气瓶柜是存放气体钢瓶的柜体，是特气供应系统中气体供应的源头。

1）气瓶柜分类

气瓶柜内的钢瓶数一般可分为三种：单钢、双钢（2 Process）、三钢（2 Process ＋ 1N₂）。

单钢的气体量较小，使用受限制较大，单瓶气体使用完后需要停机进行钢瓶更换，无法不间断作业，因此多用于制程不考虑量产产品时，如实验室等。其优点是可以节省空间且成本低，但钢瓶更换频繁，需通过日常管理与协调以免中断制程造成损失。

而用于量产产品的工厂时，制程不允许停机的情况下，气瓶柜都设计有两个特殊的气体钢瓶。当一支钢瓶使用完后，另一支钢瓶会自动转为供气，达到连续供应不断气的目的。

三钢与两钢气瓶柜最大的差别在于吹扫管路的纯化氮气是以钢瓶还是厂务端来供应（图10-2、图10-3）。当吹扫用的PN₂（高纯氮）统一由厂务端来供应时，所有特殊气体供应系统不管是否相容，全部连接到同一个供应源，会有较高的风险值；如果厂务端供应的PN₂中断，警报系统同时又损坏的话，恰巧两种不相容的气体同时使用，此时极有可能发生爆炸。相同性质但使用同一钢瓶来吹扫，增加的成本及空间非常有限，是一种非常好的应变方式。三钢气瓶柜相较于两钢气瓶柜的成本不会增加很多但安全性有极大提高，因此只要空间允许应最优先选择。

2）钢瓶更换

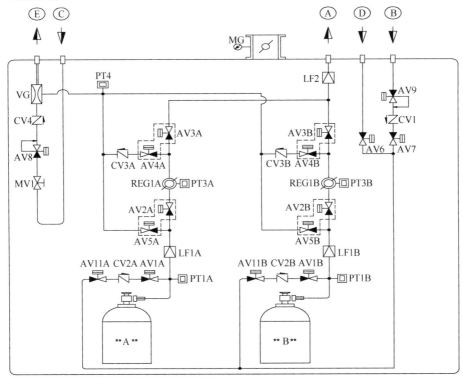

图 10-2　双钢气瓶柜流程图

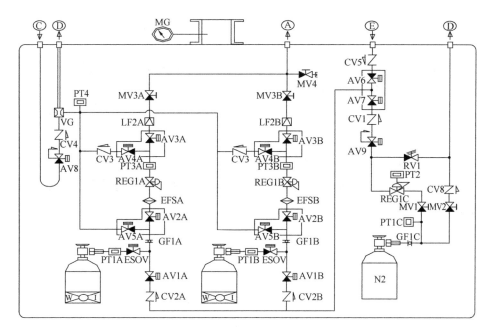

图 10-3　三钢气瓶柜流程图

气态气体通常以压力感应器来计算钢瓶的剩余量，若是液态蒸气压气体则以电子磅秤来侦测剩余量。一般钢瓶更换时机大约是气体剩余 10% 的残留量，但实际上应以制程的需求来决定，这样才会得到最佳的更换时间。再者，钢瓶都有使用期限，超过使用期限则会易因部分特殊气体对钢瓶造成腐蚀，而污染气源。

当一瓶钢瓶用完时切换到另一瓶，操作上一般可分为全自动、半自动、手动三种方式。通常钢瓶更换执行以下几种程序：

钢瓶更换之前（Pre-purge）：首先将钢瓶阀关闭（一定要关紧），用真空产生器将特殊气体抽出，再用PN$_2$稀释管壁内的特殊气体，重复执行充吹的动作将管壁内的特殊气体稀释干净，此时即可更换钢瓶。

钢瓶更换后（Post-purge）：通常以PN$_2$来进行保压测试，测试钢瓶接头是否衔接良好，再利用PN$_2$重复执行充吹的动作来将钢瓶接头清洁干净。

钢瓶净化（Process-purge）：直接用特殊气体来θ净压管壁，主要的目的是将PN$_2$完全地清除从而让供气的品质更好，不会因更换钢瓶而使供应品质受到影响。

高压侧漏检查（Hi Pressure Leak Test）：通常高压燃烧性气体建议使用高压测漏检查，因为经过高压测漏检查后更能确保钢瓶接头衔接没问题。

3）重要气瓶管路组件

气动控制阀（Air Valve）：一般以GN$_2$来进行控制，因GN$_2$的供应系统比较稳定，不会因停电或运转设备故障而中断。

手动控制阀（Manual Valve）：主要用于第二道防护，作为第二次确认使用，一般在供应气体的出口端。

逆止阀（Check Valve）：防止特气倒灌到清洁用的PN_2系统和抽气用的GN_2系统。

调压阀（Regulator）：用于调整供应系统的供应压力。

压力传送器（Pressure Transmitter）：是防护系统中非常重要的零件，通过它判断管路是否泄漏，相关阀件是否正常开关，同时亦可检查钢瓶的剩余气量。

真空产生器（Vacuum Generator）：利用GN_2快速流动产生吸力，将管路中的气体抽出，以达到抽气的目的。

气体过滤器（Line Filter）：过滤气体中的粒子。

流量侦测器（Flow Sensor）：对管路异常流量进行侦测，若超过设定值，即判断管路上可能大量泄漏，进而关闭供应系统停止供气。

限流孔（Orofice）：一种流量控制装置，用以限制大量气体流过，其主要功用是避免大量的特殊气体排出及废气处理机无法处理的情况发生。

4）气瓶柜安全防护

火焰侦测（Fire Sensor）：当气柜里面有火焰时气柜内部会有个超声波检测模块（Uv-Tron）探测到一个特殊的频段，产生报警信号。

高温传感器（High Temp Sensor）：双金属开关，它由两个受热膨胀率不同的金属片组成，从而控制电信号开关。工作温度是72℃，超过72℃便产生报警信号。

喷淋装置（Sprinkler）：当气柜内部由于火焰或其他原因导致内部温度超过72℃时启动消防水。

毒气侦测器（Gas Leak Detector）：采集气柜内部或环境中的气体进行分析，侦测毒气含量，超过设定值会产生报警。

钢瓶接口处的安全装置（Auto Guard）：保证更换钢瓶的安全。装置内部有控制开关的电磁阀，操作者无法轻易卸下钢瓶接口，安全流程下才会打开此装置。

3. VMB （阀箱）/ VMP （阀盘）

1）VMB 与 VMP 的区别

VMB 和 VMP 都是气体分配器，装有阀门来控制每一路的气体管道。其中 VMB 主要用于SiH_4、Cl_2、NH_3、H_2 等有毒性、腐蚀性和易燃、易爆气体，特点是所有的阀件接点和焊道均在箱体内，增加密封性，具备循环清洁和真空抽气功能，可保持柜体内负压（图 10-4）；VMP 主要用于 N_2、He 等惰性气体，其特点是它使用的开放式管道分配部件，阀件接点和焊道均在盘面上（图 10-5）。

VMB 内气体种类配置基本上有两种方式：一种以供应机台为主，多种气体装于同一个箱体内；另一种以不同气体种类来进行分类，每个箱体同类或单一气体使用。前者使用较少，虽然其节省空间，但危险性较大，如不相容气体泄漏或人员操作失误，极可能发生激烈反应甚至产生爆炸，而且侦测器的点数会增加，造成成本负担；后者运用较为普遍，虽然气体无法集中带来操作的不便利，但气体侦测点少，安全性更高。

图 10-4 VMB   图 10-5 VMP

2）VMB/VMP 重要组件

人机界面：作为人与控制器的控制与沟通界面。可显示系统目前的状况，亦可接受操作人员下达的指令，作为系统运作的确认。

PLC：整体控制的处理中心。

电磁阀：控制气动阀的开闭。

紧急遮断按钮：系统发生异常时按此钮关闭盘面气动阀。

LED 指示灯：以亮灯表示系统目前的状态。

火焰感知器：当感测到火灾发生时运行，将讯息传至 PLC 处理。

差压设定开关：当箱体与大气压之差压未达设定值动作，将讯息传至 PLC 处理。

差压计：显示箱体与大气压之差压。

电源供应器：将电源转换为控制回路所使用的电源。

温度开关：当感测到箱体温度高于设定值时，将讯息传至 PLC 处理。

过流量开关：当驱动气动阀的软管松脱或爆裂导致流量过大时，将输出讯号告知。

3）VMB/VMP 安全功能

紧急停止按钮：按下紧急停止按钮即可关断所有的气动阀。

远程紧急停止控制：远程控制即可关断所有的气动阀。

压力开关：当气动阀驱动压力不足时则会输出警报告知。

过温开关：当侦测到箱体环境温度高于设定值时则会输出警报告知并且自动关闭所有阀件。

火焰感知器：当感测到火灾发生时启动，则会输出警报告知并且自动关闭所有阀件。

过流量开关：当管路内的流量过大导致驱动过流量开关（EFS），则会输出警报告知并且自动关闭该使用侧的阀件。

压差开关：当箱体内的压差过小时，则会输出警报告知。当压差不足，气体外泄时易扩散出箱体，故开启箱体门前注意箱体与大气的压差是否足够。

4. 管路体系

1）管路划分

电子厂房中的气体管路，一般将其区分为一次配管（SP1 Hook-up）和二次配管（SP2 Hook-up）。SP1 Hook-up 为由气体的起始流出点（Gas Cabinet）至气体分流器（VMB/VMP）入口点为止，SP2 Hook-up 为由气体分流器（VMB/VMP）出口点至机台生产设备入口点为止。

2）管材

管路体系主要包含管件（Tube 及 Pipe）、阀件（Valve）、调压阀（Regulator）、逆止阀（Check Valve）、真空产生器（Vacuum Generator）、过滤器（Filter）等。

气体管路的材质、内表面处理和阀门等附件的选用应根据产品生产工艺对气体纯度允许的杂质含量、微粒含量等的要求不同，采用相应质量的气体输送配管。以集成电路生产为例，因其生产工艺复杂、加工精细、工艺技术精密度高，它不仅要求有洁净的生产环境，而且对生产过程中所需的各种高纯气体、特殊气体、化学品都有特定的、严格的要求。集成电路制造过程的前工序决定着它的技术性能和质量，后工序是将前工序加工制造的芯片经过划片、封装、测试等加工为实用的单块集成电路。可见，前工序对气体纯度、杂质含量的要求要比后工序更高、更为严格，相应的输送管道的材质和内表面处理要求、阀门的选用差别很大，对气体中的杂质含量、水含量要求极为严格，需要达到10^{-9}、10^{-12}级，尘粒粒径要控制在小于 $0.1\sim0.01\mu m$ 的粒子，因此必须采用高质量的输送管道和阀门。

采用不同材质或内表面处理方法不同的管路及附件，其使用效果相差甚远。材料的渗透性、吸附性和材料中的不纯物含量以及内表面粗糙度等的不同，均会影响气体在输送管路中的质量。即使气体在输送系统的始端已经达到规定的杂质含量、尘粒含量，若输送管路的材质和阀门选择不当或内表面处理方法不当，都将使输送管路的末端得不到符合要求的气体，因为在输送过程中气体受到粒子的渗透或杂质组分的渗漏或被吸附在内壁的粒子、杂质的释放或外部水分的污染，使气体中的杂质含量、尘粒含量超过规定的标准而不能使用或引起产品成品率的降低。所以气体输送配管的质量、内表面处理和阀门等附件的选用至关重要，其要点如下：

（1）选用渗透性小的材料。气体从压力（或分压）高的一侧透过材料向压力（或分压）低的一侧流入的现象称为渗透。气体渗透量与材料两侧的压差（或分压差）和材料的截面积成正比，气体中的水分、氧杂质含量为10^{-12}、10^{-9}或10^{-6}级，输送系统的材料选择不当就会使管外空气中的氧、水分等杂质渗入而受到污染。

（2）采用出气速率低的材料，这是因为材料晶格内部或晶格间存在着某些气体杂质，如氮、碳氢化合物等，在气体输送过程中这些杂质气体会缓慢地释放出来污染气体，尤其是对杂质含量达10^{-9}级的气体。通常应采用出气速率低的低碳不锈钢管并且内表面应经过处理，进一步降低出气速率。

（3）选用吸附性能差的材质，由于水分等杂质是极性分子，吸附性很强，橡胶、塑料或一些粗糙的表面均易吸附水分等杂质。使用吸附性能好的材料输送气体易被污染。

目前在电子厂房的制程设备以及相关厂务系统中所使用的管件材料主要有不锈钢（Stainless Steel）、铁氟龙（Teflon）、高密度聚乙烯（HDPE）以及聚偏二氟乙烯（PVDF）等。其中在气体传输中不锈钢管件的应用最为广泛，通常在所有与制程相关的制程气体（Process Gas）的输送方面都要应用到不锈钢管件；铁氟龙制的管件主要用来传输一些不能与不锈钢管件相接触的制程气体或高浓度的酸碱液体；HDPE 制管件广泛应用在一般废水排放系统中；而 PVDF 管件主要应用在制程清洗所用的高纯水（UPW）管路上。

不锈钢管件主要用来传输各种制程气体，尤其是一些剧毒、易燃易爆的危险性气体，所以不锈钢管件的制作和施工要求在以上几种不同材质的管件中要求最为严格。

常用管件规格一般包含 SS304、SS304L、SS316、SS316L、VIM＋VAR 等，内表面处理可分为 AP 级（酸洗钝化）、BA 级（光亮退火）、EP 级（电解抛光）等。其目的是提高管道内表面的光洁度、降低粗糙度。不锈钢管电抛光处理后具有：表面光滑、清洁、粗糙度很小；去除表面污染物，减少表面积，降低表面应力；表面形成铬氧化物层，提高材料的抗腐蚀能力等优点。对于易燃性气体和惰性气体，一般使用 SS316L-EP 规格的管件；毒性气体单管一般采用 SS316L-EP，双套管采用 SS304-AP＋SS316L-EP；而腐蚀性气体基本采用 VIM＋VAR 管件，低压性气体采用 SS316L-EP＋Heater Line＋Warm Cover 管件等。

双套管：对于 AsH_3、PH_3、SiH_4 等剧毒性气体一般采用双套管的形式进行输送。这种管件由两根大小不同的管件组成，内管是用来传输气体的主要管路，外管则作为内管的保护管路，并且内外管之间抽成真空负压状态（图 10-6）。如果内管因为某种因素破裂时，外泄的有毒气体会导致内外管的压力上升并触发相应的报警，从而确保气体管路外泄能得到及时有效的处理。

3）阀件

阀件一般分为手动阀（Manual Valve）和气动阀（Air Valve）两类。大体上又可分为球阀（Ball Valve）、波纹管阀（Bellows Valve）、膜片阀（Diaphragm Valve）等（图 10-7～图 10-9）。

图 10-6　同轴双套管　　　图 10-7　球阀　　　图 10-8　波纹管阀　　　图 10-9　膜片阀
　　　　示意图

调压阀基本可以说是减压阀，其主要目的是调节平衡管道内的气流压力（图 10-10）。调压阀一般分为高压（0～3000 psi）、低压（−30″Hg～0～30 psi）和一般压力（−30″Hg～0～160 psi）三种类型。

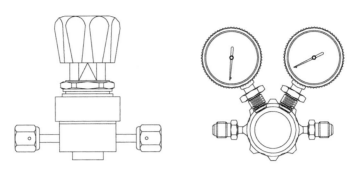

图 10-10 调压阀

逆止阀是指依靠介质本身流动而自动开、闭阀门，用来防止介质倒流的阀门，又称止回阀。Cracking Pressure 为逆止阀使气体通过的最小压力，NH_3 气体必须使用 AFLAS 类型的止逆阀。

4）设备

（1）真空产生器主要装于气瓶柜、VMB 等部位作为抽气使用。

（2）过滤器主要是过滤气体中的微粒子（Particle），其过滤等级可分为 $0.01\mu m$/$0.03\mu m$/$0.003\mu m$，其中芯滤片材质主要有 PTFE、SS316L、Nickel 等，其连接方式又可分为 VCR、SWG、焊接等（表 10-6）。

过滤器不同材质滤片性能对比 表 10-6

材质	过滤效果	防漏性	抓取率	抗腐蚀效果
PTFE	良	差	>10.8	N/A
SS316L	优	良	6.2	差
Nickel	优	优	>10.8	良

（3）机台

机台是特殊气体的最终用户。

（4）尾气处理设备

半导体工艺中使用到大量气体，这些气体及其使用后的副产物对环境和人体健康均有一定危害，必须防止其直接排放到大气中，所以一般厂房都会加装大型中央废弃处理系统。但这种系统仅以水洗涤废气，其应用范围仅限于水溶性气体，无法处理分工细微的半导体废气。因此，尾气处理装置的类型，应根据所处理的排气中特殊气体的特性进行选择，不相容特殊气体应分别设置尾气处理装置才能解决废气处理问题。

依据废气特性，在处理上可分为干式吸附处理、湿式洗涤、加热分解处理/燃烧处理、等离子分解处理或以上几种方式的组合。

干式吸附为依据所需处理的废气种类使用不同材质的吸附材料，让废气通过吸附材料后转变为没有危害的气体后再排放。这种废气处理的效果较好，但由于吸附材料让气体通过的空隙大小限制以及每组吸附材料都有其吸附处理的极限流量，因此不适用于容易堵塞的气体和气体流量大的工艺。

湿式洗涤是成本较低的处理方式，但仅能处理水溶性气体，如NH_3、Cl_2、BCl_3 等。

加热分解或燃烧处理则是利用高温或燃烧的方式，使气体分解或反应氧化，转变成没有危害的气体后再排放。其应用范围较为广泛，如SiH_4、H_2、B_2H_6、CH_4 等气体均可处理，但建造和运行成本相较于湿式洗涤高。

等离子分解则可处理各种类型的废气，且处理效率最好，但其成本高昂。

10.2.3　特气系统施工

1. 进场验收

1）气瓶柜进场验收

（1）进场的气瓶柜应是一整套的设备，其外包装上的防止倾倒、轻放、防雨标识及防震标识完整无损；

（2）气瓶柜体应由厚度不小于 2.5mm 的钢板构成密闭箱体，表面应平整光洁、色泽一致、无毛刺、无划痕、无锈蚀、不起鼓；柜体顶部应有抽风口和消防喷淋口，柜门下方应有可调节的带过滤网的进风口，柜门应有可开启的带防爆玻璃的小门；

（3）气瓶柜必须标识气体的名称、化学式、浓度、化学性质和危险标识，以及气瓶柜内管线、阀体及附件的连接图；

（4）柜内引出的管路和阀件接口应用专用管帽和堵头封堵；

（5）气瓶柜门必须安装能自动关门的闭门器；

（6）气瓶柜的功能配置必须满足设计及合同要求，不得有缺项。

2）VMB（阀箱）/VMP（阀盘）进场验收

（1）阀箱应符合规范和设计的安全要求；

（2）阀箱表面应平整光洁、色泽一致、无毛刺、无划痕、无锈蚀、不起鼓，顶部要有抽风口；

（3）阀箱内阀门的规格数量与功能配置应满足设计与合同要求；

（4）阀门、仪表与阀盘盘面之间应有专用阀门支撑件，材质应采用不锈钢；不得将阀门、仪表等直接用螺栓固定在盘面上；

（5）阀盘上特气管路阀门接头应采用径向面密封连接，不应采用线密封（卡套）连接；

（6）阀箱和阀盘的阀件之间的连接应采用自动轨道氩弧焊接或面密封（VCR）连接；

（7）阀箱和阀盘的结构应牢固可靠，有专门的固定点，盘面应有控制气体的标识和铭牌及盘内气体管道的种类、流向，控制阀门应有明显标识；

（8）阀箱必须标识气体的名称、化学式、浓度、化学性质和危险标识。

3）尾气处理装置进场验收

（1）燃烧设备进场应对外观、外形尺寸、构成、接口、铭牌、气密试验、阀门动作、信号传输等性能进行检查和核对；

（2）燃烧设备的主要组成件、附件应符合设计与合同的要求，随机资料和专用工具应齐全；

（3）酸碱中和装置的洗涤塔、风机、控制盘、酸（碱）储罐以及连接管路等应进行外观检查，应符合设计和合同要求，随机资料应齐全；

（4）尾气处理装置、风机、泵的出厂合格证、性能测试报告、铭牌、标识应齐全；

（5）系统流程图、控制原理图、设备使用说明书等资料齐全。

4）管道、管件、阀门等的进场验收

（1）在非洁净室全数目测检查管道外包装，不得有破损、变形；

（2）经检查合格的管道、管件及阀门的端口应立即将防尘管帽装好或用聚乙烯薄膜包好，并按种类、规格分别存放在洁净间的货架上，不得直接放在地面上；

（3）所有进场的阀门必须提供产品规格、型号、合格证、材质证明、使用说明书、检验报告，并有编号；

（4）电气设备应有防腐蚀和防爆标识，符合相关国家规范。

5）管道、管件、阀门等应在洁净区域内进行内包装开封检查

（1）管道、管件、阀门应有独立的内包装，包装符合洁净要求，端口均应装有防尘帽；

（2）管道、管件、阀门检验后必须恢复内包装及防尘帽；

（3）管道外观检查应按全数的5%抽查，规格尺寸、壁厚、真圆度、端面平整度等应符合产品技术要求，且内外表面均无刮痕及斑点；

（4）材质检查宜采用便携式金属光谱分析仪检查，每批每种规格应随机抽查5%，且不得少于1件，其化学成分应符合产品技术要求；

（5）管道、管件内表面粗糙度应采用样品比较法在管道两端检查，每批每种规格应随机抽查5%，且不得少于1件；

（6）管道内壁平均表面粗糙度 Ra 及最大表面粗糙度 Rmax 应满足工程设计文件的要求。

2. 特气管道的安装

1）特殊气体管道安装应符合下列规定：

（1）特殊气体管道、管件、阀门的材质、型号规格、等级均应满足设计要求；

（2）特殊气体管道系统的阀门必须安装在气瓶柜或阀箱内；

（3）特气系统的阀门、过滤器、调压阀、仪表等附件的连接应采用自动轨道氩弧焊接或面密封（VCR）接头，严禁采用螺纹或卡套方式连接；

（4）面密封接头的密封垫片必须使用不锈钢垫片或镍垫片，严禁将使用过的垫片再次使用，严禁在同一密封面上使用两个或以上的垫片，严禁将垫片及面密封部件端面划伤；

（5）管外径大于 12.7mm 的管道弯头应采用成品弯头；管外径小于等于 12.7mm 的弯头可在现场使用专用弯管器弯制；BA 级管道弯头弯曲半径不小于管外径的 3 倍，EP 级管道弯头弯曲半径不小于管外径的 5 倍，弯制弯头的变形率应小于 5％；

（6）特殊气体管道的专用弯管器规格必须与管道规格相匹配，严禁公制弯管器与英制弯管器混用；

（7）当安装结束时，所有系统内应充高纯氩气或氮气进行正压保护；

（8）特殊气体管道与生产工艺设备之间的连接应采用不锈钢面密封接头或自动轨道氩弧焊，不得采用非金属软管连接。

2）特殊气体管道连接应符合下列规定：

（1）管道连接应使用自动轨道氩弧焊，所用氩气纯度不得小于 99.999％，焊接用气体应加装可调节流量计显示气体流量，内保护气应装压力计监测管内压力；

（2）在作业过程中应戴上洁净无尘手套，在洁净环境内进行下料、焊接、预制等各项操作，严禁裸手接触管道内壁；

（3）小口径不锈钢管道切割时可使用不锈钢管切管器，切割后应用平口机处理管口，并使用专用倒角器将管口处理圆滑，切口管端应垂直、无毛刺、不变形，满足不加丝自动焊要求；

（4）平口机加工余量为壁厚的 1/10～1/5，加工时将该处理端管口向下，加工完成后应在管口附近轻轻敲打几下或用高纯氮气吹扫，以保证处理后的管道里面没有铁屑，严禁将刚切割完毕的管道口向上；

（5）管外径大于 12.7mm 的管道切割宜使用不锈钢管洁净施工专用切割机，切割时严禁使用润滑油；切口端面应垂直、无毛刺、不变形，满足不加丝自动焊要求，严禁使用手工锯、砂轮切割机切割；

（6）进行切管作业时，应将高纯氮气通入管内吹扫；

（7）切管作业不得将管道外壁损伤，倒角作业时不得将管道内壁损伤，不得采用什锦锉对管道进行倒角；

（8）管道吹扫完毕，应使用不产尘的洁净布沾上异丙醇或酒精将切口部清洗干净，清洗干净后迅速用洁净防尘帽或洁净纸胶带将管道口封堵；

（9）配管切割结束后剩余管道应加洁净防尘帽后装回包装袋中；

（10）对接焊口必须保证接口处两侧的管道中心在同一直线上；

（11）不得在焊口的位置进行弯管操作；

（12）焊接过程中必须保持管道、管件处于静止状态，焊接电源必须采用稳定的专用电源并加装稳压器；

（13）管道预制焊接总长度不宜超过 12m，预制时应放置在专用支座上，支点数量不得少于 4 个；

（14）超过 3m 长的管道应采用 2 人以上进行搬运，预制时每 3m 长度应增加一个支点；

（15）大口径特气管道焊接前应先采用手工氩弧焊机进行不加丝点焊预连接，点焊时管内须通高纯氩气进行保护，点焊后应对焊点进行洁净处理（采用自动焊接对准装置除外）。

3）特殊气体管道系统材料的清洗、下料、焊接、预制应在洁净室进行。洁净室应符合下列要求：

（1）室内洁净度不低于 7 级，湿度不高于 60%；

（2）焊接作业间洁净度不低于 6 级，且应安装排风设施；

（3）应安装差压计随时监测室内外差压，并始终保持室内 10Pa 以上的正压。

4）特殊气体管道焊接应符合下列要求：

（1）在工程开工前应对该工程所参加的焊工在现场进行认证，对各种规格的管道焊接样品、焊接合格确认单提交建设单位，经建设单位项目技术负责人签字确认后方能进行焊接施工，施工单位需保留合格的样品和记录；

（2）施工过程中应在每天正式焊接前、每次更换焊头后、更换钨棒后、改变焊接口径后均进行焊接测试，焊接测试样品经质量检验员检查合格并填写焊接合格确认单后方可正式施焊；每天在结束焊接前也应进行焊接测试，以检查之前所焊焊口是否合格；

（3）焊机应使用专用配电箱，若电源电压不稳定应使用自动稳压装置供电，焊机本体应可靠接地；

（4）特殊气体管道焊接前应绘制特气系统的单线图，在单线图上应对焊口进行编号，单线图的焊口编号应与焊接记录的焊口编号一致；

（5）焊接前应编制焊接作业指导书，焊接过程中应做焊接记录，焊口应统一编号，标明作业时间、焊接作业人、焊接主要参数等；

（6）施工过程中不应中断管道内保护气体，焊接时的流量当管外径在 6～114mm 之间时分别为 5～15L/min，施工中断时流量应分别为 2L～5L/min；

（7）焊缝合格标准为管内、管外焊缝突起高为不大于管道壁厚的 10%，焊缝外焊道应为管壁厚 2.5～4 倍，内焊道应不小于外焊道的 2/3 宽，焊缝不得有下陷、未焊透、不同轴、咬边等缺陷，焊道内表面无氧化。焊缝错口量不超过管壁厚度的 10%。

5）特殊气体室外配管应符合下列规定：

（1）室外施工时，应将带包装的管道、管件搬至临时洁净加工场加工；

（2）室外焊接作业前应将包装袋内的定尺管段放在管架上进行预连接，管内应保持 2～5L/min 氩气流量；

（3）在洁净室加工完成的组件应使用塑料薄膜包装，搬至安装场所组焊安装；

（4）预制的每个单元管线均应采用高纯氮气或高纯氩气吹扫；

（5）管道支架宜使用碳钢喷塑、不锈钢、合金铝制的槽式桥架组合而成，桥架弯头应与管道曲率半径相适应；

（6）在现有综合支架上安装特殊气体管时，应复核安装空间和载重量，确定是否对综合支架进行加固；

（7）室外支架应进行强度计算，并应考虑地震、强台风的影响；

（8）有震动的场合管道应设置减震支架；

（9）特殊气体管采用有盖槽式不锈钢桥架或铝制桥架时，应采用树脂薄板将不锈钢槽式桥架与钢制的综合支架隔离；

（10）特殊气体管道的管卡应采用镀镍或不锈钢专用管卡；

（11）管道穿墙部位应加套管，套管内应使用难燃材料填充套管与管道间的间隙，在墙两侧用 0.6～1.0mm 厚不锈钢板封堵，并用密封胶收缝；

（12）室外管道须做好防雷及接地保护。

6）特殊气体室内管道配管应符合下列规定：

（1）在洁净房内施工作业时，应在前室除去外包装，在临时洁净加工场加工完成的组件应用塑料薄膜包装，用夹具定位后进行预连接；

（2）室内配管应采用专用支架，不得利用工艺设备、排风管及其他系统管道的支架，支架可用不锈钢、喷塑型钢或铝制品专用支架，且与管卡相匹配；管卡宜使用不锈钢卡，采用碳钢管卡时，管卡应镀镍；

（3）管道穿过墙壁时，管道与壁孔之间应留有间隙，在墙壁两侧用 0.6～1mm 厚不锈钢板封堵，并用密封胶收缝；

（4）管道贯穿过沉降缝或伸缩缝时，配管应做成能吸收来自三个方向外力的铰接式补偿器；

（5）对防微振要求较高的工艺设备，特殊气体管道与用气设备之间应采用不锈钢金属软管连接；

（6）管道支架、吊架必须在刚性结构上设置固定支架。有微振的场合，管道固定应紧固，必要时增加固定点；

（7）支架不得采用气割，应采用机械切割，切割后的端头应倒角并用环氧漆处理后加盖塑料封头；

（8）阀箱内预留的阀门必须安装堵头；

（9）管道平行敷设中心间距，当管外径在 6～12mm 或 1/4″～1/2″ 之间时应不小于 20mm；

（10）管道支架间距为管外径小于等于 10mm 时应不大于 1.2m，管外径大于等于 12mm 时应不大于 1.5m；

（11）1/2″ 及以下管道宜使用 Π 形不锈钢管卡，3/4″ 及以上宜使用 P 形不锈钢管束；

（12）管道与支架、管道与管卡之间应垫上绝缘垫片，管道不得直接接触任何未经处理的碳钢件；

（13）吹扫氮气、气动氮气、仪表氮气的管道可从干管接出，分支宜向上且不得从干管的弯管处接出；从多根成排管道上分别引出支管时，应交错有序布置；

（14）配管应严格按批准的施工图施工，不得改变管径，严禁在管道系统中出现盲管；

（15）多条管道共同铺设时应成排成行，阀门应集中放置。

7）低蒸汽压特气管道施工除应符合管道焊接的相关要求，还应符合下列规定：

（1）管路应安装伴热带并用保温棉包覆管路；

（2）当管道穿越温差较大区域或管线较长时必须分段加热；

（3）伴热保温系统应装有温控和报警装置；

（4）低蒸汽压气体设备摆放时应考虑尽量缩短管道的长度。

8）双套管特殊气体管道的施工除应符合上述管道安装的要求外，还应符合下列规定：

（1）双套管焊接施工时，先实施内管的焊接，在焊口处必须安装滑套；

（2）双套管施工内管和外管都必须采用全自动轨道氩弧焊接，内管和外管焊接时都必须充高纯氩气保护；

（3）内管焊接完成后应先做压力试验和氦检漏，确认内管无泄露后，才可以焊接外管上的滑套；

（4）双套管的内管和外管之间应安装弹簧进行隔离，内管和外管不得直接接触；

（5）双套管的施工应采用封闭式套管施工，并安装压力监测装置；如采用开放式套管施工，则须加泄露探测仪器并与安全报警系统连锁。

3. 设备的安装

1）气瓶柜的安装

（1）气瓶柜必须按照设计图纸的要求定位，同时应具有人员操作空间、门的开启空间、气体钢瓶的运输空间和人员逃生通道及管道安装空间。

（2）气瓶柜就位找平找正后，应固定牢靠，后期不再移动设备。

（3）气瓶柜的垂直度偏差不得大于 1.5‰，成列盘面偏差不应大于 5mm。

（4）气瓶柜的安装必须保证柜门开关自如，不得扭曲变形、关闭不严。

2）VMB/VMP 的安装

（1）阀箱和阀盘宜固定在专用支座上或用固定支架固定在梁、柱与墙上，不宜直接固定在地面上。所有阀门管件要集中固定在一个盘面上，然后再整体固定。阀箱应采用独立的支吊架，不得利用管道做支撑。

（2）阀箱和阀盘的支座宜采用专用镀锌型钢、专用喷塑型钢或专用不锈钢型钢装配式连接，不宜采用焊接。

（3）阀箱和阀盘的垂直度偏差不得大于 1.5‰，成列盘面偏差不应大于 5mm。

（4）阀箱与阀盘就位找平找正后，应固定牢固。

（5）连接阀门与阀盘、阀箱的螺栓应为不锈钢螺栓，严禁阀门和管路系统与易产生锈蚀的器件直接接触。

（6）阀箱与阀盘就位必须按照设计图纸的要求定位，同时必须考虑人员操作空间、门的开启空间和管道接口的距离。

3）尾气处理装置的安装

（1）尾气处理装置安装除执行规范外，尚应符合现行国家标准《机械设备安装工程施工及验收通用规范》GB 50231—2009 的规定；

（2）尾气处理装置的安装人员必须经培训考核持证上岗；

（3）尾气处理装置的基础必须坚固平整，设备的水平度不得大于 3‰；

（4）系统阀门应开关灵活，锁定装置可靠；

（5）每个系统的管线及阀门都应贴上正确醒目的标识；

（6）尾气排气系统的管道必须经过脱脂处理，严禁使用含有油分的管道。

4. 供气系统的安全技术

电子洁净厂房中因产品生产工艺的不同，使用各种不同的高纯气体，以大规模集成电路的洁净厂房使用的特殊气体、大宗高纯气体的品种最多。由各种气体的物理、化学性质可以看出，若气体泄漏，以至发生着火、中毒等事故，将会对人身、设备和洁净室内设施造成巨大的危害，带来极大的经济损失，并且由于洁净厂房的密闭性好，人流、物流路线曲折，防止安全事故的发生尤为重要。

1）各种气体的使用安全

（1）可燃气体。可燃气体易燃易爆，危险性大，只要形成可燃气体爆炸混合气及达到着火温度，便会发生燃烧爆炸事故，通常会造成较大的损失，甚至人身伤亡等。在洁净厂房的可燃气体入口室或气体钢瓶存放间和敷设有可燃气体管道的管廊或上下技术夹层内有可能积聚可燃气体的场所以及洁净室内使用可燃气体处，均应设置可燃气体报警装置和事故排风装置。对于可燃气比空气轻者，报警装置设在所处场所的顶部；比空气重者，报警装置设在所处场所的最低处。可燃气体报警装置应与相应的事故排风装置设电气联锁，当空气中的可燃气体浓度达到规定值时，应自动开启事故排风装置，排除可燃气体，并向洁净厂房的安全消防值班室发出报警信号。

在可燃气体管路系统中，为防止可燃气体与明火直接接触，避免用气设备处的明火因压力突然降低或点火不慎造成倒流回火，应在可燃气体管道接至有明火作业的每台或每组用气设备的支管上设置阻火器；在可燃气体排入大气的排气管道上，为防止可燃气体排放时遇雷电袭击，阻止火焰蔓延至可燃气体管道引发燃烧爆炸事故，在排气管道上应设置阻火器；可燃气体排入大气的排气管道上的阻火器通常安装在邻近排空管口处，阻火器后的排气管应采用不锈钢管，若条件许可时最好阻火器至关断阀之间的管道均采用不锈钢管，防止管道锈蚀，影响阻火器正常作用的发挥。

根据国家标准《建筑防雷设计规范》GB 50057—2010 的规定，在洁净厂房内的可燃气体管道按具体工程设计情况，在适当的管道处应作接地，其接地线可与车间的建筑物接地网相连接；在有钢支架或钢筋混凝土支架时，若条件合适，也可利用软金属线将管道与钢支架或钢筋混凝土支架的钢筋连通，作为接地装置，但接地电阻应符合有关规定。

各种可燃气体管道系统均应设置能引入氮气等惰性气体的接口及相应的检测口，以便在可燃气体供应系统使用前后或检修动火前后对其系统进行吹扫置换。但惰性气体吹扫接口在正常运行中不能与气体钢瓶或惰性气体管道连通，以避免影响气体质量。

（2）助燃气体。对于氧气或氟类助燃气体，只要与油脂类物品接触，即会氧化发热以至燃烧爆炸，所以凡是氧气管道、阀门或设备、附件等均应禁油，氧气管道系统应采用专门的禁油的阀门、附件和管道，并在氧气输送系统安装后均应按规定进行脱脂处理。当必须使用油润滑的设备或附件时，应采用特制的不燃性的氟润滑油。

在氧气中任何可燃物质的引燃温度均要大大降低。为防止由于静电产生的火花而发生的燃烧事故，还应规定氧气管道应采取的措施：①氧气管道内的氧气流速的限制。当氧气工作压力≥10MPa 时，氧气流速不应大于 6m/s；当工作压力为 0.1～3MPa 时，不应大于 15m/s；当工作压力≤0.1MPa 时，应按其管道系统允许压力降确定。②氧气管道的弯头、分岔头、变径管的材质选择、安装均应按规定进行。③氧气管道应采取导除静电接地措施。

（3）窒息性气体。这类气体通常是无色、无臭、低毒性，能安全大量地在各种场所使用且常常作为可燃气体系统的吹扫置换气体，但是窒息性气体引发的人员伤亡事故时有发生。在生产操作场所中，由于大量窒息性气体的泄漏或排入会使空气中氧浓度降低，当空气中氧浓度低于 16% 时，人就会感到头昏不适，氧浓度继续降低，会造成窒息以至死亡。所以，关注窒息性气体的防泄漏、使用场所的必要换气和窒息性吹扫气体排至室外等技术措施的落实是非常重要的，尤其是使用、敷设有窒息性气体的密闭性好的洁净厂房及其上下技术夹层内。除应落实上述技术措施外，还应注意定期监测这些场所内空气中氧的浓度，以便及时采取措施防止窒息事故的发生。

（4）有毒性气体。凡使用、贮存有毒气体的场所、气体柜等均应设有可靠的通风装置，一旦有毒气体发生泄漏应立即排除。有毒气体排入室外大气前，必须经过可靠的处理装置，只有达到规定的无害状态后才能排放。在使用、贮存有毒气体的场所、气体柜和敷设有毒气体管道的场所均应设置有毒气体泄漏报警装置，一旦空气中有毒气体的浓度达到规定值时，应进行报警，自动开启相应的通风装置并在洁净室的安全消防值班室显示，以采取必要的措施防止发生人员中毒事故。洁净厂房内使用有毒气体时，必须制定可靠的、严格的、明确的使用管理制度，以确保人员安全。

（5）腐蚀性气体。这类气体大多对人体有害，在使用、贮存腐蚀性气体的场所应与使用、贮存毒性气体的场所一样要求设防。腐蚀性气体一般具有遇水就会增加腐蚀性的特点，因此在腐蚀性气体系统使用前通常应以干燥氮气等对系统设备、管道进行吹扫、干燥，尤其是高压储气瓶的灌装口，因环境空气中的水分易引起腐蚀，必须装设气瓶帽，并在装气瓶帽时使用干燥氮气对灌装口进行充分干燥。

2）高压储气瓶的使用安全

对于可燃气体、毒性气体、腐蚀性气体的高压储气瓶的运输、贮存和使用，必须制定严格的管理制度；操作人员上岗应进行培训，充分了解、熟悉有关气体的技术性能和安全知识，合格后上岗；高压储气瓶的运输、贮存和使用均应符合《气瓶安全监察规定》（国家质量监督检验检疫总局第 46 号令）的各项要求，认真、细心地管理和操作。

（1）搬运高压储气瓶前，应认真检查瓶口阀的完好性，并装好保护帽。运输时要使用专用气瓶手推车，装卸时应轻放轻拿，不得一人操作。运输过程中应牢靠地固定气瓶，不得使其从运送车上滚下来，并不得让气瓶受到损坏或冲击。

（2）高压储气瓶应贮存在 40℃ 以下的场所，不得受到太阳光的直晒或风吹雨淋，尽可能存放在湿度较低的场所，不得存放在腐蚀化学品附近或电线、电缆的附近。应按各种气体的性能特点和要求分别存放，不得将可燃气瓶与氧气瓶存放在同一场所。存放高压储气瓶的场所应严禁烟火，并禁止将高压储气瓶靠近烟火。高压储气瓶存放时应竖放并用绳索或铁链固定。存放可燃气、助燃气瓶的场所，应设置有效的消防器材；存放毒性气体钢瓶的场所应设有相应的防毒面具、吸附材料或中和材料。

（3）高压储气瓶的使用场所的环境温度应低于 40℃；使用中的高压气瓶应被牢靠地固定，不得使气瓶活动或倒下；气瓶放气时，瓶口阀应缓慢打开，不得急剧开启或过分用力打开；在向供气系统充气过程中禁止用手触摸安全阀；各种高压储气瓶应使用专用规格的减压阀和连接管道，连接部分必须用检查液检查是否泄露，确认没有泄露时，才能开始使用。禁止从一个高压储气瓶向另一个高压气瓶充灌气体，也不得从别的高压容器向高压储气瓶灌充气体。若需对高压瓶加温时，只能采用水温低于 40℃ 的热水加温，严禁使用明火加温。供气系统暂停用气时，在关闭阀门的同时要关闭高压气瓶的瓶口阀；高压气瓶的气体使用完后，应先关闭瓶口，卸下减压阀，装好气瓶的安全帽。使用后的高压气瓶必须留有必要的余压，才能运回气体生产工厂，若气瓶不留余压，容易渗入空气，当再进行气体灌充时，轻者发生气体质量下降或因空气中的水分日渐积累引起内壁生锈，重者可能形成爆炸混合气，从而引发爆炸事故等。

10.2.4　特气系统的检验

1）特气系统安装完成后应对系统进行检验。

2）特气系统安装完成后检查系统的设备、管道、配件及阀门的规格、型号、材质及连接形式是否符合设计要求。支架设置应合理牢靠，焊缝外观质量检查合格。

3）管道施工完毕，应逐点检查每个系统连接的正确性，阀门应有与图纸相同的编号，并有显示开关的状态显示牌。

10.2.5 特气系统的验收

1. 设备验收

1) 机械部件验收

（1）外观和流程检验

对照流程图、配置表、钢瓶接口形式等设计参数进行检验，包括管道横平竖直、焊接质量、调节阀规格和流向、气动/手动阀门规格和流向、单向阀规格和流向、微漏阀规格和流向、压力变送器/压力表规格、过滤器规格、过流开关规格和安装方向、安全阀流向和设定压力、VCR 安装、管道支架安装、吹扫入口管径、工艺出口管径、排放口管径、危险标签等。

（2）仪器测试

检查出厂各项仪器测试报告，包括保压、氦检、颗粒度、水分、氧分等测试。

2) 控制部件验收

根据控制逻辑，检查各监测和联动部件的功能，包括压力传感器、电子秤、过流开关、高温开关、火焰探测器、负压开关、紧急切断、输入电源、输入输出信号、接地保护、功能联动测试等。设备供应商提供现场设备功能调试报告。

3) 尾气处理设备验收

外观检查：根据设计文件，检查尾气处理器的型号、流程、配管、配电、仪表量程、标签、说明书、出厂测试报告等。

性能检查：测量仪表显示、本体阻力、漏风率、噪声、滴漏、处理量、去除效率、报警连锁测试、紧急切断等。设备供应商提供现场设备功能调试报告。

2. 管路与系统验收

1) 外观检验

（1）检查管件的安装位置和方向是否符合流程图；

（2）检查焊接管道特别是弯管处是否有裂缝；

（3）检查管道对焊是否符合下列要求：

凹陷度<10％管壁厚；

凸起度<10％管壁厚；

错边量<10％管壁厚；

焊缝宽度在 2.5～4 倍管壁厚范围内；

色泽无明显变色；

焊缝偏斜度<20％焊缝宽度。

2) 文件检验

（1）检查管道组成件的质量文件；

（2）检查施工过程中的焊样、焊接日志。

3）进行管道通气试验，检查管线连接是否正确。

4）特殊气体管道安装完毕，外观检验合格后，应进行压力试验，并符合下列规定：

（1）压力试验采用气压试验，试验气体宜采用高纯氮气或氩气；

（2）压力试验前焊缝及其他待检部位应未进行绝热，待试管道与无关系统已用盲板或采取其他措施隔开，待试管道上的安全阀、爆破板及仪表元件等已经拆下或加以隔离；

（3）在进行系统保压之前请确认完成管道吹扫，避免铁屑污染阀门及管道；

（4）强度试验压力采用设计压力的 1.15 倍，时间 30min；

（5）气密性试验压力采用设计压力的 1.05 倍，时间 24h；

（6）压力试验过程应记录起止温度。考虑温度修正后，压降值不得超过 1%。

5）特殊气体氦检漏测试要求

（1）所有可能泄漏点需要用塑料袋隔离；

（2）氦检漏应采用质谱式检测仪，其检测下限不低于 1×10^{-10} mbar · L/s（即 atm · cc/sec）；

（3）特气系统宜采用内向测漏法：

内向测漏法测试不得高于 1×10^{-9} mbar · L/s；

阀座测漏法测试不得高于 1×10^{-6} mbar · L/s；

外向测漏法测试不得高于 1×10^{-6} mbar · L/s；

（4）氦检漏的测试顺序为：内向测漏、阀座测漏、外向测漏；

（5）检测漏点修补后，必须重新经过保压测试，然后才能再进行氦检漏；

（6）系统测试完毕，应充入高纯氮气或氩气，并进行吹扫；

（7）测试完毕后，应提交测试报告。

6）特殊气体颗粒测试要求

（1）特气系统需要颗粒测试时，吹扫气体流量应根据管道直径计算得出；

（2）应首先测试气源纯度，合格后再进行样品测试；

（3）推荐测试指标：大于 $0.1\mu m$ 的颗粒小于等于 1 颗/立方英尺（即≤1pcs @$0.1\mu m$/scf），连续 3 次合格则测试完成；

（4）颗粒测试完毕后，应提交测试报告。

7）特殊气体水分测试要求

（1）特气管道需要水分测试时，吹扫速度低于管道设计流速的 10%，且小于 50slpm（Stard Liter Per Minute，即标准公升每分钟流量值）；

（2）应首先测试气源纯度，合格后再进行样品测试；

（3）推荐测试指标：<20ppbv（按体积计算十亿分之一），测试气体水分增量；

（4）测试结果达到后，数值需保持稳定或下降趋势 20min 后，测试结束；

（5）水分测试完毕后，应提交测试报告。

8）特殊气体氧分测试要求

（1）特气管道需要氧分测试时，吹扫速度低于管道设计流速的 10%，且小于 50slpm；

（2）应首先测试气源纯度，合格后再进行样品测试；

（3）推荐测试指标：<20ppbv（按体积计算十亿分之一），测试气体氧分增量；

（4）测试结果达到后，数值需保持稳定或下降趋势 20min 后，测试结束；

（5）氧分测试完毕后，应提交测试报告。

3. 气体侦测/监控系统验收

1）特殊气体探测器

对照设计文件检查气体探测器的类型、报警设定值（应小于时间加权平均阈限值）、探头标定时间、安装位置、数量、排放管道位置、电源信号接线、出厂质量文件等。对所有探测器的输出信号应进行模拟测试。

2）特气系统检查

对照设计文件，检查内存和硬盘容量、CPU、控制箱面板、输入输出设备位置和数量、电缆规格、电源、接地等。根据控制逻辑，对各报警和切断信号进行模拟测试，检查声光报警和联动系统的动作。测试系统启动、报警解除步骤。

测试软件系统图形与实际系统的一致性、操作系统、登录安全级别、远程登录、历史数据存储位置、短信通知、通信协议、反应速度等。

10.3 大宗气体供应系统施工技术

10.3.1 大宗气体简述

1. 大宗气体分类

大宗气体（Bulk Gas）即为电子工业厂房中集中供应且使用量较大的气体。大宗气体一般包含有七种：CDA、GN_2、PN_2、PAr、PO_2、PH_2、PHe，涵盖制程气体和非制程气体，其制造来源各有不同。

1）CDA（Clean Dry Air）

CDA 即是洁净干燥的压缩空气，它是由大气经压缩机压缩后除湿，再经过滤器或活性炭吸附去除粉尘及碳氢化合物形成的。

2）GN_2（Nitrogen）

GN_2 即普通氮气，它是利用压缩机将气体压缩冷却成液态，再经过触媒转化器，将 CO 反应成CO_2，将 H_2 反应成 H_2O，由分子筛吸附CO_2、H_2O 后再经分溜分离 O_2 和 C_nH_m 而形成的。液氮的沸点为－195.8℃，液氧的沸点为－182.9℃。

3) PN₂（Nitrogen）

PN₂ 即高纯氮气，它是将GN₂ 经由纯化器（Purifier）进行纯化处理后产生的高纯度氮气。一般液态氮气纯度约为 99.9999%，经纯化器纯化过的氮气纯度约为 99.9999999%。

4) PO₂（Oxygen）

PO₂ 即为高纯氧气，它是利用压缩机将气体压缩冷却成液态，经二次分溜获得 99.0% 以上纯度氧气，再除去 N_2、Ar、C_nH_m 等形成的。另外也可由水电解方式解离 H_2 和 O_2，产品液化后形成。

5) PAr（Argon）

高纯氩气，利用压缩机将气体压缩冷却成液态，经二次分溜后获得 99.0% 以上纯度的氩气。因氩气在空气中的含量仅 0.93%，生产成本相对较高。液氩的沸点为 185.7℃。

6) PH₂（Hydrogen）

高纯氢气为利用压缩机将气体压缩冷却成液态，经二次分溜获得 99.0% 以上纯度的氢气。另外也可由水电解方式解离 H_2 和 O_2，制程廉价但危险性高易触发爆炸，液化后易于运送储存。

7) PHe（Helium）

高纯氦气主要由稀有富含氦气的天然气中提炼而成，其主要产地为美国和俄罗斯。利用压缩机将气体压缩冷却成液态，然后通过分溜获得。液氦的沸点为－268.9℃。

2. 大宗气体的品质要求

具体可参见表 10-7。

国内大宗气体的质量标准　　　　　　　　　　　　　　　表 10-7

项目		O₂	N₂	H₂	H₂	Ar
纯度（%）		99.985	99.9996	99.9999	99.9999	99.9996
杂质含量（×10⁻⁶）	CO≤	1	0.1	0.1	1	—
	CO₂≤	1	0.2	0.1	1	—
	H₂≤	1	0.1	—	—	0.5
	N₂≤	30	1	0.4	5	2
	O₂≤	Ar100	0.5	0.2	1	1
	H₂O≤	2	2	1	3	1
	(C₁～C₃)≤	1	0.1	0.2	1	0.5
	AsH₃≤	Kr10	—	—	—	—

压缩空气作为工厂用动力气体、仪表用气日益广泛应用于工业产品生产的各行各业，所以压缩空气的品质和品质标准越来越受到工程技术人员的关注。国际标准化组织的 ISO/TC118 委员会于 1991 年 12 月批准发布了《一般用压缩空气 第 1 部分：污染物和质量等》

（标准号为 ISO 8573—91），该标准主要适用于一般工业用压缩空气，但不包括直接呼吸用及医用压缩空气。标准规定的压缩空气质量等级如表 10-8 所示。

压缩空气质量等级　　　　表 10-8

等级	最大颗粒尺寸（μm）	最大固体粒子浓度（mg·m⁻³）	压力露点（℃）	最大含油量（mg·m⁻³）
1	0.1	0.1	−70	0.01
2	1	1	−40	0.1
3	5	5	−20	1
4	15	8	3	5
5	40	10	7	25
6	—	—	10	—
7	—	—	不规定	—

注：粒子浓度和含油量是绝对压力 0.1MPa，温度为 20℃，相对蒸汽压力为 0.6 条件下得出，压力大于 0.1MPa 时这些值应相应增大。

我国在 2008 年发布了推荐性标准《压缩空气　第 1 部分：污染物净化等级》GB/T 13277.1—2008 代替部分原来的《一般用压缩空气质量等级》GB/T 13277—1991，其中对压缩空气质量等级重新进行了规定，参见表 10-9～表 10-12。

固体颗粒等级　　　　表 10-9

等级	每立方米中最多颗粒数 颗粒尺寸 d（μm）				颗粒尺寸（μm）	浓度（mg/m³）
	≤0.10	0.10<d≤0.5	0.5<d≤1.0	1.0<d≤5.0		
0	由设备使用者或制造商制定的比等级 1 更高的严格要求					
1	不规定	100	1	0	不适用	不适用
2	不规定	100000	1000	10		
3	不规定	不规定	10000	500		
4	不规定	不规定	不规定	1000		
5	不规定	不规定	不规定	20000		
6	不适用				≤5	≤5
7	不适用				≤40	≤10

注：1. 与固体颗粒等级有关的过滤系数（率）β 是指过滤器前颗粒数与过滤器后颗粒数之比，它可以表示为 $\beta=1/P$，其中 P 为穿透率，表示过滤后与过滤前颗粒浓度之比，颗粒尺寸等级作为下标。如 $\beta_{10}=75$，表示颗粒尺寸在 $10\mu m$ 以上的颗粒数在过滤前比过滤后高 75 倍。

2. 颗粒浓度是在标准状态下的值。标准状态即为空气温度 20℃、空气压力为 0.1MPa 绝对压力，相对湿度为 0 的状态。

| | 湿度等级 | 表 10-10 |

等级	压力露点（℃）
0	由设备使用者或制造商制定的比等级 1 更高的要求
1	≤−70
2	≤−40
3	≤−20
4	≤+3
5	≤+7
6	≤+10

| | 液态水等级 | 表 10-11 |

等级	液态水浓度 C_w（mg/m³）
1	$C_w \leqslant 0.5$
2	$0.5 < C_w \leqslant 5$
3	$5 < C_w \leqslant 10$

注：液态水浓度是在标准状态下的值，标准状态参见表 10-9 中注 2。

| | 含油等级 | 表 10-12 |

等级	总含油量（液态油、悬浮油、油蒸汽）（mg/m³）
0	由设备使用者或制造商制定的比等级 1 更高的要求
1	≤0.01
2	≤0.1
3	≤1
4	≤5

注：总含油量是在标准状态下的值，标准状态参见表 10-9 中的注 2。

对于洁净室内的各种生产工艺过程中所使用的压缩空气，若需在使用后将废气排入室内或使用过程中压缩空气可能泄漏进入室内时，则应根据生产工艺要求控制压缩空气中的固体粒子的粒径、浓度和含油量等，其微粒控制粒径、浓度应至少与所在洁净室的空气洁净度等级一致。

3. 大宗气体的用途

CDA 主要供给厂房内气动设备的动力气源，用于吹净（Purge）及尾气处理器助燃。IA 主要作为供给厂务系统气动设备的动力气源吹净，以及用于吹净作用。

N_2 主要供给部分气动设备气源或供给吹净、稀释、惰性气体环境及化学品输送压力来源。

O_2 主要供给刻蚀制程氧化剂所需及 CPCVD 制程中供给氧化制程用，以及其他制程所需。

Ar 主要供给 Sputter 制程，离子溅镀热传导介质，Chamber 稀释及惰性气体环境。

H_2 主要供给炉管设备燃烧造成湿氧环境，POLY 制程中做 H_2Bake 之用，W-Plug 制程中作为 WF_6 之还原反应气体及其他制程所需。

He 主要供给化学品输送压力介质及制程芯片冷却。

大宗气体（Bulk Gas）虽然不具有强烈的毒性、腐蚀性等，但使用时仍然要注意安全。GN_2、PN_2、PAr、PHe 等具有窒息性的危险，这些气体无臭、无色、无味，如大量泄出而导致空气中含氧量减少至 16% 以下时，即有头痛与恶心现象；当氧气含量少至 10% 时，将使人陷入意识不清状态，如不及时救治将会造成死亡。PH_2 因泄漏或混入时，其本身浓度若在爆炸范围内，只要一有火源，就会产生燃烧甚至爆炸事故。PO_2 会使物质易于氧化产生燃烧，也易造成火灾等安全事件。

10.3.2 大宗气体供应系统简介

1. 系统的组成

大宗气体供应系统（BSGS）主要由供气系统、输送管道系统、机台等组成，其中供气系统又可细分为气源、纯化、品质监测等几个部分（图 10-11）。通常气源设置在气体站房内（Gas Yard）[包括布置在独立于生产厂房（FAB）之外的特种气体站和布置在生产厂房内的特种气体间]，气体的纯化往往在厂房内专门的纯化间（Purifier Room）中进行，经纯化的大宗气体通过管道从气体纯化间输送至辅助生产层（次洁净室，即 SubFAB）或生产车间的架空地板下，在这里形成配管网路，最后再由二次配管输送至各机台使用点。

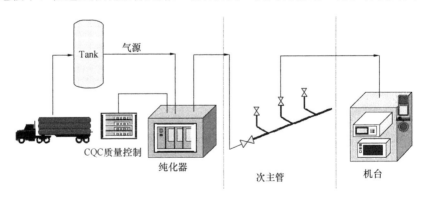

图 10-11 大宗气体供应系统图

2. 气体供应方式

大宗高纯气体的供应方式有现场制气、管道输送供气、液态气体槽车输送供气、外购气体钢瓶，用气体钢瓶或钢瓶组输送供气等。具体某一生产厂房采用哪一种供气方式，应根据工厂的生产规模及用气量、用气质量、气体特性，厂房所在城市或周边地区的气体供应状况等因素经过认真的技术经济比较后确定。

1) 现场制气、管道供气 (图 10-12、图 10-13)

　　　　图 10-12　现场制气　　　　　　　　　　图 10-13　管道供气

　　随着国内电子生产园区的出现和产业化的集中,现场制气以及集中管道供气的方式也成为可能。这种供气方式是气体公司将制气设备建造在用气量较大或用气品种较多的工厂内或工厂邻近处,通过地下管道将大宗气体运输到各生产厂房。

　　若制气设备制取的气体纯度、压力等已能满足工业产品生产的要求,可不放置气体纯化和增压设备,经贮罐和调压、计量后送使用部位;若不能满足工业产品生产的要求,可视需用的气体品质要求和工业厂房的要求等因素选择在制气工厂进行纯化、增压,或在用气工厂进行纯化、增压,或在制气工厂进行增压、在用气工厂进行纯化等不同的设计方案。

　　在制气工厂中通常应设置一定储气量的贮气、缓冲用气体贮罐。气体贮罐宜采用贮存能力大、占地面积小、对高纯气污染少的液态气体贮罐或高压 ($p=15\sim20MPa$) 气体贮罐。

2) 液态气体槽车输送供气 (图 10-14、图 10-15)

　　这种供气系统的气源是集中制气工厂制取的液态气体,以低温液态气体贮罐槽车运送至工业厂房。在厂房内设置低温液态气体贮罐,将液态气体槽车中的液态气体抽送入液态气体贮罐中贮存。根据工厂的气体用量,液态气体由贮罐送出经蒸发器 (Vaporizer) 蒸发为气态后,经由调压器组调压并经气体过滤器送去使用部位。

　　若外购的液态气体的纯度或杂质含量不能满足产品生产工艺要求,则需要在厂房内设置气体过滤和气体纯化设备,对气体进行纯化去除杂质。

　　图 10-14　低温储罐　　　　　　　　　图 10-15　槽车

3) 外购气体钢瓶供气（图 10-16）

外购气体钢瓶集中存放在工厂的气瓶间（库）内，气瓶中高压气体经气体汇流排、减压阀组汇集、减压至一定压力后经气体纯化装置纯化后供气。为确保连续供气，气体钢瓶分为两组，交替放气。根据工厂产品生产工艺要求选择能满足供气品质的气体纯化装置或在用气点处设末端气体纯化装置，最终将气体提纯至产品生产所要求的纯度和允许杂质含量。若钢瓶中气体可满足工厂产品生产工艺要求，可不设气体纯化装置或仅需设置末端气体纯化装置。

图 10-16　气体钢瓶

目前国内一些制气工厂也采用集装钢瓶组或长管钢瓶车盛装高纯气体向用气工厂供气，对用气量较大的工厂，采用长管钢瓶车装运气体十分方便。这种气体输送方式通常由供气单位备有若干辆长管钢瓶车，定期向用气工厂供气，该车通常是暂时放置在用气工厂，当放气至规定压力后，由供气工厂更换长管钢瓶车供气。若用气工厂必须连续供气，应设有确保换车倒气时的供气压力稳定的技术措施或设置一定容量的储气设备调节供气。

4) 气体钢瓶直接供气

将高纯气体钢瓶设置在用气生产工艺设备附近直接供气，通常用于用气量很少的场所，在《洁净厂房设计规范》GB 50073—2013 中明确规定：当日用气量不超过一瓶时，气瓶可设置在洁净室内，应采取不积尘和易于清洁的措施。这里所说的"一瓶"是指水容积为 40L的钢瓶。若产品生产工艺要求供应的高纯气体杂质含量十分严格时，还需在气瓶与用气设备之间设置末端气体纯化设备，包括高精度气体过滤器，以确保供气质量。

为防止高纯气体被污染，所使用的气体钢瓶必须经过特殊处理，并配有气密性好、防污染的附件。在使用时应严格按气瓶倒换的要求进行操作，以防止高纯气体被污染。

5) 压缩空气供应系统

各类洁净厂房都需使用不同品质要求的压缩空气，将其作为产品生产过程的动力用气、吹扫气和仪器仪表用气。大多数工业企业不论规模大小都设有容量大小不同的压缩空气机、冷却器、空气干燥装置、缓冲罐（亦称贮气罐）、空气过滤器等，根据各种产品生产工艺对压缩空气供气品质的要求不同，压缩空气供气系统也有不同的供气方式。

6）不同气体供应方式的选择

不同的气体种类一般选用不同的供气方式。

氮气用量通常很大，根据其用量的不同，一般选择以下几种方式供气：液氮储罐，用槽车定期进行充灌，高压的液态气体经过蒸发器（Vaporizer）蒸发为气态后供厂房使用；采用空分装置现场制氮，这种一般适合于 N_2 用量非常大的情况，还需同时设置液氮储罐作备用。

氧气和氩气通常采用超低温液氧储罐配以蒸发器的方式供应。如果氧气用量非常大时，也可采用现场制氧的形式。

氢气以气态方式供应，一般采用钢瓶组即可满足生产需求；如果用气量较大，则可采用长管拖车的形式供气，但由于道路消防安全等因素，目前国内应用较少；如果氢气用量非常大，则可采用现场制氢，例如采用水电解装置等。

由于氦气的液化非常困难，低温液氦储罐的成本相当昂贵，加之一般氦气应用量不大，因此，常采用钢瓶组的形式供应即可满足生产需求。但随着工业厂房规模的越来越大，氦气需求量不断增大，部分地区已开始尝试使用液氦储罐。由于液氦温度极低，液相中其余杂质基本已凝结为固体，理论上液氦储罐气化的氦气纯度极高，不再需要进行纯化处理。低温液体储罐通常是双层容器，内层容器装低温液体，与外层容器之间的空隙抽成真空并填充有保温材料，可以确保将传导到内层容器中的热量降到最低。液体储罐一般配有充装、压力控制、泄压和液位计等装置，监控罐内液体余量和调整压力状态。

不同气体的供应方式　　　　表 10-13

气体类型	现场制作 (Produced On-site)	储罐 (Storage Tank)	槽车 (Trailer)	钢瓶组 (Bundle)	压缩机 (Compressor)
CDA					√
N_2	√	√			
O_2	√	√			
Ar		√			
H_2	√		√	√	
He		√	√	√	

3. 气体纯化及过滤

随着电子产业的不断发展，设计线宽不断微缩，对气体品质的要求也越来越严格。目前对大宗气体的纯度要求往往达到 10^{-9} 级，因此必须用不锈钢管道将大宗气体从气体房/气体站送至生产厂房的纯化室（Purifier Room）进行纯化。气体经纯化器除去其中的杂质，再经过滤器除去其中的颗粒（Particle）后输送给机台使用。出于安全考虑，一般将氢气纯化室设置为单独一室，并有防爆、泄爆要求。

1）纯化器

目前国内采用的气体纯化器基本都是进口的，主要的生产厂家有 Taiyo、Toyo、ATTO 等。纯化器根据其作用原理的不同可以对不同的气体进行纯化，大致可分为以下几种：消气剂型纯化器、催化剂/吸附型纯化器、钯管型纯化器、室温型纯化器、干燥器等。不同的气体纯化器需要不同的公用工程与之相配套，例如触媒吸附式氮气纯化器需要高纯氢气供再生之用。因此，相关的公用工程管线必须在气体纯化间内留有接口。

（1）消气剂型纯化器：用于氮气、氩气或氦气

该装置通过加热不挥发金属消气剂床层的消气剂产生反应（物理吸附和化学吸附），可将氮气、氩气和氦气中的气相杂质（如 O_2、H_2、CO_2、CO、CH_4、H_2O 等）以及氩气、氦气中的氮气降至极低浓度。氮气纯化器使用的消气剂与氩气/氦气不同，两者不能互换使用。消气剂材料不可再生，当消气剂材料用完时，整个消气剂柱将被更换，装置可由产品气体吹扫后再次利用。

（2）催化剂/吸附型纯化器：用于氮气、氩气或氦气

该装置通过使用镍催化剂反应柱（单独置于小装置中），或与分子筛吸附柱（在大装置中）串联，从而将气体产品中的气相杂质（如 CO_2、CO、O_2、H_2、H_2O 等）去除，使其降至极低浓度。反应柱是可再生型的，经过并联且配有一个单柱（或一套双柱），一边在纯化气体时，另一边则处于再生状态。产品气体气流可在两柱间来回交替流动。

（3）催化剂型纯化器：用于氧气

该装置可通过一支加热的钯催化剂反应柱和一个与之串联的室温分子筛吸附柱，从而从氧气中去除气相杂质（如 CO_2、CO、CH_4、H_2O、H_2 等），使其降至极低浓度。分子筛柱是可再生型的，设计成并联的两支柱子，一边在纯化气体时，另一边则处于再生状态。氧气气流可在两分子筛柱间来回交替流动。该装置包括一个钯催化柱、两个分子筛柱、热交换器、加热器、过滤器和其他部件。分子筛可通过加热和以纯氧吹扫再生。

（4）消气剂型纯化器：用于氢气

该装置通过室温镍/分子筛柱（化学/物理吸附）和一个加热的金属氢化物消气剂柱（化学吸附），去除氢气中的气相杂质（如 O_2、CO_2、CO、N_2、CH_4、H_2O 等）使其降至极低杂质浓度。镍/分子筛柱可以再生，设计成并联的两个柱，一个在纯化气体时，另一个则处于再生状态。氢气流可在两分子筛柱间来回交替流动。该装置包括两支镍/分子筛柱、一支金属氢化物消气剂柱、热交换器、加热器和其他部件。消气剂材料不可再生，当消气剂材料用完时，整个消气剂柱被换新，装置可用氩气吹扫再次利用。镍/分子筛可通过加热和以纯氢吹扫再生。

（5）钯管型纯化器：用于氢气

该类装置通过加热的钯管（只允许氢分子扩散通过），去除氢气中的气相杂质（如 O_2、N_2、CO_2、CO、Ar、CH_4、H_2O 等）使其降至极低杂质浓度。该装置只有在大于 200psi（14bar）的压差存在时才可有效运转，包括钯管单元、热交换器、加热器和其他部件。

（6）室温型纯化器：用于氩气、氦气、氮气和氢气

该装置通过使用室温镍催化剂管（化学和物理吸附）去除 O_2、CO_2、CO、H_2 和 H_2O 等杂质，使其降至极低浓度水平。此纯化器包括一支填满镍催化剂的管子，间或带有进口和出口阀。

（7）干燥器：用于氩气、氧气、氢气、氮气和氦气

该装置通过室温分子筛管（物理吸附），去除氩气、氧气、氢气、氮气和氦气中的湿气，使其降至极低浓度水。该装置包括一支填满分子筛的管子，间或带有进口和出口阀。

2）过滤器

高纯气体中微粒产生的原因多种多样，各种因素产生的微粒粒径范围也各不相同，比如机械摩擦、研磨或粉碎产生的微粒的粒径一般都大于 $1.0\mu m$ 甚至数百微米；加热金属管道，由蒸发—冷凝原理形成金属或氧化物的微粒，其粒径一般小于 $0.1\mu m$ 等。

电子设备生产工艺过程不仅对气体纯度要求十分严格，而且对气体中的颗粒含量也有极高的要求，目前在集成电路芯片生产中，对大宗气体颗粒度的要求通常为：大于 $0.1\mu m$ 的颗粒含量为零。

为满足各行业产品生产对气体中颗粒、油分等的控制要求，各种各样的过滤器应运而生，各工业厂房可按具体产品的控制要求选择相应过滤精度的气体过滤器。

（1）气体过滤器的品种

气体中去除尘粒常用的方法是过滤法，其过滤机理是利用流过各种过滤材料（元件）的气体，主要受到扩散、拦截和撞碰冲击的作用，将气体中夹带的尘粒去除。一般要求气体过滤器将某一规定粒径的微粒全部去除，因此过滤效率都要求 99.9999％以上。气体过滤器的种类较多，按照气体过滤器的过滤精度划分，目前较为流行的是按去除的尘粒粒径及过滤效率来标注，如去除气体中 $\geq 0.01\mu m$ 的尘粒的过滤效率达 99.999999％以上等。若按过滤材料的不同，又可分为多孔金属过滤器、多孔玻璃或陶瓷过滤器、纤维滤芯过滤器、微孔滤膜过滤器、纸过滤器等。表 10-14 是国内一个厂家的几种气体过滤器的主要技术性能。

几种气体过滤器的主要技术性能　　　　　　　　　　　　表 10-14

类型	滤芯	过滤精度 （μm）	过滤效率 （％）	初始压差 （MPa）	工作温度 （℃）	残余含油量 （$mg \cdot m^{-3}$）	特点
预过滤器 （PEF）	烧结聚乙烯	1	＞98	0.01	＜80	—	用于气固、气液分离，保护精密过滤器
预过滤器 （SBF）	烧结青铜	5	＞98	0.005	＜120	—	用于气固、气液分离，并适合高压高温
预过滤器 （SSF）	烧结不锈钢	10	＞98	0.008	＜200	—	用于气固、气液分离，并适合高压高温、耐腐
预过滤器 （SFF）	烧结不锈钢毡	10	＞98	0.003	＜200	—	用于气固、气液分离，并适合高压高温、耐腐、容尘量大

续表

类型	滤芯	过滤精度 (μm)	过滤效率 (%)	初始压差 (MPa)	工作温度 (℃)	残余含油量 ($mg \cdot m^{-3}$)	特点
精密过滤器 (MF)	精密滤芯	0.01	99.99998	0.008	<80	0.03	除水、除尘、除油
精密过滤器 (SMF)	超精滤芯	0.01	>99.99999	0.012	<80	0.01	超精密过滤、除水、除尘、除油
精密过滤器 (MF+AK)	精密加活性炭滤芯	0.01	>99.99999	0.016	<40	0.005	精密过滤、除水、除尘、除油、除气味
精密过滤器 (SMF+AF)	超精密加活性炭滤芯	0.01	>99.99999	0.020	<40	0.003	精密过滤、除水、除尘、除油、除气味
除菌过滤器 (SRF)	硅硼超细纤维	—	99.99999	0.012	<200	—	精密过滤、除水、除尘、除菌

各种气体过滤器的过滤精度或过滤效率主要取决于所采用的过滤元件和过滤器的结构。对于高精度气体过滤器应选择精度高、无二次污染和去除粒径符合要求的过滤元件，并应具备优良的气密性、无渗漏现象的结构设计，即结构设计应确保不发生过滤元件前后的内渗和过滤器内外的渗漏，使气体过滤器的性能基本达到过滤元件的过滤精度，气体过滤器的结构应做到气密性好、牢固可靠和便于清洗、更换过滤元件。

(2) 气体过滤器的选择

在高纯气或洁净气体的供气系统中，气体过滤器的选择应根据供气系统的配置情况、工业产品生产工艺对气体的洁净程度的要求以及气体过滤器的透气能力、阻力、过滤精度等因素确定。

当气体中含尘量较多，而产品生产工艺要求气体的洁净程度较高时，通常应采用二级以上的气体过滤，即气体先经过滤精度较低的气体过滤器去除大部分尘粒后，再由高精度过滤器或除油气体过滤器或除菌气体过滤器过滤到所要求的气体洁净程度。在电子洁净厂房内一般设置预过滤器和高精度末端气体过滤器。预过滤器是设在洁净厂房的气体入口室的气体干管上，对气体进行预过滤，以减轻末端气体过滤器的负担，并延长其使用寿命。预过滤器的滤材一般采用多孔陶瓷、微孔玻璃、粉末冶金、聚丙烯腈纤维等。高精度末端气体过滤器是设在靠近用气设备的气体支管上，其滤材采用高效滤纸、醋酸纤维膜、不锈钢金属过滤器等。高精度气体过滤器进气端的容许粒径，应视所要求的精度确定，如生产工艺要求供应气体将尘粒粒径控制在 $0.01\mu m$ 时，则末端气体过滤器进气端的控制粒径应为 $0.1 \sim 0.3\mu m$。

4. 气体的品质监测

大宗气体在经纯化及过滤后应对其进行品质监测，观察其纯度与颗粒度的指标是否高于实际的工艺要求。目前着重对气体中的氧含量、水含量和颗粒度进行在线连续监测，而对 CO、CO_2 及 THC 杂质采用间歇监测，测试结果连同其他测试参数（诸如压力、流量等）

都会被送往控制室中的 SCADA（Supervisory Control and Date Acquisition）系统。

对于高纯气体中的微量杂质如 O_2、H_2O、H_2、N_2、CO、CO_2、HC、微粒等的检测方法如表 10-15 所示。

微量杂质的检测方法　　　　　　　　　　　　　　　　　　表 10-15

被测杂质	分析方法	被测杂质	分析方法
微量氧	气相色谱法 铜氨比色法 原电池法 黄磷发光法	氢、氮、甲烷	气相色谱法
		一氧化碳 二氧化碳	转化气相色谱法
微量水分	露点法 电解法 电容法 气相色谱法	微粒	重量法 滤膜法 光散射法

1）气相色谱法。气相色谱是以气体作为流动相的分离技术。色谱仪型号繁多、性能各异，但其构造基本相似，主要由载气控制系统、进样系统、分离系统（色谱柱）和检测系统（包括检定器和同检定器相连的电气部分）等部分组成。通常被测气体由进气系统进入色谱柱，根据柱内的吸附剂对高纯气体中的各杂质组分的吸附顺序、能力的不同，各杂质组分按先后顺序被分离进入检定器，便产生一定的信号，经电气部分输入计算机进行数据处理，并用记录仪记录色谱图。每个杂质组分在色谱图上都有一个完整的色谱峰，以峰的位置进行定性，以峰的面积或峰的高度进行定量。

2）微量氧分析。高纯气体中微量氧的分析，除采用气相色谱法检测外，还常常采用在线的专用微氧分析仪，对高纯气体中的微氧杂质进行连续监测。此种微氧分析仪一般安装在纯化设备出口，用以监测获得的高纯气体中的微氧含量是否符合规定的要求；另外也常常安装在高纯气体的输送管路的始、末端，用以监测高纯气体输送过程的污染状况，以确保用气设备处的微氧含量符合规定的要求。

3）微水分析。高纯气体中微水分析方法较多，目前常用的分析方法主要有：气相色谱法、露点法、电解法、电容法等。

露点法：当一定体积的气体在恒定的压力下均匀降温时，气体和气体中水分的分压保持不变，直至气体中的水分达到饱和状态，该状态下的温度就是气体的露点。一定的气体湿度对应一个露点温度，一个露点温度对应一定的气体湿度。因此，测定气体的露点温度就可以测定气体的湿度。由露点可以得到绝对湿度，由露点和所测气体的温度可以得到气体的相对湿度。

电解法：使气体流经一个特殊结构的电解池，电解池的两对电极上所涂覆的材料吸收气体中的水分并将其电解为氢气和氧气排出。当吸收和电解达到平衡后，进入电解池的水分全部被吸收并电解，而根据法拉第定律及气体定律可推导出此电解电流与气体中的水分含量成正比，因此通过测量此时的电解电流即可测得气体中的水分含量。

电容法：采用亲水性材料作为介质，构成电容，当含水分的气体流经时，电容值将发生相应变化，通过测量电容值的变化，即可测量气体中的水分含量。

5. 管道输送系统

1）大宗气体自供气源出口点经主管线至次主管线的输出阀（Take off Valve）称为一次配管（SP1），自输出阀出口点到机台（Tool）或设备（Equipment）的入口点为二次配管（SP2）。一般配管系统的基本原则是在主管（Main）上按一定间距设置支管端（Branch），再在每个支管上按一定间距设置分支管（Branch Take Off）供二次配管使用。

2）大宗供气管路布置较为常见的有两种形式：树枝型（鱼骨型）和环型（回路型）。其中又以树枝型最为常用，其架构清晰，且与其他系统的配管架构相似，利于整体空间规划，但由于气体在次管（Sub Main）中供应距离比较长，容易产生较大的压降，末端部分的输出阀容易产生压力不足的情况。环型布置使用主管从两端向次管供气的方式，能较好地保持用气点压力的稳定，但由于延长了主管的长度，成本比较高。

树枝型：其主管和次管以树枝的形状分布（图 10-17）。

环型：其主管和次管构成环状回路形式（图 10-18）。

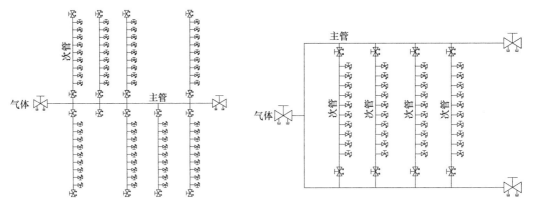

图 10-17　树枝型管路布置图　　　　　图 10-18　环型管路布置图

3）管道输送系统的设计要点

（1）根据用气设备分布情况，高纯气体输送管网不宜布置过大或过长；若条件合适时可采用不封闭的环形管路。在系统末端连续不断地排放少量气体，以便管网中总有高纯气体流通，不会发生"死空间"，引起高纯气体的污染。

（2）管路中应减少不流动气体的"死空间"，不应设有"盲管"。在干管或支管的末端均应设有吹除管线及控制阀。对于特殊气体的供应系统常常在储气瓶与用气设备之间设有吹扫控制装置、多阀门控制装置，用以控制各个阀门的开关顺序、系统吹除，以确保供气系统的安全、可靠运行和防止"死区"形成而滞留污染物，降低气体纯度。

（3）对高纯气体纯度要求不同的用气设备，宜采用分等级高纯气体输送系统；也可采用同等级输送系统，但在纯度要求高的用气设备邻近处设末端气体纯化装置，提纯到符合供气质量要求。

（4）为了检测高纯气体的纯度和杂质含量，输送系统除了设置必要的连续检测仪器，如测量水含量或氧杂质含量等分析仪外，还应设置定期取用的检测采样口，以便按规定时间进行采样，分析高纯气体中各种杂质的含量。

（5）在亚微米级的集成电路生产中，要求供应 10^{-9} 级的高纯气体，为了确保末端用气工艺设备处的气体纯度，使气体中的杂质含量（包括尘粒）控制在规定的数值内，一般在用气设备前设置末端纯化装置、末端高精度气体过滤器。

4）管道输送系统是由管道、管件、阀门等组成的。管道的材质、洁净处理以及阀门类型、材质的选择应根据管内输送气体纯度和杂质含量确定，阀门的材质及表面处理应与管道匹配（图 10-19）。

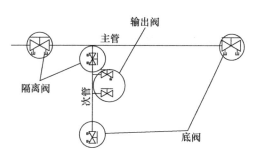

图 10-19　各种阀件在管道输送系统中的位置

一般对气体纯度低于 99.99％、露点低于 —40℃的气体管道，宜采用 AP 管或 BA 管，阀门宜采用不锈钢球阀；气体纯度大于或等于 99.99％、小于 99.999％，露点小于—60℃的气体管道，应采用 BA 管或 EP 管，阀门应采用同等级低碳不锈钢波纹管阀或隔膜阀；纯度大于或等于 99.999％、露点小于—70℃的气体管道，应采用 EP 管，阀门应采用同等级低碳不锈钢隔膜阀或波纹管阀。管道系统的连接形式应全部采用焊接，吹扫口和仪表连接采用面密封接头，严禁采用螺纹接口。

液态大宗气体管道宜采用不锈钢管道及低温阀门，两端可能关闭的液态气体管道应设置低温管道的安全阀。

5）安全措施

（1）高纯氧气管道及附件应采取下列安全措施：

管道、阀门及附件必须严格脱脂；

应设置静电导除装置；

厂房入口的管道上应设置自动切断阀。

（2）高纯氢气管道及附件应采取下列安全措施：

应设置静电导除装置；

厂房入口的管道上应设置自动切断阀。

（3）高纯氢气管道的下列部位应设气体报警装置和事故排风装置，且报警装置应与相应的事故排风机连锁控制：

气体入口室或气体纯化站；

阀门箱内、管廊或技术夹层内氢气易聚集的地方；

使用高纯氢气处。

（4）高纯氢气管道上设置阀门时，宜设置阀门箱。阀门箱应设置阀门、压力表、吹扫口、取样口和气体报警装置等。

（5）高纯气体输送系统应设置含氧量小于0.5%的氮气或氩气置换吹扫设施。

（6）高纯气体的防泄漏措施：

气体制造、纯化和使用的场所，液态气体贮罐和高压储气瓶运输、使用过程中，发生气体泄漏是引发各类气体事故的主要因素。而高纯气体供气系统若有气体泄漏现象发生，即使没有引发各类气体事故，也会影响气体质量，比如当供气系统压力波动或暂停使用时就会发生空气中的氧、水分等向配管内渗漏；即使在正常时也会因空气中的氧、水分等组分与配管内的相应组分的分压差很大，发生渗漏现象，影响高纯气体的质量，严重时会因高纯气体质量不合格，不得不停产改进。所以高纯气体供气系统的防泄露至关重要，必须采取可靠的防治措施。

必须严格按照高纯气体配管和材质的要求进行高纯气体配管系统的设计、施工安装，建造符合要求的高纯气体供应系统。

严格按照有关施工验收规范、规程和具体工程的要求，对高纯气体配管系统进行测试验收，必须严格进行高纯供气系统的泄漏量试验和纯度试验，并做好记录。

根据气体品种的不同，各种高纯气体在停止使用后应进行系统保压，在下一次使用前按规定进行泄漏量检查等，若超过规定值，应查明原因进行改进、完善，再次检查合格后才能重新使用。

定期检查，根据高纯气体品种、纯度及杂质含量要求等，确定对高纯气体配管系统进行纯度检查、泄漏量检查的时间和仪器。

10.3.3 大宗气体供应系统施工

1. 进场验收

1）材料、设备的进场验收

（1）大宗气体供应系统施工单位应有相应的施工和检测设备，各类检测设备应检定合格，并在有效使用期内；

（2）气体纯化设备及其附件、材料均应具有产品合格证、材质证明、使用说明书，以及强度试验、气密性试验报告，并应符合工程设计和设备技术要求；

（3）进口设备、材料进场验收除应符合规范要求外，还应提供商检证明和有关质量、规格、型号、性能测试，以及安装、使用、维护和试验要求等技术文件；

（4）设备与材料进场进行验收、管道吹扫、压力试验、气密性检测、纯度测试、氦气检漏、焊接样件鉴定事项时，项目法人单位代表应在场；

（5）高纯气体管道、管件和阀门等的进场验收和验收场所应符合下列规定：

① 在非洁净室全数检查外包装，不得有破损、变形；

② 管道、管件和阀门应在空气洁净度等级不低于7级（0.5μm）的洁净室内进行内包装开封检查；

③ 检查合格的管道、管件及阀门应按种类、规格分别存放在洁净度不低于 7 级 （0.5μm）的洁净室货架上，不得直接放在地面上。

2) 高纯气体用管道、管件和阀门的进场检查应符合下列规定：

（1）管道、管件和阀门应有独立的内包装，端口均应装有防尘帽，并应在检查合格后恢复内包装及防尘帽；

（2）管道外观检查应按全数的 5％ 抽查，规格尺寸、壁厚、真圆度、端面平整度等应符合产品技术要求，且内表面无刮痕和斑点；

（3）材质检查宜采用便携式金属光谱分析仪，其化学成分应符合产品技术要求；

（4）管道、管件内表面粗糙度应采用样品比较法在管道两端检查；BA 管道内壁平均表面粗糙度 Ra 应小于或等于 0.7μm，最大表面粗糙度 Rmax 应小于或等于 3.0μm；EP 管道内壁平均表面粗糙度 Ra 应小于或等于 0.25μm，最大表面粗糙度 Rmax 应小于或等于 0.5μm；

（5）管道、管件、阀门的检查，每批每种规格应随机抽查 5％，且不得少于 1 件，有不合格时加倍抽查。

2. 气体纯化站的施工

1) 气体纯化站的施工应符合下列规定：

相关的土建工程应已验收合格，并办理交接手续；

应按工程设计文件和相关设备出厂技术说明的要求进行安装；

承压设备、附件应具有压力试验、无损检测等有效检验合格文件；

与有爆炸危险气体相关的设备、附件，应具有检验合格的文件；

有防静电接地要求的设施，相应的防静电接地系统应已施工；

气体纯化设备、附件安装前应严格进行外观检查，发现异常时应与供货商共同检查，并应经确认不影响使用功能后再进行安装。

2) 气体纯化装置的搬运应符合下列规定：

搬入安装现场前，应认真进行清洁，符合要求后应从规定的设备搬入口运入；

整体设备搬运时，应按设备的构造、管道及阀门等附件的配置状况，采用适当的安全搬运方法，并不得倒置。

3) 气体纯化装置的安装应符合下列规定：

气体纯化装置安装时，应按工程设计文件和产品说明书要求准确定位和正确进行接管、接线，并应考虑人员操作空间和门的开启方向；

气体纯化装置的垂直度偏差不得大于 1.5‰，成列安装偏差不应大于 5mm；

气体纯化装置等设备的混凝土基础及预埋螺栓应具有检验合格的记录，设备就位找平找正后应固定牢靠。

3. 大宗高纯气体输送管路的施工

1）施工工艺流程

施工图纸会审→施工前准备→施工现场测量→绘制管段图→预制洁净房设置→预制管道（支吊架施工）→现场安装与配管→压力试验、气密性试验、泄露试验及系统吹扫等→管道系统测试。

2）施工图纸会审

正式施工操作开始前，应全面了解所有与图纸有关的工艺流程、管道用途、气体品质和气体种类等内容，特别针对不同的气体管道应选择不同材质的管材，并结合实际选择最适宜的阀门类型，此外还应根据现场实况选择最适宜的施工工艺。

图纸会审着重解决以下问题：

设计选材能否满足介质纯度、干燥度、洁净度要求；

用气工艺设备位置是否最终确定；

管道走向应排除与其他管线碰撞的情况；

各支管三通位置的确定；

管道支吊形式及支吊架材质的选择；

氢、氧管道防静电接地的形式等。

3）施工现场测量

将土建专业提供的基准标高和轴线引测到安装场所墙柱的适当位置，作出标识以此确定管道安装的位置。比对现场施工情况与设计图纸的契合度，若存在不相符问题，应立即找出问题根源，并按照施工图纸上的内容进行整改，确保二者相一致。

4）绘制管段图

由专业人员负责按照设计图纸上的内容，结合现场实际绘制出施工管段较为详尽的预制图。制图环节要求不可出现支管、管段过长等问题，按要求标注管道阀门、法兰、管径、标高和长度等位置与数据信息，并保证准确度。

管段详图中不可出现不流动气体一类死空间，也不可存在盲管等问题，尤其在预制支管、干管末端详图时应添加必要的控制阀和吹扫管线。

对一个系统分段预制的原则是：

尽可能减少现场焊接的焊口数，大量的焊接工作尽可能在预制洁净房完成；

现场焊接的焊口应设置在便于操作的位置；

预制管段的大小应尽可能大一些，但也不可无限制放大，应综合考虑预制洁净房场地的限制和现场搬运经过的通道和门洞限制。

5）施工前准备

（1）场地、人员

管道存放场所应洁净、干燥、温度变化不大、远离阳光和霜冻、无污染的场所，存放时也不要把外包装去除，只有在使用时才能拆开其外包装，场所应经常打扫，保持干净。

所有 EP 管的预制工作必须在洁净室内进行。

施焊人员必须经过培训，考核合格后方可施焊。

（2）到货检查

外包装有无破损，应是原厂包装，并有洁净证明；

是否脱脂处理，是否达到"氧净"要求；

核对抛光形式是否符合订货要求；

表面粗糙度；

阀门的型号、内表面质量、材质与介质接触部分是否电抛光；

各种材质证明和合格证书及质量保证书；

其他合同上的要求。

（3）机具及辅材准备

辅材包括氩气（采用高纯氩，纯度为 99.999％）、阀门、活接头、VCR 接头、垫片、洁净胶带、洁净布、洁净纸、洁净塑料袋、高纯酒精、超纯水、安全眼镜、乳胶手套、洁净服、水平尺、角尺、钢卷尺、梯子等。

所有辅助材料的规格、型号必须符合设计要求，并有出厂产品合格证，所有材料必须经质量检查部门检验合格后方可使用。

机具设备包括：不锈钢全自动脉冲氩弧焊机，该设备采用全电脑控制程序，不填充焊丝，利用母材自身熔化成型，焊缝成型好；焊头、夹头、钨棒、焊把线、发电机、稳压器、氩气钢瓶、过滤器；三脚支架、割管器、带锯、GF 锯、平口机、夹钳、活扳手、内六角扳手、手电筒、钢丝刷、平锉刀、螺丝刀、气体流量计等。

6）预制洁净房设置

洁净厂房内高纯气体管道的预制场所，其洁净要求应与管道安装场所的洁净度要求一致，否则将很难控制所预制的管道不受污染。管道可能安装在不同洁净等级的房间，应按安装场所的最高洁净等级的要求来搭建预制房。

预制房应尽可能在厂房暂不使用的房间内搭设，当不具备这种条件时，可就近先搭设符合挡风挡雨要求的临时建筑，再在其内搭设临时洁净预制房。预制的长、宽、高应能满足预制工作的要求。一般采用防静电厚塑料膜围护，FFU 或高效过滤器及低压风机用风管连通（设调节阀，以获得室内正压），完成上送风、下侧四周排风的空调系统。室内要有充足的照明。

7）预制管道

（1）配管切割应符合下列规定：

① 外径等于或小于 12.7mm 的管材切割宜采用不锈钢切管器；外径大于 12.7mm 时，宜采用专用不锈钢切割机，并应以高纯氩气吹净管内切口的杂物、灰尘，不得使用手工锯、砂轮切割机切割；

② 使用不锈钢切割器切割时，应缓慢进行，并应确认表面无有害痕迹、破损，被切割管应横放、水平固定，防止切屑进入管内；

③ 切割后应采用专用的平口器处理切面，并应用专用倒角器消除毛刺，管端切口应垂直、不变形，并应满足不加丝自动焊的要求，应确认配管内、外无杂质或异常现象，并应在两端加塑料盖待用；

④ 平口机加工余量应为壁厚的 1/10～1/5，加工时应用低压气吹扫。加工后应将该端管口向下，另一端应用高纯氮气快速吹扫。刚切割完毕的管道口严禁向上。

（2）高纯气体管道的弯头应符合下列规定：

① 管外径小于或等于 12.7mm 的不锈钢管弯头应采用专用弯管器煨制，并应与管道规格相匹配，公制弯管器与英制弯管器严禁混用；

② 煨制弯头的弯曲半径应大于或等于管径的 5 倍；

③ 管外径大于 12.7mm 的不锈钢管弯头应采用成品弯头。

（3）管道焊接

焊接过程可分为以下几个步骤，选择规范参数→选择焊头→调节转速及电流→选择钨棒及钨棒与管子表面的垂直距离→下料→焊接。

焊接前，应将所有管线（包括电源和气源）连接正确，保证牢固、接触好。由于该设备既可以接 110V 的输入电源，又可以接 220V 的输入电源，因此接电源时一定要同设备上的电源挡位相吻合，防止出错。气路之间的连接，用管只能是 EP 管或高洁净的 PFA 管，各个接头处应设垫片，充入气源管道内的气体应经气体过滤器，以确保气体洁净度；各个接头必须拧紧，以防漏气。然后开启电源开关，设备进入工作状态。

① 选择规范参数。根据所需焊接形式、EP 管的管径和壁厚，选择相应的规范参数。

② 选择焊头。焊头的种类很多，一般来说，根据所需要焊接的 EP 管的管径，以操作方便、灵活为原则来选焊头。

③ 调节转速。一般是根据所焊 EP 管的尺寸确定焊机转速，并在施焊前由计算机进行调节。焊接过程的衰减时间足够长可防止在焊口尾部产生隔层或钉眼，薄管子焊接时的衰减时间一般为 5s 左右，壁厚大时应适当加大。当转动延迟时，钨棒不动进行垂直穿透，薄壁管的延迟时间一般为 0.1～1s，壁厚大时应适当加大，在管子转动之前应有恰当足够的时间进行穿透，过大或过小都会影响焊接质量。焊接过程的脉冲一般设置为 0.1～0.3s，视波纹重叠程度而作相应的调整，焊口波纹必须重叠 60%～80%，脉冲时间缩短将会增加波纹重叠，反之则减少波纹重叠。在计算机程序中进行核对和反复选择，直至焊头转速与规范参数一致，方可施焊。

④ 下料

绘制管道系统分解图。应根据施工图和现场测量记录来绘制管道系统分解图，即管道预制加工图，此加工图应与施工图一致，并要在加工图上明确标明介质、管径、管段节点间的长度，将焊口逐个编号，并每天填写日常焊接记录。日常焊接记录应包括以下内容：图纸号、所属系统、焊点编号、焊接人、工作牌号、焊头规格、管径、材质、焊接场所、QC 认可、日期等。

下料前准备工作。质检人员根据图纸按 10% 的比例，领取各种规格的管材（管材两端必须有塑料封盖，双层保护塑料袋且无破损），然后运至洁净室，打开塑料袋及塑料封盖，用专门的检测仪器检测管内表面光洁度是否符合要求，并做好检测记录。如有不合格，则该种规格的管材必须全部检测；如果合格，则检测管内表面是否有微粒等杂质（目测）。如果微粒杂质较多，则该种规格的管材必须全部检查，不合格的管材必须用超纯水清洗，并用高纯氮气或氩气将内壁吹干，经检查合格后用洁净的塑料盖将两端口封上，流入下道工序。

下料。根据所需管材的长度，用割管器切割已检验合格的管材。首先用三脚架将管材固定好，由于管壁较薄，因此固定时不可夹太紧，以防管材变形或划出痕迹，再分别从管道两端通入氩气，流量适当加大，以便切割时将铁屑吹出。切割时，尽量使刀口与管道表面垂直，切割完毕后，首先检查已切割好的管口内表面是否干净，如果干净则各用一小块洁净布分别塞入管内距离端口 20～30mm 处，然后用刮削工具，刮削端面至光滑、平整。刮削时用专用夹具将管道夹紧，刮削工具转速必须均匀，不可太快，否则易造成内表面划伤，不可用手直接伸入刮削工具内清理铁屑。刮削完毕后将管口内表面及端口清理干净，不得用手直接触摸管口内、外壁及端面，以防管内不洁净，然后用洁净的塑料盖将管口封好；如果切割好的管口内有铁屑，则必须用洁净布将管口内擦拭干净，再用酒精将管口内外壁清洗干净，用氩气吹干，然后用洁净的塑料盖将管口封好，流入下道工序（施焊）。

⑤ 焊接

焊口结合处的准备。管道对口准备是自动焊接步骤成功的关键。为在自动焊接过程中达到高质量及高复焊性能，必须高度注意待焊管道的对口。待焊的接口处必须符合以下要求：尾端切割处垂直于管道的中线，切割倾斜度尽可能为 0°，以保证管道两端紧密贴合，防止出现缝隙；当两段管道的尾部对接在一起准备焊接时，所有的电弧都必须小于壁厚，把两段管道的尾部点焊在一起有帮助，但却解决不了对口不齐所造成的问题；内径与外径都不应有毛边或削角，如有毛刺会导致不合格焊口；焊口区的管道壁厚差最大不超过±5%，以防止不均匀焊口；清洁所有的废渣、锈迹、油类、脂类、油氧化物及其他污染物。

点焊（并非所有焊接都需要先点焊，再进行正式焊接）。如点焊运用得当的话可大幅度提高工作效率。但点焊对焊接质量有很大的影响，因此必须严格按照正常焊接时的要求来做（例如气流量、电流量等）。点焊可以用手工氩弧焊机，也可用自动氩弧焊机，后者焊接质量比较好。不管是在预制间还是在现场，点焊完都应用不锈钢钢丝刷把氧化色刷掉，然后用生料带缠上，再用质量好的不粘胶带缠紧，以防空气进入管道影响焊接质量。

焊接。采用高纯氩作为保护气体，焊前应将各个阀门打开，调节适当气体流量，检查各个接头处是否漏气，直至操作系统中显示进入焊接状态。

8）管道焊接应符合下列规定：

焊接前应编制焊接作业指导书，焊接过程中应做焊接记录；焊口应统一编号，并应标明作业时间、焊接作业人、焊接主要参数等。

正式实施焊接前，焊工应对每台焊机的各种配管尺寸进行样品制作，样品应经第三方认证检查，并应在合格后再进行焊接作业。

自动焊机的电源应保持稳定，宜配置合适容量的稳压装置。焊机本体应可靠接地。

EP 或 BA 管道的点焊应采用手工氩弧焊，点焊渗透应适当，并在正常施焊连接时应能去除临时点焊点。点焊时应将待焊接的两管中心对准后沿圆周点焊 3～4 处，发现管端无法密合或管道平面错边时，应立即重新检查处理。

管道预制焊接总长度不得超过 12m，预制时应放置在专用支座上，支点数量不得少于 4 个。管道预制和运输时，每 3m 长度应增加 1 个支点。

管材、管件、阀门组对时，应做到内、外壁平整，对口错边量不得超过壁厚的 10％。

每完成一个焊接接头，应对其表面进行清洁检查，焊缝内、外径凹凸量不得超过管壁厚度的 10％，焊缝不得有下陷、未焊透、不同轴、咬边缺陷，内、外表面氧化膜应无烧伤。

焊接时，焊道不可重复烧焊，烧焊失败时应切除后重新施焊。

EP 或 BA 管道焊接应按工程设计图顺气流方向依次进行，并应连续不断充纯氩气吹扫、保护；焊接时纯氩气的流量，管外径为 6～114mm 时，宜为 5～15L/min；停工时，宜为 2～5L/min。

焊接过程应做焊接记录，焊接完成后，焊工应在焊点处签写姓名、日期和焊接主要参数，并应贴上红色标签。

9）现场安装与配管

（1）管道安装前应具备下列条件：

与管道安装工程相关的土建工程应已验收合格，并应满足安装要求且已办理移交手续。

使用的材料、附件等均已检验合格，并具有相应的产品出厂合格证等。

管材、管件等性能符合设计文件要求，安装前包装应完好无损。

（2）材料的储存与搬运应符合下列要求：

材料应保存在洁净室内。

储存材料时，应以专用的货架或柜子存放，不得将材料直接放置于地面上；并应轻抬轻放，严禁碰撞、抛扔和脚踩。

不同材料应分别存放，并应设置明显的区分标记。

BA、EP 材料进入洁净区前，外包装应除去；BA、EP 材料使用前，不得打开内包装。

（3）EP 或 BA 低碳不锈钢管的预制、点固、组装、焊接作业，应在洁净室内进行，作业人员作业时应着洁净工作服、口罩、乳胶手套。

（4）管道安装应符合下列规定：

气体管道与支架之间、管道与管卡之间应采用聚四氟乙烯或氟橡胶材料作隔离垫层。

管道固定支架应设置在刚性结构上。有微振控制场合的管道应固定牢靠，必要时应增加固定点。

支架材质可采用不锈钢、喷塑型钢或铝制品，且宜与管卡匹配。管卡宜采用不锈钢卡，采用碳钢管卡时，管卡应镀镍。

管道平行敷设的中心间距，当管外径小于 6mm 或（1/4）″时，应为 40mm；当管外径为 6～12mm 或（1/4）″～（1/2）″时，应为 60mm。成排管道应注意排列顺序，不得影响美观。

管道支架间距，当管外径小于或等于 10mm 或（3/8）″时，应为 1.2m，管外径大于或等于 12mm 或（1/2）″且小于或等于 19mm 或（3/4）″时，应为 1.5m；其余管道支吊架间距应符合《工业金属管道设计规范》GB 50316—2000（2008 版）的有关规定。

室内高纯气体管道应敷设在专用支架上，不得与工艺设备、排风管道等接触，且不得利用工艺设备、排风管道的支架。

EP、BA 管道连接用垫片应符合设计文件要求或由设备、附件配带；安装前应确认垫片洁净无油、无污染物。

氧气管道、管件、垫片及其他附件必须脱脂，阀门、仪表应在制造厂已完成脱脂。在安装过程中及安装后，应采取防止油脂污染的措施。

有振动部位的管道应设置减振支架。室外现场焊接时，应采取封闭措施。

高纯气体输送管道安装完成后，应充高纯氩气保护。

10.3.4　大宗气体供应系统的检验

1. 试验及系统吹扫

1）压力试验

（1）水压试验禁止出现在洁净室内高纯管道施工中，必须选择气压试验。

（2）气压试验的压力应大于管道设计压力的 1.15 倍（真空管道的试验压力应为 0.2MPa），但当管道的设计压力大于 0.6MPa 时，必须有设计文件规定或拟定试验方案经建设单位同意，方可进行气压试验。

（3）试验介质除危险、易燃气体管道（如氧气、氢气）采用高纯氮气外，其他介质管道（如氮气、氩气、干燥空气等）可用系统供给气体或高纯氮气进行试验。

（4）试验前应严格查看法兰螺栓紧固、管路控制阀门开启、打压设备以及支路预留口等实际情况，切不可出现与施工要求不相符的问题。试验时应采取逐步加压的做法，待压力上升到 0.2MPa 后暂停加压操作，详细检查管路，查看是否存在压降或泄露问题。确认无疑后，再把压力进一步上升到试验压力 50% 左右，再对管路进行检查，依然无异常后，继续按试验压力的 10% 逐级升压，每级稳定 3min，直至将压力加至试验压力。将该压力值维持 10min 后，再一次查看是否有压降或泄露问题存在，若显示没有则表示强度试验合格。

（5）按表 10-16 填写压力试验报告。

压力试验报告表 表 10-16

压力试验报告	
建设单位：	日期：
地点：	施工单位：
项目名称：	
系统名称：	
开始时间：	结束时间：
起始温度：	结束温度：
起始压力：	结束压力：
保压时间：	校正结束压力：
校正压力偏差：	
保压时间：	
测试气体：	
压力表型号及量程：	
结论说明：	
试验测定人：	日期：
技术负责人：	日期：
建设单位代表：	日期：

2）气密性试验

气密性试验的介质与压力试验相同。试验工作可在压力试验结束后连续进行，试验压力便是设计压力，整个试验时间持续 24h，要求在这一段时间内时刻关注压力变化情况，试验开始就要记录起始压力和起始环境温度及有关情况，然后每隔 1h 检查记录一次。重点检查焊口、阀门、法兰、丝扣连接处等位置的情况，在发泡液体的利用下查看泄漏情况，若不存在泄露、压降等问题则表示试验通过。

3）泄露性试验

（1）气体管道中属于危险、易燃气体的管道必须在上述试验结束后，进行泄露性试验，但上述试验结束后未经拆卸的该类管道系统可不进行泄露性试验；

（2）试验介质宜采用氮气；

（3）试验压力为设计压力；

（4）泄露性试验可结合调试一并进行；

（5）泄露性试验时，应逐渐缓慢加压，当压力升至试验压力的 50% 时暂停加压，进行初始检查（重点是焊口、阀门、法兰、丝扣连接处等位置），如无泄露，继续按试验压力的 10% 逐渐升压，每级稳定 3min，直至试验压力时停压 10min 以上，在此时间用发泡剂检查有无泄露情况，检查的重点部位与初始检查一样，如无泄露则泄露性试验合格。

4）系统吹扫

压力试验结束后，在系统投运之前，应用上述试验用的同种高纯气体对输送管路系统进行彻底吹扫。

2. 管道系统测试

为保证施工质量，要求检测高纯气体中的杂质含量。检测内容常常包含五部分，即氧分检测、水分（露点）检测、氦检、颗粒检测和油分检测。需要做哪些项目的检测、要求达到的指标，应以设计文件为依据。

1）露点检测

（1）可采用目视露点仪或其他类型的精确度不低于±3℃的电子数字露点仪。

若采用目视露点仪，必须严格遵守《电子级气体中痕量水分子测定法—目视露点法》SJ2799；采用其他类型的露点仪，必须严格遵守相关的操作手册。

（2）应检测在大气压下，气体中的水蒸气达到饱和时的温度，若仪器测量值为非大气压下的压力露点，则应换算成大气压下的露点温度。

（3）采样管应用小口径电抛光不锈钢管或厚壁聚四氟乙烯管，用焊接或 VCR 接头连接，确保严密不漏。

（4）调节流量应使用死空间小的不锈钢阀门。

（5）检测前，系统应经过充分吹扫。

（6）采用目视露点仪时，至少应取三次测定值的算术平均值作为分析结果；采用其他类型露点仪时，应待显示数稳定 3min 后，读取测定值。

2）颗粒检测

（1）采用采样量大于 0.1CFM（Cubic Feet per Minute，即立方英尺每分钟）的高压激光粒子计数器或配有专用高压扩散器的激光粒子计数器检测，粒子计数器的最小粒径及粒子通道须满足检测要求。

（2）采样管采用小口径电抛光不锈钢管（避免使用易吸附气体、尘埃的非金属管），用焊接或 VCR 接头连接，确保严密不漏。

（3）采样管越短越好，检测 0.1～1μm 粒径时，采样管长不应超过 15m；检测 2～5μm 粒径时，采样管长不应超过 3m。

（4）采样管、高压扩散器，使用前应经充分吹扫。

（5）对于使用前需要预热的粒子计数器，应经一定时间的预热。

3）氦检

（1）高纯大宗气体管道检漏方法宜采用内向检漏法、阀座检漏法、外向检漏法。

内向检漏法（喷氦法）应采用在高纯气体管道内部抽真空、外部喷氦气的方法进行检漏。

阀座检漏法应采用阀门上游充氦气、下游抽真空的方法检漏。

外向检漏法（吸枪法）应采用在高纯气体管道内部充氦气或氦氮混合气、外部用吸枪检查可能泄漏点的方法检漏。

（2）氦检漏仪表应采用质谱型氦检测仪，其检测精度不得低于 1×10^{-10} mbar · L/s。

（3）高纯气体系统氦检漏的泄漏率应符合下列规定：

内向检漏法测定的泄漏率不得大于 1×10^{-9} mbar · L/s。

阀座检漏法测定的泄漏率不得大于 1×10^{-6} mbar · L/s。

外向检漏法测定的泄漏率不得大于 1×10^{-6} mbar · L/s。

（4）氦检漏发现的泄漏点经修补后，应重新进行气密性试验并合格，然后应按规定再进行氦检漏。

（5）所有可能泄漏的点应用塑料袋隔离。

（6）系统测试完毕，应充入高纯氮气或氩气，并应进行吹扫。

（7）测试完毕后，应提交测试报告，测试报告应符合表 10-17 的有关规定。

氦检漏试验报告表   表 10-17

项目名称		
项目编号		
测试项目	测试结果	
测试范围	描述	
	从/客户内部设备编号	
	至/客户内部设备编号	
	测试点	
测试设备	氦测漏仪型号	型号
		序列号
测试结果	测试方法	内向检漏法
		外向检漏法
		阀座检漏法
	测试标准	$\leqslant1\times10^{-9}$ mbar · L/s
		$\leqslant2\times10^{-9}$ mbar · L/s
		$\leqslant5\times10^{-6}$ mbar · L/s
		其他 $\leqslant$ mbar · L/s
	测试结果	mbar · L/s
确认	操作人	年　月　日
	项目经理	年　月　日
	客户	年　月　日

4）氧分检测

氧分测试应符合下列规定：

测试时应连续记录分析值，在测试气体氧分增量小于 10×10^{-9} 时，继续记录 30min，并确认数值没有再上升后测试结束。

测试时，管路不得加装过滤器，接头宜使用金属面密封（VCR）接头，不得使用聚四氟软管。

不应将多条管路合并测试。

10.3.5　大宗气体供应系统的验收

1）工程验收应符合下列规定：

（1）工程施工完成的验收应确认各项检测的性能参数符合设计文件要求。

（2）竣工验收应由建设单位负责，组织施工、设计、监理等单位进行验收。

（3）工程未办理验收前，设备及系统不应投入使用。

2）竣工验收应具有下列文件资料：

（1）设备开箱检查记录。

（2）基础复检记录。

（3）主要材料和用于重要部位材料的出厂合格证、检验记录和测试资料。

（4）隐蔽工程施工记录。

（5）设备安装重要工序施工记录。

（6）管道焊接检验记录。

（7）设计修改通知单、竣工图及其他有关资料。

3）高纯气体输送系统安装结束后，各项检验应符合下列规定：

（1）管道系统安装完毕后，应对各个管路流程、配置图、标识进行详细检查，并应确保与设计图纸相符。

（2）管道安装结束后检查系统的设备、管道、配件及阀门的规格、型号、材质及连接形式应符合设计要求。支架设置应合理牢靠，焊缝外观质量检查应合格。

（3）室外管道标志间距应为 7～10m，室内管道标志间距应为 5m，弯管处的前后、穿隔墙处的前后、靠近用气设备处应添加标志。不同的气体应用不同的颜色标志，且应标明气体的名称及流向。

（4）输送高纯气体的压力管道焊缝质量应按设计文件的规定进行射线照相检查。抽查比例不得低于 10%，其质量不得低于 Ⅱ 级。

（5）设计压力小于或等于 1MPa 的惰性气体管道焊缝，可不进行射线照相检查。

（6）当检查发现一道焊缝不合格时，该批焊缝应全部进行照相检查，返工后应按原方法进行检查。

4）管道系统检验后，应进行强度试验、气密性试验、泄漏性试验。试验合格后，高纯气体管路还应进行吹扫、系统测试合格后再投入运行。

5）对氢气系统的试验宜采用氦检漏试验方法。

10.4　实施效果及总结

特殊气体和大宗气体现广泛应用于半导体、微电子等高科技产业，由于电子技术向更高性能、更高集成度快速发展，对气体的纯度和使用安全也提出更高的要求，如何保障气体的纯度和安全使用是电子厂房气体供应系统施工的重点和难点。

某电子洁净厂房项目中运用气体供应系统施工技术，在特殊气体供应系统施工中严格控制材料、设备的进场检验，管道施工流程和焊接按规定要求进行；在大宗气体供应系统施工中，从设计层面综合比选确定管件的材质、设备的型号及优化管路系统的设计，在施工中严格按要求进行材料的保管存放、洁净预制间的设置、管段的预制，重点对管道的焊接程序和施工质量进行把控，各类试验、检验、吹扫等按工艺和流程严格执行。最终，项目气体供应系统检测中各项测试结果一次通过，达到甚至超出洁净厂房气体纯度要求（图 10-20、图 10-21）。

图 10-20　气瓶柜完成效果图　　　　　　图 10-21　气体管道完成效果图

第 11 章　洁净区装饰装修系统施工技术

11.1　技术背景及特点

11.1.1　技术背景

随着"中国制造 2025"这一计划的提出,生物医药、核心芯片等领域已成为未来国家崛起的重要领域,电子洁净厂房工程将如雨后春笋般蓬勃发展。洁净工程要求室内洁净度满足国家要求,因此,洁净空间与外部环境需有较强的物理隔离措施。根据电子洁净厂房的特点,亦可选择不同工艺或者不同材料来建立不同类型电子洁净厂房的室内围护结构。

当建筑结构工程完工后,装饰装修工程进场。首先便用环氧材料将地面、顶板封尘处理,然后再利用洁净板与室外环境形成物理隔离,最后室内空间通过吊顶顶板划分为技术层和洁净室,最终实现洁净空间与外界的物理隔离。

一般情况下,电子洁净厂房装饰装修包含:洁净室上夹层内隔墙、金属壁板;洁净室隔墙系统、抗静电钢丝玻璃透明视窗系统,包括洁净室各类型墙体上的门、门框、门的五金件和窗;洁净室吊顶系统(包括结构支撑、龙骨、悬挂、固定等构件、金属壁板、盲板、固定夹件、斜撑);洁净室内楼、地面装修含不锈钢变形缝及盖板;洁净室内固定式挡烟垂壁;洁净室内梁、板、柱、屋面顶板的环氧涂刷;洁净室内的检修梯、检修门及设备搬入坡道的安装、制作;洁净室内风淋室的采购及安装。

电子洁净厂房装饰装修板块需要重点关注大面积环氧地坪的平整度、吊顶的质量和洁净板的气密性能。以下章节将对各施工工艺进行详细剖析。

11.1.2　施工部署思路

电子洁净厂房的施工紧紧围绕"快速启动、精细策划、高效施工"的原则、坚持分区展开的思路,为洁净室内的工艺生产线搬入提供全面服务。

根据洁净装饰装修施工范围广、协调单位多、各系统施工时间紧凑的特点,以设备搬入为时间节点,组织装修、暖通、管道、消防、电气及其他专业包商管线平行施工。

1. 施工区域划分

以某电子洁净厂房项目为例,根据各区施工内容相似、工程量均衡的原则将其划分为三个施工大区、20 个施工小区。以其三层作为例子,该楼层划分成为 8 个小区域(3A-1,3A-2,3A-3,3A-4,3B-1,3B-2,3B-3,3B-4),区域分布如图 11-1 所示。

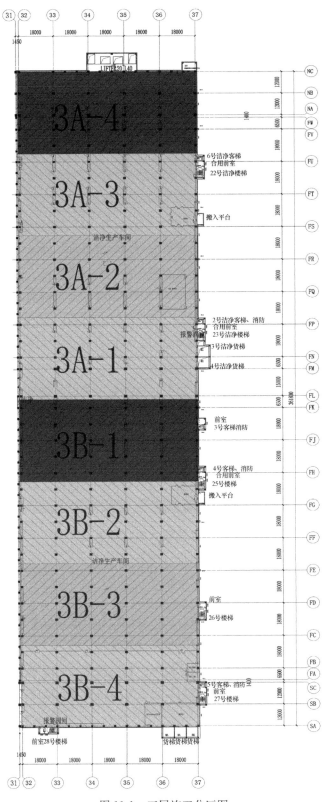

图 11-1　三层施工分区图

2. 施工流水组织

1) 环氧施工阶段

环氧施工是洁净工程整体施工的第一个阶段，快速完成顶板、柱面及地板的环氧施工，才能保证机电管线早日插入（图 11-2）。环氧工艺施工周期短、速度快，因此考虑在其施工完成后再插入机电管线。

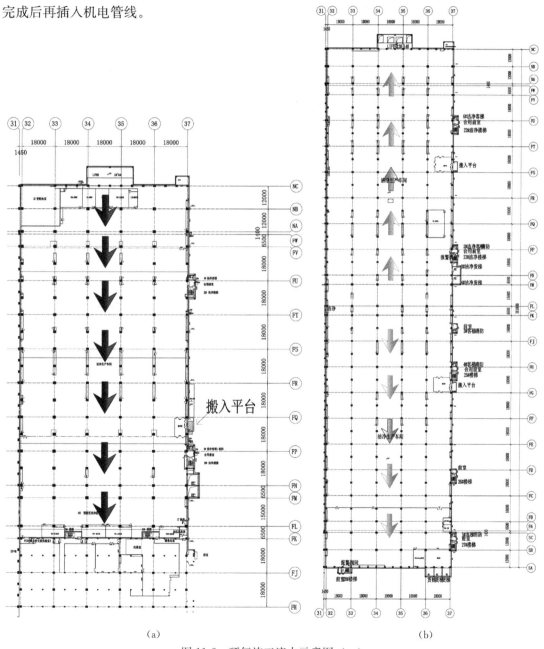

（a）

（b）

图 11-2 环氧施工流水示意图（一）

（a）二层施工流水方向；（b）三层/四层施工流水方向

注：环氧施工阶段，其他作业人员不进入施工区域。环氧施工从北向南进行施工，待完成环氧施作后，其他专业管线进入。

2）吊顶施工阶段

为确保施工精度，洁净空间吊顶施工采取从中心向四周的方式进行（图 11-3）。在机电管线施工前期，吊顶的丝杆放样完成，各专业机电管线避让吊顶的吊点；转换层结构在机电管线完成后提前插入施工，最后再进行吊顶板的施工。

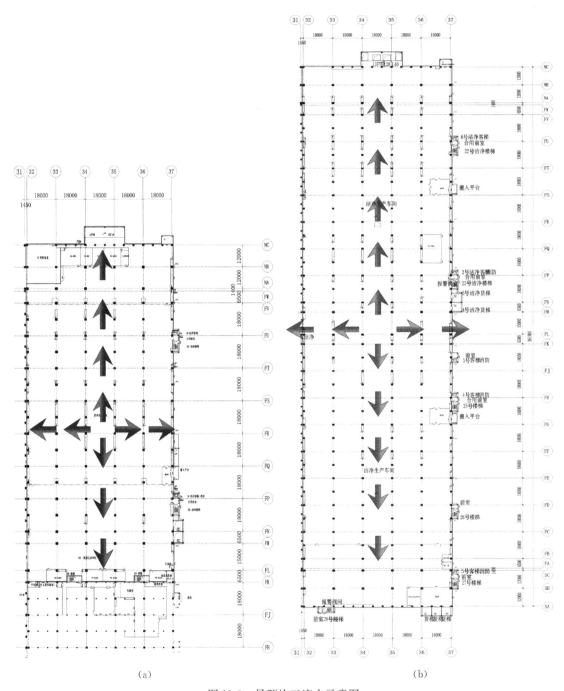

(a)   (b)

图 11-3　吊顶施工流水示意图

(a) 二层施工流水方向；(b) 三层/四层施工流水方向

注：各楼层吊顶施工按照从中心到四周的原则进行，尽可能降低水平距离带来的误差。

11.2　吊顶施工技术

11.2.1　技术简介

洁净室的吊顶结构是无尘车间物理环境建立最为关键的要素。通过各种支撑及拉结件，利用吊顶板（八折边盲板）实现洁净空间顶部结构的隔离功能。本节重点对 T-Bar（T 字形带凹槽）龙骨吊顶进行介绍。

11.2.2　施工特点及流程

洁净室的吊顶施工属于拼装式系统作业，物资采购合格定型式材料，现场完成支架体系及拼装工作后，即可开展吊顶施工，具体步骤如图 11-4 所示。

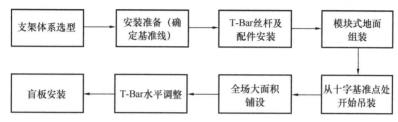

图 11-4　吊顶施工流程

11.2.3　施工要点

1. 吊顶 C 型钢选型计算

以某电子洁净厂房为例，用线体来模拟下吊的 C 型钢，选取横截面为 41mm×82mm×8mm×2.5mm 的 C 字钢。分别施加 2 个 2.5kN 的载荷，载荷间距为 1200mm（图 11-5）。一次吊间距为 2000mm，在两个下吊点处施加平动约束，C 型钢强度设计值 $f=132MPa$。

图 11-5　C 型钢的载荷和约束

C 型钢在上述载荷和约束作用下的计算结果如图 11-6～图 11-8 所示。

图中，C 型钢中部的垂向最大下挠度为 6mm，其刚度满足要求。

C 型钢中部的最大弯矩为 $M_{max}=1×10^6 N\cdot mm$，查表可得，该 C 型钢 $W=11130mm^3$，故吊架的最大应力 $\sigma_{max}=\dfrac{M_{max}}{W}=90MPa\leqslant132MPa$，强度满足要求（图 11-9）。

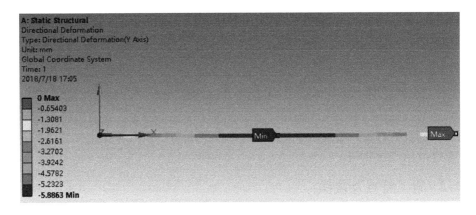

图 11-6　C 型钢的垂向变形云图

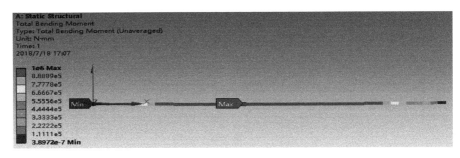

图 11-7　C 型钢的弯矩云图

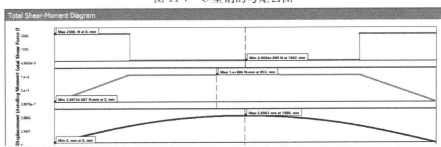

图 11-8　C 型钢的剪力和弯矩图

2. T-Bar 施工要点

为确保高效率地施工，T-Bar（T 字形带凹槽）龙骨安装前先将原材料及连接附件运到施工区域处进行模块式组装（图 11-10）。组装时须紧固连接件的螺栓，以确保连接可靠，从而避免二次连接，保证施工安全。

T-Bar 组装时需要注意的是除了吊点和连接件外，其他部位的保护膜尽量少破坏，以便于后期减少或降低清洁的工作量和难度。根据人工传递安装的特点，结合类似工程经验，地面组装模块宜为 2400×3600 单元。

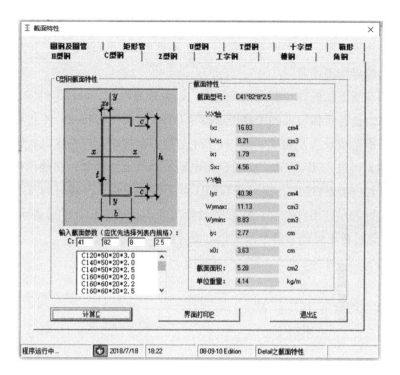

图 11-9　截面特性选型表

3. T-Bar 安装方案

1）基准线放样（X、Y、Z 轴点）

以建筑物水平高度的基准点为标记（此为 Z 轴），测量到需要的高度。再依据水平高度的标记，运用激光定位仪扫描施工区，在墙面及立柱外标记激光扫描位置，以利于其他施工区参照标记施工或核对激光定位（图 11-11）。按照地面十字基准线定位横向及纵向（X、Y 轴）。

图 11-10　T-Bar 地面模块化组装图

图 11-11　全场十字基准线参照图

再以激光定位仪扫描确定 X、Y 轴放样施工点，此基准点的放样部分为 T-Bar 吊顶、墙板等相关工程所共同采用的原始基准点。基准点的正确性经相关单位确认无误后，其 X、Y、Z 轴往外发展时，须利用重力锤（线锤）悬吊与原始轴线确定正确性。

2）结构工程组件安装

（1）将吊杆组件（牙杆、法兰螺母、水平调节器等）预先组装成组件。

（2）组装好的吊杆组件安装于二次钢构上（已事先标记位置）。吊杆组件的长度根据设计图面吊顶高度要求施工，并注意水平调节器悬吊高度，以免重复施工（图 11-12）。固定于二次钢构上的螺母均需锁紧。

（3）复核调节器下端的净高有无偏差过大，以免重复施工。吊杆组件安装于二次钢构上后，再次确认吊点位是否偏位及间距是否正确。T-Bar 与接头衔接时，不得将包装防尘套误夹入衔接面，从而造成尺寸及角度偏差；T-Bar 与接头衔接时，应先将内六角螺丝旋进 2～3 牙，确认螺丝能无误进入 T-GRID，方可使用电动工具或扳手锁紧；在地面模块化预制组装 T-Bar 时，先铺上一层 PVC 布，确保 T-GRID 面无摩擦碰伤；预制好的 T-Bar 搬运到架台上，与事先安装好的吊杆组件结合；菱形螺丝须与 T-Bar 成直角，才可将水平调节器与 T-Bar 共同锁紧，此时暂不将调节器上部的相对螺母锁紧（图 11-13）。

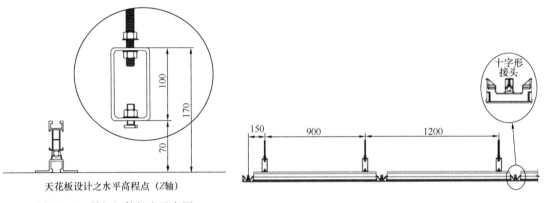

图 11-12　吊杆组件长度示意图　　　　　图 11-13　T-Bar 与接头衔接方式图

（4）X 轴、Y 轴方向确定之后，可以用经纬仪来确定一个基准高度，现在就用地面高度 ±0.000 往上 +1.000m 为基准高度，并且在每个柱子上做好标记。安装时，再以此标记处的基准高度为依据往上调整到所需吊顶高度即可。

（5）以 X、Y 轴为基准，龙骨分别向四周延伸安装，当 X 轴、Y 轴安装到 Y2 轴时（刚好为一个斜拉组设立区域），用水平扫描仪（激光水平仪）对此区域进行水平调整到位，并固定好螺母。然后检测 X、Y 轴方向是否到位，若 X、Y 轴方向有偏差，则将位置校正到位，使四周最边缘的龙骨分别与 X 轴、Y 轴、X1 轴、Y2 轴平行，并在同一个竖直平面上，同时将斜拉固定到位，防止 X、Y 轴方向发生偏移。

以此类推，以 X、Y 方向分别向四周安装，并且各个分区域安装好后要调整到位，并用斜拉固定好，直到整体区域安装到位。

（6）整体区域安装好以后，再次用水平扫描仪（激光水平仪）对水平位置进行检测，若有不到位的地方，则对此局部区域进行校正，直到整个吊顶在同一

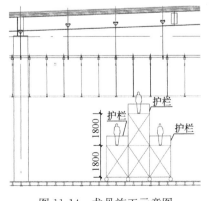

图 11-14　龙骨施工示意图

个水平面上为止，高度达到要求吊顶高度，整体水平调整结束。

（7）整体水平调整完毕以后，再对吊顶龙骨进行收边处理。龙骨的收边，注意非标准长度的龙骨在靠墙的地方长度要一致，以保证接头部位与龙骨连接牢固。如果隔墙与收边龙骨相交部位缝隙较小，接缝处直接用密封胶密封即可；如果隔墙与收边龙骨相交部位缝隙较大，接缝处处理可采用非标单层防静电彩钢板收边。

（8）收边工作完成以后，最后去除防尘膜、清洁龙骨。参见图 11-14。

3）T-Bar 水平调整

（1）T-Bar 和吊杆连接后，后续调平人员需立即进行调平工作。调平需用激光水平仪对每个吊点进行调节。

（2）调节时可从模块的四周先开始，在保证四周高度调节准确时，中间的吊点可用长标尺来检验，对个别有误差的吊点进行再调节，从而加快水平调节速度。需要注意的是激光水平仪使用前必须校准，水平调好后，各吊点的螺丝需紧固可靠。

（3）最后全区以激光定位仪进行水平微调，此时才可将调节器上部的螺母锁紧，龙骨下表面的水平高度应比设计高度高 3～5mm，防止以后的 FFU、盲板等安装后因重力而下沉（图 11-15）。

（4）水平高度微调完成后，所有的固定螺丝、螺母要检查是否锁紧，并做出记号保证龙骨平整度，误差范围控制在 3mm 以内。

4）T-Bar 安装注意事项

（1）安装过程中需要保持吊杆的垂直度，使吊杆均匀受力，以减少 T-Bar 的平面位移和不均匀下垂。

图 11-15 激光水平仪扫描调平示意图

（2）盲板 FFU 安装：在安装盲板之前，要先将密封条粘在龙骨的突缘上，龙骨的突缘必须清洁干净，否则密封条会粘结不牢。密封条在相交的部分不能叠加，防止盲板放置后不平整。盲板安装前必须将表面清洁干净，施工人员要佩戴干净的塑料手套施工。盲板安装后，要用夹子压住盲板，减少气流流入吊顶内的可能。FFU 与盲板安装同步跟进，不许空留洞口。

（3）盲板畸零板安装：在 T-Bar 调平后，现场测量畸零板尺寸，报送至工厂加工制作。

11.3 防静电环氧地坪施工技术

11.3.1 技术简介

环氧地坪作为洁净空间围护的一部分，地面施工的优劣决定了整个洁净室洁净程度的好坏。目前来讲，洁净室地面一般采用环氧树脂进行施工，亦可根据洁净空间地面承载力、导电性能等的不同需求，采用不同类型的环氧树脂材料完成地面的涂装作业。

11.3.2 施工特点及流程

电子类厂房洁净空间较大，环氧地坪施工属于大开间大面积作业方式。为了保证施工质量最优、施工缝隙最少，需合理分区确保环氧地坪施工顺利完成。其具体流程如下：

1. 环氧地坪涂装流程

参见图 11-16。

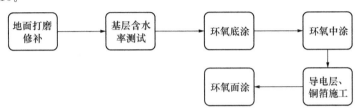

图 11-16 地面环氧施工流程

2. 环氧喷涂流程

参见图 11-17。

图 11-17 顶板环氧喷涂流程

11.3.3 施工要点

1. 基层验收要求

1）要求水泥基面牢固、结实、不起壳，最好是水泥面与混凝土底一起浇筑，以杜绝砂浆层起壳现象；如果是先捣混凝土后铺砂浆找平层，则要求砂浆找平层厚度大于5cm；如果是存在车辆行驶，则砂浆层要更厚一些，以防止车压后砂浆层脱块、分离、粉碎。

2）表面平坦，无凹凸不平、蜂窝麻面、水泥疙瘩等现象。

3）表面干燥，含水量＜8%；从时间上看，施工后保养期混凝土是夏季3周、冬季5周，砂浆找平层夏季2周、冬季4周。

4）地面无油、蜡、其他油漆、乳胶漆、泡泡糖残渣。如有，要设法先行清除。

5）用2m直尺和楔形尺检查，平整度偏差不大于3mm。

6）塔吊早日拆除，并将楼板、测量孔等浇筑完毕。

2. 基层处理

1）表面凸出物，以砂纸机或铲磨平铲除。

2）按照基层墙面要求处理后，用外墙腻子对模板接缝处、错缝小于5mm位置进行针对性腻子找补，墙面平整度达到顺平。

3）表面裂缝先以高压空气清除松脱部分后，再使用修补材料将裂缝补平。

4）如有重油污染则需先使用溶剂或除油剂清洗。

3. 顶板、立柱喷涂施工

1）施工前需计算材料的使用量确定材料配置，依照施工方向、区域及施工路径，选定材料搅拌区。

2）按照 7∶1 的比例将水性环氧 A 组分、B 组分充分搅拌混合均匀；搅拌均匀的材料需快速运送至施工区内。

3）喷涂工作采用喷涂工具，将材料均匀涂布。

4）顶板喷涂采用升降车，最大程度提高作业效率，确保安全。

5）使用喷涂机器工具，不可有掉毛现象发生，如有掉毛现象发生需立即清除。

6）混合搅拌后的材料，应在可使用时间内，涂布完毕且前、后组材料注意衔接。材料严禁兑水稀释。

7）上下顺刷互相衔接，后一排紧接前一排，避免出现干燥后处理接头。

8）施工期间及养护期间管制人员进出，养护时间约 8～12h。

4. 底漆滚涂

1）主剂、硬化剂（配比 2∶1）依比例使用磅秤称量，再以搅拌机均匀搅拌混合，静置 10min 再进行滚涂，切勿厚涂，否则影响附着力（图 11-18）。

2）凹陷处不可积料，否则将影响附着及硬化。

3）混凝土如有孔洞、裂缝，调配混凝土填满整平，否则易产生缺陷。

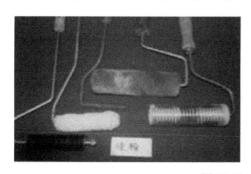

图 11-18　底漆滚涂图

5. 中涂治平

1）主剂、硬化剂、石英砂 ［配比 2∶1∶(4～6)］
依比例以搅拌机混合均匀后，加入石英粉再搅拌均匀，直接倒于素地，以镘刀使之流展（图 11-19）。

2）如有气泡发生时，可穿钉鞋进入施工面，使用脱泡器消泡。

3）涂膜硬化后，以集尘式研磨机全面研磨。

图 11-19　中涂治平图

6. 导电网铺设

1）导电网一般采用导电铜箔，铜箔宽约 8～10mm，厚 0.03～0.1mm，电阻<0.08Ω。其在地面构成横竖间隔的网格状，网格长宽为 3m。

2）根据现场施工区域的布局，依实际状况绘制导电网图。

3）导电网铺设完成后，采用电阻测试仪器测试确保表面电阻连接状态，状态良好方可进行下道工序。

7. 导电底漆

1）上涂前检视中涂面是否平整，砂浆是否已完全硬化，以免影响导电性或造成面漆涂膜产生皱纹等异常产生。

2）主剂、硬化剂（配比 7∶1）依比例使用磅秤称量，再以搅拌机均匀搅拌混合，静置 10min 再进行滚涂，切勿厚涂，否则影响附着力。

3）凹陷处不可积料，否则将影响附着及硬化。

8. 导电面漆整体镘涂

1）主剂、硬化剂（配比 5∶1）依比例以搅拌机混合搅拌均匀后，直接倒于素地，以镘刀使之平均流展（图 11-20）。

2）如有气泡发生时，可穿钉鞋进入施工面，使用脱泡器消泡，且对施工场所之重叠时间尽量缩短，镘涂厚度尽量均匀。

3）涂膜完成后，须设主警告标识，以免人员进入破坏涂膜。

图 11-20　导电面漆整体镘涂图

11.4　墙板施工技术

11.4.1　技术简介

墙板作为洁净空间的竖向围护结构,为洁净室物理环境的建立起着重要作用。和吊顶一样,采用成品现场进行组装的施工方式,最大限度地节约了施工时间,且能够确保隔墙围护结构气密性良好。

11.4.2　施工特点和流程

墙板的施工采用预制化的加工形式,首先,需根据现场情况将各类线管预留至洁净板里面。其次,现场确定尺寸,成品板材进场一次成型,现场直接开始拼装工作。其具体施工步骤如图 11-21 所示。

1)依据正式图面,会同业主现场就吊顶及高架地板整体配合需求,确认水平及垂直放样基准点。

2)现场测量每跨间距、层高及吊顶标高,为二次设计排版做准备。

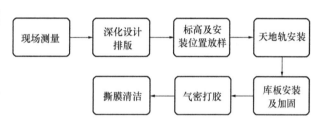

图 11-21　洁净板施工流程

3)根据现场测量尺寸进行二次设计,并订货、合理归类,注意彩钢板内预留管线位置。

4)材料进场时组织人员对壁板编号确认,运输到相应安装位置。

5)技术人员组织天地轨道位置放线并弹出轨道双边线。

6)天地轨安装采用 M8 冲击钻对型材和混凝土交错打孔,并采用 M8×50 塑料膨胀管固定,间距为 600mm。

7)在洁净室正压送风之后、高效过滤单元开启之前,在壁板内侧进行撕膜打胶、密封处理。

11.4.3　施工要点

1. 准备工作

1)图纸准备。根据正式施工图结合现场测量尺寸对隔间墙进行二次排版,排版完成后图纸上报审核,审核合格后根据图纸进场备货(图 11-22～图 11-24)。

2)工序交接:隔间墙施工应在与墙、柱相关的管线施工完毕验收合格后进行。

2. 天、 地轨安装

1)地轨安装前确认该区域地面施工已验收合格。技术人员组织施工人员按照排版图利用激光水平仪对地轨及天轨位置放线并弹出轨道双边线,地轨的中心线应直接落在天轨中心

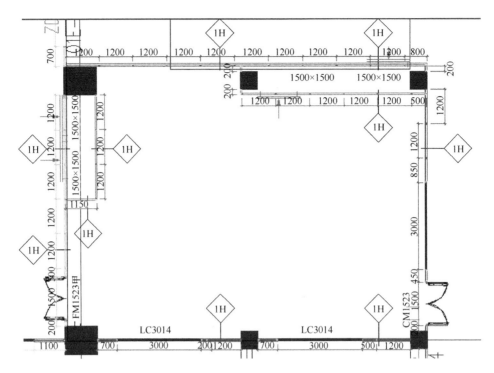

图 11-22　墙板平面布置图

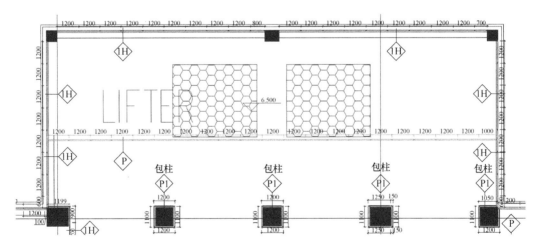

图 11-23　墙板编号图

线下。用 M8 冲击钻对型材和楼板交错打孔，孔间距为 600mm，并采用 M8×50 塑料膨胀管进行固定。地轨如果安装于地面上，若地面凹凸不平，则需以 PVC 塑料调整片垫于地轨下做水平调整，并做好标记，待洁净板安装完成后由地面工程施工人员对该处地面进行修复处理。

2）天轨安装于结构物或洁净板吊顶下时，型材预先钻好孔以便连接吊顶龙骨，孔中心最小间距为 300mm，用自攻螺丝或击钉固定安装。

3）转角连接组件安装时需注意角度，并确保接缝处密合。

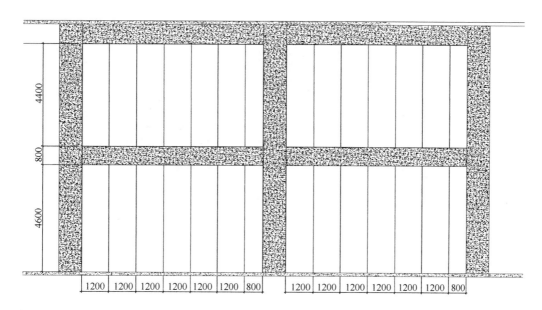

图 11-24　墙板立面图

3. 洁净板安装

1）将壁板从柱位一端按排版图顺序依次推进安装，板与板之间插入中置铁，每安装5～6块壁板，使用仪器检查壁板垂直度。如为单面抗静电材，需确认安装方向正确后再行施工（图 11-25）。

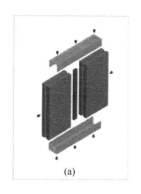

(a)　　　　　　　　　(b)　　　　　　　　　(c)

图 11-25　洁净板安装示意图

(a) 墙板平行连接图；(b) 墙板转角连接图；(c) 墙板 T 形连接图

2）洁净板包柱：根据排版图在现场放线确定天地轨位置（图 11-26）。库板转角处采用 F 形转角连接。如为单面抗静电材，需确认安装方向正确后再行施工。

3）高低差侧墙板安装，侧封板采用同类型轻质库板（图 11-27）。

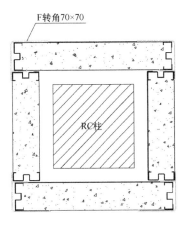
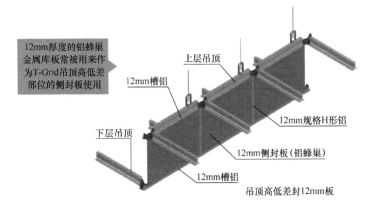

图 11-26　库板包柱安装示意图　　　图 11-27　高低差吊顶板施工示意图

4. 高大墙板施工

1）高大墙板的加固利用两根梁中间的方钢管（表 11-1）。方钢在两侧柱体上生根，紧贴库板。方钢选型采用 50×50 形式。

2）洁净板位置无柱体可利用时，该部分加固考虑"竖向拉杆＋斜撑"的方式来加固全高墙板（表 11-2）。具体方案为根据库板长度，做一个通长的竖向拉杆门字框，门字框中间按照 2000mm 间距设置竖向拉杆，拉杆采用斜撑的方式作为支撑件，确保全高墙稳定牢固。

全高墙板加固形式一　　　　　　　　　表 11-1

视图	加固图纸	备注
正视图		加固钢材采用 50 号方钢；两侧通过钢板（10mm）打在柱体上；钢板用 10 号膨胀螺栓固定
侧视图		方钢管设置于 8000mm 处

全高墙板加固形式二　　　　　　　　　　　　　　表 11-2

视图	加固图纸	备注
正视图		竖向拉杆、横担采用 5 号槽钢，拉杆间距考虑 2000mm 一个，距离地面 8000mm。拉杆位置考虑躲避空间管理管线
侧视图		斜撑采用角铁 5 号，间距及位置与拉杆保持一致

5. 洁净板气密打胶

回风道墙板的两侧都要打胶密封，两侧回风道的非洁净区的一侧打胶时要尤其仔细认真，保证密封严密。对于缝隙较大的位置（如土建梁、柱以及地面不平、不直处），必须填充柔性填充物（像素保温棉、聚氨酯泡沫等）后，才能打胶。

穿过吊顶内的管线，尤其是风管，要在隔墙洞口处加装套管，套管和管线之间填充防火柔性物品，然后用彩钢板固定密封，最后打胶可以避免管线震动导致密封处泄漏。

11.5　气流模拟分析技术

11.5.1　洁净室气流模拟的技术简介

洁净室气流模拟是建立在计算流体动力学（Computational Fluid Dynamics，CFD）基础上，它将被模拟的区域划分成一个个的小体积的控制体，并通过求解一组描述流动现象的偏微分方程，通过计算机数值计算和图像显示，对包含有流体流动和热传导等相关物理现象的系统所做的分析。

11.5.2 洁净室气流模拟的流程

气流模拟采用软件（如：英国商用气流组织模拟软件 Phoenics）进行模拟，目的是为了验证无尘室工作区域气流组织是否符合设计要求（图 11-28）。

气流模拟之初，需对洁净室及室内机台设备进行建模工作。模型的建立需向设备厂商收集机台设备的详细信息，例如：设备的外码名称、长宽高信息、自带 EFU 信息情况等等（图 11-29）。

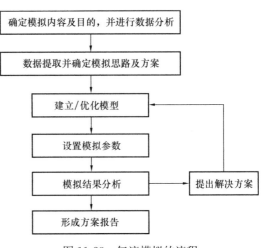

图 11-28　气流模拟的流程

11.5.3 洁净室内气流分析

1）在模型设立完成后，需要设置模型的网格划分及输入参数（图 11-30、图 11-31）。以某洁净车间为例，按照迭代步数 2000 次，设备发热量按照设备功率 25％取值，FFU 风速设置为 0.35m/s，送风温度为 18.2℃。

No.	设备名称 设备外码	inline内部区域命名	楼层	完整设备Size (Foot Print)(m)			设备运转时外围温度	机台站脚高度（mm）	EFU长（mm）	EFU宽（mm）	EFU面积（m2/台）	EFU数量	EFU风速（m/s）
				L (m)	W (m)	H (m)							
inline	PCC1D0	RB1 Partition	L20	4500	4500	5700			1200	1200	1.44	9	0.4
		BF1	L20	2920	2800	2935			1200	1200	1.44	4	0.4
		RB2 Partition	L20	4500	4500	5700			1200	1200	1.44	9	0.4
		RB3 Partition	L20	4500	4500	5700			1200	1200	1.44	9	0.4
		RB4 Partition	L20	9300	4500	5700			1200	1200	1.44	18	0.4
		BF2	L20	2920	2800	2935			1200	1200	1.44	4	0.4
		TURN1	L20	3600	3600	2750			1200	1200	1.44	8	0.4
		RB5 Partition	L20	9300	4500	5700			1200	1200	1.44	18	0.4
		RB6 Partition	L20	9300	4500	5700			1200	1200	1.44	18	0.4
		TURN2	L20	3600	3600	2750			1200	1200	1.44	8	0.4
		RB7 Partition	L20	9300	4500	5700			1200	1200	1.44	18	0.4
		RB8 Partition	L20	9300	4500	5700			1200	1200	1.44	18	0.4
		BF3	L20	2950	4000	3535			1200	1200	1.44	4	0.4
		OHCV	L20	4460	7150	1365			1200	1200	1.44	8	0.4
		RB9 Partition	L20	9300	4500	5700			1200	1200	1.44	18	0.4
		BF4	L20	4000	4500	3535			1200	1200	1.44	4	0.4
		RB10 Partition	L20	9300	4500	5700			1200	1200	1.44	18	0.4
		RB12 Partition	L20	9300	4500	5700			1200	1200	1.44	18	0.4
		BF5	L20	2920	2800	2935			1200	1200	1.44	4	0.4
		BF6	L20	2920	2800	2935			1200	1200	1.44	4	0.4
		BF7	L20	2800	2920	2935			1200	1200	1.44	4	0.4
		DCR CV	L20	4460	2920	1365			1200	1200	1.44	4	0.4

图 11-29　收集设备信息表

2）开始软件气流模拟，分别对楼层的风速、温度、压力、空气龄换气次数分布进行模拟。

3）通过气流模拟，各个楼层区域的气流组织均十分均匀，室内气流组织满足设计要求（表 11-3）。

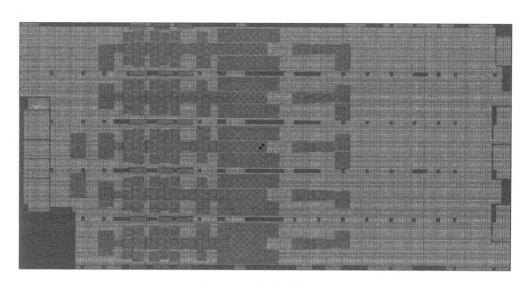

图 11-30 网格划分信息图一

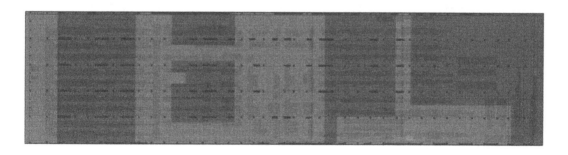

图 11-31 网格划分信息图二

各项模拟功能结论表 表 11-3

序号	模拟功能	结论
1	风速模拟：设定风机过滤单元（FFU）风速为 $0.35 \sim 0.45$m/s，气流通过上部 FFU 进入就近的回风口，模型显示各回风口风速是否达标	回风口处风速较大，约为 2m/s，其余部位风速分布均匀；排除回风口附近区域。设备区域的平均风速为 0.343m/s
2	温度模拟：代入各设备工作时温度，预设 FFU 送风出口温度为 18℃（设备发热量因设备不同，一般为功率的 20%～30%），找出各个区域温度均值是否满足设计需求	设备附近温度较高，但是温度不超过 24℃。厂区右上方区域没有设备，因此温度接近出风温度 18.2℃。厂区内平均温度为 22.47℃
3	气流组织模拟：准确设置 FFU 的位置及回风口的位置，通过气流矢量模型，判断整体气流是否遵循"出风口→设备表面→回风口"的规律	场地内气流组织均匀，因此压力分布也十分均匀。室内整体保持正压，避免污染物从他处进入室内。平均压力为 7.1Pa
4	换气次数模拟：建立与厂房尺寸一致的三维模型，通过每小时送风量的大小，来反映不同空间区域内的空气龄（换气次数）	设备附近空气龄较低，厂区左侧靠墙区域由于回风口较少，空气龄偏大；平均空气龄为 131.4s。换算成换气次数为 27.4 次/h

11.6 "五级管制" 洁净区施工管理

11.6.1 五阶段洁净管制总流程

具体参见图 11-32。

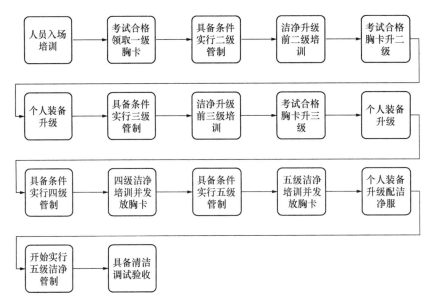

图 11-32 五级管制流程图

11.6.2 洁净管理培训内容

工地洁净管理培训由洁净管制经理执行或委派，包括下列要点：①洁净室原理；②进入洁净室的流程；③洁净管制各阶段对着装及个人的要求；④洁净管制各阶段对物料运输及清洁的程序；⑤洁净管制各阶段对工机具清洁的要求；⑥洁净管制各阶段施工规则；⑦洁净室入口及通道使用的管理规定；⑧清洁设备及方法；⑨对违反洁净管理的处罚条款。

图 11-33 五级管制示意图

各阶段洁净培训合格后，对所有洁净培训人员进行登记备案，颁发相应阶段的洁净室通行证。在洁净管制的不同阶段用不同色彩编码的洁净室通行证来判断持证人的培训程度。参见表 11-4 及图 11-33。

洁净培训汇总表 表 11-4

序号	姓名	性别	年龄	工种	班组	培训日期	培训内容	身份证号

序号	姓名	性别	年龄	工种	班组	培训日期	培训内容	身份证号

1. 一级管制施工管理及实施

1) 工序要求

(1) 外墙土建结构完成，进行土建地面处理、安装支架、打孔等作业；

(2) 完成作业范围内环氧基础面的处理和底涂施工；

(3) 完成外墙板的封闭和其余门洞的封堵（图 11-34）；

图 11-34 临边洞口防护示意图

(4) 人流、物流通道规划、临时用电布置完成；

(5) 完成生命线和现场安全防护；

(6) 现场设置材料预制加工区；

(7) 工作面移交一次清洁等（图 11-35）。

图 11-35 一次清洁及施工缝防护

2）作业要求

（1）打磨、柱体打孔，作业时要进行降尘处理，尽可能地减少扬尘；

（2）室内底涂施工时吊装口敞开，采取分区施工并配合轴流风机减少施工区域气味儿浓度；

（3）管道在进入前室内要全面清洁，管口两端采用塑料膜封口，禁止一切杂物进入；

（4）各工序施工做到工完场清、工完料尽，垃圾随时清理，施工现场当天施工完毕不允许出现垃圾；

（5）清洁时配合潮湿锯末尽可能避免扬尘的产生，清洁完毕之后要做到地面无杂物，地面无明显垃圾。

人员出入管理：未经洁净培训禁止入内，按规定出入口进出，人流、物流出入口分开设置；穿干净的一般工作服：进入洁净室前穿干净的一般工作服和安全鞋，食品、水、打火机等禁入（表11-5）。

一级管制入口及人员配饰示意图　　　　　　　　　　表 11-5

入场前洁净培训	制定通道	人员 PPE

物料机具：办好物料入场手续，从指定的搬入口搬入，搬入时材料必须清洁，不允许有其他杂物随材料一起进入；材料进入后码放整齐并覆盖、做好警示围篱和标示牌。进入洁净区的工具需进行清洁。

2. 二级管制施工管理及实施

1）工序要求

（1）完成顶棚涂装、井隔梁涂装、柱面涂刷施工、地面环氧底涂、中涂；

（2）夹层管架管线安装、消防主管安装；

（3）夹层桥架安装、灯具安装；

（4）洞口安全网挂设完成；

（5）主风管安装；

（6）管制升级时集中清洁。

2）作业要求

（1）洁净室内切割、焊接等作业在指定区域进行，作业完毕焊渣铁屑要及时清理；

（2）环氧施工配合轴流风机进行涂装，分区施工降低浓度；

（3）保持安装完成材料干净，桥架以及容易积尘的部件安装完毕后要用缠绕膜封尘；打在井隔梁上表面用来固定 H 型钢的膨胀螺栓需要进行封尘处理；施工点产生的垃圾及时清理到指定垃圾池或堆放点，施工结束对作业区域卫生进行清理，做到工完场清、工完料尽；

（4）成品保护方面：外墙板安装完毕后需采用中空板维护，未安装的材料在堆放时需要拉警示带维护，非相关人员禁止进入区域（表 11-6）。

二级管制成品保护及材料堆场示意　　　　　　　表 11-6

外墙板保护

材料堆放

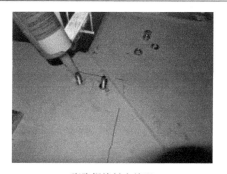

膨胀螺栓封尘处理

桥架安装完毕后缠膜

3）人员出入管理

（1）未经二级培训禁止入内，搭设人员缓冲间（图 11-36），门口配置保安两名、保洁人员两名，设置压缩空气、清洁布；

（2）进入洁净室前需穿安全鞋，进入重要设备存放区域更换软底鞋（分区域管制），人员穿戴干净整洁，食品、水、打火机等禁入。

4）物料机具

（1）从指定的搬入口搬入；

（2）进入洁净区的材料必须进行清扫；

图 11-36 洁净室缓冲间示意图

（3）材料堆放整齐，用警示锥（带）进行维护；

（4）进入洁净区的工具必须清洁干净，进出工具进行登记，进入洁净区的工具做好标识。

3. 三级管制施工管理及实施

1）工序要求

（1）综合支架安装；

（2）吊顶内管线主体安装、吊顶龙骨安装；

（3）洁净间灯具安装；

（4）环氧涂装地面面涂完成；

（5）管制升级前集中清洁。

2）作业要求

（1）限制碳钢切割焊接，作业必须在预制间进行；

（2）产尘作业必须使用吸尘器；

（3）施工点产生的垃圾及时清理到指定垃圾池，施工时作业区垃圾必须及时集中堆放，施工结束对作业区域垃圾清理出场；

（4）三级升四级全面清洁作业时，夹层清洁内容主要是在 FFU 及盲板安装前需要对 T—GRID 龙骨去除塑料包装后进行全面清洁，龙骨缝隙内不允许出现积灰；夹层清洁完毕后，地面需要进行全面清洁，不允许出现灰尘。DCC 的支架清洁重点为连接死角，不允许出现积灰现象；该阶段夹层各管线已经陆续施工完毕，夹层内管线由上至下逐层进行清理，顺序为消防上喷系统、装饰弱电桥架、强电桥架、空调水系统、工艺管线系统及综合支架，最后进行地面清洁，避免扬尘产生，回风夹道和各管线支吊架死角以及柱边为重点清理位置，必须做到无积灰；与此同时，全场的工机具需要进行全面清洁，升降车平台清理完毕后需要敷设塑料布，斜撑及下方平台、升降车死角不允许出现积尘；

（5）注意成品及临边防护（表 11-7）。

管制保洁、成品保护示意　　　　　　　　　　　　表 11-7

洁净室预制间

洁净室墙板保护

产尘作业使用吸尘器

材料的封尘

高架地板擦拭

地面清洁

重点位置专人清洁

保洁对洁净区材料进行清扫

PP 板对高架地板的保护	脚手架防撞措施

3）人员出入管理

（1）禁止携带食物进入洁净区；不能吃口香糖，禁止吐痰；从指定的出入口进入；衣服、安全帽、劳保用品保持干净整洁；

（2）进入所有区域需更换白色软底鞋（图 11-37）。

图 11-37　人员缓冲间示意图

4）物料机具

（1）从物料缓冲间进入时材料需要用压缩空气吹扫（图 11-38），尤其是未经防尘保护的材料，空吹之后需要用干净抹布擦拭确保进入施工现场的材料干净，禁止油、锈、产尘物

图 11-38　物料摆放及人员行为示意图

进入，禁止烧油动力的机械进入洁净室；

（2）清除现场不必要的材料；进入材料要做好防尘措施，禁止使用易燃物覆盖；材料进入后码放整齐、做好警示围篱和标识牌；

（3）进出工具进行登记，进入洁净区工具做好标识。

4. 四级管制

1）工序要求

（1）高效过滤单元及过滤器安装；

（2）吊顶内管线支路安装；

（3）净化间内高效过滤单元接线；

（4）电气检查、各种警报确认；

（5）室内管线支路安装；

（6）四级升五级时全场全面清洁。

2）作业要求

（1）禁止产尘作业，禁止切割、电焊作业，与施工无关的材料必须运离洁净区；

（2）特别注意成品保护。

3）人员出入管理

（1）未经四级培训禁止入内；

（2）所有人员更换无尘服，戴头罩、手套等；

（3）启用业主正式更衣室（配备保安两名和保洁人员两名进行更衣室管理），设置脱鞋间、换鞋间（存鞋柜），更衣间设置形象镜，更衣室挂设

图 11-39　洁净服穿戴

洁净室管理规章制度，在洁净室入口设置粘尘垫，进入人员全部更换洁净服、洁净鞋（图11-39）；

（4）严格按照 6S（整理、整顿、清扫、清洁、素养、安全）管理执行。

4）物料机具（图 11-40）

图 11-40　材料运输通道及材料预制间示意图

（1）从指定的材料缓冲间搬入，所有产尘物品清除；

（2）施工无关材料清除；

（3）库房区域申请并做卫生检查。

5. 五级管制施工管理及实施

1）工序要求

高效过滤器启动、存储设备具备搬入条件，高效过滤器风速、泄漏测试、温湿度达标移交业主管理。

2）作业要求

禁止产尘、打孔作业，注意成品保护；洁净区施工经业主申请后方可进行。

3）人员出入管理：

（1）未经五级培训禁止入内；

（2）启用风淋室；

（3）严格检查洁净服穿戴；

（4）出入室者登记；

（5）食品、水、打火机等禁入，设置洁净布、洁净纸；

（6）穿洁净服、洁净鞋子、佩戴洁净手套及口罩，洁净服穿着必须符合洁净室要求，并定期清洗（表11-8）。

五级管制穿戴 表11-8

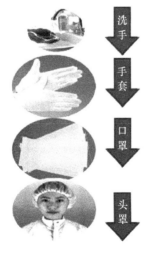

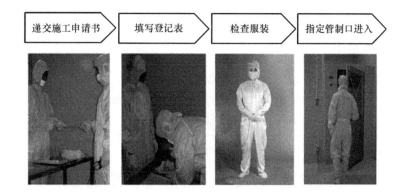

4）物料机具（表 11-9）

（1）材料必须经过缓冲间进入洁净室，进入前需要经过全面清洁；

（2）任何产尘材料物品禁止进入洁净室。

洁净管制人员和材料通道口设置　　　　　　　　　　　表 11-9

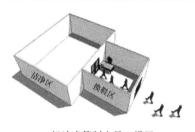

一级洁净管制人员口设置

一级洁净管制材料口设置

二、三级洁净管制人员口设置

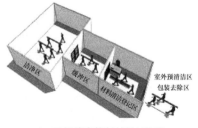

二、三级洁净管制材料口设置

四、五级洁净管制人员口设置

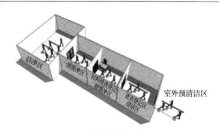

四、五级洁净管制材料口设置

11.7 实施效果及总结

11.7.1 实施效果

洁净厂房的装饰装修工程是建立洁净室物理隔离环境的根本，施工质量尤为重要。尤其是吊顶、地坪、洁净板等主要工程，其质量的高低影响着洁净室物理环境的优劣。

以某洁净项目为例，吊顶安装完成后，水平度符合要求。盲板安装后，吊顶整体气密性符合要求，为后续测试工作打下了良好的基础（图 11-41）。

图 11-41 龙骨及盲板实施效果图

地面完工后，面涂美观（图 11-42）；导电电阻符合设计要求，平整度、硬度及地面厚度均满足设备搬入要求。

库板安装完成后，整齐美观，与吊顶衔接处对缝吻合（图 11-43、图 11-44）。隔墙板、回风柱等气密性良好，室内压力满足设计要求。

气流模拟完成后，可出具气流模拟报告。报告可体现洁净室风速、温度、压力及换气次数等相关参数。以某电子厂房为例，其气流模拟结果满足设计要求（表 11-10）。

图 11-42 地面面涂效果

图 11-43　黄光区库板效果　　　　　　　图 11-44　白光区库板效果

气流模拟结论　　　　　　　　　　　　表 11-10

序号	参数	洁净室四层数据
1	平均风速	0.343m/s
		满足＜0.35m/s 的设计要求
2	平均温度	22.47℃
		满足 23±1℃ 的设计要求
3	平均压力	7.1Pa
		满足室内正压工况，确保室内清洁
4	换气次数	27.4 次/h
		介于 25～30 次/h 之间，满足要求

11.7.2　实施总结

装饰装修工程在最终的检测过程中，除观感质量外，其各类型技术工艺也需满足相关性能的检测要求。

洁净厂房吊顶采用支架体系完成了整个吊顶板的安装工作，其支架体系的选型确保了整个吊顶的质量。吊顶板的施工要平顺、整齐、打胶严密，这样才能最终确保吊顶气密过关。

地面涂装需一次成活，施工前需协调建筑结构单位早些完成施工洞的修补工作。地面的基层处理是整个工序开端的第一步，需要按照规范要求去验收素地面的施工质量。环氧材料在调配过程中，需要充分考虑季节因素的影响合理增减各类拌合剂，使得地面凝固效果更佳。

洁净板安装之前的作业面移交及图纸深化工作是整体库板隔墙成败的关键。洁净板到现场之后，尤其要注意成品的保护工作。安装完成之后，塑料薄膜严禁立即撕掉；库板下部要张贴 KT（塑料板）保护板，避免施工过程中洁净区施工机具对库板造成损坏。

第12章　洁净区机电系统施工技术

12.1　技术背景及特点

12.1.1　技术背景

洁净工程的核心是创造一个满足产品生产需求的室内环境，不同类型的洁净厂房其室内环境的关注点也有所不同。一般情况下都对室内的温度、湿度、压力、洁净度等指标进行控制，并且会选择不同的净化方案使得洁净环境顺利达标。

环境的建立除设计方案外，机电系统的施工质量也同样重要。洁净区涉及的洁净室机电系统主要包含表12-1所列内容。

各专业主要工作范围　　　　　　　　　表 12-1

序号	专业	工作范围
1	暖通	1. 洁净室新风（MAU）系统：完整的新风风管系统，包括风管、配件、阀门等； 2. 洁净室的循环/过滤系统：风机过滤器单元（FFU）甲供，本包卸货，现场搬运及安装； 3. 干式冷盘管系统； 4. 水管系统：位于洁净包区域内的中温冷水、冷凝水管道系统及管道保温
2	电照	1. 洁净包桥架工程：与一般电气包的边界为至本包界外1.0m直线段，若1.0m范围内有转向时，洁净包桥架至转向处止，其他电气包负责转向桥架及其桥架连接； 2. 洁净区配电支干线、支线工程：由洁净包内配电设备的配电总箱引至洁净包内配电设备、控制设备的支干线； 3. 洁净区配电支线工程：电力系统、检修系统、照明系统支线； 4. 洁净区内照明灯具、插座、插座箱、控制装置、隔离开关\负荷开关\断路器盒等装置的采购、安装； 5. FFU的配电支线工程
3	给水排水	1. 洁净室内整个消防系统（不包括临时消火栓系统）已完成的工作量； 2. 洁净室内的自动喷洒灭火系统管道、高压软管、末端测试装置、阀门、喷头等相关配件； 3. 洁净室内的消火栓系统管道、阀门、消火栓箱等相关配件； 4. 洁净室内的灭火器的购买及配置； 5. 洁净室内的消防系统的合理的管道支架与吊架系统； 6. 洁净室内的冲身洗眼器及拖布盆采购安装，包含给水排水系统管道、阀门、水表等相关配件； 7. 洁净室内的冲身洗眼器给水排水系统的合理的管道支架与吊架系统
4	空间管理	1. 根据洁净区域内的各专业管线布置原则，进行共用管道支吊架的二次设计； 2. 管道隔震措施应满足相关技术规格书的相关要求

12.1.2　洁净包机电系统关键线路

在洁净工程中，机电系统属于承上启下的工程；其进程的快慢、质量的优劣决定了整个洁净室能否按工期正常履约、能否按需求正常服务。因此，对于机电系统的要求为"早插入、全铺开、快收尾"。

1. 机电系统快速穿插施工

洁净室在完成环氧顶板喷涂和地面底中涂之后，机电系统即可分区域开展施工。为确保衔接顺畅，在环氧施工过程中，机电管线优先开展管线支架的下料、制作工作，部分系统主管路亦可开展预制下料工作。当环氧底中涂完成且地面允许进入施工升降车后，立刻开展支架的安装工作，最大限度节省单套系统施工时间。

2. 各分区早日全面铺开施工

洁净室各楼层层高充裕，机电管线空间较为宽裕。各个专业管线进场后可同步开始作业，机电管线优先进行检修灯具配管施工作业，接着按照上喷淋管线、桥架、风管、水管的顺序进行施工。

洁净工程施工周期紧张，为确保吊顶的早日插入，机电管线先行施工各楼层中心区域，然后再向四周进行施工（表 12-2）。

洁净区机电施工部署　　　　　　　　　表 12-2

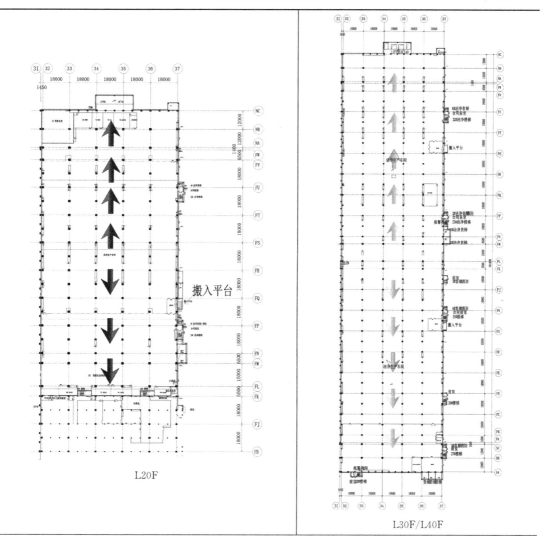

L20F

L30F/L40F

机电管线施工按照从中心向周围的原则进行，优先施工顶部的灯具配管及上喷淋管线，接着施工桥架、风管、水管等主管线

3. 各点位快速收尾

在完成主体管线的施工工作后，配套吊顶工程便可有序开展。末端点位工作在吊顶上工作量大，且工效低下、安全风险高。因此，对于末端点位工作应提早做好策划，确保点位位置与吊顶匹配性高，最大程度上方便支管路由施工，减少点位安装的复杂性，缩短施工时间。

12.2 技术层管线深化设计

空间管理工作主要为厂房夹层各类管线的综合布置和科学的分类与布局。通过对各类管线的平面空间管理和立体空间管理，从而有效避免各专业管线之间的位置冲突，达到各类管线布局整齐划一的观感效果。

12.2.1 空间管理主要内容

1）综合管线受力分析计算，确定管架形式、平面布置、节点连接及技术性能参数。

2）综合管线立体空间分层规划，有效利用有限空间。

3）根据空间规划，错开各专业管线施工作业时间和施工区域，以利于统筹编排施工作业计划，保证工程进度。

4）利用三维制图模拟管路走向，通过空间冲突检查在设计阶段调整管线走向。表述空间综合管线的布置，直观展示安装后各类管线实际效果。

12.2.2 空间管理实施流程

具体可参见图 12-1。

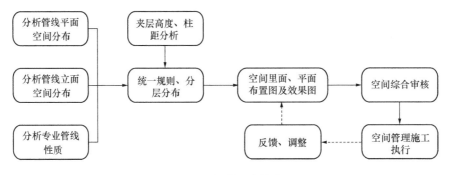

图 12-1　空间管理实施流程

12.2.3 空间管理规划原则

1）有压管道和无压管道的分层布置。

2）有振动管线和无振动管线的分层布置。

12.2.4　三维制图的冲突检查

使用冲突检查可扫描模型中构件之间是否存在冲突。特别是对于管路复杂、空间紧张的情况，以三维模型为基础的冲突检查可以解决二维图纸需要多张图纸综合，反复核对，容易出错的缺点。对于复杂管路的深化设计与表达，三维图可以将平面的管线立体化，这样可以更直观地观察管线走向的合理性与美观性。同时三维图具有二维图纸不可比拟的直观性（图 12-2）。

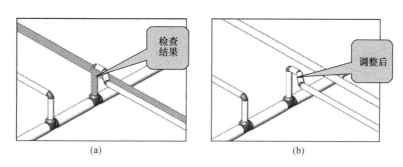

图 12-2　综合管线三维效果图

（a）冲突检查；（b）空间调整

12.2.5　BIM 技术实施中的运用

在机电施工安装工程中，为避免综合管线与管线之间、管线与建筑结构之间的相互干涉和冲突，会在各系统单元管线的空间管理中，运用 BIM 三维设计技术，来解决建筑设备与结构设计之间的潜在冲突，优化建筑设备及综合管线设计，以降低出错返工现象，从而更合理地安排工种流水作业，提高工效节约成本。

1. BIM 团队架构

组织架构需设立设计技术部（图 12-3），主要进行空间管理、套图和深化设计，重点做好下技术夹层、吊顶上方夹层的管线布置和空间综合、装饰装修二次深化设计。

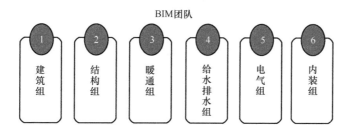

图 12-3　BIM 团队架构图

2. 工作流程

具体参见图 12-4。

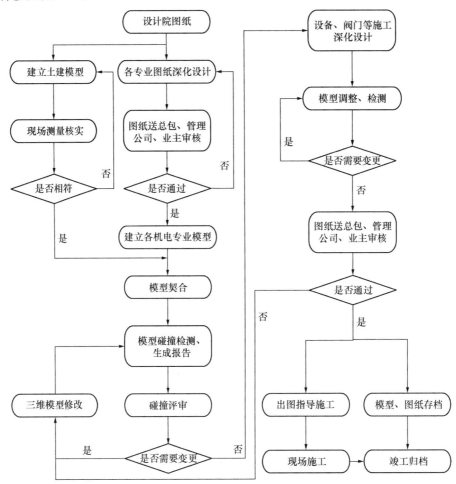

图 12-4　BIM 流程图

3. 碰撞检查

管线综合及碰撞检测是对 BIM 模型的基础性应用，也是重点性应用。各专业模型搭建完成之后，在 Revit 环境下可以对各专业进行整合叠加，对于局部任意位置进行剖切，及时发现问题，细部的剖面更是指导现场安装的有力依据。在 Navisworks 软件中进行条件碰撞检测后，查找出管线层设置，并根据检测结果针对管线排布不断调整所有碰撞点，导出碰撞报告，分析标高优化，在保证零碰撞的基础上，达到最合理的综合排布效果。

4. 工程施工出图

基于 BIM 模型所做的工作最终还是要落实到施工上，在深化设计后直接运用 Revit 软件导出二维图纸指导现场施工。

12.3　风管施工技术

12.3.1　技术简介

洁净工程中风系统包含新风系统、防排烟系统、消防加压送风系统，风管均采用热浸镀锌钢板风管，严格进行材料质量检验，保证原材料的厚度、表面平整度、强度、刚度及耐腐蚀性。

12.3.2　施工特点及流程

与常规风管施工相比较，洁净室风管最大的特点是保证风管内部的清洁干净，防止系统开启后，积尘跑进洁净车间。主要流程如图 12-5 所示。

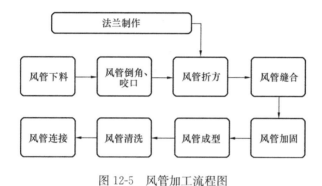

图 12-5　风管加工流程图

12.3.3　施工要点

1. 板材要求

镀锌钢板材质选用厚度及法兰、螺栓的要求同角钢法兰风管要求一致。

2. 操作要点

1）绘制风管加工草图

根据施工图纸及现场实际情况（风管标高、走向及与其他专业协调情况），按风管所服务的系统绘制出加工草图，并按系统编号，标清系统各名称代号及所在楼层风管尺寸。

2）生产线流程，可参见图 12-6。

3）剪板下料

风管咬口方式采用联合角式咬口。

风管下料宜采用四片式下料或两片式下料方式，对于管口径小于 500mm 的风管可采用单片式下料。

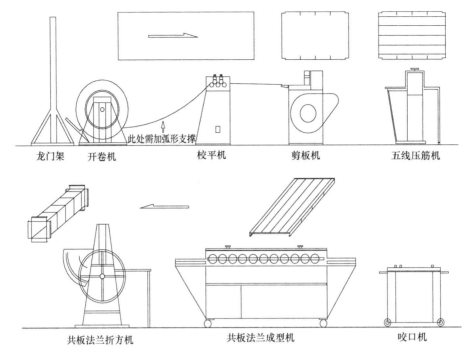

图 12-6　风管生产线

　　风管下料时除了预留出相应的咬口量外，还必须预留出组合法兰成型量（根据法兰成型机调整），并按尺寸倒角。

　　4）共板法兰配件安装

　　矩形薄钢板法兰风管的接口及附件，尺寸应准确，形状规则，接口严密；风管薄钢板法兰的折边应平直；角件与风管薄钢板法兰四角接口的固定应稳固紧贴，端面平整。

　　5）风管管材连接，参见图 12-7。

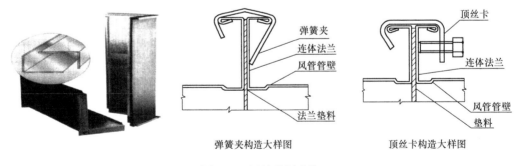

图 12-7　风管管材连接

　　6）风管加固

　　薄钢板法兰风管加固同样采用风管外加固。

　　7）风管法兰垫料安装方法

　　一般风管的法兰之间应采用厚 5～8mm 不产尘、不易老化、不透气且具有一定弹性的材料作密封垫圈。

法兰夹的安装间距一般为 150～200mm，安装时应尽量使螺栓朝向和间距一致，并注意使法兰夹平整，减少法兰的变形。

垫法兰垫料和法兰连接时，应注意的问题：正确选用垫料，避免用错垫料；法兰表面应干净无异物；法兰垫料不能挤入或凸入管内，否则会增大流动阻力，增加管内积尘；法兰连接后，严禁往法兰缝隙内填塞垫料。

3. 风管清洗及密封

1) 风管清洗密封

清洗工机具要求：清洗剂为中性，不对人体和风管材料产生任何有害作用；清洗用水无酸碱和腐蚀性。清洗工机具要"专人专用"，不能用于除清洗风管外的其他作业，更不能拿到清洗间外，以免造成污染。清洗工具不带尘、不产尘（如掉渣、掉毛及使用后产生痕迹等）。

清洗间环境要求：清洗间地面满铺 3mm 厚橡胶板，保护镀锌钢板的镀锌层不被破坏。清洗间内实现正压环境，保证风管清洗质量，如果外部周围环境产尘较多，则送风机送风口加装无纺布等过滤装置（图 12-8）。清洗间内实行流水线作业，避免人流来回走动产生二次污染。

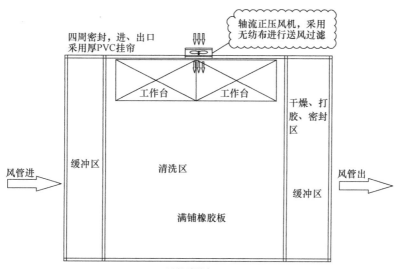

风管清洗间

图 12-8　风管清洗间现场图

2）清洗质量要求

风管清洗后用白棉布擦拭风管表面及内壁，以不出现污迹为合格（图 12-9）。

3）风管密封

风管密封要在风管正压侧打胶，即：正压系统在风管内侧打胶，负压系统在风管外侧打胶，风管的法兰转角处内外都打胶。打胶要平整、严密，不得出现打胶凹凸不平、漏打等不合格现象。风管清洗打胶完成后，进行风管端口密封，密封应把整个法兰边包起来，避免法兰边污染。如果风管在运输途中密封膜破损，则需要重新清洗风管。

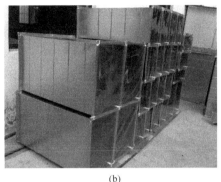

(a)   (b)

图 12-9　风管清洗时、清洗后的现场图
（a）清洗时；（b）清洗后

4. 支吊架及风管安装

1）支架系统

当水平悬吊的主、干风管长度超过 20m 时，设置防晃支架，每个系统不应少于 1 个。固定支架要连接到柱子、梁等固定物体上，必要时把某活动支架改为固定支架。防排烟风管支架按设计要求采用抗震支架。

金属风管水平安装，边长大于 400mm 时，支吊架间距不应大于 3m（表 12-3）。垂直安装时，应至少设置 2 个固定点，支架间距不应大于 4m。

水平安装金属矩形风管吊架型钢最小规格（mm）　　　　表 12-3

风管长边尺寸	吊杆直径	角钢规格	槽钢规格
400<b≤1250	φ8	L30×3	[50×37×4.5
1250<b≤2000	φ10	L40×4	[50×37×4.5
2000<b≤2500	φ10	L50×5	—

2）风管安装

吊架安装完毕，经确认位置、标高无误后，将风管和部件按编号预排（图 12-10）。为保证法兰接口的严密性，法兰之间加垫料。风管安装时，据施工现场情况，可以在地面连成一定长度，采用吊装的方法就位，也可以把风管一节一节地放在支架上逐节连接。

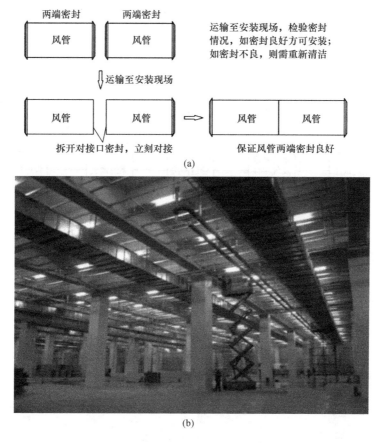

图 12-10　风管现场安装示意图

（a）风管现场安装示意；（b）风管现场安装照片

连接好的风管，检查其是否平直，若不平应调整并找平找正，直至符合要求为止。风管末端使用塑料薄膜封口，避免灰尘进入污染风管内部。

风管与配件可拆卸的接口及调节机构，不得设在墙或楼板内；支、吊架不得设置在风口、阀门、检查门及自控机构处；各种调节装置应安装在便于操作的部位。

3）安装质量

风管安装后，水平风管的不平度允许偏差，每米不大于 3mm，总的偏差不大于 10mm，立管的垂直度允许偏差每米不大于 2mm，总偏差不大于 10mm。

12.4　空调水管施工技术

12.4.1　技术简介

洁净室水管一般采用镀锌钢管，焊接多数采用氩弧焊。系统焊接里面焊渣少，冲洗合格后，可正常运转。

12.4.2 施工特点及流程

管道焊接要一次成活，每道焊口要有记录、有追溯。确保压力试验一次达标，具体流程如图 12-11 所示。

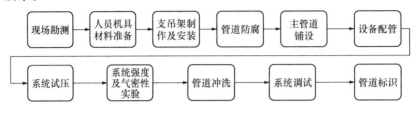

图 12-11 空调水管施工流程

12.4.3 施工要点

1. 安装预制化

绘制管道排管图，DCC 干盘阀组、支管道在预制区集中预制后，再运输至安装点进行装配安装（图 12-12）。

图 12-12 管道预制图

安装组装化：对预制管道可采用法兰连接，如果必须焊接可采用氩弧焊代替电弧焊，减少洁净室内电焊作业对洁净度的影响；集中管理动火作业，减少安全隐患（图 12-13）。

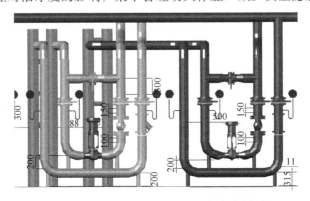

图 12-13 类似项目阀组工厂预制化大样图

2. 碳钢管施工

1）施工条件

施工环境要求在防雨、干燥、通风的地方，不得靠近热源和可燃气体。施工人员必须持有市质量技术监督局颁发的压力管道焊工考试合格证。

2）工机具及材料

（1）焊机

每台焊机应有足够的容量，应装有与设备功率相匹配的电流表和电压表，并有良好的工作状态，能灵活调节电流，且应可靠接地。根据母材选用的焊条（如：E4303）可选用交流或直流两用焊机，一般选用交流焊机，焊机型号：Bx3-300 型。

（2）焊条烘干箱，焊条保温筒

安装现场必须有焊条烘干箱，必须有焊条保温筒。

（3）管材

管材的选用应符合《流体输送用无缝钢管》GB/T 8163—2018 和《低压流体输送用焊接钢管》GB/T 3091—2015。管道应选择有制造厂质量合格证、压力试验报告的产品；现场应检查壁厚、真圆度、腐蚀度。

（4）电焊条

电焊条应符合《非合金钢及细晶粒钢焊条》GB/T 5117—2012、《热强钢焊条》GB/T 5118—2012 规定；电焊条应有制造厂的质量合格证；电焊条的选择应根据母材化学成分化学性能和焊接接头的抗裂性能、焊前预热、焊后热处理以及使用条件等综合考虑。酸性焊条烘干温度为 150～200℃，碱性焊条烘干温度为 350～400℃。烘干时间为 1～2 小时，不得骤冷骤热，并做好相应的记录。焊工必须按焊接工艺要求领取焊材，领用焊条时，应配备性能良好的焊条保温筒，保温筒温度应能达到 80～100℃。焊条在保温筒内的时间不宜超过 4h，发放时，应做好焊条发放记录。每次发放最多不超过 40 根，未用完的焊条必须及时退还焊材发放处，如重新使用，必须重新烘烤，重复烘烤次数不得超过两次。

3）操作工艺流程

（1）清洁

焊件在组装前，应将焊口表面及内外壁的油、漆、垢、锈清除干净，直至发出金属光泽，并检查有无裂纹、夹渣等缺陷，每侧各清理 10～15mm 范围。

（2）打坡口（表 12-4）

（3）对口

焊接组装时应垫置牢固，以免在焊接过程中产生应力集中和焊接变形。焊接对口时内壁管口的错边量应严格控制。单面焊坡口错边量应不超过壁厚的 10%，且不超过 2mm。焊口的局部间隙过大时，应设法修正至规定尺寸，严禁在间隙内填塞铁条等其他物品。

根据管道壁厚选择坡口形式   表 12-4

D 壁厚 （mm）	坡口形式	焊口层次	焊材直径	焊接电流 （A）	电弧电压 （V）	焊接方法
≤3.5mm	齐边对接 I 形坡口 （间隙 0～2mm）	1～2	φ2.0 φ2.5	60～90 80～110	8～10 10～12	手工钨极 氩弧焊
4～12mm	60°V 形坡口 （间隙 2.5～3.5mm）	1～4	φ3.2 φ4.0	70～90 90～120	10～12 13～15	焊条电弧焊

（4）定位焊

根据装配间隙进行点固焊，将两端部点焊牢，100A 内可点焊 3 点，150A 内点焊 4 点为宜。

（5）正常焊接

定位焊完成后进入正常焊接，采用先氩弧焊打底再电焊的方式。打底焊完成后彻底清理熔渣和飞溅物，而后焊填充层。焊填充层时注意在两侧稍作停留，以保证与母材充分熔合。填充层焊缝略低于母材 0.5～1.5mm。焊完填充层，将熔渣和飞溅物清理干净后焊盖面焊层，盖面焊时，焊条超过试板表面坡口棱角边 1.5mm，为控制好两侧的熔合情况并防止咬边，故在两侧停留 1～2s。

（6）检查

每一处焊缝需标注施工单位、焊接人员姓名、联系方式。焊完后将熔渣和飞溅物清理干净，并进行外观检查（表 12-5）。

用肉眼观测尺寸规定   表 12-5

焊缝余高（mm）		焊缝余高差（mm）		焊缝宽度（mm）	
平焊	其他位置	平焊	其他位置	比每侧坡口宽度	宽度差
0～3	0～4	≤2.0	≤3.0	0.5～2.5	≤3.0

不允许的表面缺陷：焊缝表面不得有裂纹、未熔合、夹渣、气孔和焊瘤。

允许的表面缺陷：咬边深≤0.5mm（管缝有效长度的 10%），未焊透深≤§15%，且小于等于 1.5mm。

（7）标记

自检合格后，在焊缝边上约 50mm 处采用低应力的钢印打上焊工的代号。

经外观检查和无损探伤检查不合格的焊口应进行返修，同一位置返修次数不应超过两次，并正确确定缺陷部位，分析缺陷原因，彻底清除缺陷。

补焊时，必须是合格焊工进行施焊，焊口应有合适的缓坡，对返修焊缝仍应进行外观检查和无损探伤检查。

（8）质量控制

焊接师应具备国家配管焊接资格，持证上岗。

不得在焊接表面引弧或试验电流，焊接中应注意起弧和收弧处的焊接质量，收弧时应将弧坑填满；多层焊接的，层间接头应错开；除工艺特殊要求外，每条焊缝应一次连续焊完，若因故被迫中断，应根据工艺要求采取措施防裂痕。对不合格焊缝，应进行质量分析，制定出措施后，方可返修，同一部位翻修次数不应超过 2 次。

焊件在组装前，应将焊口表面及内外壁的油、漆、垢、锈清除干净，直至发出金属光泽，并检查有无裂纹、夹渣等缺陷。

焊缝均应做外观检查，其表面不得有裂纹、未焊透、未熔合、气孔、夹渣、焊瘤、凹坑等缺陷。

3. 支、吊架加工

支、吊架下料宜采用砂轮切割机进行切割，切割后应将氧化皮及毛刺等清理干净。开孔应采用电钻机械加工，不得采用氧乙炔割孔。钻出的孔径应比所穿管卡直径大 2mm 左右。支架组对应按加工详图进行，且应边组对边矩形、边点焊边连接，直至成型。经点焊成型的支、吊架应用标准样板进行校核，确认无误方可进行正式焊接。

立管支、吊架位置：层高小于 5m，每层设一个；层高大于 5m，每层不得少于 2 个。竖井内的立管，每隔 1 层设固定支架。

保温的水管与支、吊架间应有经防腐处理的木垫。其厚度不应小于保温材料的厚度，衬垫的表面应平整，衬垫接合面的空隙应填实，宽度应比支、吊架支撑面大 30mm。

支架需要倒圆角，制作好的支、吊架应按照设计要求及时做好除锈防腐处理。管道支吊架距焊口距离不得小于 50mm。支、吊架的安装必须整齐，安装前先用镭射仪放样或拉线定好方向及位置，使支架成一直线。膨胀螺丝安装深度要到位，支架要安装固定牢靠。

4. 空调中温水系统试压及冲洗

试压的方式：各系统分区试压，试压区域按照各楼层、各系统划分。先气压、后水压。试压的顺序依照现场管路安装的进度确定。试压类型见表 12-6。

试 压 类 型　　　　　　　　　　　　表 12-6

序号	施工条件施工阶段	试压介质	试验压力	测试时间
1	管道安装封闭完成	空气	系统压力	2h
2	气压完合格	水	系统压力的 1.5 倍，视系统确定	30min
3	强压完合格	水	系统压力	24h

根据本工程特点，管道安装完成及末端完成封堵之后即可试 2.0kg 气压，气压被批准合格后进入下一程序，即水压试验。水压分为以下两个阶段：强压、工作压力保压。强压为工作压力的 1.5 倍并保压 30min，若无降压，将管道压力降至工作压力并保持 24h 无渗漏（保压阶段考虑庞大管路系统局部未排净残留空气、界面关断阀微量内部泄漏、昼夜温差等不确定因素压降 3%）即为合格。

主要机具空压机、临时水管（软管）、压力表、试压泵、对讲机、数码相机、手电筒等。

试压前的准备：检查管路所有部位的流量控制阀是否为开启状态，末端及排水部位阀门等封闭位置是否为关闭状态。

1）系统气压检测

将系统中自动排气阀关闭，将空压机与系统相连，向管道中充气，安排人员携带肥皂水沿线检查焊缝、法兰接头有无渗漏，或者安排人员听气体泄漏的声音，并对所有的渗漏点进行标记，泄压放空气进行修补后再进行试压。安排人员专门巡视，确保安全。

2）系统水压试验

（1）主要机具：空压机、临时水管（软管）、压力表、试压泵、对讲机、数码相机、手电筒等。

（2）试压前的准备：

密封：检查管路所有部位的流量控制阀是否为开启状态，末端及排水部位阀门等封闭位置是否为关闭状态。

检查可能的泄漏点：系统中难免存在薄弱环节以及泄漏部位，在试压时不能泄漏，根据系统走向、排水口位置等做好标记，并做好应急措施，设置排水阀门，紧急时打开，出口连接至排水点。管路系统充水试压的工程中，相应人员对管路系统中可能的泄漏点进行巡视，若有异常情况立即停车泄水检修，禁止带压操作。

设备连接：部分设备不能承受管路系统的试验压力，只能在工作压力下工作，此部分设备必须断开，有必要的需做末端连通。

排气点的设置：排气点设置在管路系统每个试压层管路的最高点。

系统排水点的设置：管路排水设置在系统最低点处和试压泵最低点位置，再将排水管路连接统一排入就近的排水总管。

自来水给水点的设置：临时自来水接水点需通过讨论商定（如正式给水系统完成则直接接至正式给水点）。

排放试压水总位置的确定：管路系统试压水通过软管就近排放。

（3）操作方法：

区域试压：对相对独立的局部区域的管道进行试压。

连接：将试压泵与试压管线连接，试压用的阀门及压力表等装在管路中，在管路最高点已装好排气阀，最低点已装好泄水阀。

充水：打开排气阀，关闭泄水阀，利用自来水本身压力向试压管路灌水，当自动排气阀连续不断地向外排水时，关闭排气阀，充水完成。

检查：充水完成以后，目视或用涂抹肥皂水的方法检查管路（焊缝、螺纹口、法兰口）有无渗漏水现象；如有应做好所有标记，之后进行修补，再试压。

升压：升压过程应缓慢、平稳，先把压力升到试验压力的一半，对试压管段进行一次全面检查（目测焊缝、螺纹口、法兰口），若有问题应泄水修理，严禁带压修复；若无异常则继续升压，当压力达到试验压力的 3/4 时，再做一次全面地检查，无异常时继续升压至试验压力，一般分 2~3 次升到试验压力。每次检查如发现管路破坏性漏水，应立即在管路系统预先设置的排水点排水，以免造成损失。

持压：压力升到试验压力后，稳压 30min，以压力不降、无渗漏为合格；再将压力降至设计压力持压 24h。先自主检查，压力降在规范允许的范围内，再请相关单位至现场会勘，并拍照保存备查，做好压力试验记录，相关各方签字确认；并用表记录保存。

试压后的工作：按照事先设置好的排水口排尽管路中的积水，及时拆除盲板等。

（4）注意事项：

施压设备处应设置禁区，用三角锥加警示带围护，并有明显的标识牌，派专人巡查，有特殊要求的点安排专人固定岗位看守。

非操作人员不得开启或关闭试压管路中的任何阀门。

分区试压，先气压后水压（完成后该区域即洗管保温）。

试压中如有漏水情况，在进行处理之前必须先泄压。

3）管道冲洗

（1）清洗步骤，见图 12-14。

图 12-14　管道清洗步骤

（2）清洗的条件

管道系统的压力试验已合格。所有设备与冲洗系统隔离。冲洗用的水泵采用主管路系统的循环水泵，与基本包的管路接通，能形成整体冲洗。对于不能连接管路进行试压的设备，将设备进出口管段连通，等系统冲洗完毕后拆除连通管并恢复。

冲洗前检查：检查管道支、吊架的牢固程度，必要时应进行加固。

冲洗的顺序：主管→支管→疏排管，冲洗出的脏物不得进入已冲洗合格的管路中。

冲洗：冲洗分系统进行，将管道分系统连接起来，冲洗的排水点设在管路系统的最低点；冲洗管道应使用清洁的自来水，采用管路的最大流量，流速不得低于 1.5m/s。先向管内冲水，并且排气，冲水后利用系统内的一台水泵进行系统内循环，带走管内的污物。循环 2~3h 后系统内的水基本上已经进行了一次完整的循环，此时开始依次在每个排水点排水、补水点补水，同时继续循环，不断带走系统内的污物。应注意，为了保证系统内不进入气体，应确保补水管径比排水管径大一个型号。脏水排入指定的排水点（必要时用水泵抽取）。

冲洗 24h 以后停车清洗过滤器。管道的排水支管应全部冲洗且连续进行，以排出口的水色和透明度与入口水目测一致为合格。

排水：冲洗结束后，先将系统最低点的排水阀打开，排掉系统内主干管道的水，之后再排掉系统内每个低点处的积水，并清除污物。

系统复位：管路冲洗合格后复位系统，由相关单位共同检查，并按要求填写"管道系统冲洗记录"。

5. 管道造膜工艺及标准

对于整个冷冻水系统，在对系统加药之前，人工清洗系统膨胀水箱中的污泥等杂物。打开所有末端设备的电磁阀。

1）向膨胀水箱中投加表面活性剂、清洗剂、杀菌剂、缓蚀剂、BTA等，按一定比例和次序分批加入。

2）开泵循环清洗，每隔一段时间在排污处检查清洗情况。

3）视系统具体情况，可一次性清洗干净后排污；也可分几次清洗即清洗及排污穿插进行，直至系统清洗达到技术要求。

4）排污用边补水边排污的方式进行。直到水质达到预膜技术要求为止。

5）向系统投加预膜辅助剂、缓蚀剂、阻垢剂、BTA等预膜剂。

6）开泵循环48h之上（累计）以便让系统预膜均匀。

7）冷冻系统经投加预膜药后不得再放水。如遇到检修特殊情况放水时必须及时通知加药装置厂家来人加药。

8）在日常加药保养过程中，厂家每月来人加药一次，每次取水化验一次，以便判断水质中是否有足够的药剂以指导下次加药量。

9）水处理效果：水处理后，其监测挂片不锈蚀；制冷机在正常范围内运行；达到本次配方水质技术指标。

12.5 电气施工技术

12.5.1 技术简介

本章节重点介绍洁净室电气系统，主要包含桥架施工、电缆施工、灯具施工、照明插座、配电箱等技术要点。

12.5.2 施工特点及流程

桥架施工流程，参见图12-15。

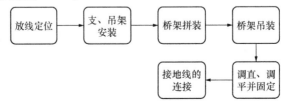

图 12-15　桥架施工流程

配管施工流程，参见图 12-16。

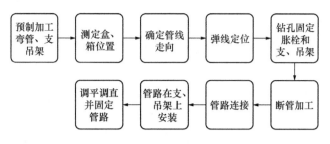

图 12-16　配管施工流程

导管穿线流程，参见图 12-17。

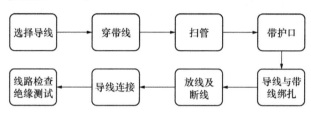

图 12-17　导管穿线流程

电箱安装流程，参见图 12-18。

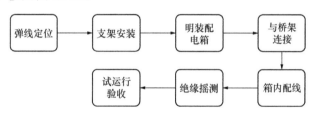

图 12-18　电箱安装流程

12.5.3　施工要点

1. 桥架安装要点

1）电缆桥架水平安装的支架间距为 1.5～3m，垂直安装的支架间距不大于 2m，在进出接线箱、柜、转角、转弯和变形缝两端及丁字接头的三端 500mm 以内应设置固定支持点。

2）桥架的所有断口、开孔实行冷加工，线槽、桥架切割后的尖锐边缘加以修整，以防挂伤电缆，同时切割面涂上防腐漆。桥架材质、型号、厚度及附件要满足设计要求。

3）桥架安装前，必须与各专业协调，避免与大口径消防管、喷淋管、给水管、排水管及空调风管、排烟风管发生矛盾。

4）桥架安装要横平竖直、整齐美观、距离一致、连接牢固，同一水平面内水平度偏差不超过 5mm/m，直线度偏差不超过 5mm/m。

5）桥架直线段长度超过 20m 伸缩节，经过变形缝断开 10mm。

6）桥架在穿防火分区时，必须对桥架与建筑物之间的缝隙做防火处理，防火材料厚度不低于穿越结构厚度。

7）桥架连接应使用专用的防松垫圈及连接固定螺栓。非镀锌电缆桥架间连接板的两端跨接铜芯接地线，最小允许截面积不小于 4mm²。桥架接地如图 12-9 所示。

图 12-19　桥架接地示意图

2. 明配管技术要求

1）明配 KBG 管的技术要求

KBG 管管壁薄，故在施工过程中应使用成型弯头，尽量不进行手动弯管。

明配线管的弯曲半径，常规不应小于管外径的 6 倍。如只有一个弯时，可不小于管外径的 4 倍。配管完成必须将锁紧螺母拧紧至自然断开。防爆区域严禁使用 KBG 管。

2）接线盒的要求

电线管路敷设超过以下长度时，应在适当位置加设接线盒（图 12-20）。配线管路长度

(a)

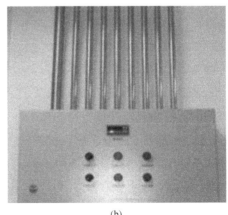

(b)

图 12-20　配管示意图

(a) 直线距离近 30m 时中间增加接线盒；(b) 进入配电箱的管子排列整齐

每超过 80m，无弯曲。配线管路长度每超过 20m，有 1 个弯曲。配线管路长度每超过 15m，有 2 个弯曲。配线管路长度每超过 8m，有 3 个弯曲。

电管入箱、盒应采用爪型螺纹管接头。使用专用扳子锁紧，爪型根母护口要良好，使金属箱、盒达到导电接地的要求。箱、盒开孔应整齐，与管径相吻合，要求一管一孔，不得开长孔。铁制箱、盒严禁用电气焊开孔。两根以上管入箱、盒，要长短一致，间距均匀，排列整齐。

管路固定：支架配专用蝴蝶管卡（图 12-21）。整齐美观。管路关口在固定前一定要把管口毛刺清理干净。

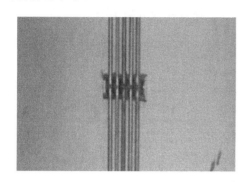

图 12-21　C 型钢配专用蝴蝶管卡固定电线管

3）可挠金属软管的安装

钢管与电气设备、器具间的电线保护管宜采用金属软管或可挠金属电线保护管；金属软管的长度在电气动力系统中不大于 0.8m，在电气照明系统中不大于 1.2m。吊顶内分线盒至器具间的连接采用金属软管。

金属软管敷设在不易受机械损伤的场所。当在潮湿场所使用金属软管时，采用带有非金属护套且附配套连接器件的防液型金属软管，其护套须经过阻燃处理。

金属软管无退绞、松散；中间无接头；与设备、器具连接时，采用专用接头；连接处密封可靠。

3. 导线穿管敷设要点

1）选择导线

相线、零线及保护地线的颜色应加以区分，一般用黄绿双色导线做保护地线，蓝颜色导线做零线，黄绿红三种颜色分别对应 A、B、C 种相线。

2）穿带线

穿带线的主要作用是检查管路是否畅通、清扫管路杂物、引导多股导线进行放样工作。

3）扫管

扫管的目的是清除管路中的灰尘、泥水等杂物。

清扫管路的方法：将布条的两端牢固绑扎在带线上，两人来回拉动带线，将管内杂物清净。

4）放线及断线

放线：放线前根据施工图对导线的规格、型号进行核对。电线卷应该分开放置，并且从内圈向外开始放线，防止电线绞乱而形成结。

断线：剪断导线时，导线的预留长度应按以下四种情况考虑。接线盒、开关盒、插销盒及灯头盒内导线的预留长度应为 15cm。配电箱内导线的预留长度应为配电箱箱体周长的 1/2。出户导线的预留长度应为 1.5cm。公用导线在分支处，可不剪断导线而直接穿过。

5）导线连接

铰接适用于 2.5mm² 以下铜导线的连接。导线铰接具体详见图 12-22。

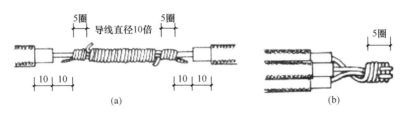

图 12-22　导线胶接示意图

(a) 大截面直线连接；(b) 接线盒内连接

尼龙压接线帽：适用于 2.5mm² 以下铜导线的连接，其规格有大号、中号、小号三种。可根据导线的截面积和根数选择使用。其方法是将线的绝缘层削掉后，线芯预留 15mm 的长度，插入接线帽内，然后用压接钳压实即可。

套管压接：适用于 10mm² 以上铜导线之间的连接，套管压接法是运用机械冷态压接的简单原理，用相应的模具在一定压力下将套在导线两端的连接套管压在两端导线上，使导线与连接管间形成金属互相渗透，两者成为一体，构成导电通路。要保证冷压接头的可靠性，主要取决于影响质量的三个要点：①即连接管的形状、尺寸和材料；②压线钳模具的形状、尺寸；③导线表面氧化膜处理。具体做法如下：先把绝缘层剥掉，清除导线氧化膜并涂以中性凡士林油膏（使导线表面与空气隔绝，防止氧化）。当采用圆形套管时，将要连接的芯线分别在套管的两端插入，各插到套管一半处；当采用椭圆形套管时，应使两线对插后，线头分别露出套管两端 4mm；然后用压接钳和压模压接，压线钳模号应与套管尺寸相对应。

接线端子压接：适用于 10mm² 以上铜导线与器具的连接，导线应采用铜接线端子。削去导线的绝缘层，不要碰伤线芯，将线芯紧紧地绞在一起，清除接线端子套筒内的氧化膜，将线芯插入，用压接钳压紧。导线外露部分应小于 1~2mm。

6）导线绝缘包扎

首先，用橡胶（或黏塑料）绝缘带从导线接头处始端的完好绝缘层开始，缠绕 1~2 个绝缘带幅宽度，再以半幅宽度重叠进行缠绕。在包扎过程中应尽可能地收紧绝缘带。最后在绝缘层上缠绕 1~2 圈后，再进行回缠。采用橡胶绝缘带包扎时，应将其接长 2 倍后再进行缠绕。然后再用黑胶布包扎，包扎时要衔接好，以半幅宽度边压边进行缠绕，同时在包扎过程中收复紧胶布，导线接头处两端应用黑胶布封严密。包扎后应呈枣形。

7）线路绝缘测试

线路绝缘测试应使用摇表测试，用每分钟 120 转左右的速度转动摇表，直至指针稳定在一个读数。线路的绝缘要求：照明线路的绝缘阻值不小于 0.5MΩ，动力线路的绝缘电阻值不小于 1MΩ。

4. 配电箱安装要点

1）配电箱、柜安装前应对箱体进行检查，箱体应有一定的机械强度，周边平整无损伤，油漆无脱落，箱内元件安装牢固，导线排列整齐，压接牢固，并有产品合格证。在配电箱、柜进场时，各种证件及手续必须齐全。

2）配电箱、柜安装时应对照图纸的系统原理图检查，核对配电箱内电气元件、规格名称是否齐全完好，暗装配电箱应事先配合土建预留洞口。在同一建筑物内，同类箱盘的高度应一致。

3）暗装配电箱安装时先安装箱体，再安装器件、面板。面板要紧贴墙面，做到横平竖直。

4）明装配电箱安装

根据进出电缆电线的方向及桥架的规格，在配电箱的顶部或底部开孔。配电箱的所有开孔处必须用橡胶皮保护孔的边缘，以防止损坏电线电缆。配电箱采用膨胀螺栓在墙上（柱上）固定。金属壁板上明装配电箱需要单独制作支架支撑配电箱箱体。

5）线路进配电箱（柜）做法

配电柜与桥架、母线的连接：配电柜进出电缆开孔使用线锯或开孔钻，电缆敷设完成后封闭，母线金属外壳、桥架与柜内接地母排用专用接地线可靠接地。线路与配电柜连接见图 12-23。

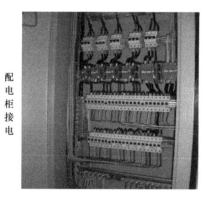

图 12-23　线路与配电柜连接示意图

6）配电箱、柜本体要安装好保护接地线，箱门及金属外壳应有明显可靠的 PE 线接地。

7）配电箱安装固定后，应进行防护，可采用硬纸板、塑料纸、胶带等，绑扎牢固，以防混凝土溅入损坏箱面及箱内元器件。

8）配电箱通电试运行：配电箱安装完毕，且各回路的绝缘电阻测试合格后方允许通电试运行。通电后应仔细检查和巡视，检查灯具的控制是否灵活、准确，开关与灯具控制顺序是否相对应。如果发现问题，必须先断电，然后查找原因进行修复。

9）配电箱、柜安装调试完毕后，最后在箱内分配开关下方用标签标上每个回路所控制的具体负荷、设备名称、位置，以便用户使用。

10）配电箱内接线前应对每个回路绝缘情况进行测试，并记录数值，出线回路应按图纸的标注套上相应的塑料套管，标明回路编号；配电柜内出线回路采用永久性塑料标牌予以回路标注。线路绝缘测试：箱内接线之后，对配电箱内线路进行测试，主要包括进线电缆的绝缘测试、分配线路的绝缘测试、二次回路线路的绝缘测试。线路绝缘测试前，应断开电缆两端的空气开关、照明开关、设备连接点等，以保证绝缘测试结果准确无误。

5. 电缆敷设要点

1）电缆敷设前应对电缆进行详细检查，规格、型号、截面、电压等级均要符合设计要求，外观无扭曲、损坏现象。施工前，应对电缆进行绝缘摇测或耐压试验。在桥架上进行多根电缆敷设时，应根据现场实际情况，事先将电缆的排列用表或图的方式画出来，并计算出电缆长度，以防电缆的交叉和混乱。

2）电缆沿支架、托盘、桥架敷设时应根据施工图及现场情况决定具体敷设方式，电缆敷设不应交叉，应排列整齐，敷设一根应即时卡固一根。

3）电缆水平敷设

电缆水平敷设时采用人力牵引；电缆沿桥架敷设时，均单层敷设，排列整齐，不得有交叉，拐弯处以最大允许弯曲半径为准，电缆弯曲两端均用电缆卡固定。

4）电缆竖直敷设

竖井内电缆敷设采用"阻尼缓冲器法"，先将整盘电缆利用塔吊吊运至电缆的高端楼层，利用高位势能，将电缆由上往下输送敷设，用分段设置的"阻尼缓冲器"对下放过程中产生的重力加速度加以克制；一根电缆输送到位后由下向上用卡固支架将电缆固定在桥架上，每层至少有两个固定点；电缆穿保护管后，用防火材料将管口堵死。

具体参见图 12-24。

5）电缆敷设到位后挂上统一规格的标志牌，标志牌间距≤20m，且在进出配电箱（柜）及转角处必须设置，标志牌上均注明电缆编号、型号规格、路径、起始端点设备名称，标志牌采用无污染的 PVC 材料制作。标志牌规格应一致，并有防腐性，挂装应牢固；标志牌上应注明线路编号、电缆型号、规格、电压等级、起止点，电缆始端、终端、拐弯处、交叉处应挂标志牌（图 12-25）。电缆敷设好后，要检查回路编号是否正确，完整做好相关资料。

6）用 1kV 摇表对电缆重新进行检测，合格后方能进行电缆头的制作，电缆头制作好后即可与空气开关等元件进行连接，连接要牢固紧密。电缆通电前要进行绝缘检测，测量数值记录下来并作为技术资料。

7）电缆敷设完毕后，所有电缆穿墙套管均可靠封堵。

注：电缆采用机械和人工并用的方式敷设，并按规范要求制作电缆头

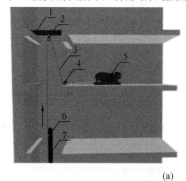

符号说明：
1—槽钢
2—滑轮
3—钢丝绳
4—导向滑轮
5—卷扬机
6—电缆夹具
7—电缆

(a)

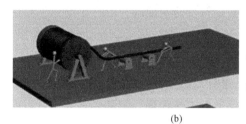

1. 电缆敷设时，电缆弯曲半径应符合规范要求。
2. 电缆沿桥架敷设时，水平净距要符合规范

(b)

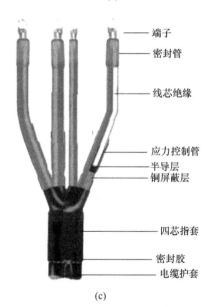

—— 端子
—— 密封管

—— 线芯绝缘

—— 应力控制管
—— 半导层
—— 铜屏蔽层

—— 四芯指套

—— 密封胶
—— 电缆护套

(c)

图 12-24　电缆敷设示意图

（a）竖向电缆敷设；（b）水平电缆敷设；（c）热缩电缆头

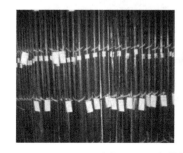

图 12-25　电缆标识标牌示意图

8）电缆穿保护管时，保护管的弯曲半径应当符合穿入电缆的规定，管口应胀成喇叭形状，管口磨光无毛刺。

9）所有接线端子均采用紧压铜端子，端子与电缆线芯截面相匹配，铜端子的压接采用手动式液压压线钳，采用热缩头、热缩管作为电缆头绝缘保护。电缆终端制作好，与配电柜连接前要进行绝缘测试，以确认绝缘强度符合要求。同时电缆要做好回路标注和相色标记。电缆的裁减长度要合适，保证电缆与配电柜母线或接线端连接后不产生过大的机械应力。连接前，对搭接面进行清洁处理，同时涂抹适量的电力复合脂，紧固力矩符合《建筑电气工程施工质量验收规范》GB 50303—2015，确保连接和导电性能可靠。

10）电缆进入建筑物内的保护管必须符合防水要求。

6. 灯具安装要点

1）灯具进场后，首先必须对灯具进行严格地检查验收，检查灯具与设计的技术要求是否相符；检查灯具的外观、涂层是否完整，有无损伤，附件是否齐全；查验灯具的合格证等其他证件是否齐全。对灯具的绝缘电阻、内部接线等性能进行现场抽样检测。要求灯内配线严禁外露，灯具配件齐全，无机械损伤、变形、油漆脱落、灯罩破裂、灯箱歪翘等现象。所有灯具的色温、显色性、光通量、功率等参数均必须满足设计要求。

2）灯具安装

（1）作业条件

① 龙骨安装完成，并调平调正完成。

② 所有可能损伤灯具、污染灯具的作业都已经完成。

③ 材料、机具等必需的物资已经运输到位。

（2）灯具的安装：首先要准备好与龙骨配套的 T 形螺栓，对应龙骨十字接头处开好进线孔；安装前先将龙骨底部的盲条拆除，然后将灯底座和龙骨通过 T 形螺栓连接，转动螺母，至锁紧，适当用力摇晃灯具，确保灯具与龙骨牢固连接（图 12-26）；然后从上将灯具

图 12-26　嵌入式洁净龙骨灯示意图

进线穿入，连接牢靠。后封闭灯具，然后安装好灯具光源，最后安装灯具外罩，完成灯具安装。

（3）专有灯具安装

① 所安装的标志灯的指示方向正确无误；与设计图完全一致；应急灯必须灵敏可靠；事故照明灯具应有特殊标志。

② 疏散标志灯安装高度要求距地面 0.5m 高，要求先行敷设好线路，导线选择 NH-BV-2.5 电线，出线盒位置要保证在灯具覆盖范围内。灯具直接用自攻螺丝固定在壁板上，周圈使用密封胶与墙板密封。

③ 安全出口标志灯要求安装于距离门上边 0.2m 处。安装方法同疏散标志灯，需要注意的是必须安装于安全出口内侧。

④ 安全应急灯按照设计图布置灯具位置，要求安装在 2.2m 以上高度，灯具固定在壁板上，电源使用暗装插座取电。

7. 墙板开关插座安装

1）开关插座定位：根据设计图纸和各专业图纸综合确定后，在图纸上标出开关插座的安装位置，完成上述工作后将位置图交结构专业进行排版计算，以便厂家生产加工。

2）壁板上尺寸定位：根据结构综合排版设计的图纸及电气施工图纸，在金属壁板上用记号笔标出开关插座的具体安装位置。开关安装位置应符合设计要求，距门边为 150mm；距地面为 1.3m；插座安装高度为距地面 300mm。

3）壁板开口加工：壁板开口加工时应注意保护壁板的表面及背面，以免划伤。开口时应保证切口的整齐，完成切割后的切口边缘应进行处理，保证切口边缘无毛刺。

4）接线盒安装：接线盒安装时应对壁板内的填充物进行清理，并将厂家预埋在壁板内的线槽、线管的进线口做好处理，以便电线敷设。壁板内安装的线盒应选用 86H40 型的镀锌钢制接线盒，在线盒的底部、周边均应密封，防止壁板的夹芯对洁净室造成污染。

5）回路穿线接线：根据图纸设计的回路控制要求，进行穿线，穿线时必须加装护口圈，保护好导线的绝缘层。穿线前应进行扫管，并穿带线，带线与所传导线绑扎牢靠紧凑，拉带线应轻缓，与后段放线保持配合。切记不能生拉硬拽而导致导线损伤。在穿线工作完成后，进入接线的工作程序，首先应注意电线剥皮的长度不得超过开关及插座接线端子的压接范围，压线时应注意确认是否压接牢靠，应杜绝虚接等故障隐患，压接完成后应逐个检查是否有虚接及压接不实等情况。

6）开关插座安装：开关插座安装时应防止导线被压伤以及面板固定螺栓损伤导线绝缘层，开关插座安装应牢固、水平，多个开关安装在同一平面时，相邻的开关距离应一致，开关插座经调整后应将面板与墙板之间的缝隙密封（图 12-27）。

7）绝缘摇测：上述工作完成后就需要进行绝缘摇测，绝缘摇测值应符合规范及设计要求，最小绝缘值不得小于 0.5MΩ，摇测绝缘时应以每分钟 120 转左右的速度摇动摇表的转轮。

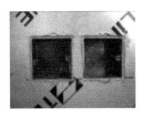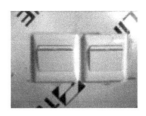

图 12-27　开关安装示意图

12.6　实施效果及总结

12.6.1　实施效果

机电管线的施工成败关系到洁净室内环境最终的建立是否成功。各个专业要确保施工质量，保证系统正常运行，这样室内才能够达标。

风管安装整齐、美观，系统一次成型（图 12-28）。洁净室送风风速达标，洁净室内洁净度、温湿度满足要求。

图 12-28　风管效果图

作为空调水系统的一部分，DCC（干盘管）系统顺利使用（图 12-29）。DCC（干盘管）落地安装垂直度满足要求，且下部支墩和背后斜撑将盘管稳定地与地面进行了固定。后续回风柱隔墙安装完成后，也为库板和隔墙的气密性提供了条件。

吊顶内桥架安装美观稳固，电缆敷设平顺，支架系统可靠牢固。库板点位安装美观，充分考虑到其他点位的干涉，整体进行了排版工作。吊顶盲板点位排布整齐美观，照度符合洁净室要求（图 12-30）。配电箱等设备安装同时考虑了多种问题的影响。

12.6.2　实施总结

洁净室风管施工尤其要注意其内部清洁，风管的气密工作要详细地检查，确保风管干净气密。

图 12-29　DCC（干盘管）安装效果图

图 12-30　照明系统效果

　　空调水系统为整个洁净空间降温控湿设备提供冷热水，施工过程中要尤为注意焊口质量、阀门部件等处垫料的安装等，确保试压一次通过。后期的冲洗工作联动水泵房管路一同进行。

　　洁净室夹层内一般都有检修照明系统，可考虑检修照明提前施工，为现场临时照明提供服务，利用永临结合的思路，节约成本。灯具排布需考虑其他吊顶点位的影响，合理布局。配电箱安装需结合机台位置合理布置，确保一次成型，避免后期由于阻碍设备行进路线迁移位置。

第13章 电子洁净厂房总承包管理

13.1 总承包管理总述

电子洁净厂房总承包商在工程管理承包期间，应按照项目合同约定，在业主的管理和控制下对工程项目建设的质量、安全、进度、招投标、费用、合同、信息等提供专业化的管理协调服务。总承包管理的内容包括项目沟通协调管理、项目进度控制管理、项目验收管理、项目采购管理、项目费用控制管理、项目质量管理、项目安全管理、项目文档及信息管理等工作内容，囊括了项目工程从招标采购阶段、施工阶段、设备搬入到验收阶段的全部管理工作。

13.1.1 总承包管理及协调范围

作为总承包商，必须充分依据承包合同的授权和约定的范围，对范围内的各分包商单位、各供货单位、施工现场及场地周边环境等进行管理及协调，全面对业主负责（表13-1）。

总承包管理及协调范围

表 13-1

序号	具体管理及协调内容
1	针对工程整体合约规划及各分包商的合约与采购管理
2	针对工程各分包商的深化设计管理
3	针对工程总体包含各分包商的进度管理
4	针对工程总体包含各分包商的质量管理
5	针对工程总体包含各分包商的安全管理
6	针对工程总体包含各分包商的验收管理
7	针对工程各参建方的信息沟通及协调管理
8	与施工现场周围的居民和公众进行协调，解决扰民及民扰问题，以避免在正常情况下产生不可避免的少量的施工噪声、空气污染，水污染、震动、强光等扰民因素导致居民投诉，对工程进展造成影响
9	为所有分包商、独立承包商及市政配套部门提供必要的协调、配合等
10	配合市政管网接驳等协调及照管工作
11	与其他标段承包商的施工协调，审批其他标段承包商及其分包商进入其标段范围施工，并协调因此而产生的管理及协调工作
12	负责承包范围内的综合机电管线图及综合土建预留图，以及BIM实施
13	修复、恢复因施工造成影响的道路和人行道路等市政基础设施
14	供水管及消防设备的干管网搬迁与接驳

续表

序号	具体管理及协调内容
15	地下排水系统搬迁与接驳
16	电气干管搬迁与接驳
17	煤气/天然气管搬迁与接驳
18	其他有关的市政配套搬迁与接驳
19	与各分包商及独立承包商协调，根据各分包商及独立承包商提供的资料提供协调妥当的综合机电管线图及综合土建预留图，综合机电管线图及综合土建预留图纸须在不影响施工的计划时限内提交给业主审核
20	协调其他市政室外管线单位编制室外综合机电管线/管网图
21	主持召开与各分包商、业主、独立承包商每周一次的技术例会，沟通协调与土建、机电、装饰之间的设计节点、工作界面等交叉关系
22	工地外施工需协调相关政府部门、公用设备部门及各单位，以得到审批或许可证
23	管理、统筹及协调所有机电设备系统施工

13.1.2　总承包管理原则

总承包商作为项目施工的总策划、总组织和总协调单位，依据总承包合同的授权范围，对分包商单位、各供货单位及相关独立承包商进行协调、管理和服务。在总承包管理中，公正是前提，科学是基础，服务是保证，控制是支撑，协调是灵魂，统一是目标，管理是核心。总承包管理是在公正的前提下，在科学方法的基础上建立的服务、协调与管理的统一。在总承包施工过程中需要遵循表 13-2 所列的原则。

总承包管理原则　　　　　　　　　　　　　　　　　表 13-2

原则名称	内　　容
"公正"原则	在总承包管理中，无论是在选择材料、管理分包商，还是在施工管理过程中面对各种问题，对自行施工范围和业主独立发包范围，都将以业主利益、工程利益为重，公正对待每一方，不偏袒任何一方，以确保整个工程在施工过程中能和谐、顺利进行
"科学"原则	总承包管理涉及的环节多、范围广，需要以严谨的态度，借助科学、先进的方法来进行管理协调，合理地调配组合，弥补各方不足，充分调动各方积极性，较好地实现管理目标，体现管理的质量与水平
"服务"原则	为保证"协调"指令顺利实施，总承包商需根据合同提供完善的配合服务，全面进行工程总体安排，确保责任范围内的各项服务工作按计划完成
"控制"原则	设置独立的总承包项目部门及人员，配备各种专业监督协调管理工程师，采用有效控制手段，对分包工程进行监督控制，确保控制原则得到深入地落实
"协调"原则	通过协调使各个分包商之间的交叉影响减至最小，将施工总承包管理目标实现的不利因素降至最低。在总承包管理中，协调能力是总承包管理水平、经验的具体体现，只有把协调工作做好，整个工程才能顺利完成
"统一"原则	对于整个工程的施工过程，将所有分包商纳入总承包管理体系，整个工程只统一于总承包商的管理，做到"目标明确，思想统一"，才能更好地运转，为工程优质、高效、安全、文明地完成创造良好的环境和条件
"管理"原则	在总承包协调管理过程中，有效地掌握各分包商的施工进度、质量、安全，对分包商进行严格地过程控制，以促使其融入项目整体运行，服务项目整体目标。配备各种专业管理工程师，对分包商进行专业管理，深入现场进行施工过程的全方位监控，最终确保各项管理目标得到深入地落实

13.1.3 总承包管理方法

作为总承包单位，需要采用目标管理、制度管理、跟踪管理、协调管理、重点管理等方法对工程进行管理（表 13-3）。

总承包管理方法   表 13-3

管理方法	内　容
目标管理	在总承包管理过程中，对分包商提出总目标及阶段性目标，目标包括进度、质量、安全、文明施工等方面，在目标明确的前提下对各分包商进行管理和考评。 总承包商提出切实可行的目标，并经过分包商确认。目标管理中强调目标确定与完成的严肃性，并以合同的方式加以明确、予以约束
制度管理	建立健全符合现场实际的总承包管理制度，内容包括：总承包配合服务工作协议；分包进退场管理制度；工作例会制度；后勤管理制度；总平面管理制度；分包质量管理制度；分包进度管理制度；现场文明施工、环保管理制度；分包安全管理制度；分包技术资料管理制度；分包成品保护制度；后期保修服务制度等
跟踪管理	各阶段目标分解后，采用跟踪管理手段，保证目标在完成过程中达到相应要求。在分包商施工过程中对质量、进度、安全、文明施工等进行跟踪检查，发现问题立即通知分包商进行整改，并及时进行复检，使问题解决在施工过程中，以免发生不必要的损失
协调管理	与各分包商通过合同及协议明确双方责任，以合同及协议作为施工总承包管理的依据，以总承包的总体工期网络计划为基准，合理安排各分包商的施工时间，组织工序穿插，并及时解决各分包商存在的技术、进度、质量、安全问题；通过每日的工程协调会和每周的工程例会解决总分包间及各分包间的各种矛盾，以使整个工程施工顺利进行，实现各项目标
重点管理	管理实施过程中抓住重点，按照"轻、重、缓、急"将每月、每周、每日事件进行划分，使整个工程施工过程中主次分明、条理清晰。充分利用以往管理经验，运用敏锐的洞察力和预见性，预见工程在施工中可能发生的主要矛盾，并及时采取相应措施

13.1.4 总承包管理程序

严格执行项目管理程序，并使每一个管理过程都体现计划、实施、检查、处理（PDCA）的持续改进过程。具体程序如表 13-4 所示。

总承包管理程序   表 13-4

阶段	内容		说明
P（Plan）计划	制定项目组织计划及相关施工作业方案	制定整体工程成本目标，制定财务收支管理计划	将其分解至各道工序和各分部分项工程，控制每个环节的实施成本
		制定各工种人员用工组织计划	确定工种、人数、进场时间和食宿安排
		制定材料计划	明确材料采购、进场时间，材料的堆放、保管和使用计划
		制定机械设备使用计划	企业自有设备、外部租赁设备的进场时间、使用周期、维护保养计划等
		制定安全生产计划	明确安全生产和管理的各项组织措施、实施细节

续表

阶段	内容		说明
P（Plan）计划	制定项目组织计划及相关施工作业方案	制定质量实施计划	结合业主及监理方的要求将与项目有关的各环节各工种的相关国家质量文件及要求进行汇编；明确质量自检和报验的具体措施和细节；成立 QC 小组，确定 QC 小组成员的岗位职责
		制定变更签证管理计划	变更签证的签署、备案等具体实施措施
		制定文件管理计划	施工日志、会议纪要、往来文件等的整理汇编和保管
	制定各类进度计划		与施工组织设计相配套的工程总进度表和分部分项工程进度明细表
	重点、难点预测以及制定相应的规避和解决措施		分析预测施工过程中可能发生的技术难点及施工重点、外部因素的干扰等，提前制定组织措施和解决方案
D（Do）实施	按照 P 阶段计划中的各项要求以及质量手册中规定的标准、规范和流程开始施工		现场落实具体细节，确保准确执行计划内容
	设计人员分阶段参与施工过程		保证现场施工达到设计图纸的要求
C（Check）检查	施工人员对每道程序进行自检		确保符合质量标准规范
	QC 小组进行复检		进一步检查并提出整改意见直至合格
	技术管理部人员检验		确认达到设计标准和设计效果，并提出整改意见直至合格
	向业主和监理人员报验		进行阶段性验收
	项目最后阶段进行三方总验收		提出整改直至合格
A（Action）处理	验收及所有施工档案文件汇编		提交业主及审计单位进行决算审计。在合同规定的时间范围内进行工程结算工作。工程进入质量保修阶段
	技术管理部根据档案文件出具全部竣工图纸		
	编制工程决算书		成功的经验根据加以标准化，补充到企业内部的相关操作手册中，为下一个项目的实施提供经验和范例。对于失败的教训也要加以总结，并且提出改进措施，为下一个项目提供经验和预警措施
	考核成本利润，编制财务报表		
	项目总结和评估		

同时，总承包项目管理的基本程序应体现工程项目生命周期发展的规律（表 13-5）。

总承包管理的基本程序　　　　　　　　　　　　　　表 13-5

序号	阶段	内 容
1	项目启动	在总承包合同条件下，任命项目经理，组建项目部
2	项目初始阶段	进行项目策划，编制项目计划，召开开工会议；发表项目协调程序；编制采购计划、施工计划、试运行计划、质量计划、财务计划，确定项目控制基准等
3	采购阶段	采买、检验、运输施工过程中所用的各类相关材料；与施工阶段办理交接手续
4	施工阶段	检查、督促施工开工前的准备工作，现场施工，竣工试验，移交工程资料，办理管理权移交，进行竣工结算

序号	阶段	内　容
5	试运行阶段	对试运行进行指导与服务
6	合同收尾	取得接收证书，办理结算手续，清理各种债权债务；缺陷通知期限满后取得履约证书
7	项目管理收尾	办理项目资料归档，进行项目总结，对项目部人员进行考核评价，解散项目部

启动、采购、施工、试运行各阶段，应组织合理的交叉，以缩短建设周期，降低工程造价，获取最佳经济效益。

13.2 总承包组织管理

13.2.1 组织机构及部门设置

总承包管理组织机构由企业保障层、总承包管理层和分包管理层三个层次组成。

1. 企业决策层

设置由集团总部及专业顾问团组成的指挥部，由企业主要负责人担任项目指挥长，协调项目资源调度。公司总部职能部门协调，能更好地全面调配和组合人才、技术、资金、材料供应、机械设备、专业施工队伍等资源，使项目资源实现最优化配置，为工程顺利实施提供全力支持和保障。由业内知名的设计、技术、管理专家组成专家顾问团，为项目施工前的方案深化及施工过程中的问题处理提供一流的专家咨询、技术指导和设计协调。

2. 总承包管理层

施工总承包管理层由总承包项目部项目经理为主的班子成员负责，下设技术管理部、深化设计部、BIM与信息中心、商务合约部、物资设备采购部、计划部、生产协调部、机电管理部、安监部、财务部、综合办公室、品质保障部12个职能部门。负责实施各项总体管理和目标控制，并为各分包商做好管理、协调、服务工作，确保工程顺利进行。

总承包管理与协调，一方面体现在对各分包商的管理，表现为深化设计、合同管理、物资采购管理、计划的制定、控制和考核及现场资源的统一调配使用与管理，包括临时水电、垂直运输机械、道路、堆场等；另一方面体现为与业主、设计单位、监理单位、政府相关职能部门之间的配合与沟通协调。

项目副经理（生产）作为项目的第一副经理，分管物资设备采购部、计划部和生产协调部，生产协调部下设部门副经理，根据各个施工阶段的变化，部门管理重点进行动态调整。

3. 项目管理团队

包括自行施工的各供应商、劳务分包、专业分包、业主独立分包商等，是整个项目的管理实施者。

13.2.2　项目重要岗位及职责

参见表 13-6。

项目重要岗位及职责　　　　　　　　　　表 13-6

序号	重要岗位	岗位职责
1	项目指挥长	(1) 代表公司对项目实施进行决策。 (2) 协调公司各部门为项目提供各类资源及技术支持。 (3) 督导项目管理人员完成总承包管理工作。 (4) 与业主、监理保持接触，积极处理好与项目所在地政府部门及周边的关系。 (5) 负责项目管理人员的配备及调动工作
2	项目经理	(1) 制定总承包规章制度，明确总承包项目部各部门和岗位的职责，领导总承包项目部开展工作。 (2) 主持编制项目总承包管理方案，组织实施项目管理的目标与方针。批准各分专业、分包商实施方案与管理方案，并监督协调其实施行为。 (3) 及时协调总包与分包之间的关系，组织召开总包与分包的各类协调会议，解决总包与分包之间、各分包之间的矛盾和问题。 (4) 与业主、监理经常保持接触，随时解决出现的各种问题。积极处理好与项目所在地政府部门及周边的关系。 (5) 全面负责整个工程总承包的日常事务，对工程的质量、安全、进度、合约、资金等全面负责
3	项目总工程师	(1) 领导技术、深化设计工作，负责总承包项目部的深化设计、技术管理及 BIM 与信息管理等工作。 (2) 审核各分包商的施工组织设计与施工方案，并协调各分包商之间的技术问题。 (3) 与设计、监理经常保持沟通，保证设计、监理的要求与指令在各分包商中贯彻实施。 (4) 组织对本项目的关键技术难题进行科技攻关，进行新工艺、新技术的研究，确保本项目顺利进行；及时组织技术人员解决工程施工中出现的技术问题
4	项目副经理 （生产）	(1) 负责项目自行施工部分的进度、质量、安全、成本管控及协调。 (2) 负责项目整体计划管理，协调各分包商及作业队伍之间的进度矛盾及现场作业面，使各分包商之间的现场施工合理有序地进行。 (3) 及时协调总包与分包之间的关系，组织召开总包与分包的各类协调会议，参加业主组织召开的协调会议。 (4) 负责项目的安全生产活动，建立项目安全管理组织体系，确保安全文明施工管理和服务目标的实现
5	项目副经理 （钢结构）	管理项目钢结构生产进度，协调钢结构分包商的各项资源落实，审查钢结构施工组织设计、施工方案，参加业主组织召开的协调会议等
6	项目副经理 （机电）	(1) 主管机电管理部，负责机电单位进场前机电预留预埋的施工管理与协调工作。 (2) 协调机电施工有关的各分包商及作业队伍之间的进度矛盾及现场作业面协调，使各分包商之间的现场施工合理有序地进行。 (3) 及时协调机电工程施工之间的关系，组织召开与机电工程施工有关的各类协调会议，参加业主组织召开的协调会议。 (4) 管理项目机电工程生产进度，协调机电分包商的各项资源落实，审查机电工程各分包商施工组织设计、施工方案等

序号	重要岗位	岗位职责
7	项目副经理 （装饰、幕墙）	管理项目幕墙、装饰生产进度，协调幕墙、装饰分包商的各项资源落实，审查幕墙、装饰分包商的施工组织设计、施工方案，参加业主组织召开的协调会议等
8	项目副经理 （商务）	（1）领导商务合约部工作，负责合约管理、成本控制，合同范围内各专业分包、物资招标采购等各项管理工作。 （2）监督各分包商的履约情况，控制工程造价和工程进度款的支付情况，确保投资控制目标的实现。 （3）审核各分包商制定的物资计划和设备计划，督促分包商及时采购所需的材料和设备，保证分包商的工程设备、材料的及时供应
9	项目副经理 （安全）	（1）直接由公司总部委派，对工程施工安全具有一票否决权。 （2）贯彻国家及地方的有关工程安全与文明施工规范，确保工程总体安全与文明施工目标和阶段安全与文明施工目标的顺利实现
10	项目副经理 （质量）	（1）直接由公司总部委派，对工程施工质量具有一票否决权；确保工程总体质量目标和阶段质量目标的实现。 （2）贯彻国家及地方的有关工程施工规范、工艺规程、质量标准，严格执行国家施工质量验收统一标准，确保项目总体质量目标和阶段质量目标的实现。 （3）负责组织编制项目质量计划并监督实施，将项目的质量目标进行分解落实，加强过程控制和日常管理，保证项目质量保证体系有效运行。 （4）负责实施项目过程中工程质量的质检工作，加强各分部分项工程的质量控制。 （5）加强对各分包商的质量检查和监督，确保各分包商的质量符合规范要求。 （6）负责工程创优和评奖的策划、组织、资料准备和日常管理工作。 （7）负责工程竣工后的竣工验收备案工作，在自检合格的基础上向业主提交工程质量合格证明书，并提请业主组织工程竣工验收
11	项目副经理 （行政）	（1）负责外联公共关系协调管理工作。 （2）负责项目行政与影像宣传管理工作。 （3）负责项目的后勤服务管理及对所有分包商后勤的统筹协调。 （4）负责项目保卫管理。 （5）负责项目文书管理。 （6）负责报批报建，配合业主的相关组织工作

13.2.3 部门职责

共设项目职能部门12个，分别为：技术管理部、深化设计部、BIM与信息中心、商务合约部、物资设备采购部、计划部、生产协调部、机电管理部、安监部、财务部、综合办公室、品质保障部等（表13-7）。

部门管理职责　　　　　　表13-7

序号	职能部门	职能部门职责
1	技术管理部	（1）负责项目技术标准与图纸的管理。 （2）负责组织各类主要技术方案的编制和管理。 （3）负责项目施工总平面的设计。 （4）负责项目科技进步的管理。 （5）负责测量、监测与计量的管理。

续表

序号	职能部门	职能部门职责
1	技术管理部	(6) 负责项目施工工况验算与分析。 (7) 参与相关分包商和供应商的选择工作。 (8) 负责拍摄项目施工进程、现场情况等有关照片、影视并整理成档。 (9) 负责工程档案管理。 (10) 与质量控制部紧密配合，共同负责工程创优和评奖活动。 (11) 协助项目总工进行新技术、新材料、新工艺在本项目的推广和科技成果的总结工作
2	深化设计部	(1) 负责项目与设计方协调以及总承包商内部的深化设计工作。 (2) 负责与业主和设计方沟通，了解掌握设计意图，获取项目图纸供应计划并掌握供图动态。 (3) 完成总包自营范围内的所有深化设计工作。 (4) 协调各分包商的深化设计工作，确保各分包商的深化设计相互协调。 (5) 在钢结构、机电工程、幕墙工程、装饰工程等其他专业分包商的深化设计过程中，参与并审核各专业深化设计，及时向业主报审，经批准后落实执行。 (6) 对各分包商进行深化设计图纸审核并呈报业主或设计审批。 (7) 向业主、监理和设计提出就设计方面的任何可能的合理化建议。 (8) 负责项目内部设计交底工作。 (9) 负责从业主和设计单位接收最新版设计阶段的建筑模型、结构模型，及时发放给相关分包进行设计深化；督促分包及供应商在设计阶段模型的基础上建立各自施工阶段 BIM 模型；并进行各专业深化设计，对各专业施工阶段模型整合，进行冲突和碰撞检测，优化分包设计方案；及时收集各分包及供应商提供的施工阶段 BIM 模型和数据，按时提交业主与设计单位；负责设计修改的及时确认与更新
3	BIM 与信息中心	(1) 负责在施工阶段建筑、结构、机电 BIM 模型上，采用 BIM 软件按预测工程进度和实际工程进度进行模型的建立，实时协调施工各方优化工序安排和施工进度控制。 (2) 负责在 BIM 系统运行过程中的各方协调，包括业主方、设计方、监理方、分包商、供应商等多渠道和多方位的协调；建立网上文件管理协同平台，并进行日常维护和管理；定期进行系统操作培训与检查，软件版本升级与有效性检查
4	商务合约部	(1) 配合财务编制开支预算和资金计划。 (2) 具体负责与业主和分包的结算工作，编制项目过程工程款申请文件、分包付款文件。 (3) 具体负责项目合同管理、造价确定以及二次经营等事务的日常工作。 (4) 与财务一道，负责准备竣工决算报告其他与商务方面的工作。 (5) 具体负责项目预算成本的编制和成本控制工作
5	物资设备采购部	(1) 负责编制项目物资领用管理制度和日常管理工作。 (2) 负责物资进出库管理和仓储管理。 (3) 负责对材料的标识进行统一策划。 (4) 负责监督检查所有进场物资的质量，协助资料员做好技术资料的收集整理工作。 (5) 具体负责竣工时库存物资的善后处理。 (6) 参与项目分包招标文件的编制工作。 (7) 参与分包商、供应商的选择工作
6	计划部	(1) 编制总进度计划，并根据总进度计划有效、动态地对现场施工活动实施全方位、全过程管理。 (2) 编制年、季、月、周施工进度计划，合理安排施工搭接，确保每道工序按技术要求施工，最终形成优质产品。 (3) 落实项目进度计划，确保计划科学管理，并随工程实际情况不断调整具体实施计划安排，以保证总进度计划的落实。 (4) 负责进度计划的监督、检查及考核，确保各工序管理严格实施，进度计划有效落实。 (5) 负责各种资源计划的编制组织。 (6) 负责项目各种产值报表的管理工作。 (7) 负责各分包商工作计划的监督管理

序号	职能部门	职能部门职责
7	生产协调部	(1) 负责自行施工的混凝土结构工程、粗装修工程、屋面工程等的施工组织，负责各专业分包商之间，包括业主独立分包商的现场施工方面的管理协调。 (2) 负责现场塔吊等垂直运输设备的统筹协调。 (3) 负责施工总平面的管理协调。 (4) 负责作业面、工作面移交的管理与协调。 (5) 负责成品保护的管理协调。 (6) 负责大型施工机械的维修保养，确保施工机械正常使用。 (7) 负责编制项目大型机械管理计划及实施。 (8) 负责自行施工的主体及粗装修工程等的劳务、材料、设备协调。 (9) 负责项目整体农民工实名制管理
8	机电管理部	(1) 负责机电安装工程的内部管理协调工作，包括电气工程、给水排水工程、暖通工程、建筑智能化等，包括与业主独立分包的接口协调。 (2) 负责工程机电设备的检查和验收工作。 (3) 参与编制施工组织设计和机电相关的分项工程施工方案。 (4) 负责机电预埋施工，与土建施工协调配合，保证机电预埋施工的顺利进行。 (5) 负责电梯工程的管理与协调工作。 (6) 负责机电安装工程的技术资料的收集整理和归档工作
9	安监部	(1) 负责项目安全生产、文明施工、环境保护的监督管理工作。 (2) 负责安全生产、文明施工、环境保护工作的日常检查、监督、消除隐患等管理工作。 (3) 制定员工安全培训计划，并负责组织实施，负责管理人员和进场工人安全教育工作；负责安全技术审核把关和安全交底。 (4) 负责每周的全员安全生产例会，与各分包商保持联络，定期主持召开安全工作会议。 (5) 参与项目部施工方法、施工工艺的制定，研究项目部潜伏性危险及预防方法，预计所需安全措施费用。 (6) 负责制定安全生产应急计划，保证一旦出现安全意外，能及时处理，并立即按规定逐级上报，保证项目施工生产的正常进行。 (7) 在危急情况下有权向施工人员发出停工令，直至危险状况得到改善为止。 (8) 负责安全生产日志和文明施工资料的收集和整理工作
10	财务部	(1) 具体负责项目财务和税务事务。 (2) 具体负责项目资金计划和各类财务报表的编制工作。 (3) 配合业主财务安排，确保项目资金运作安全，满足工程需要。 (4) 制定项目的资金需用计划及财务曲线，按月填报实施动态管理。 (5) 具体负责本项目保函、保险、信用证的办理和日常管理。 (6) 参与分包商和供应商的选择工作。 (7) 具体负责联合体银行业务和合法纳税业务，包括协助物资采购部的进口纳税业务。 (8) 具体负责工程款的收支工作。 (9) 负责工资奖金发放工作。 (10) 配合成本控制工作和准备竣工决算报告
11	综合办公室	(1) 负责外联公共关系协调管理工作。 (2) 负责项目行政与影像宣传管理工作。 (3) 负责项目的后勤服务工作及对所有分包商相关工作的管理。 (4) 负责项目保卫工作。 (5) 负责项目文书管理

序号	职能部门	职能部门职责
12	品质保障部	(1) 贯彻国家及地方有关工程施工规范、工艺标准、质量标准。 (2) 负责项目实施过程中工程质量的质检工作，并与政府质量监督单位的对接。 (3) 负责落实质量记录的整理存档工作，在项目副经理（质量）的领导下进行竣工资料的编制工作。 (4) 负责编制项目质量计划并负责监督实施、过程控制和日常管理。 (5) 负责项目全员质量保证体系和质量方针的培训教育工作。 (6) 负责分部分项工程工序质量检查和质量评定工作。 (7) 参与相关分包商和供应商的选择和日常管理工作。 (8) 负责质量目标的分解落实，编制质量奖惩制度并负责日常管理。 (9) 负责项目创优的策划、组织、资料准备和日常管理工作。 (10) 与技术管理部一道，共同负责项目竣工交验，负责竣工阶段交验技术资料和质量管控记录。 (11) 负责质量事故的预防和整改处理工作

13.2.4　项目总承包管理各阶段工作要求

参见表 13-8。

总承包管理各阶段工作要求　　　　　　　　　　　　　　表 13-8

项目实施阶段	工作分项	工作内容	责任岗位	备注
项目启动	组建项目部	任命项目管理人员，确认及签署项目责任书、廉洁责任书，制定项目部管理制度	项目经理	
		落实现场办公、生活场所、设备等	项目副经理（行政）	
	项目策划	组织编制项目策划书与项目实施计划书	项目经理	
		组织编制项目总进度计划	项目经理	
项目审批	报建审批	协助业主进行项目报建、审批	项目副经理（行政）	
采购管理	采购计划	编制分包招标、材料设备采购计划	项目副经理（商务）、项目经理	
		负责项目合约包的划分	项目副经理（商务）、项目经理	
	施工招标	资料收集整理和分析，编制资质要求文件、资格预审文件、招标清单、招标预算、招标文件（合同）等	项目副经理（商务）、项目分管相关专业的副经理	
		完成问题澄清，组织技术标、资信标评审	项目副经理（商务）、项目分管相关专业的副经理	
		组织签订专业分包合同	项目副经理（商务）、项目分管相关专业的副经理	

项目实施阶段	工作分项	工作内容	责任岗位	备注
采购管理	设备采购	资料收集整理和分析，编制资质要求文件、资格预审文件、招标清单、预算、招标文件	项目副经理（商务）、项目分管相关专业的副经理	
		完成问题澄清，组织技术标、资信标评审	项目副经理（商务）、项目分管相关专业的副经理	
		组织签订设备采购合同	项目副经理（商务）、项目分管相关专业的副经理	
		货款支付、设备催交	项目副经理（商务）	
		设备入厂核查（必要时）	项目副经理（商务）、项目分管相关专业的副经理	
		现场验货、交付保管	项目副经理（商务）、项目分管相关专业的副经理	
施工管理	施工准备	协助业主办理《施工许可证》	项目副经理（行政）	
		负责质量、安全监督的对接及协调	项目副经理（质量）、项目副经理（安全）	
		确认及签署材料试验检测合同	项目分管相关专业的副经理、项目副经理（商务）	
		协调施工总平布置、施工道路、施工围墙文明施工措施等	项目副经理（生产）	
		审核分包商施工组织设计	项目经理、项目总工程师、项目分管相关专业的副经理	
		组织专项施工方案的专家评审	项目经理、项目总工程师、项目分管相关专业的副经理	
		了解地下管线、市政管网的情况，并向分包商交底，制定保护措施	项目副经理（生产）	
		进行质量、技术、安全交底	项目分管相关专业的副经理、项目副经理（质量）、项目副经理（安全）	
		负责各分包进场启动会	项目经理、项目分管相关专业的副经理	
		检查施工准备、安全文明施工措施落实情况	项目分管相关专业的副经理、项目副经理（安全）	
		组织规划部门定位放线并复核	项目副经理（生产）	

续表

项目实施阶段	工作分项	工作内容		责任岗位	备注
施工管理	施工过程	协调各施工区间的施工界面、配合作业		项目副经理（生产）、项目分管相关专业的副经理	
		进度管理	跟踪监督总进度计划	项目副经理（生产）	
			审查分包施工进度计划		
			检查分包商周计划、月计划的执行情况		
			对比总体进度计划，监督分包商采取纠偏措施，并做好协调工作		
			协调总计划的调整		
		质量管理	督促和检查分包商建立质量管理体系	项目副经理（生产）、项目副经理（质量）	
			进行质量全过程检查		
			审查实际封样样品、样板，材料进场检查、检测		
			质量事故处理和验收		
			组织施工工作面移交	项目副经理（生产）、项目分管相关专业的副经理	
		费用管理	制定项目费用计划	项目副经理（商务）	
			编制工程进度款申请支付报表，并督促支付工程款		
			每月统计汇总分包商完成的工程量，按照分包合同办理工程进度款支付手续		
			项目费用变更控制		
		HSE 管理	制定项目 HSE 管理目标，建立 HSE 管理体系	项目副经理（安全）、项目经理	
			检查分包商管理体系		
			进行 HSE 专项检查		
			督促分包商进行整改		
			HSE 事故处理、检查		
		施工资料管理		项目总工程师	
		定期与业主沟通，汇报施工安全、进度、质量、费用等问题		项目经理、项目副经理（生产）	
		协调解决施工过程中出现的难以预见的其他工作或问题（专项会议）		项目副经理（生产）、项目分管相关专业的副经理	
	施工过程验收	组织分部分项验收：基础工程验收、主体结构验收		项目总工程师、项目分管相关专业副经理	

项目实施阶段	工作分项	工作内容	责任岗位	备注
项目验收移交	项目验收试运行	制定验收计划	项目总工程师、项目经理项目副经理（生产）、项目分管相关专业的副经理	
		组织专项检测（节能保温、消防、防水、防雷、环保、电力、电梯、自来水、煤气、建筑面积等）	项目副经理（行政）、项目副经理（生产）、项目分管相关专业的副经理	
		组织专项验收（消防、环保、水保、交通、市政、园林、白蚁等）	项目副经理（行政）、项目副经理（生产）、项目分管相关专业的副经理	
		组织分包商进行验收前的自检	项目分管相关专业的副经理	
		监督检查缺陷整改	项目分管相关专业的副经理	
		项目试运行	项目经理、项目副经理（生产）、项目分管相关专业的副经理	
		协助业主组织工程综合验收	项目经理	
	项目收尾移交	工程收尾	项目副经理（生产）、项目分管相关专业的副经理	
		收集分包商竣工资料，向业主提交完整的竣工验收资料及竣工验收报告	项目总工程师	
		编制工程费用结算报告	项目副经理（商务）、项目分管相关专业的副经理	
项目验收	项目收尾	建筑物实体移交	项目经理	
移交	移交	竣工资料移交	项目经理、项目总工程师、项目分管相关专业的副经理	
	保修及服务	协调分包商做好质保期内的保修与服务	项目副经理（生产）、项目分管相关专业的副经理	

13.3 总承包管理体系

根据电子洁净厂房工程特点，建立图 13-1 所示的总承包管理体系。

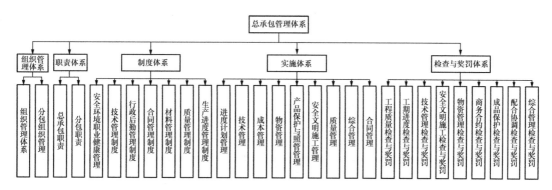

图 13-1　总承包管理体系示意图

13.3.1　组织管理体系

1. 总承包组织管理体系

参见图 13-2。

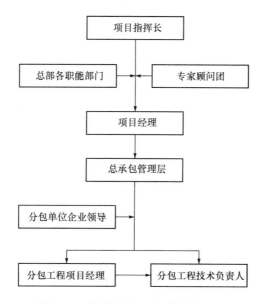

图 13-2　总承包管理组织体系流程图

2. 分包商组织管理体系

参见图 13-3。

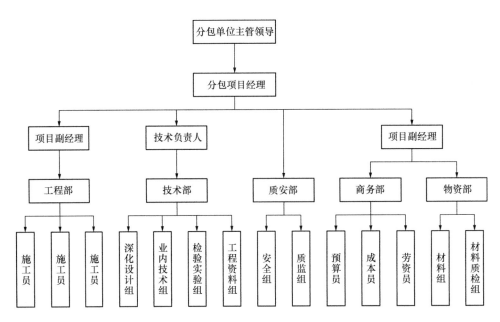

图 13-3 分包商组织管理体系流程图

13.3.2 总承包管理职责体系

1. 总承包商的职责

参见表 13-9。

总承包商的职责　　　　　　　　　　　　　　　表 13-9

序号	内容	责任及义务
1	人力资源保障	配备足够的工作经验丰富的技术人员、领导能力强的管理人员及运用熟练的技术工人
2	工地及生活区管理	进入现场参观需得到批准，进行登记、佩戴安全帽后可以进入；原则上不允许工人在现场留宿；做好施工现场安全看守工作
3	暴雨预防及排水排污	准备沙袋、水泵等必需的阻水、排水设施，保持工地没有积水，避免工地受雨水浸泡，竖向洞口做临时围挡；根据现场实际情况编制临时排污方案
4	塔吊等垂直运输管理	根据合同向分包商和独立承包商提供现有垂直运输机械和装置配合
5	分包商现场施工协调	安排有专业经验的相关人员负责协调及管理各分包商施工，组织召开工地协调会议协调工作面、工序交叉影响等事宜，监督各专业工程施工，保证分包工程的进度、质量控制情况能满足要求
6	施工场地管理	（1）各分包商进场施工前向总承包商提供其施工所需场地的面积、部位等要求，总承包商根据需求统一协调。 （2）统一规划、布置现场临时围挡、闸门、走道、栅栏等临建设施，对作业区现场文明施工情况进行管理，并接受监理工程师的监督。 （3）统一管理办公区及工人生活区内公共区域的治安、保卫、保洁等工作

续表

序号	内容	责任及义务
7	施工临时道路管理	协调各分包工程施工顺序，设备、材料进场时间，控制场内车流量，保证现场施工道路畅通。负责施工临时道路的修筑和使用期间的维修和保养
8	施工用水用电管理	(1) 合理设置临时施工给水点，供各分包商接驳使用。 (2) 合理设置二级配电箱位置及数量，必要的位置设置分配电箱。 (3) 合理布置临时消防管理及设施。 (4) 收取临时水电费用，并统一缴纳
9	垃圾清运管理	根据合同由各分包商将各自区域内的废弃物和垃圾进行整理并运送至总承包商指定地点，由总承包商统一外运
10	安全设施管理	(1) 在施工临时道路入口处设置安全警示牌、限速带等，保证场内交通安全；在靠近场地的主要施工地段设置安全警示栏杆或标志。 (2) 在"四口、五临边"位置按合同及省、市有关文件要求做好安全防护工作；分包商拆除需经过总承包商批转，并采取有效补救措施
11	轴线与标高及施工收口处理管理	为各分包商提供测量控制点、线，以便分包商施工定位使用；各分包商施工完毕后，由总承包商负责最后统一收口及清洁清理
12	项目保护和清洁管理	对成品工程进行保护，对造成的损坏进行修复
13	归档备案资料管理	对工程相关技术资料进行统一归档备案管理

2. 分包商的职责

参见表13-10。

分包商的职责　　　　　　　　　　　　　　　表 13-10

序号	内容	责任及义务
1	接受总承包商的管理	满足业主与总承包商所签订的主合同要求，在工期、质量、安全、现场文明施工等方面接受总承包商的管理和协调。独立承包商在安全、现场文明施工等方面配合总承包商的监督管理
2	进入现场施工需提供的必要资料文件	(1) 提供中标通知书。 (2) 提供企业营业执照及资质等级证书复印件。 (3) 提供施工组织设计，内容包括： 1) 专项工程简介。 2) 分包工程施工进度计划。 3) 主要技术措施方案。 4) 劳动力进场计划。 5) 材料设备进场计划。 6) 质量保证措施。 7) 安全保证措施

序号	内容	责任及义务
3	质量管理	(1) 对分包工程作业人员进行工艺技术交底，做好交底记录。 (2) 实施有关质量检验的规定，并做好质量检验记录。 (3) 对工序间的交接实行各方签字认可的制度交接程序。 (4) 提供原材料、半成品、成品的产品合格证及质保书。 (5) 对不合格品处理的记录及纠正和预防措施。 (6) 加强成品、半成品保护。 (7) 组织分包工程的验收交付。 (8) 进行分包工程的回访保修。 (9) 发生质量事故及时报告，进行事故分析调查及善后处理
4	进度管理	(1) 根据工程施工总进度计划编制各分包商施工进度计划，包括： 1) 根据施工总体部署，明确施工分区、施工顺序、流水方式，明确施工方法和施工队伍的管理架构。 2) 编制科学可行的项目施工进度计划。 3) 编制资源保障计划，包括物料供应计划、机械设备进场计划、劳务计划等。 4) 编制深化设计计划、施工方案报审计划等。 (2) 执行周、月报制度： 1) 以周、月为单位，向总承包商报告专业工程实施情况。 2) 提交周、月施工进度计划。 3) 提交各种资源及配合进度实施的保障计划。 (3) 顾全大局，主动做好协调工作： 1) 参加工地协调会议，配合总承包商进行工作协调。 2) 根据总承包商的工作安排调整自身工作安排。 3) 及时对重大延误隐患向总承包商报告，并制定应对措施，取得总承包商的认可和支持。 4) 向总承包商提出工程协调建议
5	安全生产、消防及现场标准化管理	(1) 遵守各种安全生产规程与规定： 1) 遵守国家、地方、合同及总承包商提出的安全生产管理规定。 2) 结合工程实际情况，识别和评价危险源，制定管理方案并做好落实。 3) 接受总承包商的安全交底。 4) 建立健全安全管理台账，强化安全资料管理工作。 5) 开展安全教育，做好分部（分项）工程安全技术交底。 6) 特殊工种持证上岗，复印件汇总后报总承包商检查备案。 7) 保护现场各项安全、消防设施，如脚手架、临边护栏及消防器材等，不擅自拆除、移动或增加施工荷载。 8) 接受总承包商的安全监督，参与工地各项安全、消防检查工作，落实有关整改事项。 9) 发生安全事故时，及时向总承包商报告，进行事故分析调查及善后处理。 (2) 做好消防与治安管理工作： 1) 开展消防与治安的教育工作。 2) 配合总承包商做好消防与治安管理工作。 (3) 做好现场标准化管理工作： 1) 进场施工前根据与总承包商协商的场地位置、面积等情况，设计施工场地平面布置图，经总承包商审核同意后执行，实施"定置"管理。 2) 根据总承包商要求做好场容场貌管理，对废弃物与垃圾应按要求整理并转运至指定位置。 3) 维持工地卫生、文明，同时加强对员工、工人宿舍的消防安全检查

续表

序号	内容	责任及义务
6	进场材料管理	（1）指定专人负责进场材料管理，服从总承包商关于材料管理方面的要求。 （2）提供材料进场总计划及月度材料进场计划。 （3）进场材料的流转程序：各种材料进场前提前申请，经总承包批复后组织材料进场、验收、存放等
7	劳动力管理	（1）约束施工人员遵守政府部门发布的相关法律法规、业主和总包的各项规章制度，确保现场施工安全、文明、有序进行。 （2）将进入现场的施工人员姓名、照片、身份证复印件，特殊工种的相应操作证件、上岗证等汇总后向总承包商报备

13.3.3　总承包管理制度体系

具体参见图 13-4。

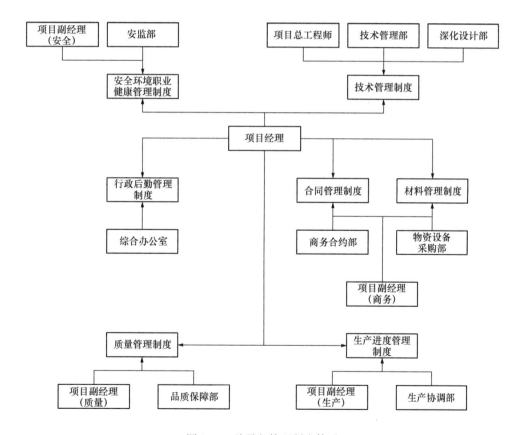

图 13-4　总承包管理制度体系

根据同类工程施工经验，相关管理制度如表 13-11 所示。

总承包管理制度 表 13-11

序号	制度类别	制度名称	
1	安全环境职业健康管理制度	(1) 安全生产责任制度	(2) 安全教育制度
		(3) 安全检查制度	(4) 安全巡视制度
		(5) 安全交底制度	(6) 安全生产例会制度
		(7) 安全生产值班制度	(8) 特种作业持证上岗制度
		(9) 安全生产班前讲话制度	(10) 安全生产活动制度
		(11) 安全奖罚制度	(12) 安全专项方案审批制度
		(13) 安全设施验收制度	(14) 安全设施管理制度
		(15) 临时照明系统管理制度	(16) 施工现场安全应急救援制度
		(17) 动火审批管理制度	(18) 安全标牌管理制度
		(19) 安全生产费用管理制度	(20) 安全专项资料管理制度
		(21) 施工现场消防及演练制度	(22) 安全整改制度
		(23) 安全物资采购验收制度	(24) 施工现场污水排放制度
		(25) 建筑垃圾分类堆放处理制度	(26) 施工现场卫生间管理制度
		(27) 安全事故报告制度	(28) 安全事故调查处理制度
2	技术管理制度	(1) 图纸会审制度	(2) 施工组织设计编制审批制度
		(3) 技术标准和规范使用制度	(4) 图纸管理制度
		(5) 技术交底制度	(6) 档案资料收集管理制度
		(7) 技术变更管理制度	(8) 技术资料保密管理制度
		(9) 材料报审制度	(10) 信息化施工管理制度
3	材料管理制度	(1) 早期强度检测及材料检验制度	(2) 材料进场验收制度
		(3) 材料见证取样制度	(4) 材料储存保管制度
		(5) 材料试件养护保管制度	(6) 不合格材料处置制度
		(7) 材料紧急放行制度	(8) 材料招标采购制度
4	合同管理制度	(1) 合同签订管理制度	(2) 合同保管发放制度
		(3) 合同变更管理制度	(4) 合同信息平台评审制度
		(5) 施工签证管理制度	(6) 合同执行检查制度
5	质量管理制度	(1) 隐蔽工程验收制度	(2) 工程质量创优制度
		(3) 质量监督检查制度	(4) 样板引路制度
		(5) 质量会议、会诊及讲评制度	(6) 质量检测仪器管理制度
		(7) 重大原材、设备质量跟踪制度	(8) 质量回访保修制度
		(9) 工程成品、半成品保护制度	(10) 质量检测、标识制度
		(11) 质量奖罚制度	(12) 技术质量交底制度
		(13) 三检制度	(14) 质量预控制度
		(15) 质量检查试验及送检制度	(16) 质量竣工验收制度
		(17) 关键工序质量控制策划制度	(18) 质量事故报告制度
		(19) 质量报表制度	(20) 质量验收程序和组织制度
		(21) 质量整改制度	(22) 质量教育培训制度
6	行政后勤管理制度	(1) 宿舍管理制度	(2) 食堂管理制度
		(3) 生活区卫生管理制度	(4) 卫生防疫制度
		(5) 生活垃圾存放处理制度	(6) 工人工资发放监管制度
		(7) 门禁管理制度	(8) 居民投诉处理制度

续表

序号	制度类别	制度名称	
6	行政后勤管理制度	(9) 生活污水处理、排放制度	(10) 行政文件处理制度
		(11) 车辆出入管理制度	(12) 宣传报道制度
		(13) 工人退场管理制度	(14) 参观接待制度
		(15) 治安管理制度	(16) 视频监控管理制度
7	生产管理制度	(1) 生产例会制度	(2) 临时堆场和仓库管理制度
		(3) 进度计划编制和报审制度	(4) 夜间施工管理制度
		(5) 进度计划检查与奖罚制度	(6) 垂直运输机械协调管理制度
		(7) 施工总平面管理制度	(8) 施工用水用电申请制度
		(9) 塔吊使用申报审批制度	(10) 工作面移交管理制度

13.3.4　总承包管理实施体系

可参见图 13-5～图 13-13。

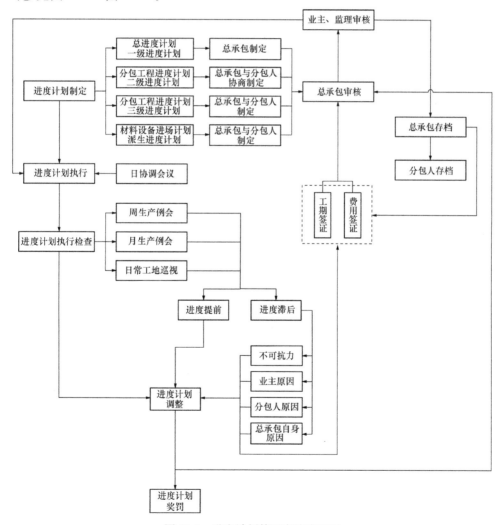

图 13-5　进度计划管理实施流程图

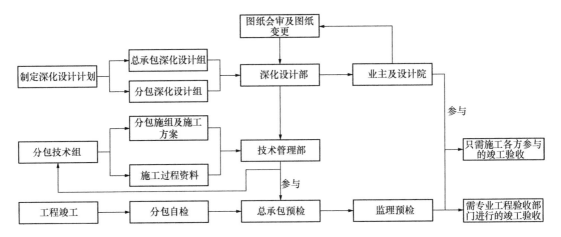

图 13-6　技术管理实施流程图

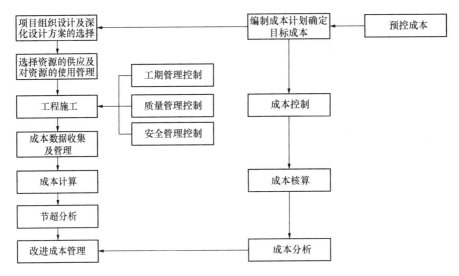

图 13-7　成本管理实施流程图

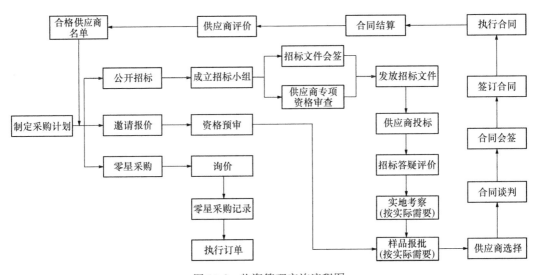

图 13-8　物资管理实施流程图

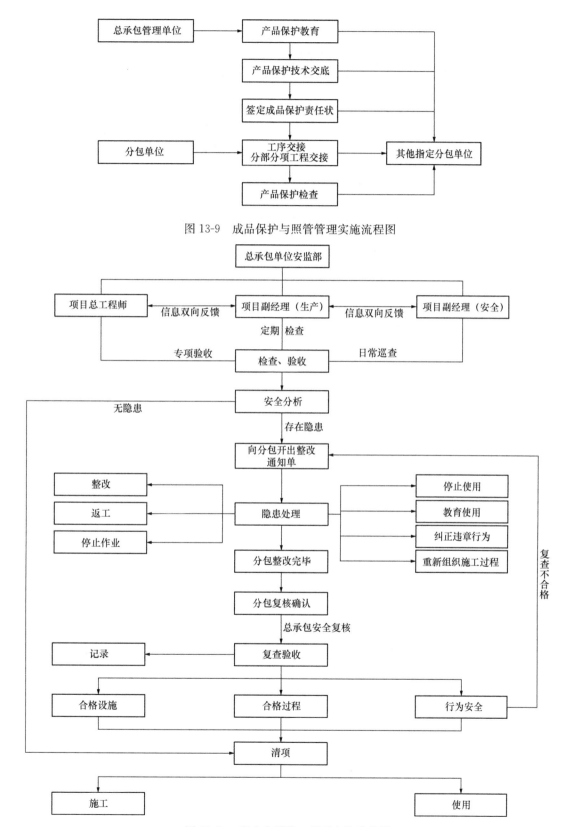

图 13-9　成品保护与照管管理实施流程图

图 13-10　安全文明施工管理实施流程图

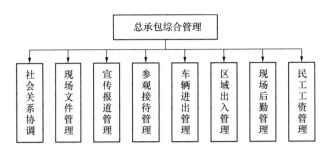

图 13-11 综合管理实施流程图

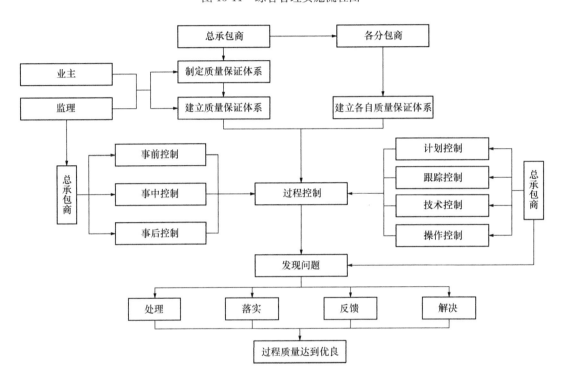

图 13-12 质量管理实施流程图

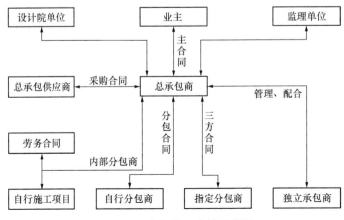

图 13-13 合同管理实施流程图

分包合同及材料买卖合同管理要点参见表 13-12。

分包合同及材料买卖合同管理要点　　　　　　　　　　　表 13-12

分包合同管理	（1）总承包自行分包部分由总承包负责主导有关招标工作。 （2）独立分包工程由业主、总承包商及分包商签订三方合同，总承包商负责对分包商进行协调与管理
材料买卖合同管理	总承包商与中标的材料供应商根据材料采购招标文件、合同条件的要求，与材料供应商签订具体材料买卖合同

13.3.5　检查与奖罚体系

1. 检查

在现场施工过程中，总承包商定期组织人员对现场进行关于工程质量、工期进度、技术管理、安全生产、文明施工、物资管理、商务合约、成品保护、配合协调、综合管理等方面的检查（表 13-13），及时发现问题，及时解决。对于问题严重的情况，经监理及业主核实后，对分包商或独立分包商发出停工令。

总承包管理检查体系　　　　　　　　　　　表 13-13

检查项目	检查内容	检查方法
工程质量	质量策划、质量目标分级表、与各分包商的质量管理协议、质量过程控制、施工及质量验收资料、检查整改反馈、实测实量等	检查审核有关技术和质量文件及报告；现场检查
工期进度	各分包商进度计划及执行情况、定期的施工情况报表、进度协调会议及进度保障措施落实情况	对进度计划与实施进度比较
技术管理	各分包商技术策划及执行情况、文件清单、记录清单、技术标准更新情况、施工组织设计和分部分项施工方案的编制交底及实施情况、图纸会审、设计变更、洽商记录、深化设计、BIM 运用、资料收集整理归档、科技目标分解及实施情况、科技成果总结情况	主要检查资料，其次检查现场执行情况是否与资料相符
安全生产及文明施工	各分包安全管理组织体系、花名册、证件、培训教育情况、重大安全危险源检查情况（脚手架、模板支架、安全防护、临电、设备管理、平面布置、环境、消防管理）	检查安全管理资料、日常巡查记录，现场检查
物资管理	各分包材料设备资源采购计划、进场检验及进出工地记录	对物资采购与现场管理情况进行检查，检查资料完整性
商务合约	各分包商合同范围内工作的执行情况	对照合同条款，结合现场实际，对合同重点关注点进行检查
成品保护	各分包成品保护措施执行情况	主要检查现场
配合协调	总承包及各分包工程资源计划及组织、场地及交叉作业协调、大型机械设备使用、各分包工序穿插协调、工作面移交、问题协调解决的及时性	检查资源的计划性，资料齐全、完整，例会反映的问题及时协调
综合管理	工作计划贯彻执行、制度管理、职责分工、办公设备管理、车辆管理、会议管理、员工管理、文件管理、检查整改反馈、信息化建设管理、公共关系管理、后勤保卫管理、工资发放监督管理	主要检查资料

2. 奖罚

在现场施工过程中，总承包商根据与分包商签订的分包合同，制定针对工程质量、工期进度、技术管理、安全生产文明施工、物资管理、商务合约、成品保护、配合协调、综合管理等方面的奖罚实施细则，形成一整套完整的检查与奖罚体系。对于工程实施过程中按照要求组织实施的分包进行奖励，对于不能按照要求组织实施的分包进行处罚，通过奖罚制度激励鞭策各分包商高质高效完成施工任务。

定期对工程各方面的管理按上述检查内容进行检查，制定相应的考核评分细则，将排名情况公示，并告知各分包商公司领导层。对排名靠前的分包商给予奖励，相关负责人进行通报表扬；对于排名靠后的分包商给予处罚，相关负责人进行通报批评。

13.4 总承包的配合与协调管理

13.4.1 各专业交叉施工工作面的协调与管理

参见表 13-14。

各专业交叉施工工作面的协调与管理　　　　表 13-14

序号	协调管理项	协调管理内容
1	交叉作业面管理的基本原则	（1）保证施工作业面的施工安全。 （2）保证各交叉施工方能够正常施工。 （3）保证各交叉施工方施工作业有序流水施工。 （4）做好各专业之间成品保护协调工作
2	重点交叉作业面的管理	（1）加强对交叉作业的安全管理，明确权责，消除安全隐患。安排专人对交叉作业施工工作面进行巡视，对于存在安全隐患的情况及时提出整改意见并督促相关方及时整改。 （2）交叉作业前施工各方编制《交叉作业安全施工方案》，并报送审核。 （3）施工作业前对施工人员进行技术交底，并检查完善现场安全设施。 （4）交叉作业施工前各分包单位提前沟通，明确各自施工内容及范围，减少施工过程中的矛盾。 （5）对施工现场各交叉施工方的顺序进行协调，保证施工作业有序进行。 （6）向各交叉施工方提供必要的配合措施

13.4.2 与业主、设计、顾问及监理公司等协调配合

1. 与业主关系的协调

参见表 13-15。

与业主关系的协调　　　　　　　　　　　　　　　　　　　　表 13-15

序号	协调措施
1	根据总体进度计划安排，对分包商的考察时间、进退场时间等作出部署，制定各分包工程的招标及进场计划
2	根据施工进度需要，编制图纸需求计划，提前与业主、监理、设计进行沟通；指导和协助幕墙、弱电、精装修等专业分包进行专业图纸深化设计，防止因图纸问题耽误施工
3	对业主提供的材料设备提前编制进场计划
4	结合经验向业主提出各专业配合的合理化建议，满足业主提出的各种合理要求
5	做好图纸会审、洽商管理，优化设计、施工方案，从而降低造价、控制投资
6	根据合同为业主提供其他配合服务

2. 与监理关系的协调

参见表 13-16。

与监理关系的协调　　　　　　　　　　　　　　　　　　　　表 13-16

序号	协调措施
1	学习监理管理要求，服从监理单位的监理
2	与监理配合执行"三让"原则，即总承包商与监理方案不一致，但效果相同时，总承包意见让位于监理；总承包商与监理要求不一致，但监理要求有利于使用功能时，总承包意见让位于监理；总承包商与监理要求不一致，但监理要求高于标准或规范时，总承包意见让位于监理
3	向监理提供所要求的各种方案、计划、报表等
4	在施工过程中，按照经业主和监理批准的施工方案、施工组织设计等进行质量管理。各分部分项工程经总承包商检查合格的基础上，请监理检查验收，并按照要求予以整改
5	各分包商均按照总承包商要求建立质量管理、检查验收等体系流程，总承包商对自身分包商工程质量负责，分包商工作的失职、失误均视为总承包商的工作失误，杜绝现场施工分包商不服从监理工作的现象发生，使监理的指令得到全面执行
6	向监理提交现场使用的成品、半成品、设备、材料、器具等产品合格证或质量证明书，配合监理见证取样，对使用前需进行复试的材料主动递交检测报告
7	分部、分项工程质量的检验，严格执行"上道工序不合格，下道工序不施工"的准则，对可能出现的工作意见不一致的情况，遵循"先执行监理的指导，后予以磋商统一"的原则，维护监理的权威性
8	建立积极的沟通渠道，如会议制度、报表制度等，交换工程信息，解决存在的问题
9	与监理意见不能达成一致时，与业主三方协商，本着对工程有利的原则妥善处理
10	按合同为监理提供其他配合服务

3. 与设计、 顾问关系的协调

参见表 13-17。

与设计、顾问关系的协调   表 13-17

序号	协调措施
1	管理专项工程深化设计工作
2	参与不同专业间的综合图纸会审,指出各专业图纸的接口、协调等问题,组织编制组合管线平衡图,向业主提出合理化建议
3	参加各专业工程的图纸会审,提出相关建议
4	及时掌握每个专业工程的变更情况,从施工角度评价其影响,及时提出相关建议
5	严格按照设计图纸施工,施工中的任何变更都要经过设计同意
6	根据合同为现场设计代表提供其他配合

13.4.3 总承包商对幕墙单位的配合服务措施

参见表 13-18。

总承包商对幕墙单位的配合服务措施   表 13-18

配合工作名称		总承包配合服务措施
施工前期准备配合	配合幕墙深化设计工作	设置幕墙管理团队,管理幕墙深化设计进度及质量,协调幕墙工程与其他专业工程的设计界面、设计提资等
	幕墙材料堆场和加工场准备	幕墙工程的材料堆场和加工场需求面积较大,在幕墙施工插入前,合理布置现场总平面,为幕墙施工提供材料堆场和加工场
	工作面移交	按照计划要求及现场实际进度情况分段移交工作面给幕墙分包商
施工过程中的配合	质量控制技术指导	设置幕墙施工经验丰富的工程技术人员对幕墙施工进行全过程的总承包管理职责范围内的质量控制,对幕墙施工过程中可能出现的质量问题进行技术指导
	测量配合服务	幕墙开始安装前,为幕墙分包商提供各楼层标高线和轴线
	垂直运输	垂直运输工具以满足主体结构施工为前提,同时合理地对各分包商的运输需求进行配合
	安全设施的拆除	配合幕墙施工,对妨碍幕墙安装的安全设施进行临时拆除并及时恢复
竣工验收阶段配合	配合预验收	幕墙施工完毕后组织工程人员进行幕墙工程质量、工程资料预验收,完毕后及时上报业主单位,协调业主单位及时组织专项工程验收
	竣工资料	设置专人负责指导幕墙工程资料的编写、整理,统一组织幕墙工程施工资料收集、组卷和移交

13.4.4 总承包商对机电单位的配合服务措施

参见表 13-19。

总承包商对机电单位的配合服务措施　　　　　　　　　　表 13-19

配合工作名称		总承包配合服务措施
施工准备期间的配合	业主目标的细化	在整个工程施工准备期间，指派专业机电工程施工管理人员与业主沟通，对各个系统的功能目标进行具体化安排，确保各个功能目标切实可行
	深化设计	统筹机电深化设计，将机电管线综合图纸与其他专业深化设计相结合
	基准点	为机电单位提供定位和标高基准点，在现场墙柱结构标记施工控制线
	工作面移交计划	依据土建、机电和装饰装修工程的进度安排，组织各系统分包商制定详细的工作面移交计划表，以便于各系统分包商进行施工准备和组织
施工过程的配合	工作面动态协调	施工界面管理的中心内容是弱电系统工程施工、机电设备安装工程和装修工程施工在其工程施工内容界面上的划分和协调；通过组织各子系统工程负责人开调度会的方式进行管理，建立文件报告制度，一切以书面方式进行记录、修改、协调等
	施工过程管理	负责协调管道洞口预留封堵与管道安装施工工艺，协调排水系统与装修、土建、机电工艺设计关系，负责机房临时门制作及安装
	联合调试	协调土建、钢结构分包商配合机电分包商进行各子系统的联合调试，对联合调试中出现的问题，组织设计、系统集成、弱电等专家研讨解决
验收交付阶段的配合	配合验收	及时指派工程质量验收人员，参与各机电系统的验收
	资料的收集	依据资料验收要求，提供弱电工程资料专项目录，包括各弱电子系统的施工图纸、设计说明、技术标准、产品说明书、各子系统的调试大纲、验收规范、机电集成系统的功能要求及验收的标准等，配合各系统施工单位建立技术文件收发、复制、修改、审批归案、保管、借用和保密等一系列的规章制度，以确保工程资料最终能满足存档要求
	使用培训	组织业主单位、后勤管理人员，对各个系统的运行、使用和维护作专题培训，确保各个系统功能能得到有效地使用，发挥其管理效益

13.4.5　总承包商对电梯安装单位的配合服务措施

参见表 13-20。

总承包商对电梯安装单位的配合服务措施　　　　　　　　表 13-20

配合工作名称		总承包配合服务措施
施工准备期间的配合	技术复核	核对业主提供的施工图和电梯厂家安装图，对其中的井道、井坑和预留孔洞的位置、标高和尺寸等复核，确保问题在电梯井施工前解决
	进度安排	根据工程总进度计划提出电梯进场计划
结构施工期间预留预埋	结构施工时预留预埋电梯的孔洞等	电梯井道施工时采用全站仪精确测量法控制电梯井道尺寸和垂直度
		机房预留孔洞及电梯外呼键洞、厅门洞、安全门洞、机房顶吊钩等按图预留
		在机房楼板预留洞口供吊装机房设备使用，吊装完毕后封闭
		为各层电梯门做临时安全封闭
		结构施工完毕后测出所有电梯井全高的垂直度、电梯井道实际的准确尺寸、所有预留洞口位置和尺寸等数据，为电梯安装提供依据

配合工作名称		总承包配合服务措施
电梯安装期间配合	厅门标高控制	电梯安装前，组织装饰施工单位按照电梯厅完成面的位置在各电梯厅门口处设置水平线，作为安装厅门地坎的基准，配合电梯的安装
	多厅门的平面度控制	对同一墙面有多个电梯门的电梯厅，组织装饰施工单位按电梯井全高铅垂线和墙面装饰层的厚度在电梯门相应的墙面找出完成面标志，使各电梯的厅门和门套在同一平面上
	厅门位置控制	组织装饰施工单位根据电梯井全高的实际垂直度情况确定一个最合理的电梯中心线，以此确定电梯门中心线，并提供给电梯安装单位
	安全保障配合	在电梯安装前，全面清理电梯井道内杂物；对工人安全教育，设置明显安全警示标志；全面检查电梯门及机房内预留洞的安全防护措施并书面移交给电梯安装单位使用；当电梯安装作业时，电梯井道内有足够的照明
	提供电梯施工电源	提供专线作为电梯安装所需的施工电源
	提供电梯正式运行电源	加强对供电工程的进度控制，保证在电梯安装结束之前，提供正式电源
	配合制作支墩	机房中的主机安装完后，配合制作支墩，并将承重梁两端封闭
	电梯底坑的防水处理	在井道脚手架拆除后，对底坑做防水处理
	电梯地坎、门套、门梁与结构之间缝隙处理	各层厅门安装完毕后，督促装饰施工单位将电梯地坎、门套、门梁与结构之间的缝隙封堵
	成品保护	对完工的电梯部位做成品保护，如厅门、门套、轿厢、外呼键等
电梯安装期间配合	其他	防止明水进入电梯坑道内出现设备浸泡现象
		电梯机房及时进行装修施工和门窗洞口封闭
		电梯井道内的接地敷设到位，将接地电阻测试记录对电梯单位交底

13.4.6 总承包商对精装修单位的配合服务措施

参见表13-21。

总承包商对精装修单位的配合服务措施　　　　　　　　　　表 13-21

工作名称		服务措施
施工前期准备	组织精装修深化设计	配备专门的装饰设计师，审查、确定各种装饰面板材的排版、灯具定位、安装，工程末端（空调出风口、消防喷头等）位置等
	工作面移交配合	根据施工段的划分，分段移交工作面给精装修工程
	装饰施工方案制定	针对精装修工程组织编制装饰施工方案并对其审核，经业主、监理同意后开始实施

续表

工作名称		服务措施
施工过程中	样板确认	精装修单位进场后立即组织进行装饰样板施工，提前确定施工样板所有精装修材料及颜色
	现场交底	进行现场隐蔽交底，防止精装修施工对已完工隐蔽工程破坏
	工程质量监督检查	选派精装修经验丰富的工程质量人员，对精装修质量监督
	标高控制	控制地面装饰厚度，确保精装房间与普通房间地面标高一致
	技术复核	施工前对结构进行技术复核，保证装饰施工顺利进行，为装饰工程质量的保证奠定基础
	施工穿插	组织工序穿插施工，保证工作面忙而不乱
	成品保护	在已装修好的楼层实行出入管理制度、专人看管制度
竣工验收阶段	配合预验收	施工完毕，及时组织工程人员进行精装修工程质量、工程资料预验收，完毕后及时上报业主，配合组织消防专项验收和工程竣工验收，以及精装修工程的交付
	竣工资料	设置专人负责指导精装修工程资料的编写、整理，统一组织精装修工程施工资料收集、组卷和移交

13.4.7　总承包商对燃气、空调、电气等分包商的专项配合服务措施

参见表 13-22。

总承包商对其他分包商的配合服务措施　　　　　　表 13-22

序号	配合服务单位	总承包配合服务措施
1	燃气系统单位	与燃气公司协调双方的交接驳口，按指定图纸施工，并按工地情况议定准确的位置及双方的工作界面
2	空调暖通分包商	按合同提供相关供水系统；与空调暖通分包商协调工作内容，并就双方的交接驳口议定准确的位置及双方的工作界面
3	电气及弱电分包商	提供所有设备的耗电量、用电点位置等数据以配合电源供应
		与电气、弱电分包商协调工作内容，并就双方的交接驳口议定准确的位置及双方的工作界面
4	消防分包商	按合同提供相关供水系统，并确保有关系统达到当地政府部门的验收要求。与消防分包商协调工作内容，并就双方的交接驳口议定准确的位置及双方的工作界面
5	景观及园林分包商	协调景观及园林分包商所需要提供的给水排水配置及装置
		与景观及园林分包商协调议定确定的安装位置及工作界面
		供应临时用水以灌溉植物，直至业主接收园林绿化工程
6	铝门窗供应及安装分包商	按照图纸提供安装工作面
		监督分包商提供及保养吊升机械或垂直运输设备以完成铝门窗安装工程，并随后拆卸移离现场
		供应临时用水以进行铝门窗的闭水测试及清洗
		采用图纸指示材料回填铝框与墙体之间的空隙

续表

序号	配合服务单位	总承包配合服务措施
7	防火卷帘分包商	与防火卷帘分包单位协调双方的交接驳口，按指定图纸施工，并按工地情况议定准确的位置及双方的工作界面
8	其他分包商	提交深化设计图及施工方案等给业主及监理审批，经批准后实施
		检查工程安装的设备、材料品牌、型号、规格等与设计相符
		协调有关机电系统的调试及运行工作
		协调等电位接地系统的安装

13.4.8 与政府管理部门及相关单位的配合

参见表 13-23。

与政府管理部门及相关单位的配合表 13-23

序号	政府主管部门及其他机构	协调内容
1	建委	优良样板工程的检查、评比
2	质量监督站	(1) 建设工程质量报监。 (2) 日常、分部分项节点部位、单位工程施工的监督工作的对接，以及工程竣工验收过程监督工作的对接。 (3) 工程创优检查、指导与推荐。 (4) 工程施工过程中质量管理突发事件的协调处理。 (5) 建设工程安全报监。 (6) 建设工程日常安全监督检查接待，节点部位安全监督检查，工程竣工安全评估。 (7) 文明样板工地检查、评选。 (8) 工程施工过程中安全突发事件的协调处理
3	城市建设档案馆	(1) 施工过程中档案的资料收集整理的指导和检查。 (2) 工程竣工时建设工程竣工档案资料的预验收。 (3) 工程竣工验收后建设工程档案的移交
4	规划局	开工时规划验线、施工过程中规划验收、竣工规划验收，核发《建设工程规划验收合格证》
5	消防大队	(1) 消防报监、施工过程中消防检查、系统验收。 (2) 竣工后进行消防验收，签发《建设工程消防验收意见书》
6	建筑业协会	优良样板工程、建设项目结构优良样板工程、安全生产、文明施工样板工地的检查、评比
7	质量技术监督局	大型机械设备和计量器具的鉴定工作
8	安全生产监督管理局	(1) 施工现场日常安全检查和专项检查，安全突发事件的处理。 (2) 工程安全生产条件和有关设备的检测检验、安全评估和咨询

序号	政府主管部门及 其他机构	协调内容
9	城市管理 综合执法纠察大队	(1) 施工现场周边环境卫生、综合治理的组织协调。 (2) 建筑施工渣土申报和运输的检查、协调
10	公安交通管理局	施工现场日常交通路线的协调，大体积混凝土浇筑过程中的交通协调，大型构件、设备运输协调
11	公安局	(1) 施工现场综合治理检查、突发事件处理。 (2) 施工现场工人办理暂住证等其他相关证件
12	环境保护局	开工污水排放的申请、施工过程中渣土外运审批、淤泥渣土排放证核发；日常市容环境的检查

13.5　总承包进度管理

13.5.1　概述

为有效、严格地控制项目总体进度，保证项目各项工作按时、有序、顺利地进行，协助业主在费用和时间方面对项目的进展情况做准确有效地控制，项目副经理（生产）制订本项目进度管理体系，按照里程碑计划，确定最优进度控制节点目标，编制合理的总进度计划，并通过对该计划的执行实施、过程检查和纠偏，实现总工期目标。

总进度计划是项目部实施的纲领性文件。项目分管相关专业的副经理应依据此计划配合协助项目副经理（生产）执行实施，保证总进度计划的有效推进。总进度计划作为分包商施工计划的依据，目标一旦确定，无特殊原因或不可抗力影响不允许变更。分包商必须严格按照施工计划安排人力、材料及机械，在总进度计划规定的日期内完成相应施工进度计划。施工进度计划是业主及总承包商对分包商进度管理的依据之一，分包商必须派有资格的全职进度管理人员配合完成进度管理工作。分包商的进度管理人员对其提交的现场施工进度报告的准确性负责，并具备提早发现工程实施过程中拖延进度的问题，及时向总承包商项目副经理（生产）反映。

13.5.2　目标控制

充分协调业主、设计单位、监理单位、分包商、供应商及相关政府部门，确保工程按总进度计划完成进度履约目标。根据合同约定的各项里程碑节点，制定详细的执行计划，并协助业主对独立分包进行管理。对工程中的各项施工计划执行情况进行监控，当工程进度与既定总进度控制计划发生偏差时，及时向相关方提出预警，并与之联合制定对策，实施纠偏。

13.5.3　分包商施工进度计划的编制与审查

参见图 13-14。

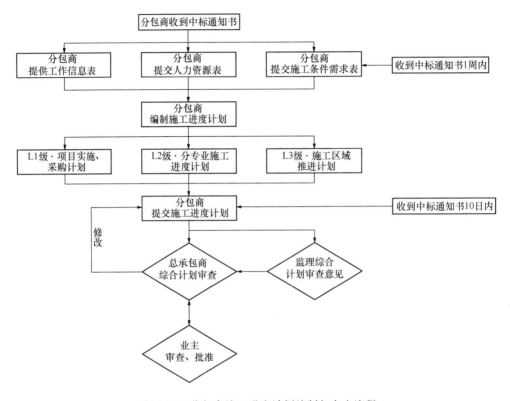

图 13-14　分包商施工进度计划编制与审查流程

13.5.4　施工进度计划的变更、优化

如确因不可抗力等原因导致工期拖延，需要变更原定施工计划，分包商必须以书面形式提出申请并经总承包商项目副经理（生产）审核，经由业主批准方可变更；根据工程施工情况，在施工进度计划实行过程中，对影响总工期的部分工序，采取合理措施，实施优化。尚未开始施工的各分包的分项工程，工期不允许变更。已经开始施工的，如果发生计划变更，且影响到施工主控计划的工期，则承包商应至少在原计划完成节点前两周提出变更申请。

13.5.5　施工进度计划的跟踪与检查

参见图 13-15。

分包商严格按照目标计划进行施工，并对照目标计划检查每天的进度、机械及人力的配置、节点工期完成情况报表，交总承包商项目副经理（生产）检查审定。分包商应按期及时提交周报、月报及相关的各类资料，交总承包商项目副经理（生产）根据现场实际情况对上

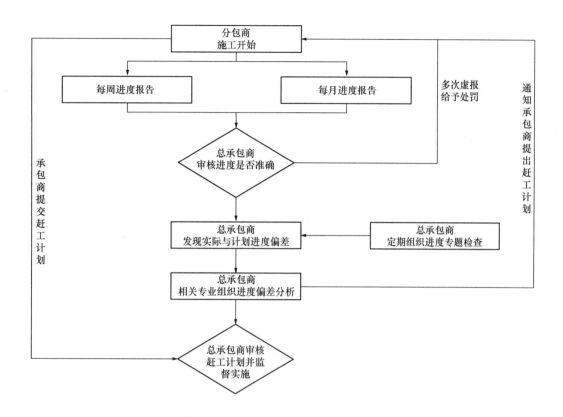

图 13-15　施工进度计划跟踪与检查流程

报的资料进行审核，确保资料真实、准确。总承包商项目副经理（生产）应采取定期及不定期的检查方式，检查以下内容：

1）检查期内实际完成和累计完成工程量。

2）实际参加施工的人力、机械数量及生产效率。

3）窝工人数、窝工机械台班数及其原因分析。

4）进度偏差情况。

5）进度管理情况。

6）影响进度的特殊原因及分析。

根据各分包商进度计划情况，协调各分包商间工作面的移交，要求交接双方在现场签字确认。如发生施工进度计划延误，应根据延误的情况通知不同层级的管理责任主体，根据合约采取不同的处罚措施。

13.6　总承包公共资源管理

13.6.1　平面及场地协调管理

参见表 13-24。

平面及场地协调管理 表 13-24

序号	协调项目		协调内容
1	临建平面布置协调	施工作业区	各分包商和独立承包商进场施工前，应向总承包商提供其施工条件所需场地的面积、部位等要求，以便于总承包商合理安排施工作业区场地。对于作业区内临建设施，总承包商将统一规划、统一布置，对作业区现场容貌进行管理，不得私自乱搭临建。总承包商负责施工作业区文明施工、安全生产管理，并自觉接受监理工程师的监督
2		办公区、工人生活区	各分包商和独立承包商则需要向总承包商提供各阶段施工人数，以便总承包商合理布置临建设施，统一安排办公及生活区域，项目部内公共区域的防盗保安、门卫、日常保洁、卫生清洁等工作亦统一由总承包商管理
3	各施工阶段平面协调管理		施工总平面的规划和管理是工程现场管理中的一个重要组成部分，需根据电子洁净厂房施工进度，分阶段合理布置施工总平面图，做好各施工阶段平面协调管理工作

13.6.2 施工临时用水、临时用电协调管理

参见表 13-25。

施工临时用水、临时用电协调管理 表 13-25

序号	协调项目	协调内容
1	临时用水的协调管理	（1）总承包商按业主提供的可用水量和施工组织总设计、总平面布置要求，在现场布置施工用水总管线（平面、立面）和生活用水总管线，并报监理工程师和业主批准。施工用水和生活用水分开布置；主管道要有明显的保护标志，以防意外损坏。 （2）总承包商对工地用水设置总、分表实行统一管理。 （3）各分包商和独立承包商用水必须向总承包商提出申请，按总承包商指定的位置接驳，并负责各自的用水计量。 （4）总承包商对总用水管线进行日常维护管理，保证正常、连续、足量供应，保证正常施工。 （5）总承包商做好各分包商和独立承包商用水计量管理、水费管理，各分包商和独立承包商现场使用的施工、生活用水费由各分包商和独立承包商负责。 （6）总承包商在施工区域设置数量足够的临时蓄水池以保证施工及消防需求；每层设置一个施工给水排水点，其他区域提供给水排水点至专业承包商工作面 30m 内。 （7）现场排水系统畅通是保证现场文明施工的重要工作，总承包商对整个现场排水系统做出统一规划并进行管理，现场设置沉淀池、隔油池、化粪池，污水经沉淀后，排入市政污水管网。定期对各分包商和独立承包商施工区域和生活的排水（污）进行检查，保证排水（污）系统畅通，保护环境，防止造成污染
2	临时用电的协调管理	（1）总承包商负责施工用电管理，在建筑物内每层设置一个二级配电箱，必要的位置设置分配电箱，同时提供二级配电箱到任何分包工作面 30m 内，以提供分包商和独立承包商施工用电接驳，分包商和独立承包商负责用电管理配合工作。 （2）提供现场临时照明系统，根据不同施工阶段对临时用电和照明系统进行调整。 （3）各分包商和独立承包商向总承包商提出用电申请，并按总承包商指定位置接驳，负责各自的用电计量；不得随意乱拉乱接。 （4）总承包商对施工用电线路进行安保、检查、日常维修管理工作，保证现场正常用电。 （5）总承包商对各分包商和独立承包商的用电进行计量管理、电费管理，分包商和独立承包商现场使用的施工、生活用电费由分包商和独立承包商负责。 （6）总承包商定期对现场用电进行检查，杜绝不安全事故（隐患）的发生，杜绝乱拉乱接的现象。 （7）为确保现场正常施工，总承包商在现场设置临时照明应急装置，满足人员疏散和工地临时消防系统要求

13.6.3　大型设备及垂直运输设备的协调管理

参见表 13-26。

大型设备及垂直运输设备的协调管理　　　　　　　　表 13-26

序号	单位名称	内容
1	总承包商	（1）总承包商成立专门垂直运输机械管理小组，及时了解各分包商资源运输要求，每日制定大型设备使用计划及近一周的大型设备使用计划，并提前进行公示，以便整个场区材料、设备全面调运。 （2）总承包商编制垂直运输机械设备的安拆方案和应急救援预案，提供大型垂直运输机械进出场、预埋、基础、组装、调试、维护、检查、保养等工作，以保证大型垂直机械的正常使用和施工安全。 （3）塔吊等大型设备拆除前，与钢结构、幕墙、擦窗机、机电、装修等单位进行沟通，避免分包商未施工完毕就将设备拆除
2	各分包商	（1）各分包商根据施工总进度计划，编制各区域材料、设备调运计划报至总承包商。 （2）需使用塔吊等垂直运输机械的各分包商，提前 24h 向总承包商提出书面申请。 （3）各分包商根据施工进度计划，了解垂直运输设备的拆除时间，尽快完成施工范围内的工程，避免因自身原因影响设备的拆除推迟，导致工期延误

13.7　总承包技术管理

13.7.1　对分包商技术管理的主要内容

参见表 13-27。

对分包商技术管理的主要内容　　　　　　　　表 13-27

序号	主要内容
1	除按照合同严格管理各分包商之外，要协助、指导各分包商深化设计和详图设计工作，负责安排分包商绘制和报批必要的加工图、大样图、安装图，并贯彻设计意图，保证设计图纸的质量，督促设计进度满足工程进度的要求
2	对分包商施工进行技术支持及技术把关。同时，总承包商也将对分包商的深化设计给予足够的技术支持
3	由总承包商组织各分包商绘制安装综合总图，包括安装综合平面图、立面图、剖面图，在不违反设计意图情况下对各专业的管路、设备进行综合布置，以清楚地表示所有安装工程各系统（包括分包商工程）的标高、宽度定位以及与结构、装饰之间的关系。确定各专业正确的施工次序，解决各专业相互冲突的情况
4	协调各分包商与设计人的关系，及时有效地解决与工程设计和技术相关的问题

13.7.2　对分包商技术管理的重点

1. 施工组织设计及专项方案管理

施工组织设计、专项方案的审批、审核对工程的规范化管理有着重要的意义，所有专项方案及专业施工组织设计按编制责任由各方自行编制，统一由总承包商负责输入信息平台。

1）总包施工组织设计及专项方案编审

由总承包商编制及组织编制的施工组织设计及主要专项方案编制计划及审批、审核、变更流程如表 13-28 所示。

总包施工组织设计及专项方案编审   表 13-28

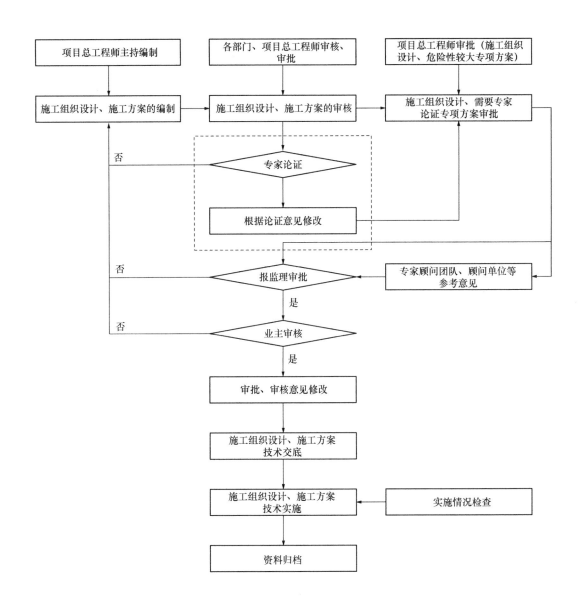

总包施工组织设计、施工方案的审批管理流程

续表

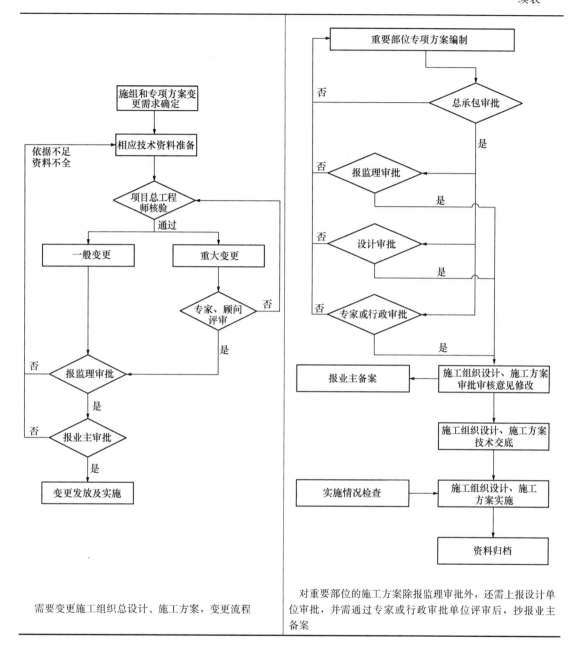

需要变更施工组织总设计、施工方案，变更流程

对重要部位的施工方案除报监理审批外，还需上报设计单位审批，并需通过专家或行政审批单位评审后，抄报业主备案

2）专业分包商分项施工组织设计、施工方案的管理要求

专业施工组织设计、专业施工方案是专业工程实施的重要技术文件，对专业施工组织设计及专业施工方案的管理，是总承包商对专业工程技术管理、协调的一个相当重要的工作内容。根据总承包商的总体施工进度计划及施工部署，各标段专业总承包商、分包商组织技术力量进行专项施工组织设计及专业施工方案的编制工作。在编制完成后，需要总承包商技术管理流程进行相应的审批、审核，最终审核文件将作为业主、监理、总承包商对各标段专业主承包、分包商的施工工艺检查的依据。

电子洁净厂房工程对专业分包商分项施工组织设计、施工方案的编制要求及审批管理流程如表13-29所示。

对专业分包商分项施工组织设计、施工方案的编制要求及审批管理流程　表 13-29

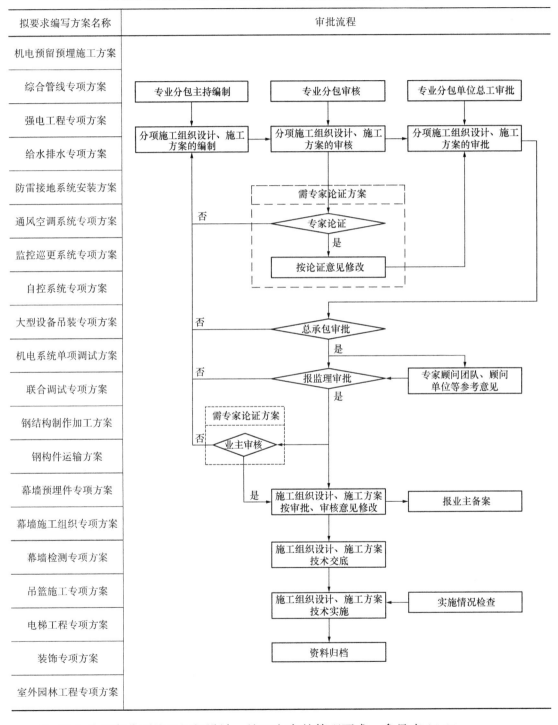

拟要求编写方案名称	审批流程
机电预留预埋施工方案	
综合管线专项方案	
强电工程专项方案	
给水排水专项方案	
防雷接地系统安装方案	
通风空调系统专项方案	
监控巡更系统专项方案	
自控系统专项方案	
大型设备吊装专项方案	
机电系统单项调试方案	
联合调试专项方案	
钢结构制作加工方案	
钢构件运输方案	
幕墙预埋件专项方案	
幕墙施工组织专项方案	
幕墙检测专项方案	
吊篮施工专项方案	
电梯工程专项方案	
装饰专项方案	
室外园林工程专项方案	

3）独立分包商分项施工组织设计、施工方案的管理要求，参见表13-30。

独立分包商分项施工组织设计、施工方案的管理要求　表 13-30

方案名称	审批流程
电信工程专项方案	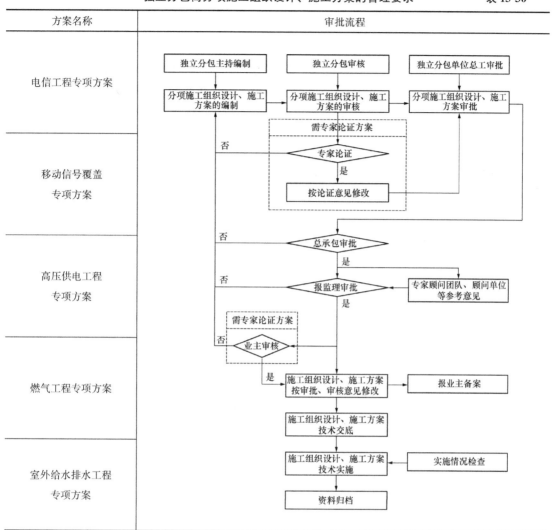
移动信号覆盖专项方案	
高压供电工程专项方案	
燃气工程专项方案	
室外给水排水工程专项方案	

2. 图纸和变更、洽商管理

1）图纸会审管理

图纸是反映设计师对工程设计理解的重要手段，是工程师的语言。欲达到优质工程的质量目标，总承包商必须充分理解、掌握设计意图和设计要求。

电子洁净厂房工程体量大，结构复杂，设计交底和图纸会审适宜分阶段进行。

在工程准备阶段，总承包商将在业主的组织下进行图纸会审与设计交底工作。

施工图是施工的主要依据，施工前组织技术专业人员认真熟悉、理解图纸，对图中不理解问题书面提供给业主，以便业主在组织图纸会审前参考，将图纸中不明确的问题解决在施工之前。

2）工程洽商及变更管理

电子洁净厂房工程存在众多专业分包商，其管理体系和管理组织各不相同，为此总承包商的技术责任工程师及商务人员对工程的全部变更及洽商进行统一管理。设计变更由总承包商统一接受并及时下发至分包商，并对其是否按照变更的要求调整等工作进行评议处理。同时各家分包商的工程洽商以及在深化图中所反映的设计变更，亦需由总承包商汇总、审核后上报，工程师批准后由总承包商统一下发通知各分包商。工程变更管理过程中，总承包商负责对变更实施跟踪核查，一方面杜绝个别专业发生变更，相关专业不能及时掌握并调整，造成返工、拆改的事件发生，另一方面还要监督核实工程变更造成的返工损失，合理控制分包商因设计变更引起的成本增加。

其变更、洽商流程如图 13-16 所示。

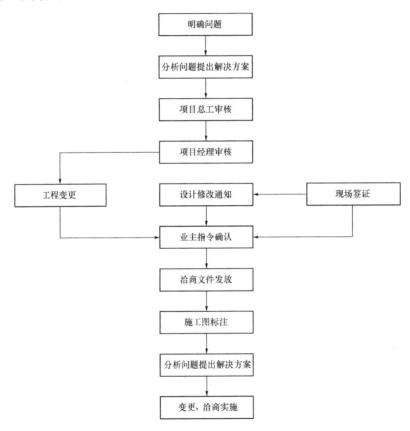

图 13-16　变更、洽商管理流程图

3. 总承包商技术支持与协调

总承包商技术协调是总承包商技术管理的关键：总承包商根据工程总体目标，确定不同时段、不同区域的主导专业，其他专业围绕主导专业展开各项工作。在电子洁净厂房工程技术协调过程中将充分利用 BIM 模型进行关键过程的虚拟建造模拟、工况计算，其结果作为技术协调的重要依据。

电子洁净厂房工程的技术协调工作，依托项目管理平台进行日常技术工作协调，重要问题召开专题技术协调会议。

1）技术支持

为了保证工程的顺利实施，一般需要组建包含钢结构、幕墙、节能、土建、机电安装等工程的专家顾问团队为工程提供专业的过程指导。

2）技术协调

电子洁净厂房工程总承包商技术协调内容如表 13-31 所示。

技术协调内容　　　　　　　　　　　　　　　表 13-31

序号	协调内容	协调措施
1	提供测量和试验支持	在工程施工过程中，总承包商负责对所有分包商提供测量基准线，如每层的轴线、每层标高基准线等，并且负责分包商测量放线的校核。 各分包工程施工中的材料试验，总承包将负责现场的试验管理，提供现场试验条件，对试验取样进行全程监督，必要时进行录像监督备案，在见证取样中配合监理进行试验全程监督。总承包商对分包的试验结果进行审核、检查和备案，并报监理审核检查
2	对分包技术管理进行过程监控	总承包商按照分包编制，并经过总承包商、监理审核审批的施工方案，对分包施工过程进行监督和检查，保证分包施工过程与施工方案一致，并与分包共同解决现场遇到的技术问题
3	对分包提供资料管理和支持	施工过程中的资料是工程中的重要内容，总承包商将对工程资料充分重视，安排有类似工程资料管理经验的专人进行资料管理，总承包商对分包的资料统一要求，使分包的施工资料符合资料档案整理的要求。 总承包商将按照施工进度对分包资料进行检查、整理、汇总，督促分包及时整理资料，保证资料随工程进度及时整理和汇总。 工程资料的封面、卷内目录、案卷目录、案卷盒都由总承包商项目经理部统一规定，对资料的分类编号，采用计算机编号系统进行统一编码，以便查询和调阅。在工程结束时，规定时间内要求各分包将整理的工程资料移交给总承包商，由总承包商把所有工程资料进行分类、整理、汇总，并负责将工程资料移交给业主和档案馆
4	隐蔽工程验收与管理协调	工程施工过程中，各分包商应按照国家和地方有关规定，对隐蔽验收项目进行规划，并在专项施工方案中予以明确，使项目经理部和监理工程师对隐蔽验收项目做到心中有数。对隐蔽工程验收，分包商先将报验计划、报验资料送项目经理部质量部，经质量部检查复核后报监理工程师审定。未经监理复核审定不得进入下道工序。总承包商将按照下图所示流程对隐蔽工程实施组织，重点加强对协调准备、检查验收两环节的组织控制。 隐蔽协调管理流程

4. 技术管理的主要措施

技术管理工作的主要任务是运用管理的职能和科学的方法，建立技术管理体系，完善技术管理制度，卓有成效地开展技术开发创新和技术考核工作。只有将技术管理纳入总承包商项目管理中，才能不断提高施工技能和技术管理水平，接近或领先于国内同行业技术水平，有效促进总承包管理水平的持续快速发展。主要采取的措施如下：

1）建立技术组织机构，明确技术管理的职责；

2）加大投入，实现绿色材料采购；

3）加强工程技术资料的管理；

4）运用信息化技术；

5）注重施工后期的技术管理；

6）改变观念引进国外先进技术。

13.8 总承包采购管理

13.8.1 概述

项目采购控制管理工作是项目管理中的核心内容，它直接关系到整个工程项目建设的投资控制。分包计划就是项目采购控制管理的基石，其制定的基本原则包括有利于实现长周期供应设备的及时供应；有利于提前展开部分工程施工工作，以争取到宝贵的可利用时间；有利于实现最大限度地降低工程造价的愿望；与目前国内承包商、供应商的实际能力相适应；有利于现场施工的协调和控制；方便运行维护（售后服务）的管理。

根据上述原则，在项目初期，总承包商同业主一起进行分包计划的制定，并随着项目的实施动态调整。在分包计划基础上，总承包商项目副经理（商务）制定相应的采购流程、合同管理办法，即项目采购控制管理实施性文件。总承包商项目副经理（商务）依据此计划配合协助业主商务团队执行实施，保证分包计划有效推进、合理实施。总承包商项目副经理（商务）制定的采购流程、合同管理全过程要在项目经理、业主商务受控下进行。

13.8.2 目标控制

实施分包计划并确保采购程序符合法规和业主要求，确保所采购设备材料等在质量、进场时间、后期维护服务、降低成本等方面满足规范及业主和实际工程进展的要求。合同内容考虑全面，避免纠纷及索赔。

13.8.3　采购基本流程

1. 资料收集整理和分析、资格预审

总承包商商务根据资质要求和资格预审条件，进行资料收集整理和分析，将潜在分包商长名单分析情况报业主商务。分包商长名单主要来源分为三个部分：一是业主以往了解的优秀分包商；二是总承包商提供的优秀分包商；三是业主商务调研提供的市场上有过类似项目成功经历的分包商。

2. 编制招标文件（合同）及招标须知、合约包技术文件、招标清单、招标预算

总承包商项目副经理（商务）完成招标文件（合同）及招标须知的拟定。招标文件应当包括投标格式、对投标人资格审查的标准、投标报价要求和评标标准等所有实质性要求和条件，合同标准文本及附件。设计单位向总承包商提交合约包招标范围、技术规格书及招标图纸，总承包商总工程师组织审查后交总包商务。总承包商项目副经理（商务）完成招标清单、招标预算，设计单位进行配合。总承包商商务汇总招标文件（合同）及招标须知、合约包招标范围、技术规格书、招标图纸、招标清单、招标预算，并提交业主商务进行审核。

3. 发标会、招标邀请、开标会

发标会、招标邀请、开标会由业主主导，总承包商配合。

4. 踏勘现场、问题澄清

根据具体情况，业主可以组织潜在投标人踏勘项目现场，总承包商配合。潜在投标人依据招标人介绍情况做出的判断和决策，由投标人自行负责。业主对已发出的招标文件进行必要的澄清或修改，该澄清或修改的内容为招标文件的组成部分，总承包商进行配合。

5. 评标

开标全过程由业主主导，总承包商参与技术标、资信标评标。

6. 商务谈判

商务谈判阶段总承包商不再参与，由业主主导完成。

7. 确定中标人

中标人由业主招标委员会确定。业主发放中标通知书，总承包商进行配合。

8. 合同签订

总承包商协助业主编制承包合同文件和合同谈判，并确定分包商的工作范围和责任。

项目采购流程如图 13-17 所示。

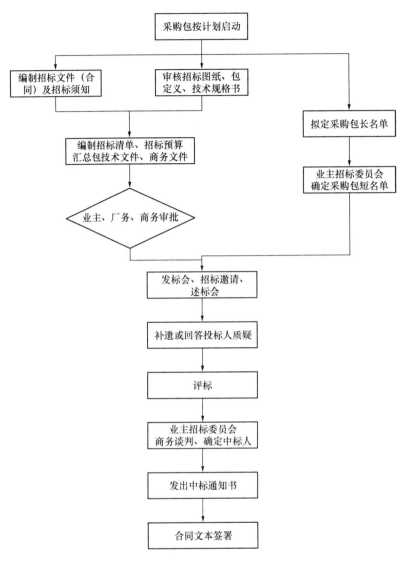

图 13-17　项目采购流程

13.8.4　项目合同体系及合同文本的形成

1. 项目合同体系

合同根据工程项目的特点和项目管理内容，协助业主制定合理的合同结构模式。以业主商务提供的合同文本为基础，并作为招标文件的组成部分经业主审核后确定为合同标准文本。

2. 项目合同的履行

总承包商按合同法对工程承包合同的执行情况进行监督、检查，发现问题及时提出意见。在合同履行过程中，总承包商配合业主商务应对合同履行进行有效监控，遇有妨碍合同正常履行的情况，应及时汇报、及时处理，积极消除不利因素。

13.8.5　采购设备材料入场核查、到货验收、移交

1. 采购设备材料入场核查工作内容

为确保采购设备材料的工期、性能满足合同的要求，需对重要的设备材料进行入厂核查。入厂核查根据采购设备材料的制造阶段分为：制造过程中的核查、制造完成后的核查。

设备材料制造过程中的检查：制造过程中的核查为随机核查，是否进行制造过程中的检查视供应商对制造过程的报告情况、施工工期对产品到货时间的紧迫性的情况而定。如果有供应商报告制造进度有延迟或不能给出进度的报告、产品交期无任何延迟的机会或需要有提前供货的要求、其他导致业主对如期交货产生疑问的情形，则及时安排制造过程中的核查。

设备材料制造过程中的核查重点包括核实供应商报告的制造进度信息是否属实；与制造商商讨如期完工或提前完工的方案和计划；制造商材料准备情况和生产线生产情况；检查制造商的试车台和质量管理体系。此项工作由总承包商商务组织，业主派人参与。核查完成后形成检查报告，报告留存总承包商。如果检查报告指出在制造环节有进度和质量方面的重大隐患，总承包商需提高检查的频率和检查人员的级别，与供应商沟通协调，以消除隐患。

2. 设备材料制造完成后的核查

制造完成后的核查即发货前检测，目的：进行商务性质的核实工作（如果有发货前货款支付条款）；进行发货前的外观检查和性能检测，以便及时发现问题，避免货到现场或调试运行时才发现问题而对项目带来的重大影响。发货前检测主要方式是对拟出厂产品进行随机抽检，利用供应商的试车台进行产品的性能测试，并与设计要求和产品国家标准进行比对。此项工作由总承包商商务组织，业主派员参与。检测完成后形成检查报告，报告留存总承包商。如果检查发现在性能上存在不满足，总承包商项目经理立即组织业主、项目副经理（商务）、项目总工程师与供应商召开紧急会议，以确定：此种性能不满足的情况能否通过调整满足要求以及能否接受由此带来的产品延误交付工期；此种性能不满足的情况能否接收以及商务上如何处理。

3. 采购设备材料到货检查、移交工作内容

业主采购供货到场检查应做到：货物到场后，由总承包商商务组织，总承包商、业主厂务、业主商务、监理单位、供应商、承包商六方，对到场货物进行开箱检查，完成《甲供材料（设备）货物检查表》（检查表由总包负责准备）；此表由业主（厂务、商务）、总承包商、监理单位、供应商、承包商六方签字，原件留存总承包商，其余各方留存复印件。

业主采购供货到场接收移交应做到：货物检查通过后，需办理接收移交工作的，由总承

包商商务组织，总承包商、业主厂务、业主商务、监理单位、供应商、承包商六方进行移交，完成《甲供材料（设备）接收移交单》（检查表由总承包商负责准备）；此表由业主（厂务、商务）、总承包商、监理单位、供应商、承包商六方签字，原件存总承包商，其余各方留存复印件。

13.9 总承包合约管理

13.9.1 合同管理流程

1. 业主合同

参见图 13-18。

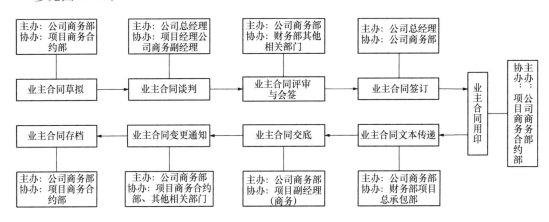

图 13-18 业主合同管理流程图

2. 指定分包合同

参见图 13-19。

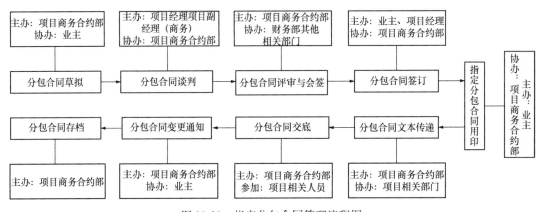

图 13-19 指定分包合同管理流程图

3. 独立分包合同

参见图 13-20。

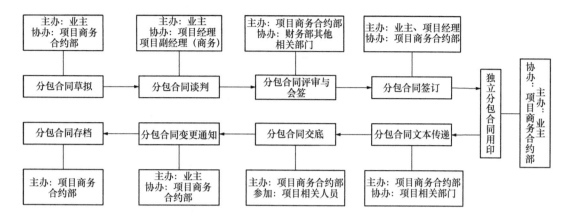

图 13-20　独立分包合同管理流程图

4. 自行分包合同

参见图 13-21。

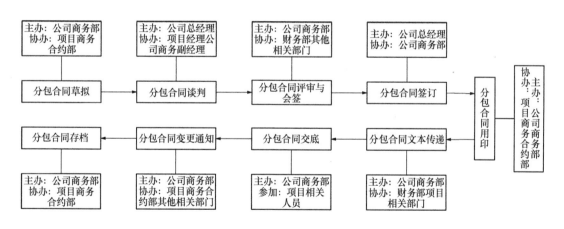

图 13-21　自行分包合同管理流程图

5. 材料设备采购合同

参见图 13-22。

13.9.2　合同管理措施

参见表 13-32。

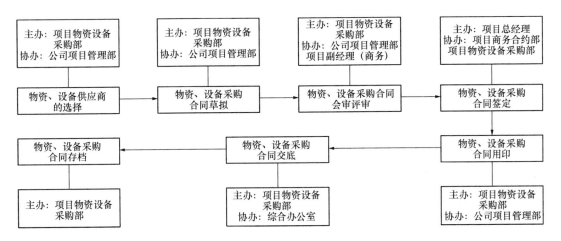

图 13-22　材料设备采购合同管理流程图

合同管理措施　　　　　　　　　　　　　　　　　　　　　　表 13-32

序号	管理项	内　容
1	合同管理内容	对工程签署的所有合同（以下简称"合同"），包括但不限于总承包合同及补充协议、分包合同、物资采购合同、设备租赁合同、借款合同、担保合同等进行标准化程序管理，使总承包商能够进行有效管理、协调，确保工程施工顺利进行
2	合同草拟	公司市场与总包负责制定各类合同的标准合同文本，项目商务部在办理相关业务时应使用公司合同标准文本，并视实际情况在标准合同文本基础上进行完善使用。 合同文本包含通用条款与专用条款两部分。通用条款由项目商务部拟订，合同草拟人不得增加、删减、更改；合同草拟人可根据实际情况对专用条款部分做相应调整。 公司未就相关业务发布标准分包、采购合同文本时，项目商务部的主办人应与物资部协商确定业务要点（必要时公司市场与总包应参与谈判），由商务部根据实际情况草拟合同文本，保证文本的有效和适用
3	合同评审与会签审批	合同评审可以视评审合同的复杂性，采用传阅、书面评审方式和会议评审方式，并由参加评审的人员填写《合同评审表》
4	合同签订	所有合同（除初始业主合同外）必须经过项目经理审批后方能签订
5	合同文本传递	业主签订合同后，由商务部保存正本，并负责向公司财务资金部、总承包项目部及合同中相关各方传递合同副本，如遇副本不足情形，可采用复印文本传递。 分包合同签订后，由项目副经理（商务）负责向商务部传递合同正本，并由项目商务部向公司财务资金部传递合同副本，如遇副本不足情形，可采用复印文本传递。 物资、设备采购、租赁合同以及临建设施合同等签订完毕后，采购部门保存合同文本原件，并负责向公司财务部传递合同副本，如遇副本不足情形，可采用复印文本
6	合同交底	业主合同的交底由商务部组织向项目经理、项目副经理（商务）、项目现场管理人员、项目财务人员等进行交底。分包合同由项目副经理（商务）组织向项目经理、项目商务人员、项目现场管理人员、项目财务人员等进行交底。物资、设备采购、租赁合同以及临建设施合同由采购部门组织向项目经理、项目商务人员、现场管理人员、项目财务人员等进行交底。 合同交底应采用书面方式进行，并不得少于以下十个方面内容：项目投标背景；签约双方合同负责人、参与人职权范围；合同造价条款缺陷；工程目标的约定；合同变更方式约定；竣工验收与移交约定；合同结算期限与结算工程款支付约定；合同保修金以及保修金返还约定；争议解决约定；其他合同缺陷约定

序号	管理项	内　容
7	合同变更	当设计变更、工程变更、洽商内容超出合同约定工程范围和造价范围时，项目副经理（商务）应组织项目相关人员，针对变更进行评审会签，并完成合同修订（变更）评审记录。业主合同变更会签填写《合同变更会签单》，报公司总经理审批后方可变更
8	合同文本保管	合同文本包括中标通知书、各类合同、合同变更、合同会签单、合同会签文本、用印申请单等文件。 商务部负责公司合同文本（除物资采购合同以外）的保管工作并汇总台账，采购部门负责建立物资采购合同台账和采购合同文本的保管。台账内容应至少包括：合同类别、项目名称、合同名称、工程范围、合同金额、签订日期、履行效力期间等。 物资采购、设备采购合同的原件正本由采购部门保管，合同会签单以及会签合同文本的复印件由商务部保管。采购合同变更文本由物资及设备部门负责保管正本。 项目副经理（商务）负责项目有关全部合同文件的保管和合同台账的建立、维护和更新

13.10　总承包质量管理

13.10.1　概述

依据总进度控制计划，有效、严格地控制项目施工质量，保证项目各项工作按时、有序、顺利地进行。项目总工程师、项目副经理（商务）/商务工程师、项目副经理（安全）/安全工程师、按专项分工密切配合土建/项目副经理（机电），督促现场管理人员做好现场施工质量控制工作。

13.10.2　质量管理原则

1）现场专业工程师在项目副经理（质量）的领导下应执行"质量第一、预防为主"的方针，坚持"计划、执行、检查、处理"的工作程序，并从"人、机、料、法、环"五大要素和"图纸、方案"方面进行严格控制，开展现场施工过程的质量监控工作，巡视、跟踪、检验和控制各项目、各工序的施工质量。

2）落实"过程精品"的思想。

3）分包商应对施工过程质量进行连续地、全面地、有效地控制，总承包商负责监督检查。

4）总承包商的质量监控对分包商有质量确认和质量否决权，由项目经理或项目副经理（质量）实施。

13.10.3　质量管理依据

1）由项目总工程师提供并经业主认可的工程项目施工图设计文件及相关资料。

2）业主对工程质量规定的标准、要求，经业主、监理单位审核和认可的施工组织设计、施工技术方案及新技术、新工艺、新材料、新设备等关于工程质量的要求。

3）现行的国家和地方颁布的法律法规、条例、规定以及国家颁发的建筑工程施工质量验收统一标准和建筑工程各专业工程施工质量验收规范以及工程质量评定标准等。

13.10.4 质量管理控制保证体系

1. 质量管理的 PDCA 循环

在工程建设的各个层面，建立专门的质量管理组织机构，明确各级机构的质量责任人，落实每个人的质量职责。开展全面质量管理活动（TQC），通过全体参加人员的共同努力以及 PDCA 循环，即：计划→实施→检查→处置的循环模式，通过项目管理水平的持续上升，实现最终质量目标。

2. 科学有效的质量保证体系

在建设过程的各个阶段，总承包商通过组织保证、工作保证和制度保证，形成完整的质量保证体系，如图 13-23 所示。

13.10.5 质量管理控制程序

1. 质量控制过程

工程的质量控制是从分项子分项工程质量、分部子分部工程质量到单位工程质量的系统控制过程，也是从一个对投入原材料的质量控制开始，直到完成工程质量检验为止的全过程系统工程，如图 13-24 所示。

2. 质量总体控制

制定合理的质量控制程序，该程序可以有效地控制深化设计、材料采购、工程施工、交付使用等电子洁净厂房施工过程。严格执行工程材料及施工机械进场审批制度，对不合格材料严禁进场使用，对不符合安全要求的机械设备严禁进场作业。为保证工程的施工质量，统一施工做法，减少施工中的返工，预防和消除质量通病，创出精品，对土建分项工程和所有装修分项工程都必须先做施工样板，实行样板引路制。审核有关技术文件、报告或报表。

具体审核内容包括有关技术资质证明文件；施工组织设计、施工方案和技术措施；有关材料、半成品的质量检验报告；反映工序质量动态的统计资料或控制图表；设计变更、修改图纸和技术核定书；有关质量问题的处理报告；有关应用成熟新技术、新工艺、新设备、新材料的技术鉴定证书；有关工序交接检查，分项分部工程质量检查报告；并签署现场有关技术签证、文件等。

现场质量检查的内容：隐蔽工程检查；停工后复工前的检查；分项分部工程完工后，经

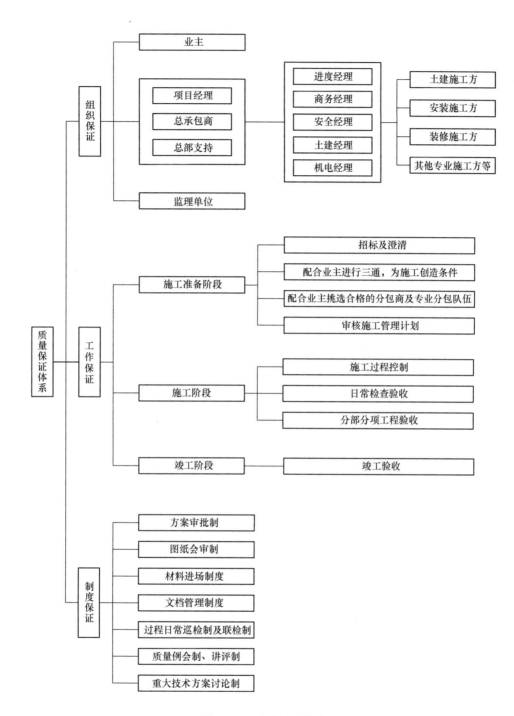

图 13-23　质量保证体系

检查认可签署验收记录后，才许进行下个分项分部工程施工；成品保护检查；现场巡视检查。

现场质量检查的方法：采用目测法、实测法和试验法。

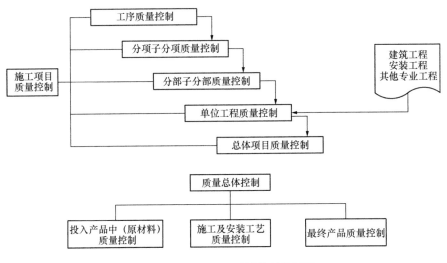

图 13-24 施工过程质量控制分析图

3. 工程材料、设备的控制

工程材料设备的报批和确认：工程材料设备的质量直接关系到工程质量。总承包商需对进场的工程材料设备实行报批确认的办法，其程序为：

1）编制工程材料设备确认的报批文件：分包商事先编制工程材料设备确认的报批文件，文件内容包括：制造商（供应商）的名称、产品名称、型号规格数量、参照的技术说明、有关的施工详图、使用在电子洁净厂房工程的特定位置以及主要的性能特性等。报批文件附上总包统一编制的《品牌报审单》，报总承包商。

2）提出审核意见。总承包商在收到报批文件后，提出审核意见，并报业主确认。

3）报批手续完毕后，业主、总承包商、监理单位、承包商各执一份，作为今后进场工程材料设备质量检验的依据。

4）材料样品的报批和确认。

按照工程材料设备报批和确认的程序实施材料样品的报批和确认。材料样品报业主、监理单位、总包确认后，实施样品留样制度，为今后复核材料的质量提供依据。

4. 竣工验收管理控制

总承包商根据整体进度安排，按计划进行竣工验收工作；各分包商须严格按照有关的质量标准进行施工，确保电子洁净厂房工程达到工程质量合格的目标；工程竣工移交前，分包商需进行全面的清理工作，保证工程随时可投入使用中；质量控制资料应完整；单位工程所含分部工程的有关安全及功能检验资料应完整；主要功能项目的抽样结果符合相关专业质量验收规范的规定；观感质量验收应符合要求；验收整改清单按时完成。

13.10.6 质量管理控制措施

影响施工质量的因素主要有五大方面，即：人、机械、材料、方法和环境（图13-25）。

事前对这五方面的因素严加控制，是保证工程质量的关键。

施工工序质量控制的主要程序是检查各工序是否按程序进行操作，检查测量定位是否准确，检查"自检、互检、交接检"是否真实，检查承包商提交的《分项工程质量验收记录表》是否符合实际情况，检查隐蔽工程验收是否按程序进行，检查特殊过程是否按作业指导书进行施工。

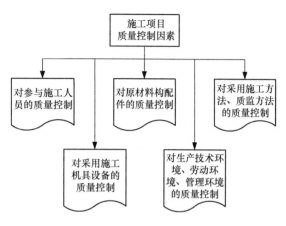

图 13-25　施工过程质量控制因素

过程控制的主要程序：一是进行全过程监控。总承包商派出质量工程师，对分包商的施工质量开展全过程监督，凡达不到质量标准的不予确认，并责令限期整改。二是抓住关键过程进行质量控制。根据施工进度节点，突出重点，抓住关键过程进行质量控制。为了控制关键过程的工程质量，要求分包商编制施工方案、组织质量技术交底、下达作业指导书。监理单位对施工全过程实施质量跟踪检查，对突出重点、关键部位施工过程进行旁站。总承包商加强对关键过程的抽查和监督，使得关键过程施工质量始终处于受控状态。

13.10.7　质量管理控制制度

材料品牌报审报验程序：分包商所用的材料品牌厂家的资料及相关合格证明文件，由总承包商、业主审核合格后，允许分包商采购；采用品牌报审单的形式报审，签字确认后的品牌报审单转发各单位。

现场材料检验制度：所有的材料进场前，由业主厂务、业主商务、总承包商、监理工程师共同检验，合格则允许进场施工，不合格禁止进场，监理表单由监理单位负责（表 13-33）。除了正常监理资料外，还需要在材料检验单上签字确认。

进场重要材料及检查部位表　　　　　　表 13-33

序号	项目描述	序号	项目描述	序号	项目描述
1	钢筋	7	高支模	13	电缆、配电箱、桥架
2	混凝土	8	装饰吊顶隐蔽	14	水泵、水管道
3	管道	9	墙体隐蔽工程	15	风管、电气管道、灯具
4	动力设备	10	单机及系统调试	16	门、窗、幕墙
5	格构梁	11	屋面防水	17	砖
6	楼层板隐蔽	12	墙板、吊顶板、环氧		

施工检验批检验制度：施工检验批应由分包商完成自检后上报监理单位检查，监理单位检查合格后再会同业主共同检验，合格后允许进入下道工序，不合格整改，直到继续整改合

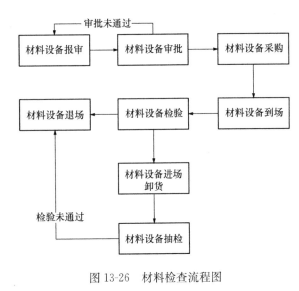

图 13-26　材料检查流程图

格；对各控制点的完成质量情况进行检查、记录，对没有达到质量要求的应跟踪检查记录（图 13-26）。

隐蔽验收制度：所有的隐蔽验收，在分包商完成自检后上报监理单位检查，监理单位检查合格后再会同业主共同检验，合格后允许进入下道工序，不合格整改，直到继续整改合格。

以下罗列部分重点验收的材料和质量控制点，详细质量控制点可根据现场实际情况和相关技术规范、法律法规进行适当增减。

1. 土建部分

原材料：钢材；商品混凝土；防水材料；幕墙、铝合金窗材料。

重点控制的部位或管理环节：底板钢筋；柱子格构梁的钢筋及模板；屋面防水；干墙；吊顶；幕墙；门、窗户。

2. 电气部分

原材料：电缆、电线、母线；配电箱（柜）；桥架；保护管；开关灯具。

重点控制的部位或管理环节：预留预埋的检查；所有的配电柜、配电箱位置基础；系统接地；桥架；开关灯位。

3. 给水排水部分

原材料：PVC、镀锌等管道；不锈钢管道；洁具、水泵等设备；管材、阀门等配件；保温材料。

重点控制的部位或管理环节：管道试压；材料检测；系统调试和验收。

4. 暖通部分

原材料：给水排水管道；风口；FCU、MAU、水泵等设备；板材、管材、管件；保温材料；阀门；防火阀；风量阀。

重点控制的部位或管理环节：暖通的检测。

5. 消防部分

原材料：管道；电缆、桥架、保护管；报警及控制联动设备；喷淋；阀门；消防器材。

重点控制的部位或管理环节：管道打压；消防检测。

6. 洁净装饰

原材料：环氧；墙板；吊顶；PVC 板；高架地板。

重点控制的部位或管理环节：环氧施工；墙板施工；架空地板施工。

7. 气体动力部分

原材料：管道、管件；接头。

重点控制的部位或管理环节：焊接；保压；颗粒、水分含量、氧测试；氦检；气体、化学品品质检测。

13.11　总承包安全和文明施工管理

13.11.1　管理组织架构及职责

1. 组织架构

参见图 13-27。

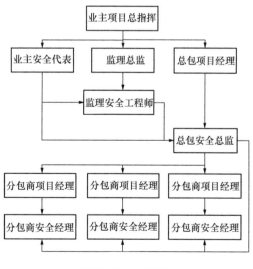

图 13-27　组织架构

2. 管理职责

1）业主职责，见表 13-34。

业主管理职责 表 13-34

序号	职责
1	业主应向施工单位提供施工现场及毗邻区域内供水、排水、供电、供气、供热、通信广播电视等地下管线资料,气象和水文观测资料,相邻建筑物和构筑物地下工程的有关资料,并保证资料的真实、准确、完整
2	建设单位不得对勘察、设计、施工、工程监理等单位提出不符合建设工程安全生产法律法规和强制性标准规定的要求不得压缩合同约定的工期
3	建设单位在编制工程概算时应当确定建设工程安全作业环境及安全施工措施所需费用
4	建设单位负责申请领取施工许可证,并在建设主管部门和相关单位备案
5	建设单位应组织项目安全生产管理机构,监督参与编制项目安全生产规章制度和应急救援预案
6	督促落实本项目重大危险源的安全管理措施
7	检查本项目安全生产状况,及时组织排查安全生产事故隐患,提出改进安全生产管理的建议
8	负责项目建设过程中与政府部门对接相关工作(如:安监站、城管、派出所、卫生等管理部门)
9	监督安全生产资金的落实使用情况,承担法律规定的建设单位安全职责

2)监理单位职责,见表 13-35。

监理单位职责 表 13-35

序号	职责
1	应编制监理规划和实施细则,明确对项目安全管理的细化内容
2	应当审查施工组织设计中的安全技术措施或者专项施工方案是否符合工程建设强制性标准
3	工程监理单位在实施监理过程中,监督施工单位安全工作是否符合国家相关安全生产管理制度规定,如存在安全事故隐患的,应当要求施工单位立即整改并记录;情况严重的,应当要求施工单位暂时停止施工,并及时报告建设单位
4	按照规定要求逐步落实项目分部分项工程验收(比如,脚手架工程、模板工程、塔吊等),签字后施工单位方可进行施工,严格落实安全监理职责和义务
5	按照项目建设所在地要求完善安全监理资料,并监督总包、分包商完善安全资料
6	审查施工单位人员的资质,严格按照规范要求检查验收大型机械、危险性较大分部分项工程安全措施
7	协助组织项目高危分部分项工程的安全研讨会,提供专业意见和建议,寻找安全高效的施工防范措施,避免安全事故发生
8	工程监理单位和监理工程师应当按照法律法规和工程建设强制性标准实施监理,并对建设工程安全生产承担监理责任

3)总承包项目部职责,见表 13-36。

总承包商职责 表 13-36

序号	职责
1	作为总承包商,对业主负责,接受业主和监理的全程监督
2	全权代表业主,指导现场安全生产,监督分包商落实安全生产
3	组织或者参与拟订项目安全生产规章制度、操作规程和生产安全事故应急救援预案
4	组织或者参与项目安全生产教育和培训,如实记录安全生产教育和培训情况
5	督促落实项目重大危险源的安全管理措施

续表

序号	职　责
6	组织或者参与项目应急救援演练
7	检查项目的安全生产状况，及时排查生产安全事故隐患，提出改进安全生产管理的建议
8	制止和纠正违章指挥、强令冒险作业、违反操作规程的行为
9	督促落实项目安全生产整改措施
10	落实项目安全奖罚制度，负责管理项目安全奖罚资金，定期公布接受监督
11	协助业主方管理安全保卫体系，对施工单位管理人员和施工人员提供专项安全培训
12	根据工程经验提供预防性安全措施，及时组织制定高危作业安全措施

4）分包商职责，见表 13-37。

分包商职责　　　　表 13-37

序号	职　责
1	分包商应当服从总承包单位的安全生产管理，分包商不服从管理导致生产安全事故的由分包商承担主要责任
2	总承包单位依法将建设工程分包给其他单位的分包合同中应当明确各自的安全生产方面的权利义务，总承包单位和分包商对分包工程的安全生产承担连带责任
3	分包商应当具备国家规定的注册资本、专业技术人员、技术装备和安全生产等条件
4	分包商的项目负责人应当由取得相应执业资格的人员担任，对建设工程项目的安全施工负责，落实安全生产责任制度、安全生产规章制度和操作规程，确保安全生产费用的有效使用，并根据工程的特点组织制定安全施工措施，消除安全事故隐患，及时、如实报告生产安全事故
5	分包商应当设立安全生产管理机构，配备专职安全生产管理人员
6	分包商应按照规定设置临时用电、机械机具和消防管理专职人员或组织，并且应具有相应职业资格，落实相关的日常巡查和维护，纳入安全管理体系运行
7	垂直运输机械作业人员、安装拆卸工、爆破作业人员、起重信号工、登高架设作业人员等特种作业人员必须按照国家有关规定经过专门的安全作业培训并取得特种作业操作资格证
8	分包商应当在施工组织设计中编制安全技术措施和施工现场临时用电方案，对达到一定规模的危险性较大的分部分项工程编制专项施工方案，并附具安全验算结果经分包商技术负责人、总监理工程师签字后实施，由专职安全生产管理人员进行现场监督
9	建设工程施工前分包商负责项目管理的技术人员应当对有关安全施工的技术要求向施工作业班组作业人员进行详细说明并由双方签字确认，邀请业主、监理、总包进行现场监督、旁听
10	分包商对因建设工程施工可能造成损害的毗邻建筑物、构筑物和地下管线等，应当采取专项防护措施，并应当遵守有关环境保护法律、法规的规定，在施工现场采取措施，防止或者减少粉尘、废气、废水、固体废物、噪声、振动和施工照明对人和环境的危害和污染
11	分包商应当在施工现场建立消防安全责任制度，确定消防安全责任人，制定用火、用电、使用易燃易爆材料等各项消防安全管理制度和操作规程，设置消防通道、消防水源，配备消防设施和灭火器材，并在施工现场入口处设置明显标志
12	分包商应当向作业人员提供安全防护用具和安全防护服装，并书面告知危险岗位的操作规程和违章操作的危害
13	分包商采购、租赁的安全防护用具、机械设备、施工机具及配件，应当具有生产（制造）许可证、产品合格证，并在进入施工现场前进行查验

续表

序号	职　责
14	分包商在使用施工起重机械和整体提升脚手架、模板等自升式架设设施前，应当组织有关单位进行验收，也可以委托具有相应资质的检验检测机构进行验收；使用承租的机械设备和施工机具及配件的，由施工总承包单位、分包商、出租单位和安装单位共同进行验收，验收合格的方可使用
15	分包商的主要负责人、项目负责人、专职安全生产管理人员应当经建设行政主管部门或者其他有关部门考核合格后方可任职
16	分包商应当为施工现场从事危险作业的人员办理意外伤害保险
17	规划总平面布置，对现场文明施工负责，负责施工垃圾清运、道路清洁和区域规划

13.11.2　安全管理制度

1. 安全管理制度总体要求

参见表 13-38。

安全管理制度总体要求　　　　　表 13-38

序号	总体要求
1	建筑施工单位应有相应的施工资质和安全生产许可证
2	专业技术人员有相应的执业许可证
3	有安全生产管理结构和人员，并且持证上岗
4	项目安全生产责任制和安全管理制度
5	施工组织设计及专项施工方案符合现场实际，经过评审后方可作为施工依据
6	项目应进行自主安全管理，并留有相关管理记录
7	各单位应建立各自的安全生产应急救援体系，且应在项目统一应急救援体系下建立，并开展演练
8	安全教育公司级、项目级均不少于15学时，班组不少于20学时；并且针对特殊工种、高危作业人员进行定期专项培训；应进行消防、用电、环保、卫生等方面培训学习
9	根据国家相关规定要求配备相应专职安全管理人员，并且配备专职管理机械、临时用电和消防的人员，人数符合现场需求
10	设置施工区消防巡查人员，不间断巡视施工现场、消防重点部位、动火点等
11	分部分项作业前必须由专业技术人员进行安全技术交底工作，并留有书面记录和影像资料，作业前由业主、监理、总包进行核查
12	安全管理的资料符合工程建设所在地统一格式，填写标准、工整，存档备查，业主、监理、总包有检查安全内业资料的义务和责任
13	施工单位应自行组织应急救援演练，总包负责项目综合应急救援演练和实施
14	发生事故必须第一时间在项目安全管理微信群进行告知（事件、说明、处理方式、后续追踪等内容），并在24h内提交书面安全事故报告和改善报告，并以PPT形式在次日下午项目安全碰头会进行检讨；本周安全例会开设安全专题会议。如分包商对于事故隐瞒不报，经查明事故事实，将给予重罚
15	做好安全知识宣传教育工作，从人本原则出发，提高员工识别安全风险和防护能力安全素养

2. 分包商进场安全管理流程

施工单位开工前提前 3～7 天进场，流程如图 13-28 所示。分包商进场事项见表 13-39。

图 13-28 分包商进场流程

分包商进场事项表   表 13-39

序号	重点	阶段	事项	内容
1	重点检查现场安全技术、安全物资准备	施工准备	项目启动会	主要管制人员到岗
2			施工组织方案	施工组织方案（包含组织架构、安全技术、应急管理、危险源辨识、周期计划等）
3			安全协议签订	签订《安全生产协议书》
4			人员培训	总包三级教育卡：组织内部公司、项目、班组三级安全教育分包商培训；组织相关作业人员安全教育
5			证件办理	培训完成→提交资料（协议书、特种作业登记证、保险单、入场工作证申请表、身份证、施工组织方案）→办理证件
6	重点检查安全措施、现场管理检查整改	施工过程	施工申请	一般施工申请：分包商申请→总包→监理 高风险作业申请：分包商申请→总包→监理→业主
7			施工安全监督检查	承包商安全员自检：现场安全员自检着装、劳保佩戴、施工工具、安全管理状况； 总包/监理每天监督检查：监督管理施工安全状况； 每天复查：检查施工安全管理状况、问题追踪整改状况，违规依据协议书进行罚款
8			卫生文明施工	材料堆放、定期清理、人车动线分流。倡导文明施工，布置卫生文明标识
9			安全保卫	材料堆放、定期清理、人车动线分流。倡导文明施工，布置卫生文明标识。 人员进出管理：施工单位办理识别证按规定区域进出，临时施工申请登记进入。 物品进出管理：原则上车辆空车出场，物品出场由业主审批放行

1）启动会：总包单位组织业主方、监理方和分包商主要管理人员召开启动会，提出项目建设过程中的相关要求，要求分包商提交主要安全措施方案、重要管理人员进场日程等。

2）提交安全文件：启动会后，分包商按照建设当地相关要求提交安全资料，如安全体系文件、安全施工方案、安全应急预案、重要工种体检报告，以及临电、临水、主要施工机械、劳保防护用品等的安全或合格证明文件。

（1）安全体系文件：①安全生产许可证；②安全方针、目标和计划；③项目安全管理制度；④项目安全生产管理人员登记表；⑤项目安全管理组织机构框架图；⑥项目特种作业人员登记表；⑦建筑起重机械进场计划；⑧作业人员体检汇总表；⑨其他。

（2）HSE安全施工方案：①项目概况以及存在的危险源；②项目安全管理；③文明施工管理；④消防动火管理；⑤生活区管理（项目物业督管）；⑥临时用电安全管理；⑦机械机具安全管理；⑧高风险作业管理；⑨职业健康、环境管理；⑩工伤劳资纠纷管理；⑪危险性较大工程清单；⑫其他。

（3）安全应急救援预案：预案应包括重大危险源辨识和可能出现的事故类型，应有完善的安全应急救援组织职能，并编制救援预案启动响应流程机制和各类型安全事故的应急救援流程、措施。适时进行演练留存演练记录。

（4）其他抄送资料：①临时用电方案；②临水方案（消防体系）；③各专项施工方案；④机械报审；⑤安全防护用品报审。

3）安全培训

由分包商进行三级安全教育，按照建设当地建筑业统一表格格式填写交于总包安全部，办理工作证，提交后办理入场工作证，并参与总包的安全教育培训（视频教育或宣传海报），参与培训者发放工作证。培训办证流程：

（1）花名册：此次办证人员花名册（新工人安全教育汇总表），纸质版置于办证资料首页，电子档上交存档；花名册按照建设当地建筑业统表编制，写明特殊工种。按照入场顺序进行编号，编号为工作证编号。

（2）公司（第一级）安全教育记录：签字人员包含本次教育所有人员，签字并按红色拇指手印；教育人签字按手印。

（3）项目部（第二级）安全教育记录：签字人员包含本次教育所有人员，签字并按红色拇指手印；教育人签字按手印。

（4）班组（第三级）安全教育记录：签字人员包含本次教育所有人员，签字并按红色拇指手印；教育人签字按手印。

（5）新工人入场三级安全教育登记表：一人一张，按照花名册顺序编号整理；注意培训课时、受教育人签字按手印。

（6）教育考核：一人一张试卷，需进行考核打分；按照编号顺序整理。

（7）身份证复印件：一人一张身份证复印件，正反双面，影印件写明"某项目办证专用，再复印无效"；按照编号顺序整理，特种作业人员应加特种作业复印件。

（8）安全技术交底资料：按照工种、分部分项工程进行安全技术交底，须由专业技术人员授课交底，员工签字按手印；由安委会签字确认。

（9）项目培训：安委会统一组织学习《安全生产注意事项》，并观看教育视频。

（10）取证：收费取证。

4）查验安全物资和现场验收

获取工作证后，工作人员可以进入现场做辅助性工作，如临时设施、文明施工设施或相关工作等，正式开工前由施工方申请业主、监理、总承包商共同检验临时用电、机械、安全物资、文明施工是否符合安全要求，以及安全物资是否符合进度需要。

5）开工

满足以上条件后可以申请开工，但危险性较大工程应提供提报安全施工方案进行专项检查验收和过程监督，特殊作业需要填报作业申请。

3. 安全管理制度

1）安全教育制度，见表 13-40。

安全教育制度

表 13-40

序号	教育类型	参与人员	培训时间	培训单位	颁发证件	备注
1	三级教育	全体员工	入场前	总包单位	入场证	考核后发证
2	专项教育	特殊工种 高危作业	进场前 作业前	分包商	培训标签	作业前核查 申请单核查
3	安全技术交底	施工人员	分部分项工程施工前	分包商	交底记录	监理签字确认
4	项目培训	领证人员	入场前	总包单位	入场证	发放工作证
5	阶段性教育	全体	适时	分包商 总包单位	教育记录	提交记录存档
6	宣传教育	全体	适时	总包单位	教育记录	安全活动

2）安全检查制度

（1）分包商自行安排内部安全检查；

（2）每日早上安全巡检，参加人为业主安全负责人、总包项目副经理（安全）、监理单位项目总监代表、分包商项目副经理（安全）；

（3）每周星期六安全联合大巡检，形成检查记录；参加人为业主厂务、安全负责人，总包项目经理、项目副经理（安全），监理单位项目总监，分包商项目经理及项目副经理（安全）；

（4）专项检查，根据安全分析适时安排特定作业、区域、工种的专项检查；

（5）季节性、节前检查等，根据季节、节假日安排进行检查，消除安全隐患。

3）安全会议制度，见表 13-41。

安全会议制度

表 13-41

序号	会议类型	参与人员	召开时间	会议内容	备注
1	分包进出启动会	业主、总包和分包商主要负责人	中标通知书发出后七日内	总包提出安全管理要求，分包商提出安全管理规划	总包组织
2	安全管理例会	参建单位项目经理、现场经理、项目副经理（安全）等	每周三	各分包商汇报本周安全工作、安全利弊，提出下周工作计划	总包组织
3	安委会会议	业主、总包、监理、各分包商项目副经理（安全）	每两个月第一周安全例会时间	汇报两个月安全工作、分析下月安全隐患，提出管理方案，评比表彰	总包组织

序号	会议类型	参与人员	召开时间	会议内容	备注
4	安全专题会	业主、总包、监理、各分包商项目副经理（安全）及项目经理	高危作业前	听取高危作业安全管理方案和防范措施，提出安全目标	重大危险源管控
5	约谈会	业主、总包、监理、各分包商项目副经理（安全）及项目经理	适时	安全体系不完整，安全隐患较多，安全管理缺乏力度，评比屡次靠后	征得业主主要领导同意
6	交通调度会	车辆进出单位	车辆进场前一天	安全吊装顺序、车辆进出顺序和车辆占道	专业负责

4）安全奖惩制度

（1）制定安全月度评比细则、HSE 管理处罚细则，对违反细则的行为依规处罚；

（2）通过安全检查发现落实安全防护措施、遵章守纪、举报安全隐患等优秀个人，发放礼品券；根据举报安全隐患严重程度，奖金可适当增加；

（3）对敬业守信、兢兢业业积极推动项目安全管理工作的先进工作人员，每月根据安全评比方案评比结果，在安委会会议发放奖旗、奖金（图 13-29）。

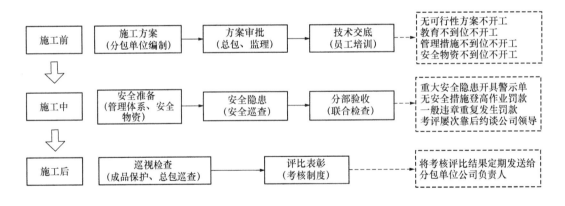

图 13-29 风险控制流程

5）安全保卫制度

（1）项目安全体系由业主安保和总包单位安保联合组成，各司其职；

（2）项目整体安保、人流、物流、交通以业主安保为主，其他单位配合执行；

（3）总包应配置适量人员负责门禁、物流、消防巡查和交通疏导等力量配合业主，接受业主监督管理；

（4）分包商办公区、生活区、材料堆放（含业主采购材料）、机具存放、加工区等由分包商自行负责安保；

（5）安保岗位设置及职责：安保岗位分为六级，各级的职责划分如表 13-42 所示。

安保岗位各级职责　　　　　　　　　　　　　　表 13-42

序号	岗位分类	职　责
1	一级岗位	（1）负责监督进入人员是否佩戴工作证，穿戴安全帽、工作服是否符合项目要求； （2）监督带入的机械工具是否经过验收，验收者签名处是否为规定人签字，签字字样是否符合样本； （3）临时性进入参观学习的人员是否由业主和管理单位人员带入，进行身份登记，收发放临时入场证； （4）检查进入办公区车辆是否有车辆通行证，一般不允许其他运输车辆进入； （5）其他机动性任务
2	二级岗位	（1）检查入场车辆入场申请单和占道申请，指引停放在等待区或进入现场； （2）按内部交通疏导员通知引导指定车辆进入现场指定区域； （3）教育入场司乘人员，让其签署《入场须知》，发放临时入场证； （4）正常情况下不许放行，必要时检查出场放行单，核验出场物品
3	三级岗位	（1）检查出场车辆放行单，放行物品是否与放行单吻合，放行签字是否为规定字样； （2）按照交通规划，指引车辆； （3）收回临时入场证
4	四级岗位	（1）指挥车辆进入等候区排队等候或进入现场； （2）监督车辆按顺序、按位置停放
5	五级岗位	（1）作为交通运输的核心，主要职责为机动指挥车辆通行，避免场区出现交通拥堵，按照交通协调会决议指挥车辆停靠、占道、吊装、装卸； （2）按照交通协调会决议指挥车辆停靠等候，指挥运货车辆按照入场顺序进入现场指定的停靠区域； （3）夜间为治安防盗巡查，巡查项目红线内是否出现车辆随意停靠、偷盗等； （4）此岗位根据任务需要及时增加人员和机动车辆
6	六级岗位	（1）负责办公区车辆出入证核查，人员佩戴工作证进入，访客由相关人员带入； （2）检查搬出的大件物品是否开具放行单。 注：具体岗位根据实际情况和具体事项及时进行调整，安保规划不作为各施工单位的安保范围，各施工单位应根据需要自行配备

13.11.3　洁净室管理

1. 洁净区施工阶段划分

洁净区施工分三个管制阶段：

1）初级洁净阶段（第一阶段），指从洁净室封闭到 MAU 送风；

2）中级洁净阶段（第二阶段），指从 MAU 送风到 FFU 开始运转之前；

3）高级洁净阶段（第三阶段），指 FFU 开始运转后。

2. 对洁净包商的要求

1）洁净包商进场前应向业主及其管理代表、总包提交洁净区各管制阶段的施工管理办法，并经审核通过。

2）编制三个管制阶段的培训教材，并经总包及业主认可。

3）负责对进入洁净区内的所有施工人员进行洁净区施工安全培训，并分阶段发放胸卡（仅适用于洁净区）。

4）洁净包商负责洁净区的管理，所有施工工人和任何访问者必须严格遵守现场环境及安全管理要求，遵守相关操作规程。

5）特殊工种作业人员必须持证上岗。

6）施工人员进入现场需安全帽、安全鞋和工作服着装到位，高空作业必须系安全带，危险作业区要有明显标志或专人值守。预留孔洞要临时封堵，切实防止高空坠落事故发生。

7）现场设专业电工，负责施工用电管理、施工照明和用电设施的维修。

8）现场施工设置临时消防设施，动火作业必须配备灭火器，设置逃生通道并保持畅通。

9）保持现场清洁，随时清理安装废弃物和废料。每天完工后做到工完料清。

10）严格遵守总包及业主的有关整个现场的各项安全管理规定。

3. 对非洁净包商的要求

1）所有施工单位及任何访问者必须严格遵守总包及业主和洁净包商的有关安全管理规定，并与总包、业主和洁净包商密切合作。

2）未取得洁净区施工胸卡者，一律不得进入洁净区域施工。

3）保持现场清洁，随时清理安装废弃物和废料。每天完工后做到工完料清。

4）重大违规行为将接受总包、业主和洁净包商的共同处罚。

4. 各管制阶段基本要求

1）初级洁净阶段

（1）定义：当洁净室的四周墙壁完工时，即开始实施初级洁净阶段的管制。其管制的主要目标在于减少粉尘被带入洁净室的数量。

（2）此阶段的特点：开始在指定地点清理鞋底，进出洁净室受管制。

（3）入口管制，见表13-43。

表 13-43

入 口 管 制

序号	入口管制
1	洁净包商负责对进入人员进行控制
2	设置门禁管制员，负责检查进出人员证件、服装、设备、器材等事项
3	人员及物料必须由指定的管制口进出，严禁从其他地方进出
4	进出人员须填写人员签到册，包括每次进厂及离厂时间
5	进入洁净室前，必须在指定的地点清理鞋底
6	人员须穿着必备的劳保用品、佩戴洁净室识别证方可进场施工
7	其他分包商进场施工前须向总包及业主提出施工申请，申请内容包括工作内容简述、施工区域范围图标、施工期间、施工区域保护措施、每日平均施工人数、使用工作器具及进出物料种类，核准后将相关资料交门禁管制员待查

（4）穿衣管制，见表 13-44。

穿衣管制　　　　　　　　　　　　　　　　　　　　　　　　　表 13-44

管理项目	管理内容
工作鞋管制	在所有出入口设洁净区，进入洁净室管制区前，工作鞋须清洁，尤其是雨天时要特别注意，不让沾有泥巴的工作鞋进入洁净室
工作服管制	此阶段对工作服的管制无特殊规定，但工作服须清洁

（5）洁净室加工作业的保护，见表 13-45。

洁净室加工作业的保护　　　　　　　　　　　　　　　　　　　表 13-45

序号	实施内容
1	若必须于防护面上放置重型对象或作为预制、切割区域，有可能造成地板地面损坏者，各厂商必须另外铺设防护措施，并于该区域撤离时，一并清除，且需经管制单位检查合格后方可离开
2	在洁净室管制区内，如承包商需进行下列产生粉尘的工作项目，则必须事先向总包及业主申请许可，施工时做临时隔离、配置吸尘器，并遵照许可的施工方法及程序施工： （1）击碎楼板、墙壁等铣孔； （2）烧焊研磨、切割等； （3）其他会产生粉尘的作业

（6）物料及设备的移入，见表 13-46。

物料及设备的移入　　　　　　　　　　　　　　　　　　　　　表 13-46

序号	实施内容
1	进入管制区域后应依规定线路前进
2	规定线路于地面设置标示或警示线
3	进入施工区的工作人员不得直接跨越规定线路外或随便到其他厂商的施工区域
4	注意对墙体、地板、设备等进行成品保护，使用工具或材料搬运时，该物品必须完全离开地面，不准在地上拖行
5	搬运车辆须依规定线路行驶，如有损坏其他厂商的设备物料，则应负赔偿的责任。

（7）物料及设备的放置，见表 13-47。

物料及设备的放置　　　　　　　　　　　　　　　　　　　　　表 13-47

序号	实施内容
1	各承包商向管制单位提出申请，经核准后方能在该区域暂存物料
2	物料暂存区需用警示带或三角锥做好围护，并以物料暂存区标示牌标示于现场，须明确注明厂商、物料名称、管理人员及联络电话
3	每日须于下班或离厂前将暂存区内的对象整理整顿，易燃物（如纸箱、纸板、塑料包装材料等）须于当日移除，未移除者将予以罚款
4	暂存区应配置灭火设施，如灭火器等
5	预制切割或焊接必须在各厂商分配的物料暂存区内施工，如需设置临时切割预制区，务必申请并确定好防护措施且不得妨碍搬运线路

（8）洁净室内工具使用

携入洁净室管制区前，所有工具需经管制人员检视，且工具应保持清洁及无油垢。

（9）洁净室的日常清洁管理，见表 13-48。

洁净室的日常清洁管理 表 13-48

序号	实施内容
1	当日工作完毕的工程废弃物，务必全数清离现场
2	每日收工前承包商应清理工作区域
3	洁净室承包商负责监督和管理

（10）食物

在洁净室施工区域内，严禁吸烟、嚼口香糖、进食食物或饮料。

（11）每日例行巡检

洁净室管制人员须每日例行巡检，以落实洁净室施工管制作业，对违反洁净室施工管制规定的行为和人员进行劝阻，并有权驱逐不听从劝阻的人员、中止有关作业；对不听从劝阻的人员可上报总包或业主。

2）中级洁净阶段

（1）定义：当洁净室的四周墙壁及门窗完工时，应开始实施中级洁净阶段的管制。在此阶段，洁净室管制区域内将实行正压送风，使室内空气压力大于室外压力，以防止因无正压的洁净室形成负压而导致室外粉尘飘进洁净室内。

（2）此阶段区别于上个阶段的特点：开始穿鞋套，不允许在洁净室内动用电焊，只允许动用氩弧焊。

（3）入口管制

延续初级洁净阶段管制措施。进入洁净室前，必须在指定地点清洗鞋底。

（4）穿衣管制，见表 13-49。

穿衣管制 表 13-49

管理项目	管理内容
工作鞋管制	在所有洁净室管制区域入口设有换鞋区，使用软底鞋子。 进入洁净室人员须加穿鞋套，以避免将粉尘或泥巴带入洁净室内，确保洁净室内部洁净度，此管制对将来洁净室能否达到合约洁净度的要求至关重要。换鞋区域须设有管制人员检视换鞋动作是否遵守规定，管制人员有权禁止不遵守此管制办法的人员进入洁净室。肮脏或破损的鞋套不可重复使用。 出入送风区亦属于洁净室管制范围，出入送风区的人员亦遵守上述的管制
工作服管制	此阶段对工作服的管制无特殊要求，但工作服须清洁

（5）洁净室油漆工作的保护：所有已完成的地板地面需铺设保护塑料。如因施工需要，必须临时移开保护塑料，承包商需事先向管制单位申请许可，并于完工后立即恢复原状。延续初级洁净阶段管制措施。

（6）物料及设备的移入对象或设备的移入必须遵循管制单位规定的路径。对象搬入洁净室前在指定的隔离区以洁净的抹布浸洁净的水擦拭干净。禁止木质、纸质等保障品进入洁净室；延续初级洁净阶段管制措施。

（7）物料及设备的放置：物料及设备必须整齐地放置于指定的存放区，并避免暴露于户外，延续初级洁净阶段管制措施。

（8）洁净室内工具使用携入洁净室管制区前，需经管制人员检视，且工具应保持清洁及无油垢。

（9）洁净室的日常清洁管理，见表 13-50。

洁净室的日常清洁管理　　　　表 13-50

序号	实施内容
1	施工人员须经常清洁工作区域，物料必须堆放整齐，并每天移出废料及垃圾。易燃物（如塑料包装材料等）须于当日清除，未清除者将予以罚款
2	施工人员须用吸尘器清除粉尘
3	工程废弃物须放置于指定区域
4	指派专职清洁人员每日例行清洁工地

（10）食物在洁净室施工区域内，严禁吸烟、嚼口香糖、进食食物或饮料。

（11）每日例行巡检

洁净室管制人员须每日例行巡检，以落实洁净室施工管制作业，对违反洁净室施工管制规定的行为和人员进行劝阻，并有权驱逐不听从劝阻的人员、中止有关作业；对不听从劝阻的人员可上报总包或业主。

3）高级洁净阶段

（1）定义：指洁净室结构完成后的最后施工阶段。在此阶段，主要进行高效过滤器对洁净等级有极高要求的设备的安装、工艺管线安装，以及一些测试工作。

（2）此阶段区别于上个阶段的特点，见表 13-51。

高级洁净阶段区别于中级洁净阶段的特点　　　　表 13-51

序号	实施内容
1	开始穿洁净服
2	非洁净包商进入洁净室施工需向洁净包商和总包申请

（3）入口管制，见表 13-52。

入口管制　　　　表 13-52

序号	实施内容
1	必须经过风淋室进入施工现场
2	进入洁净室之人员应佩带由总包发放的洁净室施工许可证
3	进入洁净室应穿着全套洁净服

（4）穿衣管制，见表 13-53。

穿衣管制 表 13-53

序号	实施内容
1	进入洁净室应穿着全套洁净服：（洁净服穿着标准范例如图 13-30 所示）头发、口、鼻孔不得露出头套外
2	PVC 手套应确实扎在洁净服袖口内
3	洁净服拉链应拉至顶端并将魔鬼贴贴好
4	洁净服之裤脚应确实扎进洁净鞋内
5	佩戴口罩、网帽
6	厂商之洁净服必须定期清洗（每周使用中性洗涤剂清洗一次）
7	施工厂商须自行准备合格的洁净服、洁净鞋等并定期清洗，费用由各厂商自付。凡不合管制规定的人员，一律不得进入洁净室
8	所有洁净衣物均不得带出管制区，应置于洁净服更衣室内。其他的施工单位人员如需要把洁净服带出管制区，必须用专用的洁净服包包好

图 13-30　洁净服穿着标准范例

（5）物料及设备的移入，见表 13-54。

物料及设备的移入 表 13-54

序号	实施内容
1	对象或设备的移入必须遵循管制单位规定的路径
2	施工机具设备应有明显的承包商标志
3	对象搬入洁净室前在指定的隔离区以无尘布浸（5%）IPA＋纯水擦拭
4	物料及设备必须整齐地放置于指定的存放区，并避免暴露于户外
5	不可携入木质、纸质、非洁净室用纸张、签字笔等（施工所需之木板、垫木须以 PVC 确实包覆）
6	非施工需要之物品，如食物、饮料等，禁止携入洁净区
7	洁净区内所有动力设备应以电力为主，不得以汽油、柴油为动力

续表

序号	实施内容
8	围挡警示必须用三角锥、连杆
9	高架作业配备的安全带以胶带包覆
10	注意地面、墙体、设备等的成品保护
11	只准使用橡胶轮子配的搬运车，轮子应以干净的胶布包覆，车行路径必须铺设保护木板

（6）洁净室内工具使用，见表 13-55。

洁净室内工具使用　　　　　　　　　　　　　　　　　　表 13-55

序号	实施内容
1	携入洁净室管制区前，工具需经管制人员检视，且工具应保持清洁及无油垢
2	依工作必要准备塑料布、不锈钢板（保护地面用），应使用洁净室专用吸尘器、洁净室专用型真空吸尘器、无纤维抹布等用具
3	任何钻孔、切割等加工，不得在洁净室内进行，必须在洁净区内加工时（如无法携出洁净区外加工者）须经总包及业主的 HSE 部门准许才可施工

（7）动火/切割作业防护规定，见表 13-56。

动火/切割作业防护规定　　　　　　　　　　　　　　　表 13-56

序号	实施内容
1	高架地板上先铺上一层 PVC 布，上面再加铺一层钢板，最上层用 PVC 布或蓝白帆布铺设
2	分为切割区及缓冲区，缓冲区之作用在于将切割好之材料清洁完毕之后才能拿入洁净室，以维护洁净室之洁净度

（8）洁净室的日常清洁管理，见表 13-57。

洁净室的日常清洁管理　　　　　　　　　　　　　　　表 13-57

序号	实施内容
1	施工人员须经常清洁工作区域，物料必须堆放整齐，并每天移出废料及垃圾
2	易燃物（如塑料包装材料等）须当日清除，未清除者将予以罚款
3	工程废弃物须放置于指定区域
4	指派专责清洁人员每日例行擦拭及清洁施工区域
5	施工区须以洁净室专用真空吸尘器清洁，必要时用无尘布及纯水擦拭

（9）食物

在洁净室施工区域内，严禁吸烟、嚼口香糖、进食食物或饮料。

（10）每日例行巡检

洁净室管制人员须每日例行巡检，以落实洁净室施工管制作业，对违反洁净室施工管制规定的行为和人员进行劝阻，并有权驱逐不听从劝阻的人员、中止有关作业；对不听从劝阻的人员可上报总包或业主。

（11）其他规定，见表 13-58。

其他规定 表 13-58

序号	实施内容
1	此阶段禁止一切可能产生粉尘的作业在洁净室内施作
2	洁净室通往外界的门窗须保持封闭
3	所有地板、墙的开洞须保持封闭

13.11.4 文明施工

1. 文明施工总体要求

1）所有进入现场人员着各公司统一工作服，管理人员佩戴白色安全帽，工人佩戴黄色安全帽，特殊工种佩戴蓝色安全帽，安全管理人员佩戴红色安全帽，安全帽上贴各公司标识和编号；

2）总包进场后应编制 CI 规划方案，按照 CI 规划进行标准化建设，达到《建筑施工安全防护实体标准化指南图集》要求；

3）设立围挡，按照业主规划的人流、物流通行，围挡由总包进行美化和宣传处理；

4）项目实行实名刷卡进出制度，参观、司机应签署《入场须知》，并发放临时入场证方可进入，施工人员不得发放临时入场证；

5）应设置车辆冲洗设施，并由保卫人员检查出入车辆尘土保护措施；

6）项目现场应由总包统一设置足够的厕所、休息区和吸烟室；

7）项目现场由业主和总包进行总平面规划，包含消防系统、临电系统、环境保护系统，设置排水沟、噪声监测点；清晰划分施工区、材料存放区和临时加工区；

8）路面整洁、材料堆放整齐应常态化保持，确保随时能迎接参观检查；

9）办公、生活区的临时建筑物构件、板材应达到消防 A 级防火等级，应有限电措施和防火措施，并给员工提供饮水、洗浴、防蚊虫、降温等措施；

10）临时板房的间距、层数、分布符合消防规范要求，并有相应专职管理人员；

11）生活区、办公区、施工现场等应按照消防规范要求设置，消防水系统和灭火器系统，有专职人员负责消防管理工作；

12）生活区设置的食堂、小卖铺均应有营业执照和卫生许可证，所有餐厨人员均应有食品卫生健康证；规范食材采购，做好"防四害"措施。

2. 入场工作证管理

为统一现场安全生产管理，搞好现场安全生产标准建设，达到安全生产文明施工优秀工作的要求，由业主统一进行现场安全保卫管理，负责大门的物流、人流管理，由总包部统一组织按照建设当地要求由物业统一办理入场工作证和门禁磁卡，进出人员必须随时佩戴以便核查，不得涂改、转借、冒用、自制工件。

3. PPE、CI

根据行业规则和安全规划，项目统一规划人员安全帽便于现场检查，各分包商在相应颜色的安全帽上张贴所属公司的 LOGO；根据施工作业的需要佩戴相应合格的劳保用品。参见图 13-31。

施工现场和施工区域是由总包和各分包商进行 CI 规划，对现场进行美化并做好安全文化宣传，要求达到建设所在地双优工程评选标准，不得张贴广告。并根据施工进度和施工面积的变化常态化保持现场的美观。

标识类、标牌类告示牌等必须按总包部统一要求使用。

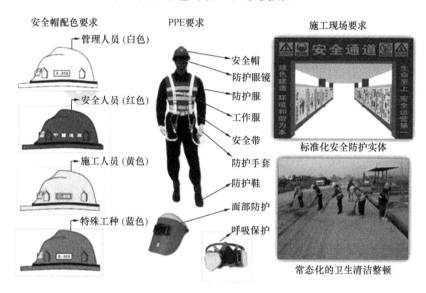

图 13-31　安全帽、防护用具、防护设施等要求

13.11.5　环境保护管理

1. 水保护措施

1）施工单位应编制防止环境污染的方案；

2）在建设工程项目的工区、办公区、生活区应设置排水系统，并硬化处理，设置静置过滤装置，不得将泥沙、垃圾、固体废弃物等直接排入市政管网；

3）混凝土、砂浆、石灰等应有收集池，废料经有效处理后方可排入管网；

4）生产过程中产生的油漆、油污、化学品等能改变土质、水质污染物，应有回收装置，并有专业处理公司进行处理；

5）用水必须有节水措施，龙头、阀门等损坏应及时维修，避免水浪费；

6）饮用水必须经过有效处理。

2. 噪声控制措施

1）施工单位编制施工方案应充分考虑施工时段和降噪措施；符合《建筑施工场界环境噪声排放标准》GB 12523—2011；

2）在工区四周至少设立 4 个噪声测试点，超过噪声排放限值，应立即停止相关施工活动：昼间 8：00～22：00，≤70dB(A)；夜间 22：00～8：00，≤55dB(A)；

3）总包单位办理夜间施工许可证，各分包商配合执行；

4）总包单位负责监控现场施工噪声排放，造成扰民纠纷的由总包单位出面协调；

5）噪声相关施工佩戴劳保用品。

3. 大气污染防治措施

1）在总平面规划中，充分考虑土地使用情况，避免出现土壤直接裸露暴晒；

2）裸露的土地应有防风防扬尘措施，或种植绿化；

3）工区、水渠、道路上不得有积尘，道路上应经常性清洁和洒水，防止造成扬尘；

4）土方、打磨、环氧等施工过程应有降尘除尘措施，防止空气污染或中毒；

5）各种挥发性化学试剂应密封妥善保存，在规定区域使用，使用者必须有防护措施。

4. 光污染防治措施

项目建设施工使用的照明灯具应加防护罩，透光范围集中在施工工地范围内。

5. 固体废弃物控制措施

各施工单位住宿区和厂区的生活垃圾应堆放于业主的指定区域。